Leibniz als Reichshofrat

Margot Faak

Leibniz als Reichshofrat

Herausgegeben von W. Li

 Springer Spektrum

Autorin
Margot Faak †

Herausgeber
Prof. Dr. Wenchao Li
Gottfried Wilhelm Leibniz Universität Hannover
Leibniz-Stiftungsprofessur
Hannover, Deutschland

ISBN 978-3-662-48389-3   ISBN 978-3-662-48390-9 (eBook)
DOI 10.1007/978-3-662-48390-9

Die Deutsche Nationalbibliothek verzeichnet diese Publikation in der Deutschen Nationalbibliografie; detail-
lierte bibliografische Daten sind im Internet über http://dnb.d-nb.de abrufbar.

Springer Spektrum

Planung: Annika Denkert

Gedruckt auf säurefreiem und chlorfrei gebleichtem Papier

Springer-Verlag GmbH Berlin Heidelberg ist Teil der Fachverlagsgruppe Springer Science+Business Media
(www.springer.com)

Bericht des Herausgebers

Die vorliegende Arbeit von Margot Faak wurde im Herbst 1965 der Philosophischen Fakultät der Humboldt-Universität zu Berlin als Dissertation zur Erlangung eines Doktorgrades eingereicht und im April 1966 von der genannten Fakultät angenommen. Die Arbeit ist seitdem der Forschung und Interessierten als Maschinenschrift in einigen wenigen Belegexemplaren zugänglich.

Von den Gründen, die zu dieser Druckausgabe geführt haben, seien nur zwei genannt: Wie die Arbeit seinerzeit nur einen einzigen „Vorläufer" (unten, S. 7) hatte, ist sie 50 Jahre danach immer noch die einzige monografische Darstellung eines wichtigen Themas in Gottfried Wilhelm Leibnizens Leben in allen Zusammenhängen – Einzelaspekte wurden hingegen von der Forschung, teils angeregt durch Faaks Pionierarbeit, eingehender untersucht. Durch Nutzung der immer noch ungedruckten zahlreichen Leibniz-Briefe und -Schriften, besonders aus der Zeit der letzten Lebensjahre – trotz des beachtlichen Fortschrittes der Leibniz-Edition – und weiterer, über den Leibniz-Nachlass hinausgehender Quellenbestände, trägt die Arbeit nach wie vor zur Kenntnis vor allem von Leibnizens letztem Wiener Aufenthalt erheblich bei.

Margot Faak, Jahrgang 1926, studierte von 1946 bis 1950 an der Humboldt-Universität zu Berlin Germanistik und Geschichte. Von 1949 bis 1950 arbeitete sie als studentische Hilfskraft in der Leibniz-Kommission der Deutschen Akademie der Wissenschaften zu Berlin. Von 1951 bis zur vorübergehenden Stilllegung der Leibniz-Edition im Jahre 1969 war sie als wissenschaftliche Assistentin an der Bearbeitung vor allem der Reihe IV der Leibniz-Ausgabe beteiligt. 1969 wechselte sie in die Alexander-von-Humboldt-Forschung an der Berliner Akademie der Wissenschaften. Im April 1984 wurde Faak von der Alexander-von-Humboldt-Forschungsstelle in die Leibniz-Edition versetzt und arbeitete an dem zwei Jahre später erschienenen Band III der Reihe IV mit. Der Leibniz-Edition und Leibniz-Forschung ist Faak stets verbunden geblieben.

Nach der Promotion hat Faak an dem Manuskript immer wieder gearbeitet. Eine der letzten Ergänzungen dürfte der Hinweis auf Sabine Sellschopps 2005 in der *Studia Leibnitiana* veröffentlichte Untersuchung gewesen sein (unten, S. 32, Anm. 47). Unter anderem griff sie auf den sogenannten Ritter-Katalog zurück und begnügte sich dabei oft mit einem sachlichen Hinweis und Notierung der Nummer im Katalog. Weitere Korrekturen, Verbesserungen, Streichungen und Ergänzungen notierte sie entweder zwischen den Zeilen oder, zumeist, am Rand ihres Handexemplars. Diese Änderungen wurden, nach Prüfungen, stillschweigend in den Text hineingearbeitet. Beim Hinweis auf den Katalog wurden unter Beibehaltung der Nummer weitere Informationen ergänzt. Hinweise des Herausgebers wurden kenntlich gemacht. Kenntlich gemacht wurden von Faaks späteren Ergänzungen außerdem diejenigen, deren stillschweigende Hinzufügung dem Duktus der betroffenen Stellen widersprechen würde (vgl. etwa unten, S. 2, Anm. 6; S. 28, Anm. 29; S. 45, Anm. 23)).

Als Margot Faak ihre Arbeit anfertigte, lagen von der Akademie-Ausgabe aus der ersten Reihe (Allgemeiner, politischer und historischer Briefwechsel) nur die ersten 7 Bände (von denen sie aus Bd. 3, 5, und 7 zitierte) und aus der Reihe IV (Politische Schriften) nur die Bände 1 und 2 vor. Inzwischen sind beachtliche weitere 16 Bände der Reihe I (berücksichtigt wurde bis Band 23) und von der Reihe IV weitere 6 Bände (Bände 3 bis 8) erschienen. Sofern die von Faak benutzten Leibniz-Briefwechsel und Leibniz-Schriften in diesen Bänden ediert worden sind, wurden die Stellen nachgewiesen. Die wenigen Abweichungen wurden kenntlich gemacht; dort, wo eine Korrektur anhand der Akademie-Ausgabe einen deutlichen Eingriff in den Text bedeuten könnte und eine größere Umstellung der Satzgefüge zur Folge gehabt hätte, wurde eine neue Fußnote eingefügt, diese wurde ebenfalls kenntlich gemacht (vgl. unten, S. 26, Anm. 22; S. 44, Anm. 16). Offensichtliche Tippfehler, ungenaue einschließlich erwiesenermaßen inkorrekte Angaben wurden stillschweigend korrigiert. Die Literaturliste wurde teilweise umgestellt, die fehlenden Angaben wurden ergänzt. Zitierweise und Literaturangaben wurden vereinheitlicht. Auf eine Aktualisierung der Forschungsliteratur wurde hingegen verzichtet.

Zur besseren Erschließung des Textes wurde ein Personenregister angehängt.

Die erste Texteingabe lag in den Händen von Esther-Maria Errulat, Runa Janson und Frederike Müller (alle Hannover), die Betreuung der Eingabe und die Kollation mit Faaks Handexemplar leistete Simona Noreik (ebenfalls Hannover). Jakob Ecker (Berlin/Potsdam) hat nicht nur das Personenregister zusammengestellt, er übernahm auch die Nachprüfung der Quellen, die Aktualisierung der Verweise auf die Leibniz-Akademieausgabe und vieles mehr. Ihnen allen gebührt des Herausgebers aufrichtiger Dank! Clemens Heine und Dr. Annika Denkert sei für ihr Interesse am Thema und für die Betreuung des Projektes gedankt.

Für das Vertrauen, die vielen anregenden Gespräche, die Überlassung ihres Handexemplars und die Erteilung der Vollmacht an den Herausgeber sei schließlich Margot Faak gedankt.

Hannover/Potsdam,   W. Li
im Mai 2015

In memoriam
Margot Faak starb am 14. Juni 2015. W. Li, Berlin, am 27. Juli 2015

Vorwort

Die vorliegende Untersuchung über die wiederholten, erst am Ende seines Lebens zum Erfolg führenden Bemühungen Leibniz', Mitglied eines der beiden obersten deutschen Reichsgerichte, des Reichshofrates, zu werden, hat nur einen Vorläufer in einem in der Kaiserlichen Akademie der Wissenschaften zu Wien gehaltenen Vortrag. Im Jahre 1858 erschien in den Sitzungsberichten der Wiener Akademie auf dreißig Seiten dieser Vortrag des Akademiemitglieds Joseph Bergmann unter dem Titel: „Leibniz als Reichshofrath in Wien und dessen Besoldung". Er verdankt seine Entstehung einem glücklichen Fund Bergmanns im Wiener Finanzkammerarchiv, das die Originale oder Abschriften einiger Eingaben Leibniz' an den Kaiser, den Reichshofrat und den Kammerpräsidenten in dieser Sache bewahrt, sowie die Originale oder Abschriften einiger dazugehöriger behördlicher Schreiben. Die Leibnizforschung hat allen Grund, für die Veröffentlichung dieser Stücke durch Bergmann dankbar zu sein, da besonders letztere sich nicht alle, auch nicht in Abschriften, im Leibniznachlaß gefunden haben. Von großem Wert sind vor allem auch zwei veröffentlichte Listen der Finanzkammer, die zeigen, daß Leibniz' letzte Lebenstage völlig unbegründet durch das Gerücht von der Sistierung seines Reichshofratsgehalts verdunkelt wurden. Trotz der streng durchgeführten Neuorganisation des Reichshofrates ist Leibniz davon in keiner Weise betroffen worden. Wie diese Listen zeigen, hatte die Handhabung seines Falles keine Veränderung erfahren. Dies ist bisher in der Literatur trotz Bergmanns Veröffentlichung fast ausnahmslos übersehen und Leibniz' Schicksal hier zu Unrecht beklagt worden.

Bergmann kannte jedoch nicht das rechte Material, das sich im Leibniznachlaß zu dieser Frage findet, und so gibt er auch nur eine kurze Darstellung der Beziehungen Leibniz' zum Reichshofrat. Eine eingehende Untersuchung aller Zusammenhänge dieses Themenkreises kann von hier aus daher wohl als gerechtfertigt gelten. Hinzu kommt, daß Leibniz' Zugehörigkeit zum Reichshofrat in der übrigen Leibnizliteratur bis auf die neueste Zeit immer nur flüchtig behandelt wurde. Dies hat seinen natürlichen Grund in dem Umstand, daß er ein aktives Mitglied des Reichshofrats im herkömmlichen Sinne niemals gewesen ist. Hier wird nun versucht zu zeigen, welche Auffassung Leibniz von der Sache hatte. Da ergibt sich dann mit Hilfe einer historischen Betrachtung des in Rede stehenden Gremiums, daß Leibniz durch zahlreiche Vorschläge, die sowohl österreichische als auch Reichsbelange betrafen, weit über die Grenzen der Betätigung eines referierenden Rates hinausgegangen ist. Allerdings war seinen das Deutsche Reich in seiner Gesamtheit berücksichtigenden Plänen keine Realisation vergönnt. Dies lag nicht in den Voraussetzungen einer von ständischen und einzelstaatlichen Egoismen erfüllten Zeit. Mehr Erfolg hatte er, wo er territorialfürstlichem Expansionsdrang zuarbeitete. Sowohl die Welfen als auch die Habsburger profitierten davon. Der zweite Teil der vorliegenden Arbeit beschäftigt sich mit dieser Seite des Themas.

Im ersten Teil wird versucht, Klarheit in die auf viele Korrespondenzen verteilte, verwirrte Fülle der Bemühungen Leibniz' und seiner Freunde zu bringen, ihm Titel und Besoldung eines Reichshofrates zu verschaffen. Der Versuch, diese in allen Einzelheiten und bis zum Ende zu verfolgen, ist bisher noch nicht unternommen worden. So ließen sich Irrtümer, die sich hier und da über diesen Punkt in die Literatur eingeschlichen haben, leicht beseitigen. Dies gilt für die Leibniz-Biographen Guhrauer und Kuno Fischer ebenso wie für die kurze Darstellung bei Gschließer in seinem Werk über den Reichtshofrat. So will dieser Teil der Untersuchung, der nur Äußerliches aus dem Leben Leibniz' zu berichten weiß, als Beitrag zur Biographie des Philosophen verstanden sein, der einer späteren Analyse der geistigen Entwicklung Leibniz' in dieser Zeit ermöglichen soll, diese nun ans Licht gezogenen Vorgänge als eine Art Rahmen für ihre Betrachtung zu benutzen.

Die Anregung zur Beschäftigung mit Leibniz' in Wien verbrachten letzten Lebensjahren verdanke ich Akademiemitglied Herrn Professor Dr. Eduard Winter. Sein Anliegen war in erster Linie die geistige Auseinandersetzung des großen deutschen Philosophen mit dem kongenialen Feldherrn und führenden Staatsmann Prinz Eugen, darunter vor allem das von Prinz Eugen wohlwollend angesehene Streben Leibniz', in Wien eine Sozietät der Wissenschaften zu begründen. Doch hätte in dem Fall die Arbeit weitgehend spekulativen Charakter tragen müssen, besonders auf dem Gebiet der Philosophie, da sich hier die Quellenfrage als unzureichend erwiesen hat. Dagegen fand sich bei der Durchsicht des Materials, daß alle mit dem Wiener Hof geführten Briefwechsel immer wieder das Reichshofratsthema berührten und dies ohne eine sichtende und gesonderte Behandlung in seinen Zusammenhängen unverständlich blieb. Daher wurde zunächst eine Skizzierung dieses von Leibniz sehr anhaltend verfolgten Lebensplanes notwendig, die dann die Grundlage für die vorliegende Dissertation bildete. Doch haben Prinz Eugen und die Sozietätsgründung eine dieser Zielsetzung entsprechende Berücksichtigung erfahren. So muß mein Dank Herrn Professor Winter nun nicht nur für die Hinführung auf die letzte Lebensepoche Leibniz' überhaupt gelten, sondern auch der Geduld, mit der er schließlich auch einer Themenstellung von geistesgeschichtlich geringerer Bedeutung sein Interesse zugewandt hat.

Zu Dank verbunden bin ich ebenfalls Herrn Professor Dr. Joachim Streisand, der mich auf die von mir vorher nur unklar empfundene Verbindung hingewiesen hat, in der Leibniz' Lebenskampf, die Zersplitterung seiner Kräfte und ein seiner manchmal unwürdig erscheinendes Verhalten mit den gesellschaftlichen Zuständen seiner Zeit steht. Erst in dieser Relation, die einmal von der Analyse der Charaktereigenschaften Leibniz' absieht, gewinnt sein Bild die richtige Beleuchtung, die man ihm häufig schuldig geblieben ist.

Die Möglichkeit zur Durchführung dieser Arbeit gab mir die Deutsche Akademie der Wissenschaften zu Berlin, der ich deshalb tief verpflichtet bin. Es wurde mir nicht nur in großzügiger Weise Zeit für eine für die wissenschaftliche Ausbildung so unerläßliche eigene Arbeit zur Verfügung gestellt, sondern ich erhielt durch das freundliche Entgegenkommen des Leiters der Leibnizausgabe der Akademie, Herrn Professor Dr. Kurt Müller, auch das Material dafür, das sonst nur den Zwecken der Leibnizausgabe dient. Ebenso war es das die Übersicht über Tausende von Handschriften gewährende Katalogmaterial, das diese Arbeit überhaupt erst ermöglichte. Diese Kataloge sind der jahrzehntelangen, entsagungsvollen Tätigkeit des Begründers der Leibnizausgabe der Akademie, Herrn Professor Dr. Paul Ritter, zu danken. Vergessen möchte ich aber auch nicht die vielen mit Herrn Professor Müller geführten Gespräche über Leibniz, die sich immer wieder anregend, klärend und fördernd auf meine Arbeit ausgewirkt haben. Ich hoffe, meine Dankesschuld dadurch in etwas abzutragen, daß meine Arbeit durch Neudatierung einzelner Stücke, Heranziehung auswärtiger Archive und Ordnung biographischer Fakten ihrerseits einen bescheidenen Beitrag zu der Ausgabe der Briefe und Schriften der Spätzeit Leibniz' leisten wird.

Schließlich bin ich auch einer Reihe von Archiven und Bibliotheken sehr verbunden, die mir durch wertvolle Hinweise und Bereitstellung von Filmen geholfen haben, den Weg zu rekonstruieren, den Leibniz bei der Suche nach Urkunden zur toskanischen Erbfolge (1713-1737) gegangen ist. Dies sind die Handschriftenabteilung der Deutschen Staatsbibliothek zu Berlin, die Herzog August-Bibliothek in Wolfenbüttel, das Archivio di stato in Florenz und besonders das Österreichische Staatsarchiv und Herr Hofrat Dr. Dr. Franz Unterkircher von der Österreichischen Nationalbibliothek in Wien. Dem Direktor des Staatsarchivs in Koblenz Graf Looz-Corswarem, bin ich für eine Auskunft über den Leibniz-Korrespondenten Graf Joseph de Corswarem dankbar. Für eine archivalische Untersuchung und Überlassung von Filmen zu der Leibniz in Wien beschäftigenden lauenburgischen Erbfolge danke ich Herrn Archivassessor Dr. Günter Scheel vom Niedersächsischen Staatsarchiv in Hannover.

Last not least muß ich auch das von Herrn Professor Winter an der Humboldt-Universität im Institut für Geschichte der Völker der UdSSR durchgeführte Forschungsseminar erwähnen, in dem ich in jahrelanger Teilnahme nicht nur mit der Forschungsrichtung an einer marxistischen Universität vertraut wurde, sondern bei der Besprechung zahlreicher wissenschaftlicher Arbeiten unter Leitung Herrn Professor Winters manchen Leitsatz über Ziele und Methodik eines Historikers mir dankbar zu eigen machte.

Inhaltsverzeichnis

Einleitung

(a) Leibniz' Erwerbung der Reichshofratswürde 1712 (Veranlassung der Reise nach Wien 1712: der Plan eines deutsch-russischen Bündnisses)

Der Geheime Justizrat des Kurfürsten Georg Ludwig von Braunschweig-Lüneburg, Gottfried Wilhelm Leibniz, reiste Ende Dezember 1712, aus Dresden von einem Besuch bei Zar Peter I. von Rußland kommend, „in Begleitung eines Edelmannes bequem und fast ohne Kosten" nach Wien.[1] Dazu schreibt ein Mitglied der Kaiserlichen Akademie der Wissenschaften in Wien, Joseph Bergmann, im Jahre 1858: „Der Hauptbeweggrund dieser winterlichen Reise war Reichshofrath mit wirklichen Functionen am kaiserlichen Hofe zu werden und in den Genuss der ihm zugemessenen Besoldung einzutreten, wenn er auch ... als Objecte seiner Tätigkeit Aufklärung der Kaiser- und Reichsgeschichte und Beförderung der Wissenschaften bezeichnen mag".[2] Diese Auffassung, die sich auf die bis heute noch ausführlichste, wenn auch in Einzelheiten längst überholte Biographie Guhrauers stützt,[3] wurde zehn Jahre später von dem Leibniz-Forscher Onno Klopp in einer Abhandlung über „Leibniz' Plan der Gründung einer Sozietät der Wissenschaften in Wien" durch Aufhellung der verschiedenartigen Motive für diese Reise korrigiert.[4] Seitdem ist bekannt, daß Leibniz nicht nur nach Wien ging, um die ihm von Kaiser Karl VI.

---

[1] Leibniz an Bernstorff, 23. Dezember 1712 (Doebner, Richard: Leibnizens Briefwechsel mit dem Minister von Bernstorff, in: *Zeitschr. des histor. Vereins für Niedersachsen*, Jg. 1881, S. 261 f.): „commodement ... presque sans depense".

[2] Bergmann, Joseph: Leibniz als Reichshofrath in Wien und dessen Besoldung, in: *Sitzungsberichte der kais. Akademie der Wissenschaften, phil.-histor. Cl.*, Bd. 26, Wien 1858, S. 190.

[3] Guhrauer, Gottschalk Eduard: *Gottfried Wilhelm Freiherr von Leibnitz*. Eine Biographie, 2 Tle., Breslau 1842.

[4] Klopp, Onno: Leibniz' Plan der Gründung einer Societät der Wissenschaften in Wien, in: *Archiv für Kunde österreichischer Geschichtsquellen*, Bd. 40, 1868, S. 182 f.

© Springer-Verlag Berlin Heidelberg 2016
W. Li (Hrsg.), *Leibniz als Reichshofrat*, DOI 10.1007/978-3-662-48390-9_1

durch Vermittlung Herzog Anton Ulrichs von Braunschweig-Wolfenbüttel zugesicherte Reichshofratswürde in aller Form in Empfang zu nehmen, sondern daß er u. a. auch einen politischen Auftrag Anton Ulrichs zu erfüllen hatte, der nichts Geringeres als ein Bündnis zwischen Zar Peter I. von Rußland und Kaiser VI. zum Gegenstand hatte. Der Professor an der Moskauer Universität Vladimir Ivanovič Ger'e Guerrier hat dann 1873 einen gro-ßen Teil der Dokumente, die Leibniz' Beziehungen zu Rußland betrafen, veröffentlicht, darunter besonders auch die aus Leibniz' letzten Lebensjahren, in denen er auf Grund seines lebhaften Interesses für den osteuropäischen und russischen Raum die persönliche Bekanntschaft Zar Peters machen durfte.[5] Diese Sammlung von Dokumenten, die infolge der Heranziehung zahlreicher Handschriften sowohl des Leibniz-Nachlasses in der ehe-maligen Königlichen Bibliothek zu Hannover (heute Niedersächsische Landesbibliothek) als auch des Moskauer Archivs einen guten Überblick gibt, zeigt Leibniz' Anteilnahme am Schicksal der österreichischen Nachbarvölker auf politischem, wissenschaftlichem und kulturellem Gebiet. Er stand im Briefwechsel mit dem erfolgreichen Diplomaten und Schriftsteller in russischen Diensten Heinrich v. Huyssen, ebenso mit dessen Nachfolger als russischer Gesandter in Wien Johann Christoph Urbich, mit dem er die Bemühungen um ein deutsch-russisches Bündnis während seines Wiener Aufenthaltes fortsetzte. Dem Zaren persönlich begegnete er zum ersten Mal in Torgau anläßlich der Hochzeit des Zarewitsch mit der Enkelin des Herzogs Anton Ulrich von Braunschweig-Wolfenbüttel. Leibniz hatte den Herzog, in dessen Dienst er als Bibliothekar der wolfenbüttelschen Bibliothek stand, und mit dem ihn vor allen andern braunschweigischen Fürsten freund-schaftliche Beziehungen verbanden, um das Zustandebringen einer Unterredung mit dem Zaren gebeten. Er unterbreitete Anton Ulrich seine zahlreichen Vorschläge, die das rus-sische Schulwesen, Buchhandel, Medizin, Bergwerke, Manufakturen, Handel, Verwal-tung, Sozialwesen, Zeitungen, geographische Forschungen und deren Verbesserungen betrafen. Dies mußte den Reformplänen Peters I. entgegenkommen. So verlief die Ende Oktober 1711 vom Zaren gewährte Unterredung sehr erfolgreich. Der Zar versprach, Leibniz' Anregung, magnetische Beobachtungen in seinem Reich anstellen zu lassen, nachzukommen und Leibniz selbst in den russischen Staatsdienst aufzunehmen. Bei seinen weiteren Begegnungen mit dem Zaren in Karlsbad und Dresden, wohin ihn dieser eingeladen hatte, erhielt Leibniz sogar den Titel eines russischen Geheimen Justizrates mit jährlich 1000 Talern Besoldung, von denen ihm 500 sofort ausgezahlt wurden. Er sollte bei der Verbesserung des Justizwesens in Rußland mitwirken.

Hauptgegenstand dieser letzten Zusammenkünfte sollte allerdings der Wunsch Anton Ulrichs werden, eine Vermittlung zwischen dem Zaren und dem deutschen Kaiser Karl VI. zustandezubringen. Der Zar war ja seit den 90er Jahren des 17. Jh. um ein österreichisch-russisches Bündnis gegen die Türken bemüht, doch wurde die Lage zwischen beiden Höfen eine gespanntere, als der Zarewitsch statt einer Erzherzogin die wolfenbüttelsche Prinzessin Charlotte Christine zur Gemahlin nahm. Immerhin war der Kaiser durch seine Ehe mit Eli-

---

[5] Guerrier, Wladimir: *Leibniz in seinen Beziehungen zu Rußland und Peter dem Großen*, St. Peters-burg und Leipzig 1873.

sabeth Christine jetzt Schwager des Zarewitsch. Vor allem aber die für ihn sich ungünstig
gestaltende Lage zu Ende des Spanischen Erbfolgekrieges durch das Ausscheiden Englands
und Hollands aus dem Krieg konnte auch ihn veranlassen, an eine Annäherung an Rußland
zu denken.[6] Zur Vermittlung außerhalb der diplomatischen Verhandlungen schien der Weg
über den Herzog von Braunschweig-Wolfenbüttel als gemeinsamen Großvater seiner und
der Gemahlin des Zarewitsch erfolgversprechend zu sein. Schon anläßlich der Vermählung
Alexejs im Oktober 1711 in Torgau hatte Anton Ulrich diesen Wunsch des Kaisers in einem
Programm berührt, das er dem Zaren überreichen ließ.[7] Die Antwort erfolgte am gleichen
Tag.[8] Der Zar versicherte seine Bereitschaft zu einer aufrichtigen Freundschaft mit dem
Kaiser, erinnerte aber auch an den für die Russen unliebsamen Friedensschluß Österreichs
mit den Türken zu Carlowitz. Dennoch war Peter I. willens, dem Kaiser und den Hollän-
dern – denen von jeher die Sympathie der Russen gehörte[9] – mit einem Hilfskorps von
10 000 - 15 000 Mann beizuspringen – gegen Frankreich, dessen immer zu erwartende
Hilfe für Schweden Rußland gefährlich werden konnte.[10] Als Leibniz im Oktober 1712 vom
Zaren nach Karlsbad berufen wurde, wird Anton Ulrich, vielleicht durch erneutes Bitten des
Kaisers veranlaßt, die Angelegenheit mit Leibniz besprochen und ihn mit der Befürwortung
des Bündnisses beauftragt haben.[11] Leibniz arbeitete einen eigenen Bündnisvorschlag aus,
der ins Moskauer Archiv gelangt ist,[12] er entwarf auch selbst ein an den Kaiser gerichtetes
Empfehlungsschreiben Anton Ulrichs für ihn, da er anschließend nach Wien zu gehen
gedachte. Zum Zweck des Bündnisses wollte er in Erfahrung bringen, wieweit der Zar zu
einem Entgegenkommen dem Kaiser gegenüber war. Er glaubte, daß durch Förderung der
Handelsbeziehungen zwischen Rußland und Holland die Stadt Amsterdam gewonnen und
dem Kaiser wiederzugeführt werden konnte. Leibniz erscheint also hier als geistiger Urheber der Diskussionspunkte und demzufolge hat auch Liselotte Richter in ihrem Buch über
Leibniz und sein Rußlandbild geradezu von einer Vermittlerrolle Anton Ulrichs zwischen
Leibniz und dem Zaren gesprochen.[13] Den wirklichen Stand der Verhandlungen zwischen
Peter I. und Karl VI. erfuhr er jedoch nicht. Er konnte ihn nur aus der politischen Kons-
tellation jener Tage erschließen. Die Gewinnung Amsterdams durch Handelsbeziehungen
gehörte zum Beispiel nicht dazu.

  Wie wenig ernst es dem Kaiser in Wahrheit mit der Vermittlung Anton Ulrichs gewesen
sein kann, geht aus einer neueren Dissertation zur Frage der österreichisch-russischen Be-

---

[6] Faak notiert am Rande: „Poltava". Sie bezieht sich auf die Schlacht von Poltava 1709, in der Zar
Peter I. die Schweden geschlagen hat. Russland wurde in der Folge als europäische Großmacht
wahrgenommen (Hrsg.).

[7] *Pis'ma u Bumagi imperatora Petra Velikogo*, XI,2, Moskau 1964, S. 504 f.

[8] Ebd. S. 177-180.

[9] Vgl. Winter, Eduard: *Rußland und das Papsttum*, Tl. 2, Berlin 1961, S. 3.

[10] Vgl. Guerrier: *Leibniz in seinen Beziehungen zu Rußland,* S. 134.

[11] Ebd., S. 144 f.

[12] Ebd., S. 264 ff.

[13] Richter, Liselotte: *Leibniz und sein Rußlandbild*, Berlin 1946, S. 65.

ziehungen unter Karl VI. hervor. Der Verfasser Franz Pills[14] zeigt die ständige Bündnisbe-
reitschaft Peters I. bis zur Flucht des Zarewitsch nach Wien 1717. Das kaiserliche Angebot
dagegen kennt Pills gar nicht; er scheint also im Wiener Haus-, Hof- und Staatsarchiv, das
ihm das Material für seine Arbeit lieferte, nichts darüber vorgefunden zu haben. Dagegen
führt er eine stattliche Anzahl von Gründen an, die den Kaiser daran hinderten, auf die
Bündnisvorschläge des Zaren einzugehen und ihn zu einer hinhaltenden Politik bewogen.
Die durch Anton Ulrich gezeigte Verständigungsbereitschaft kann daher nur als höfliche
Geste gewertet werden, die die Freundschaft des Zaren bewahren helfen sollte, während
man andererseits auf keinen seiner konkreten Vorschläge eingehen wollte. In diese Vorschläge hatte man Anton Ulrich gar nicht erst eingeweiht, noch weniger Leibniz. Der Zar
antwortet daher auch nur dem Herzog, dem er seine vergeblichen Bemühungen um den Kaiser schildert.[15] Als Leibniz im Januar 1713 zu einer ersten Audienz beim Kaiser erscheint,
versäumt er nicht, darauf hinzuweisen, daß er es sei, der kürzlich an Anton Ulrichs Stelle
sich für das Bündnis eingesetzt habe.[16] Eine Aufzeichnung Leibniz' darüber, ob der Kaiser
ihm seine Gedanken in diesem Punkt eröffnet hat, gibt es nicht.[17]

Aber Leibniz hat auch weiterhin seine Bemühungen um die deutsch-russische Verständigung nicht aufgegeben. In Wien gingen auch seine Pläne gemeinsam mit denen des
russischen Gesandten Urbich (der kurz darauf durch Andrej Artamonovic Matveev abgelöst
wurde) und dem Einverständnis Anton Ulrichs und des Zaren auf die Entsendung eines
russischen Hilfskorps nach Deutschland. Erst nach den Friedensschlüssen von Rastatt und
Baden 1713-14 veränderten sich die Bedingungen für ein solches Bündnis, so daß die
Bemühungen darum vorübergehend schwächer wurden.

Leibniz' Wünsche, eine Verwendung im russischen diplomatischen Dienst zu finden,
bleiben unerfüllt. Diese Wünsche hingen mit der schon in einer Denkschrift für Anton
Ulrich von 1709 geäußerten Absicht zusammen, er sei „wegen vieler Ursach gänzlich entschlossen, an [s]einem Orth (das heißt Hannover) abzubauen."[18] In Wien versuchte er nun,
sich durch eine neue Stellung, sei es als Präsident einer zu gründenden wissenschaftlichen
Sozietät, sei es als Reichshofrat, eine geeignete Basis für die Verwirklichung seiner weit-
reichenden Pläne und Absichten zum Besten der Allgemeinheit zu schaffen.

---

[14] Pills, Franz: *Die Beziehungen des kaiserlichen Hofes unter Karl VI. zu Russland bis zum Nystädter
Frieden (1711-1721)*. Phil. Diss. Wien 1949.

[15] Guerrier: *Leibniz in seinen Beziehungen zu Rußland*, S. 267 f.

[16] Leibniz für Kaiser Karl VI., Denkschrift betr. Seine Leistungen und Pläne, 18. Dezember 1712
(Grotefend, Karl Ludwig: *Leibniz-Album. Aus den Handschriften der K. Bibliothek zu Hannover*,
Hannover 1846, S. 18-20).

[17] Vgl. Leibniz an Zar Peter I., 26. Oktober 1713 (21818): „... daß auch Seine Römische Kayserl. Mt
[...] mit vergnügen das jenige anhöret, was ich mit danckbarkeit und wahrheit von E. Mt gemeldet.".

[18] Guerrier: *Leibniz in seinen Beziehungen zu Rußland*, S. 171.

(b)   Der Reichshofrat als Behörde und Leibniz' Stellung ihm gegenüber

Es soll zunächst eine kurze Charakterisierung der Behörde versucht werden, deren Mitglied zu werden Leibniz sich während seines ganzen Lebens, besonders aber in den letzten Jahren nachhaltig bemühte.

Dabei muß das Werk über den Reichshofrat von Oswald v. Gschließer, der als erster anhand des im Österreichischen Staatsarchiv liegenden, etwa 12000 Faszikel umfassenden Aktenmaterials eine Untersuchung über die gesamte Geschichte sowie die Bedeutung und Verfassung des Reichshofrats angestellt hat, zugrundegelegt werden.[19] Zum ersten Mal taucht der Gedanke, sich zur Schlichtung von politischen Streitigkeiten im Deutschen Reich sowie zur Beratung in Regierungsgeschäften eines Ratskollegiums zu bedienen, bei Kaiser Maximilian I. auf. Dieser Gedanke wird in der Hofordnung von 1498 und in einem Libell zur Staatsreform von 1518 als Plan entwickelt, kommt aber erst unter Kaiser Ferdinand I. zur Ausführung. Die Mitglieder dieses Kollegiums oder Hofrates waren vom Kaiser ernannte Räte, die vor allem in Justizfragen tätig sein sollten, über deren Beschlüsse aber ein Geheimer Rat neben dem Kaiser die letzte Entscheidung fällte. Seinen Sitz hatte der Rat immer am jeweiligen Aufenthaltsort des Hofes. Seine Amtstätigkeit unter König Ferdinand I. ist nur für die Dauer der Anwesenheit Kaiser Karls V. im Reich nachzuweisen. Erst nach der Abdankung Kaiser Karls V. und der Erhebung Ferdinand I. zum deutschen Kaiser wurde er eine ständige Einrichtung und wurde von nun an Reichshofrat genannt. Eine Hofratsordnung von 1559, im Grunde nur eine Erneuerung derjenigen von 1541, umgrenzte seinen Aufgabenbereich. Dieser beschränkte sich nicht auf Rechtsprechung, sondern auch Fragen der Innen- und Außenpolitik wurden hier beraten, ebenso Verwaltungsgeschäfte und Reservat- und Gnadensachen des Kaisers wurden erledigt. Es bestand keine strenge Unterscheidung zwischen richterlicher und politischer Funktion dieses Rates, entsprechend den Räten an kleineren deutschen Fürstenhöfen, nur war in seinem Namen – Reichshofrat – ausgedrückt, daß sein Amtsbereich sich auf das ganze Deutsche Reich erstreckte. Im Verlauf seiner späteren Geschichte ist allerdings die Beratung des Kaisers in Staatssachen immer mehr auf den Geheimen Rat und dann die Geheime Konferenz übergegangen; lediglich die Verwaltungstätigkeit und Rechtsprechung blieben erhalten. Dabei bestand niemals eine ganz klare Abgrenzung zu den Kompetenzen des Reichskammergerichts. Auch eine Abtrennung der österreichischen Verwaltung durch einen eigenen Hofrat kam allmählich zustande. Unter Ferdinand III. wurde 1637 eine Revisionsordnung erlassen, der zufolge die schon seit einigen Jahren bestehende österreichische Hofkanzlei wohl endgültig die Justiz und Verwaltung der Erbländer übernahm. Dagegen blieb der Reichshofrat auch für die noch im Lehensnexus des Deutschen Reichs stehenden nord- und mittelitalienischen Gebiete als deren oberste Gerichtsbehörde maßgebend. An dieser Stelle fand daher der Gedanke vom Römischen Reich deutscher Nation eine letzte organisatorische Verkörperung.

---

[19] Zum Folgenden vgl. den einleitenden Teil bei Gschließer, Oswald von: *Der Reichshofrat*, Wien 1942, S. 1-88.

Wenn auch der Reichshofrat im Laufe des 17. Jahrhunderts in Fragen der österreichischen Politik vom Kaiser nicht mehr zu Rate gezogen wurde, in allem, was Reichspolitik
und Reichsrecht anging, blieb er noch bis zu Leopold I. zuständig. Er verfaßte über die
ihm vorgelegten Fragen Gutachten, die der Kaiser nach nochmaliger Vorlage im Geheimen
Rat in der Mehrzahl der Fälle billigte. Aus der Fülle der von Gschließer hierzu angeführten
Beispiele sei nur die 1665 ausgesprochene Bitte des Zehnstädtebundes im Elsaß um Hilfe
gegen Frankreich genannt. Der Reichshofrat war der Auffassung, wenn das Reich dieser
Bitte nicht entspräche, könne Frankreich glauben, es handle rechtmäßig. Zu dem gleich
gearteten Fall der Vasallen der Bistümer Metz, Toul und Verdun, über die Frankreich die
volle Souveränität beanspruchte, hat sich Leibniz wohl im Auftrag des Kurfürsten von
Mainz 1670 in einem Aufsatz ähnlich geäußert,[20] ebenso zu der Bitte des burgundischen
Kreises um Schutz gegen Frankreich, der ihm nach Ansicht Frankreichs durch § 3 des
Münsterschen Friedens „Et ut eo sincerior" verwehrt war. Seinen gleichlautend betitelten
Aufsatz hat Leibniz in seinen Eingaben an den Kaiser immer wieder als eine von ihm
verfaßte reichsrechtliche Schrift hervorgehoben.[21]

Noch unter Kaiser Ferdinand III. wurde 1654 die Tätigkeit der Reichshofrates als Ver-
waltungs- und Regierungskolleg des Kaisers durch eine Reichshofratsordnung neu geregelt. Diese Tätigkeit umfaßte von Amts wegen die Wahrung von Recht und Verfassung
des Deutschen Reiches, die Schutzherrschaft des Kaisers über die Kirche, die Wahrung
der kaiserlichen Regalien. Auf Ansuchen der Reichsglieder oder Reichsuntertanen erteilte
der Reichshofrat Privilegien, bestätigte Verträge, Primogenituren, Testamente und war für
Gnadensachen zuständig. Dabei entzogen sich jedoch in zunehmendem Maße die größeren
deutschen Fürstentümer bis zur Grafschaft herab dem kaiserlichen Einfluß und der Reichshofrat wurde vor allem, soweit möglich, eine Instanz für reichsunmittelbare geistliche
Stifte, Reichsstädte und die Reichsritterschaft. Durch Schutzmaßnahmen für die schwäche-
ren Reichsmitglieder versuchte die kaiserliche Politik, besonders seit Josef I., die Verfassung aufrechtzuerhalten und Mißbräuchen und wirtschaftlichem Verfall entgegenzusteuern.

Für einen solchen Schutz der Kleinen gegenüber den Mächtigen setzte sich auch Leibniz ein.[22] Die Interessen der ganzen Nation mußten auf dem Gebiet der Konkordate mit
der Römischen Kurie gewahrt werden. Zoll- und Münzfragen wurden hier geregelt, die
Bücherzensur in Frankfurt a. M. unterstand dem Reichshofrat, ebenso die Erteilung der
Druckprivilegien. Ferner war der Reichshofrat für alle Reichslehenssachen zuständig, nicht
nur in Streitfällen über Veräußerung und Verwirkung von Lehen oder deren Erbfolge, sondern auch in der Sorge für Erhaltung der Lehen, Vornahme der Lehensinvestitur mit allen
dazugehörigen Formalitäten sowie der Erteilung von Lehensanwartschaften. In diesem
Punkt war auch seine fast ausschließliche Kompetenz gegenüber dem Reichskammergericht unumstritten.

---

[20] A IV,1 S. 413 ff. In ulteriorem ex partie regis christianissimi diluitionem; Erläuterungen ebd.,
S. 652-654.

[21] A IV,1 S. 113 ff. In § et ut eo sincerior 3. instr. pac. caes. gall.; Erläuterungen ebd., S. 592.

[22] Siehe unten, S. 78.

Rechtsprechung auf Ansuchen von Parteien übte der Reichshofrat besonders gegen Reichsunmittelbare aus, reichsmittelbare Untertanen konnten sich nur in zweiter Instanz bei Berufung gegen ihre landesfürstlichen Gerichte an ihn wenden. Für Rangerhöhungen jeder Art und damit auch für alle Rangstreitigkeiten und Standesfragen war er allein maßgebend. In der Jurisdiktion bestand die Haupttätigkeit des Reichshofrats. Die hierhergehörigen Akten sind im Laufe der Jahrhunderte – er bestand bis zum Ende des Kaiserreichs 1806 – zu mehr als 10 000 Faszikeln angewachsen. Es gab kaum eine deutsche Dynastie, die hier nicht einmal prozessiert hätte. Kurfürsten, Fürsten und Grafen suchten ihre Rechte gegeneinander geltend zu machen, stritten aber auch innerhalb ihrer Familien. Mit zwei der von Gschließer dazu angeführten Fällen ist auch Leibniz während seiner Jugend in Berührung gekommen. Das eine Mal verfaßte er ein auf kanonischem und weltlichem Recht fundiertes Gutachten für den Herzog Christian Louis I. von Mecklenburg gegen dessen zweite Gemahlin,[23] das andere Mal nahm er 1670 zum oldenburg-delmenhorstschen Sukzessionsstreit Stellung, wohl auf Ansuchen eines für das dänische Interesse wirkenden älteren Gönners.[24] Doch haben weder das Gutachten für den Herzog noch die schriftlichen Bemerkungen zum Sukzessionsstreit auf den Gang der Ereignisse Einfluß gehabt.

Reichsunmittelbare prozessierten nicht nur gegeneinander, sie wurden auch oft von Reichsmittelbaren vor dem Reichshofrat belangt. Oft traten Bürger und Bauern, Zünfte, Universitäten, Klöster hier gegen ihre Herren, Fürsten, Bischöfe, Domkapitel und Magistrate als Kläger auf. Ihre Beschwerden waren oft erfolgreich, doch schränkte das immer häufiger erteilte Privilegium de non appellando die Befugnisse des Reichshofrats als höherer Instanz immer weiter ein.

Der arbeitsmäßige Umfang der reichshofrätlichen Tätigkeit läßt sich durch das Fehlen von Einlaufprotokollen nicht sicher bestimmen. Doch geht aus den erhaltenen Resolutionsprotokollen der früheren Zeit hervor, daß in vier bis fünf Sitzungstagen in der Woche 10 bis 20 Gutachten täglich vorgetragen wurden. Dabei muß eine erhebliche Anzahl von Stücken doch unerledigt geblieben sein. Unter Josef II., der den Geschäftsgang kontrollierte, wurde die Anzahl der Erledigungen von Jahr zu Jahr größer. Die verhältnismäßig geringe Zahl von gefällten Urteilen ist allerdings in der Hauptsache darauf zurückzuführen, daß viele Streitigkeiten durch Zurücknahme der Parteien oder durch Aufforderung des Reichshofrates zur Rechtfertigung oder zur gütlichen Einigung beigelegt wurden. Dies bedeutete auch einen Vorzug gegenüber dem Reichskammergericht, dem solche Mittel der raschen außergesetzmäßigen Erledigungen nicht zu Gebote standen.

In allen Staatsangelegenheiten, Reservats- und Gnadensachen und bei Uneinigkeit der Reichshofräte in richterlichen Erkenntnissen mußte ein Vortrag vor dem Kaiser erfolgen in Gegenwart des Präsidenten und des Reichsvizekanzlers. Dem Kaiser war damit die letzte Entscheidung auch in Justizfragen vorbehalten. Dagegen wurden von protestantischer Seite Bedenken erhoben. Allerdings ist Gschließer der Meinung, daß sie fehl am Platze waren, da der Kaiser in der Mehrzahl der Fälle die Gutachten der Reichshofräte gebilligt habe. Daher

---

[23] A IV,1 S. 433 ff.; A IV,1 S. 654 ff.

[24] A IV,1 S. 702 ff.

glaubt er auch, sich wegen der oft bemängelten einseitig katholischen Rechtsprechung auf
die Seite des Kaisers stellen zu müssen. Der Kaiser war nach mittelalterlichen Vorstellungen oberster Gerichtsherr im Reich, und der Reichshofrat war die einzige Behörde, durch
die dies zum Ausdruck kam. Sie unterstützte den Kaiser bei der Wahrung seiner Stellung
im Reich, wozu allerdings auch „fiskalische Prozesse von oft einschneidender finanzieller
Auswirkung" beitrugen. Andererseits stand der Reichshofrat in seiner Bedeutung für die
Einheit des Reichs an erster Stelle. Er wirkte als Reichskammer vor dem Reichskammergericht, an dem ein nur begrenzter Aufgabenbereich langsamer bewältigt wurde, und vor
dem Reichstag, der eher die deutsche Uneinigkeit zur Schau stellte. Die Reichshofräte,
die aus allen Gegenden des Reiches stammten, hatten daher in Wien den Vortritt vor allen
andern Räten des Kaisers außer den Geheimen. Nicht nur Reichsmittelbare, auch die großen
deutschen Reichsfürsten waren daher sehr an dieser Behörde interessiert, wenn auch oft
in negativem und kritischem Sinn. Die Kurfürsten versuchten durch immer neue Artikel
in den Wahlkapitulationen Einfluß auf den Reichshofrat zu gewinnen. Sie erstrebten und
erlangten daher auch eine Visitationsbefugnis des Erzkanzlers für ihn.

Unparteilichkeit in politischen und jurisdiktionellen Entscheidungen bestand nicht und
war auch niemals möglich. Die Tatsache, daß von der festgesetzten Zahl von 18 Reichshofräten nie mehr als ein Drittel, oft weniger, evangelisch war, hat immer den Argwohn
der Protestanten erregt. Doch Mißstände der Art wie schleppender Geschäftsgang, Unzulänglichkeit oder Bestechlichkeit der Richter, gab es bei allen Hofgerichten der Zeit,
nur waren ihre Auswirkungen nicht so weitreichend wie bei der obersten Reichsbehörde.
Die Schwerfälligkeit des Prozeßganges kam durch den Gebrauch zustande, jede Rechts-
sache durch Verlesung eines oder mehrerer Gutachten in Vollsitzungen zu behandeln, so
daß gegenüber den zahlreichen Einläufen nur weniges zum Abschluß gebracht werden
konnte. Eine weitere Beschwerde der Reichsstände war das Zurückhalten von Urteilen aus
politischen Gründen, bzw. die Beeinflussung und Abänderung der Beschlüsse durch den
Geheimen Rat und das Kabinett des Kaisers. Man versuchte, dem auch durch die Wahlkapitulationen entgegenzusteuern. Die Ernennung der Reichshofräte geschah durch den Kaiser,
der auch durch ihre Besoldung allein aus Einkünften der österreichischen Hofkammer
diese von sich abhängig machte. Doch war er wie der ihn beratende Reichshofpräsident
und Reichsvizekanzler in der Beurteilung der Fähigkeiten eines Mannes auf Empfehlungen
dritter angewiesen. Zudem war die Anzahl der Bewerber – wegen der stets unzureichen-
den Bezahlung – nie groß. Viele wurden ihren mächtigen, reichsfürstlichen Protektoren
zu Gefallen aufgenommen; seit der zweiten Hälfte des 17. Jahrhunderts erhielten junge
Adlige als Überzählige, Supernumerarii, unbesoldet den Posten, bei denen Interesse und
Kenntnisse nur gering waren. Die unzureichende und unpünktliche Bezahlung verursachte
häufig Bestechlichkeit der Mitglieder. Dies wurde erst unter der Regierung Karls VI. und
Josefs II. besser. Auf seiten der Reichshofräte bildeten deren Verspätungen bei den Sitzungen oder unentschuldigtes Fernbleiben einen Grund zur Klage. Den Einwand der einseiti-
gen katholischen Einstellung des Reichshofrates weist Gschließer damit zurück, daß nicht
jedes Urteil gegen die Protestanten gefällt wurde, daß diese andrerseits die Zuständigkeit
des Reichshofrates nur dann ablehnten, wenn er gegen, nicht wenn er für sie entschied,

daß sie auch in ihren Händeln untereinander, sogar in Familienangelegenheiten sich an diesen wandten. Die Verfassung des Reichshofrates wird aus den Reichshofratsordnungen von 1559, 1617 und besonders von 1654, die bis zum Ende des Jahres 1806 in Kraft blieb, deutlich. An der Spitze stand der Kaiser, als sein Vertreter amtierte der Reichshofpräsident, der Reichsfürst, Graf oder Freiherr sein mußte. Ihm folgte im Rang der Reichsvizekanzler als Chef der zum Reichshofrat gehörigen Reichskanzlei. Er übernahm die Leitung des Reichshofrates bei Abwesenheit oder Tod des Präsidenten, überließ den Vorsitz im Kolleg aber meistens dem Reichshofratsvizepräsidenten. Das Kollegium der Reichshofräte war in Laien, d.h. Grafen und Herren, und Ritter und Gelehrte geschieden, die jeweils eine Bank an der Tafel einnahmen. Die häufig erfolgende Ernennung eines Reichshofrates zum Freiherrn führte wegen der höheren Besoldung der Gelehrten nicht immer zu einem Wechsel auf die Grafen- und Herrenbank. Auf jeder Seite erhielt der zuletzt Introduzierte den untersten Sitz. Die Zahl der Reichshofräte betrug Anfang des 17. Jahrhunderts 24, wurde auf Bitten der evangelischen Stände in der Reichshofratsordnung von 1654 auf 18 festgesetzt, betrug in Wirklichkeit aber immer mehr, bis zu 30 und 34 Personen. Dies kam durch die stärkere Besetzung der Herrenbank mit unbesoldeten jungen Adligen zustande, die von hier aus vom Kaiser zu Staatsämtern und -missionen ausgesucht wurden. Letztere erschienen jedoch selten zu den Sitzungen, so daß dort die Zahl der Gelehrten oft der der Herren gleich war oder sie sogar überwog.

Nach der Ordnung von 1559 sollten die Räte gebürtige Deutsche, begütert, sprachkundig, juristisch gebildet, auch tauglich zur Verwendung auf dem Reichstag und bei anderen Gesandtschaften sein. Da seit Ferdinand III. die österreichischen Belange von eigenen Hofbehörden behandelt wurden, war die Forderung nach Wahl der Reichshofräte aus dem Reich nicht unbillig, und sie wurde auch zum größten Teil erfüllt. Die hin und wieder vorkommende Wahl eines Italieners war durch die Zugehörigkeit italienischer Gebiete zum Reich gerechtfertigt. Auf den Besitzstand, der aus Gründen angeblicher größerer Interessiertheit am Wohl des Reiches gefordert worden war, nahm man praktisch keine Rücksicht. Eine Aufnahmeprüfung bestand aus der Besprechung eines Probeberichtes des Aufzunehmenden auf Grund spruchreifer Akten. Diese fiel bei im Dienst bereits bewährten Beamten und anerkannten Gelehrten natürlich weg. Viele haben hohe Stellungen bei deutschen Fürsten auf die Berufung des Kaisers zum Reichshofrat hin verlassen. Die Reichshofräte evangelischen Bekenntnisses waren immer in der Minderzahl. Bei der Abstimmung sollte daher die Stimmenzahl der Evangelischen, wenn diese einer Meinung waren, der der Katholischen gleich sein. Diese fiktive Parität wurde jedoch in der Praxis bei fehlender Stimmeneinhelligkeit der Protestanten durch Entscheidung nach der reinen Stimmenmehrheit aufgehoben. Damit waren die Protestanten nie einverstanden, besonders da die Zahl von sechs evangelischen nicht immer erfüllt war. Die Reichshofratsordnung von 1654 enthielt die Bestimmung, daß die Reichshofräte in keinem Dienstverhältnis zu einem anderen Hof oder Herren stehen, auch von dort keine Pensionen oder Gnadengelder beziehen dürften. Auch diese wurde nicht in jedem Fall eingehalten. Eine Altersgrenze bestand nicht; viele blieben bis zu ihrem Tode in ihrer Stellung. Mit dem Ableben des Kaisers erlosch ihre Funktion, doch wurde sie in der Regel von dessen Nachfolger neu bestätigt.

Die Pflichten der Reichshofräte waren: Aufenthalt am Hof des Kaisers, ständige Teilnahme an den Ratssitzungen, die vier-, fünf- und sechsmal wöchentlich stattfanden, Verlesung der Referate und Abstimmung darüber, ferner Treue gegen den Kaiser, Unparteilichkeit, Kenntnis der Reichs- und Landesgesetze, ehrbarer Lebenswandel. Zu ihren Rechten gehörten Zollfreiheit im Reich und Österreich, Befreiung von jedem Besoldungsabzug und von Postgebühren, Unterstellung allein unter die Gerichtsbarkeit des Reichshofrates auch für ihre Angehörigen.

Die Besoldungssätze wurden im Laufe der Zeit erhöht. Kurz vor der Regierungszeit Karls VI. betrug das Jahresgehalt durchschnittlich 1300 Gulden. Karl VI. erhöhte, um den vielen Beschwerden wegen unzureichender und rückständiger Bezahlung entgegenzukommen, die Gehälter durch Dekret vom 21. Mai 1714 mit Wirkung vom 1. Oktober auf das Doppelte. Danach erhielten die Räte auf der Herrenbank statt 1300 jetzt 2600 Gulden, die auf der Gelehrtenbank statt 2000 nun 4000 Gulden, der Reichshofratspräsident 8000 Gulden. Man wollte dadurch einerseits tüchtige Räte gewinnen, andrerseits mußte man so der ständig wachsenden Teuerung Rechnung tragen. Die Präsidenten erhielten noch für ihre Person besonders festgesetzte Zulagen. Dagegen wurden alle Zulagen bzw. Pensionen der wirklichen Reichshofräte gestrichen. Unter Karl VI. wich man von der Anordnung ab, nur 18 Reichshofräte zu besolden, sondern es wurde zahlreichen Titularreichshofräten eine Besoldung in Form einer Pension gewährt, auch wenn sie nie an einer Sitzung teilgenommen hatten oder introduziert worden waren. Die ordentliche Reichshofratsbesoldung durfte erst vom Tag der Einführung an in Anspruch genommen werden, um die beim Obersthofmeister nachgesucht werden mußte unter Vorzeigen des Ernennungsdekrets. Dies sind etwa die Hauptpunkte, die Gschließer über die historische Bedeutung und Verfassung des Reichshofrates in mehrjährigen gründlichen Aktenstudien erarbeitet hat. Daran schließt sich eine eingehende Würdigung der einzelnen Epochen dieser Behörde unter den jeweiligen regierenden Kaisern, wobei Lebenslauf, Bildungsgang und Leistung jedes einzelnen Reichshofrates, soweit dies unter Benutzung des vorhandenen Aktenmaterials sowie der Literatur möglich war, eingehend gewürdigt werden.

Während der Regierungszeit Kaiser Karls VI. ist Leibniz der erste, der von diesem zum Reichshofrat ernannt wird. Gschließer schildert sein Schicksal im Bezug auf das oberste deutsche Reichsgericht außer nach den Akten nach einer der frühesten, einem großen Publikum zugänglichen Lebensdarstellung Leibniz' in Zedlers Universal-Lexicon[25], sowie nach der neueren biographischen Zusammenfassung Prantls in der Allgemeinen Deutschen Biographie.[26] Auch die bisher einzige Monographie über „Leibniz als Reichshofrath in Wien und dessen Besoldung" von Joseph Bergmann wird von Gschließer herangezogen.[27] Die zwei Seiten lange Darstellung Gschließers und der Bericht Bergmanns, der von den

---

[25] „Leibnitz (Gottfried Wilhelm, Baron von)", in Zedler, Johann Heinrich: *Grosses vollständiges Universal-Lexicon aller Wissenschaften und Künste*, Bd. 16, Halle und Leipzig 1737, L. 1517-1553.

[26] Prantl, Carl von: „Leibniz, Gottfried Wilhelm", in: *Allgemeine Deutsche Biographie*, Bd. 18, 1883, S. 172-209.

[27] Gschließer: *Der Reichshofrat*, S. 378 f. Vgl. unten, S. 77 f. Zu Bergmann siehe oben, S. 1.

Leibniz betreffenden Dokumenten im Archiv der ehemaligen kaiserlichen Hofkammer Gebrauch gemacht hat, bieten ein Bild, das sich durch Einsichtnahme in die betreffenden Papiere des Leibniz-Nachlasses in Hannover kaum wesentlich veränderte. Diese lagen ja auch bei Abfassung der von Bergmann benutzten Leibniz-Biographie Guhrauers, die 1846 in Breslau erschien, bereits vor. Die Frage nach dem Erfolg von Leibniz' Bemühungen in Wien, die hier wie bei gelegentlicher Erwähnung auch in der übrigen Leibniz-Literatur bisher verneint wurde, muß jedoch neu gestellt und nach zwei Richtungen hin vertieft werden. Einmal sind bisher nur die im großen und ganzen von Leibniz selbst zusammengestellten Aktenstücke für seinen Wiener Aufenthalt von 1712 bis 1714 (Hannover, Niedersächsische Landesbibliothek LH XLI 9) berücksichtigt worden. Dagegen wurden spätere Zeugnisse aus dem Briefwechsel mit den Wiener Freunden und Gönnern, obgleich teilweise gedruckt, weniger beachtet. Diese zeigen deutlich, daß Leibniz wenigstens in der Gehaltsfrage einen – wenn auch mühsam errungenen – Erfolg zu verzeichnen hatte. Zum andern scheint das Hauptproblem in der Frage zu liegen, ob Leibniz überhaupt je die Absicht hatte, ein Reichshofrat in dem oben nach Gschließer geschilderten Sinne zu werden. Leibniz als Präsident der Berliner Sozietät und angehender Präsident der von ihm geplanten Wiener Akademie der Wissenschaften hat sicher nie die Absicht gehabt, als ein referierender Rat vier- bis fünfmal wöchentlich in den Sitzungen zu erscheinen und über anfallende Streitfragen aus dem Reich zu beraten, sich also „in den Schulstaub von Reichshofrat zu stecken", wie es der Kardinal Lamberg einmal ausgedrückt hat.[28] Wohl wünschte er, einen Rahmen und einen gesicherten Platz zu finden, von dem aus er endlich die Möglichkeit hatte, von der Fülle seiner Pläne, die Politik, Wirtschaft, Wissenschaft und Recht des Deutschen Reiches betrafen, nur einiges zu verwirklichen. Wie dieser Rahmen aussah und welche von seinen Plänen sich darin würden realisieren lassen, machte er von Zeit und Umständen abhängig. Doch eben diese waren im damaligen Deutschland nicht danach angetan, dem letzten Endes kosmopolitisch gearteten Denken eines Leibniz Rechnung zu tragen. Es fand sich keiner unter den deutschen Territorialfürsten, der Interesse für Pläne gehabt hätte, die über seinen eigenen Staat hinaus das Wohl und Wehe einer größeren überstaatlichen Gemeinschaft beachteten.[29] So kam es, daß Leibniz der antiken Spruchweisheit „non multa, sed multum" entgegenhandeln mußte. Der Ansatzstellen, von denen aus er noch im hohen Alter von neuem zu beginnen trachtete, wurden es immer mehr. Er wollte zur gleichen Zeit die Welfengeschichte zu Ende bringen, als russischer Geheimer Justizrat das Rechtswesen Rußlands reformieren, in Petersburg und Wien eine Akademie der Wissenschaften gründen und schließlich in Wien Reichshofrat und in London englischer Hofhistoriograph werden; ganz zu schweigen von dem Plan, den er Pater Tournemine gegenüber äußerte, nach Paris übersiedeln zu wollen.[30] Wenn ihm auch äußerlich der Erfolg auf diese Weise versagt bleiben mußte, da sich auch nur ein Teil dieser Pläne durch den Einsatz aller Kräfte

---

[28] Urbich an Leibniz, 28. Mai [1709] (Guerrier: *Leibniz in seinen Beziehungen zu Rußland*, S. 113 f.).

[29] Vgl. Streisand, Joachim: *Geschichtliches Denken von der deutschen Frühaufklärung bis zur Klassik*, Berlin 1964, S. 36 f.

[30] Vgl. Tournemines Brief im *Journal des Sçavans*, Februar 1722.

auch eines Leibniz nicht verwirklichen ließ, so sind doch manche seiner der Liebe zur Wissenschaft entspringenden Vorhaben, wie das der Petersburger Akademie, bald nach seinem Tode verwirklicht worden, und seine wissenschaftlichen Werke, wie die Annalen, Denkschriften aller Art und der Gelehrtenbriefwechsel blieben der Nachwelt erhalten. Und dies ist schließlich der im wesentlichen von Leibniz angestrebte Erfolg, dem es bei seinen Unternehmungen nie in erster Linie um sein eigenes Wohl ging. Unter diesem Blickpunkt müssen auch seine Bemühungen während des Wiener Aufenthaltes gesehen werden. Es war ihm schließlich gleichgültig, ob er als Präsident der neuzugründenden Sozietät der Wissenschaften, als Reichshofrat oder als Kanzler von Siebenbürgen wirkte. Er wollte damit nur eine Grundlage für seine Tätigkeit gewinnen, die er am liebsten als persönlicher Berater des Kaisers in allen Lebensfragen des Landes ausgeübt hätte.[31] Seine zahlreichen Denkschriften für den Kaiser, die auf die verschiedensten Themen von Politik und Wirtschaft eingehen, und in denen er in den ersten Monaten seines Aufenthaltes zuerst immer um einen persönlichen, jederzeitigen Zutritt zum Kaiser bittet, geben beredtes Zeugnis davon. In dieser Weise hat sich Leibniz sicher auch seine Stellung als Reichshofrat gedacht. Nicht zuletzt wird auch der Gedanke daran, daß diese ihm eine Tätigkeit in Wien ohne Wechsel der Konfession ermöglicht hätte, auschlaggebend gewesen sein.[32]

Es wird nun im einzelnen darzustellen sein, wie er doch in seinen letzten Lebensjahren bis zu seinem Tod ernsthafter als je zuvor bemüht war, sich in dieser Position unter Wahrung aller Formalitäten zu festigen, und wie er nicht nur, auf seinen bereits publizierten Werken aufbauend, dem Kaiser Pläne für Rechtswesen und Rechtsreform vorlegte, die über die an einen Reichshofrat gestellten Forderungen weit hinausgingen, sondern auch auf Grund seiner jahrzehntelangen Forschungen auf dem Gebiet des Reichsrechtes in die Politik seiner Zeit einzugreifen versuchte.

---

[31] Leibniz an Kaiser Karl VI., [nach dem 15. September 1713] (LH XLI 9 Bl. 129-136).
[32] Siehe unten, S. 15.

Teil I
Erwerbung der Reichshofratswürde

(1) Leibniz' Empfehlung durch Hofkanzler Theodor Althet Heinrich v. Strattmann (1688–1693)

Bekanntlich hat Leibniz während seines ganzen Lebens versucht, am Hof in Wien Fuß zu fassen, sei es als Reichshofrat, als Bibliothekar oder Historiograph. Das erste Mal hatte er einen Plan dieser Art im Jahre 1680. Damals hoffte er, auf Grund zahlreicher Anregungen und Vorschläge, die er dem Wiener Hof unterbreiten wollte, durch Vermittlung des in Wien weilenden kurtrierischen Geheimen Rats Johann Lincker eine Stelle als Reichshofrat zu erhalten. Er blieb auch dabei, als sich ihm durch den im gleichen Jahr erfolgten Tod Peter Lambecks die Aussicht auf eine Anstellung als Bibliothekar der Hofbibliothek eröffnete. Die gleichzeitige Stellung als Reichshofrat hätte ihn davor bewahren können, den in Wien sonst unvermeidlichen Bekenntniswechsel vornehmen zu müssen.[1] Jedoch gegen den Willen des Hofkanzlers Johann Paul Freiherr v. Hocher wurde ein anderer zum Bibliothekar berufen, und der Reichshofrat war durch die Zahl von etwa 27 Mitgliedern übersetzt.[2] Ein zweiter – sehr intensiver – Versuch um eine Reichshofratsstelle fällt in die ersten Jahre des 18. Jahrhunderts. So drängt sich einem ein Zusammenhang dieser Bemühungen mit dem Tod zweier Dienstherren, Johann Friedrich und Ernst August auf. Herzog Johann Friedrich starb bereits 1679. Er war ein Leibniz wohlgesonnener und kongenialer Fürst, in dessen Dienst dieser jedoch nur drei Jahre verbrachte. Das Verhältnis zu seinem Nachfolger, Herzog Ernst August, gestaltete sich etwas weniger herzlich, doch als auch dieser 1698 starb, wurde Leibniz' Bestreben nach einem neuen Wirkungskreis unter dessen Sohn Kurfürst Georg Ludwig nur noch lebhafter. Den Grund für den Vorzug, den er dabei stets der Wiener Metropole gab, nennt er selbst in einem Brief an den Kaiser während seines ersten, hier darzustellenden Aufenthaltes in der Stadt im Jahre 1688: er habe immer gewünscht, zum Nutzen der Allgemeinheit ein „hohes Haupt zu protegierung guther gedanken inflammiren" zu können. Daher habe er sein Absehen am meisten auf den Kaiser gerichtet als das Oberhaupt aller Deutschen und wegen der besonders wissenschaftsfreundlichen Gesinnung

---

[1] Vgl. A I,3 S. XLIV f.
[2] Vgl. A I,3 S. 441 Z. 16 und S. 442 Z. 13 sowie S. 445 Z. 3-8.

© Springer-Verlag Berlin Heidelberg 2016
W. Li (Hrsg.), *Leibniz als Reichshofrat*, DOI 10.1007/978-3-662-48390-9_2

des gegenwärtigen Herrschers.[3] So erbietet er sich unter Anwendung einer verbesserten historiographischen Methode, die Lebensgeschichte Kaiser Leopolds I. zu schreiben. Dabei will er die lateinische Sprache anwenden, denn sie sei als tote und damit sich nicht mehr verändernde Sprache geeigneter, historische Fakten zu verewigen, sie gleichsam einzubalsamieren wie mit den Mumien zu geschehen pflegte, während eine lebendige Sprache sich weiterentwickelte und daher die italienische, in der allein bisher Biographien Leopolds erschienen seien, für die Nachwelt unverständlicher werden könne.[4] Leibniz macht aber gar keinen Anspruch darauf, Hofhistoriograph mit amtlicher Funktion zu werden. Vielmehr ist es wieder der Rang eines Reichshofrates, der ihn lockt. Wie 1680 in den Briefen an Lincker[5] weist er auch jetzt, acht Jahre später, auf seine Stellung als Hofrat beim Herzog von Hannover hin, in dessen Kollegium er einer der ältesten sei. Der Wunsch, am kaiserlichen Hof keine schlechtere Position einzunehmen, involviert wohl wieder die damit gegebene Möglichkeit, Protestant bleiben zu können.

Welche weiteren Schritte Leibniz 1688 unternahm, um seinen Wünschen Nachdruck zu verleihen, geht aus dem erhaltenen Briefwechsel nicht eindeutig hervor. Doch war er zu dieser Zeit mit seinen Entdeckungen über die in Italien sichtbar werdenden Ursprünge des Welfenhauses zu beschäftigt, als daß er an einen endgültigen Abbruch seiner Beziehungen zum Hause Braunschweig-Lüneburg hätte denken können. Immerhin ist erkennbar, daß Leibniz damals mit den einflußreichsten kaiserlichen Ministern Verbindung bekam und daß der Gedanke, für immer nach Wien zu ziehen, dabei eine Rolle spielte. Der Hofkanzler Theodor Althet Heinrich v. Strattmann ist dafür an erster Stelle zu nennen. Er war bereits seit dem Jahre 1669 mit Leibniz gut bekannt, als Leibniz im Auftrag des bekannten kurmainzischen Ministers Johann Christian v. Boineburg zur Zeit der polnischen Königswahl eine Flugschrift zugunsten des Kandidaten Philipp Wilhelm Pfalzgraf von Neuburg verfaßte.[6] Strattmann, der mit Boineburg als pfalzneuburgischer Gesandter zur Wahl nach Warschau ging, besorgte damals die Drucklegung der Leibnizschen Schrift in Königsberg. Das Datum des ersten Zusammentreffens mit Strattmann in Wien ist nicht mehr festzustellen, doch schickt ihm Leibniz, der seit April 1688 sich dort aufhält, im November und Dezember seine „Politischen Betrachtungen" über den Pfälzischen Krieg.[7] Er muß also schon vorher die Bekanntschaft mit ihm erneuert haben. Die gleichen Betrachtungen sowie seine Gedanken zur Einrichtung eines *Collegium imperiale historicum*, das von zwei deutschen Historikern geplant wurde, läßt er dem Reichsvizekanzler Leopold Wilhelm Graf von Königsegg überreichen.[8] Auf der Weiterreise nach Italien arbeitet Leibniz für Strattmann auch noch einen großangelegten Plan einer aufzustellenden Universalbibliothek aus.[9] Die

---

[3] Leibniz an den Kaiser, Ende Oktober 1688 (A I,5 Nr. 149).

[4] Vgl. Leibniz: *De usu collegii Imperialis Historici arcaniore* (A I,5 Nr. 153, S. 277-280).

[5] Vgl. A I,3 Nr. 334 u. 344.

[6] A IV,1 S. 1–98.; A IV, 2 S. 627 ff.

[7] Leibniz an Strattmann, November 1688 (A I,5 Nr. 154) und 30. Dezember 1688 (ebd., Nr. 187).

[8] Leibniz an Königsegg, November 1688 (A I,5 Nr. 153) und 30. Dezember 1688 (ebd., Nr. 186).

[9] Leibniz an Strattmann, Mai bis Herbst 1689 (A I,5 Nr. 247).

Verhandlungen, die er mit ihm über seine Aufnahme in kaiserliche Dienste geführt haben muß, erhellen erst aus dem später von Hannover aus mit dem Staatssekretär Caspar Florenz von Consbruch geführten Briefwechsel.

Ein weiterer Bekannter Leibniz' in Wien war der um die damals angestrebte Reunion der katholischen und evangelischen Kirche verdiente Theologe Christoph de Rojas y Spinola. Im Zuge dieser Wiedervereinigungsbestrebungen hatte er auch den hannoverschen Hof in den 70er und 80er Jahren des 17. Jahrhunderts besucht. Mit Leibniz, der mit den Reunionsverhandlungen hannoverscherseits zusammen mit dem Abt Gerhard Wolter Molanus betraut wurde, verband ihn daher ein gemeinsames Interesse.

Vom November 1688 ist ein Brief Spinolas an Leibniz erhalten.[10] Dieser zeigt eindeutig, daß Leibniz über Spinola auch mit dem Reichshofratspräsidenten in Verbindung zu treten suchte. Spinola teilt ihm mit, daß er, um Leibniz seinen guten Willen zu zeigen, neulich bei dem kaiserlichen Minister Gottlieb v. Windischgrätz logiert habe, und dies habe ihm Gelegenheit gegeben, mit ihm nicht nur über die bewußte sakrosankte Materie, sondern auch über deren Förderer – das heißt Leibniz (Dominatio vestra) – zu sprechen, damit Windischgrätz deswegen bei dem Reichshofratspräsidenten, Graf Wolfgang v. Öttingen, vorstellig werde. Windischgrätz habe zwar zunächst Bedenken gehabt wegen des Einverständnisses von Serenissimus – das heißt des Herzogs von Hannover (vester) – und dessen Gesinnung, doch als ihn Spinola über Art und Weise des Beabsichtigten aufgeklärt habe, sei er bereit gewesen. Spinola konnte erkennen, daß Graf Windischgrätz Leibniz' Person sehr schätze und ihn weiterempfehlen werde. Das übrige müsse man Gott überlassen. Die Nennung Leibniz' im Zusammenhang mit dem Reichshofratspräsidenten und seinem Herrn, dessen Einverständnis in Zweifel gezogen wird, legt die Vermutung nahe, daß es sich hierbei bereits um eine Aufnahme in den Reichshofrat, zumindest aber in kaiserliche Dienste gehandelt hat. Die Zustimmung Windischgrätz', als er eine Erklärung über „Absicht und Weise" erhielt, könnte bedeuten, daß Leibniz sich zunächst eine Erledigung seiner Aufträge in Hannover vorbehielt.

Im Januar 1689 wendet sich Leibniz selbst an Graf Windischgrätz, den er durch Strattmann kennengelernt hat. Graf Gottlieb Amadeus v. Windischgrätz, seit 1656 Reichshofrat, dem 1683 Öttingen als Reichshofratspräsident vorgezogen wurde und der daraufhin aus dem Reichshofrat ausschied, war bis 1688 kaiserlicher Prinzipalgesandter auf dem Reichstag von Regensburg.[11] Leibniz fragt ihn nach einem Buch über französisch-türkische Beziehungen, das Windischgrätz für Graf Öttingen besorgt haben soll, und bittet, ob er ihm nicht anläßlich einer leihweisen Überlassung der genannten Memoiren Zutritt bei Öttingen verschaffen könne, den er als einen ausgezeichneten Mann hat rühmen hören.[12] Eine schriftliche Antwort Windischgrätz' hierauf ist nicht bekannt und auch kein späteres Zeugnis dafür, daß Leibniz Öttingen damals kennengelernt hat. Doch auf seiner Rückreise von Italien, das Leibniz anschließend an Wien aufsuchte, ist er noch einmal für kurze Zeit in Wien gewesen, bevor er endgültig nach Hannover heimkehrte. Durch ein Billet benachrichtigt er Windischgrätz von

---

[10] Spinola an Leibniz, 9. November 1688 (A I,5 Nr. 158).

[11] Vgl. Gschließer: *Der Reichshofrat*, S. 275 f.

[12] A I,5 S. 346.

seiner Ankunft.[13] Dieser ist gerade für einige Tage aus Wien abwesend. Als er zurückgekehrt Leibniz' Billet empfängt, teilt er diesem sein Bedauern über die verpaßte Gelegenheit mit, tröstet sich aber damit, daß er am Tag zuvor erfahren und vom Kaiser bestätigt erhalten habe, daß er gewillt sei, Leibniz in seinen Dienst zu nehmen. Höflich fügt Windischgrätz hinzu, daß auch er dies leidenschaftlich wünsche.[14] Leibniz antwortet in einem begeisterten Schreiben, wie er sich über des Ministers Wertschätzung für ihn freue.[15] Einige Zufälle halten ihn noch zwei bis drei Tage in Wien auf, bevor er zu seinem Landesherrn, der gerade in Karlsbad zur Kur weilt, weiterreisen kann. Und nun sucht er sofort die Gelegenheit zu nützen. Wenn die Güte des Kaisers bis zu Leibniz hinabgelangt ist, wie Windischgrätz erfahren hat, so kann er sich keinen geeigneteren Mann als ihn vorstellen, dieser in irgendeiner Form zu einem sichtbaren Ausdruck zu verhelfen. Leibniz handelt nur, wie ein guter Deutscher seinem höchsten Staatsoberhaupt gegenüber muß. Und da die Interessen seines jetzigen Herrn, des Herzogs von Hannover, mit denen des Kaisers übereinstimmen, hat Leibniz Grund zu der Hoffnung, gleichzeitig seine Pflicht und seine Wünsche erfüllen zu können. Indessen gibt es da bis zur Verwirklichung solcher Pläne Einzelheiten zu bedenken, wie er Windischgrätz nicht erst zu sagen braucht. Da er aber in einigen Tagen abreisen muß, wird sich leider kaum eine Möglichkeit bieten, dem Minister persönlich aufzuwarten.

In diesem Schwanken zwischen Zustimmung und Ablehnung zeigt sich bereits, was auch später immer wieder das Haupthindernis für eine Übersiedlung Leibniz' nach Wien gebildet hat. Leibniz konnte den hannoverschen Dienst, in dem er durch so vielfältige selbst übernommene Verpflichtungen und Aufgaben verankert war, nur quittieren, wenn ein eindeutiges Angebot von anderer Seite vorlag, wobei ihm natürlich eines aus Wien das angenehmste gewesen wäre. Nur das kann der Grund dafür sein, daß er die Sache auch später immer so darstellte, als liege auf der Gegenseite der dringende und nicht abzuweisende Wunsch vor, ihn für sich zu gewinnen – obwohl er selbst von Anfang an alles in die Wege geleitet hatte.[16] In Wien aber scheint man auf die Gewinnung Leibniz' gegen den Willen Hannovers nie Wert gelegt zu haben. Mit dieser Deutung soll jedoch vorwegnehmend eine Kritik an Leibniz' Verhalten zurückgewiesen werden, wie sie besonders in neuerer Zeit von der Niederländerin Petronella Fransen geübt wurde.[17] In ihrer Untersuchung über die

---

[13] Leibniz an Windischgrätz, 7. Mai 1690 (A I,5 Nr. 330).

[14] Windischgrätz an Leibniz, 11. Mai 1690 (A I,5 Nr. 333).

[15] Leibniz an Windischgrätz, Mitte Mai 1690 (A I,5 Nr. 334).

[16] Leibniz äußert dies selbst einmal in früher Zeit mit aller Deutlichkeit. Nach dem Tode Herzog Johann Friedrichs unterbreitete er Johann Lincker seinen Wunsch, kaiserl. Bibliothekar u. Reichshofrat werden zu wollen (vgl. oben, S. 15). Einen Brief vom August 1680 beschließt er dabei mit der beiläufigen Bemerkung, auf jeden Fall müsse der Anschein vermieden werden, als ob die Sache von ihm ausgehe. Die Gründe dafür werde sich Lincker leicht denken können (I,3 S. 424).

[17] Fransen, Petronella: *Leibniz und die Friedensschlüsse von Utrecht u. Rastatt-Baden*. Purmerend 1933. Die „Erfolgsmetaphysik" Fransens wurde bereits von Erik Wolf angegriffen (*Idee u. Wirklichkeit des Reiches im deutschen Rechtsdenken des 16. u. 17. Jhs.*, Berlin und Stuttgart 1943, S. 140, Anm.), ebenso von Paul Wiedeburg (*Der junge Leibniz, das Reich und Europa*, Mainz 1962, Tl. 1, S. 88 f., Anmerkungsband).

politischen Schriften Leibniz' aus seinen letzten Lebensjahren, die sich mit einer Wendung
zum Guten für die deutsche Sache im Spanischen Erbfolgekrieg befassen, beobachtet sie
mißbilligend, daß Leibniz selbst seine politischen Untersuchungen den Wiener Ministern
anbot, ohne dafür viel mehr als höfliche Anerkennung zu finden. Eine wirkliche Beeinflussung der Politik, da diese ja nie über den engen territorialstaatlichen Rahmen hinaussah,
konnte Leibniz' Denkschriften aber nicht beschieden sein. P. Fransen führt dies dagegen auf
Leibniz' zu geringes Verständnis für die realen Gegebenheiten, seine mit zuviel Gelehrsamkeit belastete Rhetorik und aus psychologischer Sicht auf eine menschliche Unsicherheit
zurück. Im Zusammenhang damit tadelt sie auch, daß Leibniz sich immer an einem Hof
auf die vertrauten Beziehungen zu einem andern berief und umgekehrt.[18] Doch wie man
Leibniz' Fähigkeiten als Staatsmann auch einschätzen mag, sein fortgesetztes Bestreben,
eine möglichst ehrenvolle Berufung nach Wien für sich ins Werk zu setzen, ist aus den sich
auch später immer wieder zeigenden Rücksichten auf den hannoverschen Hof zu erklären,
und eine Prüfung des Nachlasses der Wiener Zeit von 1712–1714 – den P. Fransen weder
vollständig kennt noch immer richtig interpretiert – ergibt, daß man dort in Leibniz dennoch
mehr als den „gewandten Causeur" gesehen hat.[19]

Leibniz kehrte 1690 nach Hannover zurück. Aus dem einige Zeit später einsetzenden
Briefwechsel zeigt sich, daß er den Gedanken an kaiserliche Dienste keineswegs hatte
einschlafen lassen. Zunächst machte er Graf Windischgrätz auf eine für die kaiserliche
Politik sehr wichtige Handschrift aufmerksam, die über alle Gesandtschaftsgeschäfte der
Franzosen bei der Pforte Auskunft gibt von Franz I. bis zu Ludwig III., und schlägt eine
Auswahl davon zum Druck vor.[20] In diesem Angebot sieht er einen kleinen Abtrag für die
Nichtinanspruchnahme der kaiserlichen Zustimmung zu seinen Wünschen. Ein Jahr später
ist er jedoch mit seinen Quellenuntersuchungen zur frühen braunschweigischen Geschichte
gut vorangekommen. Er bereitet sich auf die weniger diffizilen Arbeiten zur neueren Zeit
vor und kann darum gelegentlich wieder an Wien denken. Dieser Tatbestand bringt ihn
dazu, Windischgrätz[21] und den Staatssekretär des Kaisers Caspar Florenz v. Consbruch[22]
um den neuesten Stand der Aussichten auf eine Stellung als österreichischer Historiograph
zu befragen. Consbruch antwortet im April 1692 und entschuldigt die Verspätung damit,
daß er die Sache dem Hofkanzler Strattmann übergeben habe, der deswegen den Kaiser
konsultieren sollte.[23] Kaiser Leopolds Meinung darüber ist unverändert geblieben. Er ist
nach wie vor gewillt, Leibniz in seinen Dienst zu nehmen, vorausgesetzt, daß dieser nach
Wien kommen wird. Mit dieser wieder nur allgemein gehaltenen Zusicherung verbindet

---

[18] Fransen: *Leibniz und die Friedensschlüsse*, S. 200 f.

[19] Ebd., S. 155.

[20] Leibniz an Windischgrätz, September 1691 (A I,7 Nr. 193).

[21] Leibniz an Windischgrätz, 31. Dezember 1691 (A I,7 Nr. 280).

[22] Leibniz an Consbruch, [3. Februar 1692] (A I,7 Nr. 310).

[23] Consbruch an Leibniz, 3. April 1692 (A I,7 Nr. 365). Consbruch war nach Gschließer: *Der Reichshofrat*, S. 355, zu seiner Zeit die Hauptarbeitskraft der Reichskanzlei und wurde für seine Verdienste
1705 zum Reichshofrat ernannt.

Consbruch die Anfrage, ob Leibniz nicht selbst an Strattmann schreiben wolle, da man in solchen Dingen nicht sicher genug gehen könne. Eine Antwort Leibniz' darauf ist nicht erhalten. Jedenfalls berührt sein nächster Brief an Consbruch vom Dezember 1692 die Frage nicht mehr.[24] Leibniz hat, so scheint es, diesen vorgeschlagenen Weg nicht gehen können. Bereits im Dezember 1693 muß er dann Consbruch sein Beileid zum Tod Strattmanns aussprechen,[25] der dessen geistiges Vorbild gewesen war.[26] Consbruch, der jedoch seine von Leibniz vermutete Verwandtschaft mit Strattmann als Irrtum zurückweisen muß, versteht Leibniz' Trauer um den verstorbenen Hofkanzler, da dieser, wie er sagt, Leibniz sehr geschätzt habe und sich um seine weitere Förderung am Wiener Hof habe bemühen wollen.[27] Im Jahre 1694 sendet Leibniz Consbruch als Beilage eines Briefes für Graf Windischgrätz ein Glückwunschschreiben und ein Buch über das Kriegswesen.[28] Bei dem Anlaß zu der Gratulation handelt es sich wohl um Windischgrätz' Ernennung zum Reichsvizekanzler anstelle des am 5. Februar des Jahres verstorbenen Reichsvizekanzlers Grafen Königsegg. Doch bereits im Dezember 1695 starb auch Windischgrätz, und so konnte Leibniz im Mai 1701 dem Grafen Buchhaim bei seinem erneuten Versuch, in Wien Fuß zu fassen, melden, daß schon Reichsvizekanzler Königsegg und Hofkanzler Strattmann ihn dazu aufgefordert hätten.[29] Er besitze auch ein Schreiben des Grafen Windischgrätz darüber. Mit dem Schreiben ist wohl das oben zitierte Billet des Grafen anläßlich Leibniz' Durchreise durch Wien 1690 gemeint.[30] Der Tod dieser Herren, schreibt Leibniz weiter, und verschiedene andere Hindernisse hätten damals die Sache vereitelt.

Zwei Dinge scheinen sich aus dem bisher Gesagten schon deutlich abzuzeichnen: einmal die sich auch später immer wieder bestätigende Tatsache, daß Leibniz den Rang eines Reichshofrates hauptsächlich nur anstrebte, um in dieser Gebundenheit und mit offiziellem Auftrag politische oder wissenschaftliche Arbeiten, wie sie gerade notwendig gewesen wären, ausführen zu können. So scheint er zu Ende des 17. Jahrhunderts dieses Amt vor allem begehrt zu haben, um kaiserlicher Bibliothekar oder Historiograph werden zu können. Woraus folgt, daß er an die normale Tätigkeit eines Reichshofrates schon damals kaum gedacht haben wird. Aus Wien kam jedoch keine Aufforderung in der von Leibniz gewünschten Form, sondern man schien sich dort auf Leibniz' eigene Initiative zu verlassen. So hat er nach mehrjähriger Pause im Jahre 1700 einen zweiten Versuch dieser Art unternommen.

---

[24] Leibniz an Consbruch, [31. Dezember 1692] (A I,8 Nr. 368).

[25] Leibniz an Consbruch, [1. Dezember 1693] (A I,9 Nr. 418).

[26] Vgl. A I,5 S. 295.

[27] Consbruch an Leibniz, 13. [Dezember] 1693 (A I,9 Nr. 430).

[28] Leibniz an Consbruch, [22. März 1694] (A I,10 Nr. 186).

[29] Leibniz an Buchhaim, 9. Mai 1701 (A I,19 Nr. 356).

[30] Windischgrätz an Leibniz, 11. Mai 1690 (A I,5 Nr. 333).

(2) Leibniz' Empfehlung durch den Bischof von Wiener Neustadt Franz Anton Graf v. Buchhaim (1700–1705)

Im Jahre 1693 hatte Leibniz seinen *Codex jurius gentium diplomaticus* veröffentlicht, der eine Sammlung internationaler Verträge zur europäischen Geschichte des Mittelalters bot und damit Leibniz unter den deutschen Begründern des Völkerrechts an die erste Stelle rückte.[1] Leibniz hatte nur solche Stücke dafür ausgewählt, die bisher nicht oder doch schwer zugänglich waren. An Handschriftenbeständen hatte er die reichen Schätze der herzöglichen Bibliothek in Wolfenbüttel zur Verfügung, deren Bibliothekar er seit 1691 war, ferner seine eigenen Sammlungen, und außerdem erhielt er Unterstützung durch in- und ausländische Archive. Die Bedeutung seines Werkes fand allgemeine Anerkennung, so daß er sich für dessen Fortsetzung mit Erfolg um Urkunden aus England, Frankreich und Italien bemühen konnte. In Deutschland wurde ihm besonders die Hilfe des Kurfürsten von Brandenburg zuteil.[2] Im Jahre 1700 konnte er eine Ergänzung zum ersten Band liefern, die *Mantissa Codicis juris gentium diplomatici*. Leibniz will sie als Ergänzung und nicht als Fortsetzung des ersten Teils verstanden wissen, weil er nicht chronologisch fortgefahren ist, sondern eine Sachgliederung nach dem Inhalt der Verträge vorgenommen hat, wobei die Zeitgrenze von 1500 noch im großen und ganzen eingehalten ist und nur gelegentlich eine Ausweitung bis ins 17. Jahrhundert vorkommt. Wir wissen, daß Leibniz auch nicht aufhörte, historisch bedeutende Urkunden aller Art zu sammeln, um das auf einige Bände berechnete Unternehmen seines „Codex" fortzuführen. Er weist später beim Kaiser mehrfach darauf hin, welche reichen Urkundenschätze in seinem Besitz noch der Veröffentlichung harrten. Wenn Leibniz hier auch in erster Linie eine Kodifizierung des europäischen Völkerrechts vornahm, eine ganze Anzahl von Stücken erhellte besonders das deutsche Recht, so daß das Werk auch für den Reichshofrat von

---

[1] *Godefridi Guilielmi Leibnitii Codex juris gentium diplomaticus*, Hannover 1693. Vgl. A IV,5 Nr. 7.

[2] *Godefridi Guilielmi Leibnitii Mantissa Codicis juris gentium diplomatici*, Hannover 1700, Praefatio Bl. a ff. (A IV,8, S. 44, Z. 6-7).

© Springer-Verlag Berlin Heidelberg 2016
W. Li (Hrsg.), *Leibniz als Reichshofrat*, DOI 10.1007/978-3-662-48390-9_3

Bedeutung sein mußte.[3] Am 16. Februar 1693 hatte der Reichshofrat Leibniz das Druck-
privileg erteilt im Namen Kaiser Leopolds mit der Auflage, die vorgeschriebenen fünf
Exemplare für die Expedition des Privilegs abzuliefern.[4] Und aus dem Briefwechsel
Leibniz' mit dem Reichshofratssekretär Joseph Wilhelm v. Bertram ergibt sich, daß der
Präsident Graf Öttingen und andere Räte das Buch sehr schätzten.[5] Leibniz hat daher
nach Erscheinen des zweiten Bandes wohl Grund zu der Hoffnung gehabt, man werde in
Wien seinen Wünschen betreffs einer direkten Aufnahme in den Dienst des Kaisers gern
entgegenkommen. Er beruft sich dabei in den Briefen nach Wien aber lediglich auf seine
politischen Flugschriften und seine im Interesse der Wiedervereinigung der deutschen
religiösen Bekenntnisse geführten Verhandlungen. Doch betreibt er die Sache diesmal aus
verschiedenen Gründen weit vorsichtiger als das erste Mal. Erst bei einer vollständigen
Ausgabe des Leibnizschen Briefwechsels dieser Zeit wird es möglich sein, alle Zusammenhänge restlos aufzuhellen.

Wie Leibniz' Itinerar ergibt, hielt er sich zum zweiten Mal in seinem Leben von Ende
Oktober bis Mitte Dezember 1700 in Wien auf, und zwar diesmal anonym. Er kam auf die
persönliche Einladung des Kaisers hin, die dieser in einem Handschreiben an seinen Herrn,
Kurfürst Georg Ludwig, ausgesprochen hatte.[6] Anlaß dafür waren die Reunionsverhandlungen, die Leibniz trotz wiederholter Fehlschläge aus eigener Initiative immer wieder
aufnahm, auch als nach dem Tode des Kurfürsten Ernst August von Hannover 1698 dessen
Sohn Georg Ludwig der Sache wegen der Aussicht auf den protestantischen englischen
Thron ablehnend gegenüberstand. Georg Ludwig erlaubte Leibniz die Reise nach Wien
nicht, so daß Leibniz, der die Vereinigung der christlichen Bekenntnisse, wenn sie im europäischen Rahmen mit Frankreich nicht zu haben war, doch gegen Frankreich und besonders
innerhalb Deutschlands betrieb, heimlich dorthin gehen mußte.[7] In Wien hat der Nachfolger des um die Reunion ebenso angelegentlich wie Leibniz bemühten Christoph Rojas y
Spinola, der Bischof von Wiener Neustadt Franz Anton Graf von Buchhaim, als Vertreter
der katholischen Interessen die Verhandlungen nochmals zu beleben gesucht. Leibniz fuhr
von Berlin, wo im Sommer 1700 unter seinen Auspizien die königliche Sozietät der Wissenschaften gegründet worden war, zunächst nach Bad Teplitz, von wo aus er sich mit
Graf Buchhaim ins Einvernehmen zu setzen suchte. Er schreibt ihm zwei Briefe, einen
an die wirkliche Adresse des Bischofs gerichtet, den andern ebenfalls an ihn, aber unter
Anwendung von dessen Pseudonym Baron v. Lichtenwert, um in Erfahrung zu bringen, wo
der Bischof sich aufhält.[8] Er vermutet ihn in Prag und bittet ihn daher, seine Mitteilungen

---

[3] Vgl. Leibniz an Kaiserin Amalie, [23. September 1710] (LBr. F 24 Bl. 48); weitere Briefe an den
Reichshofratspräsidenten u. a. zitiert bei Davillé, Louis: *Leibniz historien*, Paris 1909, S. 132 f.

[4] Ms 41, 1814, 3 Bl. 25–26.

[5] J. W. v. Bertram an Leibniz, 26. November 1698 (A I,16 Nr. 188).

[6] Kaiser Leopold I. an Kurfürst Georg Ludwig, 17. Mai 1700 (Klopp: *Werke*, 8, 1873, S. XXX).

[7] Vgl. Kiefl, Franz Xaver: *Der Friedensplan des Leibniz zur Wiedervereinigung der getrennten
christlichen Kirchen*, Paderborn 1903, S. LV f.

[8] Vgl. Leibniz an Buchhaim, 28. September 1700 (A I,19 Nr. 98).

an den Postmeister in Prag zu richten und zwar mit der Aufschrift „An Herrn Hülsenberg, Rechtsgelehrter." Falls Buchhaim nicht in Prag sei, werde er ihm weiter entgegenfahren nach Wien und dort ebenfalls nach Briefen für Herrn Hülsenberg fragen. Wenn er solche nicht vorfindet, wird er kein Quartier nehmen, da er, ohne Wissen des Herzogs gekommen, incognito bleiben muß. Dies berechtigt zu der Annahme, daß Leibniz während der anderthalb Monate in Wien bei dem Bischof oder in dessen Nähe logiert hat.

Erst aus dem nach Leibniz' Rückkehr nach Hannover stattfindenden Briefwechsel mit Buchhaim, soweit er nicht theologische Themen berührt, scheint sich zu ergeben, daß Leibniz sich auch damals um Aufnahme in den Reichshofrat bemüht hat. Es bleibt dabei allerdings rätselhaft, warum er einmal von seinen eigenen Bewerbungen spricht, ein andermal von denen des Herrn v. Hülsenberg, dessen von Leibniz geschilderte Pläne, Leistungen und Lebensumstände mit Leibniz' eigenen so auffallend übereinstimmen, und drittens auch den Namen des seit 1698 mit ihm korrespondierenden Genealogen Greiffencrantz in diesem Zusammenhang nennt.

Man bedient sich weiterhin des Namens Hülsenberg, um für Leibniz bestimmte Briefe aus Wien nach Hildesheim zu schicken, wo der Postmeister angewiesen ist, sie an Leibniz nach Hannover zu senden.[9] Am 5. März 1701 kann Buchhaim Leibniz mitteilen, daß die Privatsache gut vorankomme und vorausgesetzt, daß v. Hülsenberg das mache, was ihm Buchhaim in seinem letzten Brief geraten hat, so wird er bald zufriedengestellt sein. Der nächste Brief Leibniz' an den Bischof vom 13. März spricht in etwas klagendem Ton über die Angelegenheit v. Hülsenberg, und wenn man ihn mit Leibniz identifiziert, wie es die noch zu zitierenden Briefe notwendig erscheinen lassen, so gewinnt man den Eindruck, daß Leibniz die Verleihung der Reichshofratswürde als eine Art Entgelt für die viele im Reichsinteresse aufgewendete Zeit ansah.[10] Leibniz sagt, v. Hülsenberg habe ihm angezeigt, er sei sehr in Verlegenheit zu sehen, daß die sein Privatinteresse angehenden Hoffnungen vergeblich zu sein scheinen. Dies hindere ihn, für seine Angelegenheiten die richtigen Maßnahmen zu ergreifen. Er habe nicht einen Sou Bezahlung erhalten, wie der Abbé bezeugen könne. Im Gegenteil habe er viel Verwendung (d'adresse) von anderer Seite nötig, um zu verhindern, daß man das, was er ohne Befehl getan habe, nicht mißbillige. Unter dem Abbé läßt sich unschwer Leibniz' Mitarbeiter in Reunionssachen, der Abt Molanus, begreifen; die Mißbilligung scheint von Seiten des Kurfürsten gekommen zu sein, dem der Kaiser in einem von Leibniz entworfenen Handschreiben vom 11. Dezember 1700 zu verstehen gegeben hatte, daß er Leibniz' fernere Verwendung für die Reunion nicht ungern sehen würde.[11] Doch der Kurfürst war ganz und gar gegen diese kirchlichen Friedenspläne, so daß Leibniz von nun an die Reunion nicht mehr „sub auspiciis hannoveranis" betreiben konnte.[12] Leibniz fährt in seinem Brief an Buchhaim

---

[9] Buchhaim an Leibniz, 23. Februar 1701 (A I,19 Nr. 227), 5. März 1701 (A I,19 Nr. 240), Florenville an Leibniz, 12. März 1701 (A I,19 Nr. 249) u.ö.

[10] Leibniz an Buchhaim, 13. März 1701 (A I,19 Nr. 251).

[11] Kaiser Leopold I. an Kurf. Georg Ludwig, 11. Dezember 1700 (Klopp: *Werke*, 8, 1873, S. XXXI).

[12] Kiefl: *Der Friedensplan des Leibniz*, S. LXVII.

fort, Hülsenberg und der Abbé hätten eine gemeinsame „Antwort" verfaßt, die Leibniz erhalten hat, um sie an Buchhaim weiterzuschicken. Sie kann zum Zeugnis dienen, daß alles gut veranstaltet worden ist. Indessen fürchte v. Hülsenberg mit Recht, daß ohne die Gegenwart Buchhaims in seiner Privatangelegenheit nichts geschehen und er Mühe und Kosten verlieren werde. Die erwähnte „Antwort" ist nicht mehr greifbar,[13] doch müßte sie neue gemeinsame Anstalten in der Reunionsfrage zum Inhalt gehabt haben, von der Leibniz niemals, besonders nicht bis zum Tode des großen französischen Antipoden Jacques Bénigne Bossuet (1704) abließ. Sonst könnten nicht Hülsenberg-Leibniz eine Entschädigung dafür erwartet haben.

Ein weiterer, undatierter Brief Leibniz' an Buchhaim, in dem zum ersten Mal deutlich gesagt wird, welche privaten Wünsche v. Hülsenberg eigentlich hat, scheint ebenfalls in den März 1701 zu gehören.[14] Leibniz hofft auf Buchhaims Mitteilung, wann dieser in Wien sein werde, damit während dessen Aufenthalt dort die Dinge erledigt werden können, die v. Hülsenberg betreffen und die dahingehen, Titel und Gehalt eines Reichshofrates zu erlangen und zwar für den Anfang durch geheime Ordre. Wenn eine Niederlassung in Wien notwendig würde, wäre etwas mehr als die gewöhnliche Besoldung von 2000 Talern nötig, denn diese Summe genüge in Wien nicht, um einer solchen Stellung gemäß zu leben. Aber sei es wie es sei, inzwischen wird er sich um die Rechte des Reiches, des Kaisers und seines Hauses kümmern können, sowie um Einlaß in die Archive und deren Manuskripte. Eben dies ist aber eine von den großen Aufgaben, die Leibniz sich als Jurist zeit seines Lebens gestellt hat: Erforschung und Wahrung der Rechte von Kaiser und Reich. Und hier taucht auch die Forderung auf, die Leibniz vom Jahre 1713 an hinsichtlich seiner Reichshofratswürde immer wieder gestellt hat: daß ein Gehalt von 2000 Gulden nicht ausreiche, um allen Erfordernissen, die er mit Aufwand eines Reichshofrates verbunden glaubte, zumal bei der Teuerung in Wien, gerecht zu werden. Vergeblich sucht man auch die Gestalt eines Herrn Hülsenberg oder Hilsenberg im übrigen Leibniznachlaß zu fassen, der doch als angehender Reichshofrat irgendwo und irgendwie in Erscheinung treten müßte. Auch in Gschließers Buch über den Reichshofrat taucht er nicht auf, ebenso in keinem der Gelehrtenlexika des 18. Jahrhunderts. Es kann sich also hier nur um ein aus Vorsicht gegenüber dem hannoverschen Hof von Leibniz gebrauchtes Pseudonym handeln.

Anfang April muß der Bischof in der Tat in Wien gewesen sein, denn am 10. April kann er Leibniz von seinem erfolgreichen Vorgehen beim Kaiser und Reichsvizekanzler Mitteilung machen. Seinen Brief hat Leibniz nicht aufgehoben, obwohl er sonst fast alle Briefe seiner zahlreichen Korrespondenten in gesonderten Faszikeln sorgfältig bewahrte. Er fertigte sich einen Auszug von Buchhaims Schreiben an, aus dem nicht klar hervorgeht, an wen es gerichtet ist.[15] Man hat auch hier den Eindruck, als habe Leibniz die Spuren dieser Angelegenheit verwischen wollen. Sogar die von ihm selbst vorgenommene Kennzeichnung des Stückes: „Extract Schreibens aus Neustadt vom 10. April 1701" hat er wieder

---

[13] A I,19, Nr. 295 (Hrsg.).

[14] Leibniz an Buchhaim, [1701] (A I,19 Nr. 294, datiert auf den 5. April).

[15] Buchhaim an Leibniz, 10. April 1701 (A I,19 Nr. 306).

gestrichen[16]. Man erfährt aus dem Auszug nur, der Absender habe vom Reichsvizekanzler Dominik Andreas von Kaunitz verstanden, daß der Kaiser sehr geneigt sei, „Meinen hochg. H[errn] zu brauchen". Graf Kaunitz scheine diesem Gedanken auch zuzuneigen und den Kaiser darin zu bestärken. Der Absender – zweifellos Buchhaim – macht zur Beförderung der Sache folgenden Vorschlag: da der „hochgeehrte Herr" seine jetzige Stellung nicht so schnell verlassen könne, müßte ein geheimes kaiserliches Dekret für ihn beschafft werden, daß ihn zum wirklichen Reichshofrat ernennt mit dem Versprechen, die Introduktion bis zu einer für ihn günstigen Gelegenheit aufzuschieben. Die Einkünfte müßten dabei bereits festgestellt und auch sofort gereicht werden. Als Sonderauftrag wäre ihm dafür die Untersuchung der Rechte von Kaiser und Reich aus Archiven und Manuskripten anzuvertrauen, wofür noch eine zusätzliche Besoldung nötig wäre, so daß die Summe im ganzen – – – (Leibniz und wohl auch Buchhaim haben die Höhe der Besoldung offen gelassen) betragen würde und von – – – an zu zahlen wäre. Die Summe würde bei der Introduzierung entsprechend zu vermehren sein. Der Absender – Buchhaim – erwartete darauf Leibniz' Erklärung. Dieser Vorschlag des Bischofs entspricht ganz den von Leibniz in dem vorher erwähnten undatierten Schreiben gestellten Forderungen für die Aufnahme Hülsenbergs in den Reichshofrat. Nur des Aufschubs der Introduktion ist darin nicht gedacht. Leibniz glaubte diesen Punkt vielleicht übergehen zu können nach dem Beispiel anderer, da es, wie Gschließer ausführt, seit dem letzten Drittel des 17. Jahrhunderts üblich geworden war, Reichshofräte über die festgesetzte Zahl von 18 hinaus zu besolden, obwohl sie weder jemals im Kolleg gesessen hatten noch introduziert worden waren.[17] Doch es bestand nach wie vor die Bestimmung, daß die ordentliche Reichshofratsbesoldung erst vom Tage der Introduktion ab gereicht werden durfte, und so mußte Leibniz später auch darum bitten, ihn von der Einführung in den Reichshofrat zu dispensieren.

Leibniz antwortete erst nach einem Monat auf diesen Brief in einem als Konzept vorliegenden „Post Scriptum vom 9. Maji 1701 als antwort auf das vorhergehende Schreiben."[18] Er nimmt das Ganze für ein festes Angebot und äußert sich zustimmend. Dabei formuliert er seine Sätze wieder so, daß man den Eindruck gewinnen muß, der Wunsch, ihn nach Wien zu ziehen, sei von der Gegenseite ausgegangen. Er beginnt: „Nachdem E. Excellenz vom dato den 10. April mich sendiren wollen, ob auf die darinn erwehnte Weise in Kayserl. Mᵗ diensten mich gebrauchen zu laßen, ich gesonnen seyn möchte …" und fährt später fort: „Nachdem nun E. Excellenz dießfals neue Anregung gethan und die Sach abermahl in motum bracht …". Er beteuert nochmals seinen Eifer für den Dienst des Kaisers, erwähnt auch seinen frühen, im Reichsinteresse verfaßten Aufsatz über Paragraph 3 des Münsterschen Friedens[19] und betont, daß schon Hofkanzler Hocher und später Reichsvizekanzler Graf Königsegg und Hofkanzler Strattmann ihn in kaiserliche Dienste hatten nehmen wollen.

---

[16] Vgl. Stückeinleitung und Lesartenapparat zu ebd., S. 596, Z.1.

[17] Gschließer: *Der Reichshofrat*, S. 84 f. Auf S. 356–363 bringt Gschließer eine Liste von 49 Reichshofräten, die zur Zeit Kaiser Leopolds I. aus den verschiedensten Gründen nicht introduziert waren.

[18] Leibniz an Buchhaim, 9. Mai 1701 (A I,19 Nr. 356).

[19] A IV, 1 S. 113 ff., "In §. et ut eo sincerior 3. instr. pac. caes. gall."; Erläuterungen ebd., S. 652-653.

Graf Windischgrätz habe ihm dies später in einem Schreiben bestätigt. Schon damals hat Leibniz den Vorschlag gemacht, die Reichsrechte nach französischem Vorbild zu sammeln und auszuwerten. Dem von Buchhaim gemachten Vorschlag der Handhabung der Angelegenheit bei den Behörden in Wien stimmt er in allen Punkten zu.[20]

Einen Tag später, am 10. Mai hat der Bischof von Wiener Neustadt einerseits an Leibniz geschrieben,[21] ohne daß er dessen Antwort schon erhalten haben konnte. Diesmal hat Leibniz das Original aufbewahrt. Dieses enthält zwar statt des Namens als Unterschrift nur die Worte: „euer ergebener Diener" und ist in französischer Sprache geschrieben, während Buchhaim im allgemeinen die italienische bevorzugte. Doch stammt es nach Inhalt und Handschrift unzweifelhaft von Buchhaim. Befremdend ist jedoch, daß dieser nicht im geringsten auf sein Schreiben vom 10. April 1701 eingeht, das wir nur in der Form des Auszugs von Leibniz kennen. Er entschuldigt sich im Gegenteil, aus gesundheitlichen Gründen und andern Hindernissen die Korrespondenz etwas vernachlässigt zu haben, da er auch vor allem auf Nachrichten eines Freundes – die nur das Friedensgeschäft betreffen konnten – warten mußte, und erwähnt Leibniz' Schreiben vom 20. und 25. März als bisher unbeantwortet. Nun sind aber viele Briefe zwischen Leibniz und Buchhaim in der in Rede stehenden Zeit gewechselt worden, wie aus den erhaltenen Briefen hervorgeht, und Leibniz hat möglicherweise die Konzepte vom 20. und 25. März nicht aufgehoben.[22] (Die Konzepte sind ohnehin zum größten Teil die Quelle für seine Korrespondenz, während die abgesandten Reinschriften viel seltener erhalten sind). Für die Übergehung des Schreibens vom 10. April läßt sich als einzige Erklärung anführen, daß die Reichshofratsaffaire ja keine primäre Rolle in dem Schriftwechsel spielte und von beiden nicht mit großem Nachdruck betrieben wurde. Immerhin steht in dem Brief vom 10. Mai zu lesen: Was die Privatsache angeht, so hat der Souverän, den Sie kennen (der Kaiser) durch den bekannten Minister (Kaunitz) antworten lassen, daß er den Vorschlag vollständig billige und geeignet finde, den man ihm im bezug auf Ihre Person gemacht. Dies widerspricht in nichts dem Wortlaut des Briefauszuges vom 10. April. Der Vorschlag, der dort wegen der Verwirklichung der Sache durch Erwerbung eines Dekrets gemacht ist, stammte ja wohl von Buchhaim selbst. Jetzt fügt er allerdings hinzu, die Wirren der neu entdeckten Rebellion, die man wahrhaftig mehr als türkisch nennen könne, veranlaßten ihn, die Betreibung der Sache für zwei bis drei Wochen aufzuschieben. Doch dann werde er sich in die Hauptstadt begeben, um sie zu Ende zu bringen.

Von den zeitlich erst noch einzuordnenden undatierten Stücken des Briefwechsels Leibniz' mit dem Bischof von Wiener Neustadt soll ein weiteres Konzept Leibniz' an diese Stelle gesetzt werden.[23] Es handelt sich dabei um den Entwurf einer Eingabe an den Reichsvizekanzler Kaunitz, den Leibniz im Namen eines Ungenannten verfaßte. Sein Inhalt läßt jedoch unschwer erkennen, daß Leibniz sich Buchhaim als Antragsteller dachte,

---

[20] Leibniz an Buchhaim, 9. Mai 1701 (A I,19 Nr. 356).

[21] Buchhaim an Leibniz, 10. Mai 1701 (A I,19 Nr. 362).

[22] Das Konzept für den Brief vom 20. März, LH I 10 Bl. 16, ist ediert in A I,19 Nr. 271 (Hrsg.).

[23] Leibniz als Graf Buchhaim an Graf Kaunitz, [Ende Mai – Anfang Juni 1701] (A I,19 Nr. 386).

zumal sich das Stück ja in dem betreffenden Handschriftenfaszikel befindet. Leibniz hat
den Entwurf überschrieben: „Ohnmaßgebliche Ingredientia deßen so an des H. Grafen
von Cauniz Excellenz geschrieben werden mochte."[24] Mit ungefähren Worten gibt er an,
in welchem Sinn sich Buchhaim an Kaunitz wenden solle. Er – Buchhaim – erinnere sich,
was schon geschehen sei, um die „bewuste Person" in kaiserliche Dienste zu ziehen, wozu
sowohl der Kaiser wie Seine Excellenz (Kaunitz) geneigt schienen. Man hätte aber die
Bitte um die Verwirklichung des kaiserlichen Versprechens noch verschieben wollen, um
sie mit größerem Nachdruck zu tun, wenn die in Holland gedruckte Schrift dieser Person
eingetroffen sei, die der Staatssekretär Consbruch in Wien vorher gesehen und zu ihrem
Druck geraten habe. Man schicke jetzt ein Exemplar dieser Schrift, da man nicht wisse,
ob die kaiserlichen Gesandten in Holland oder England schon eins übersandt hätten. Die
Schrift sei „pro jure Caesaris et foederatorum sub persona Batavi"[25] herausgegeben worden.
Man füge außerdem ein Postscriptum des Autors hinzu, aus dem ersichtlich sei, daß er das
Angebot eines andern Dienstes abgelehnt hat. Da die „bewuste Person" bekanntermaßen
für den Dienst des Kaisers bereits Mühe und Kosten angewendet habe, bittet man Seine
Exzellenz, dies dem Kaiser vorzutragen. Die in Holland gedruckte Schrift der bewußten
Person, die für die Rechte des Kaisers und seiner Verbündeten unter der Maske eines Hol-
länders eintritt, stimmt nun sehr zu der von Leibniz Anfang Februar 1701 verfaßten Schrift
über die gerechten Ansprüche des Kaisers auf Spanien:

> *La Justice Encouragée contre les chicanes et les menaces d'un partisan des Bourbons, conte-*
> *nues dans sa Lettre; qu'on donne icy avec la Refutation. Seconde Edition. Die Auffgemunterte*
> *Gerechtigkeit gegen die Drohungen und Verdrehungen eines Anhängers der Borbonischen*
> *Parthey, so enthalten in dessen Briefe, den man der Widerlegung beyfügen wollen. Zum an-*
> *dermal heraus gegeben. Im Jahr MDCCI.*[26]

Zahlreiche Konzepte seines Nachlasses weisen Leibniz als Verfasser der Schrift aus, die
sich in Form eines brieflichen Zwiegesprächs zwischen einem Franzosen und einem Holländer präsentiert, französischer und deutscher Text zweispaltig nebeneinander. Die Drucklegung muß der Mathematiker Johann Bernoulli in Groningen besorgt haben, der Leibniz
am 7. Mai 1701 von dort mitteilt, das kleine Büchlein, das Leibniz ihm anvertraut habe,
habe nun die Presse verlassen, und ein großer Teil der Auflage werde in Holland und England verteilt.[27]

Leibniz plante weitere Ausgaben der Schrift – die in unserm Brief gemeint sein muß
– in französisch-deutscher Fassung in Regensburg, in italienisch-deutscher Fassung in
Wiener Neustadt (hier zeigt sich wieder die Verbindung mit dem Bischof) und in lateinisch-
deutscher Fassung, die er selbst besorgen wollte. So sagt er jedenfalls am Ende des hier

---

[24] Ebd., S. 710.

[25] Ebd., S. 711, Z. 2 f.

[26] Demnächst in A IV,9 (Hrsg.).

[27] Joh. Bernoulli an Leibniz, 7. Mai 1701 (Pertz, Heinrich: *Leibnizens gesammelte Werke, aus den
Handschriften der Königl. Bibliothek zu Hannover*, Bd. 3 3, 2, Halle 1856, S. 664–669).

besprochenen Briefes. Seine oben getane Behauptung, der Staatssekretär Consbruch habe die Schrift vor dem Druck gesehen und gebilligt, läßt sich durch ein schriftliches Zeugnis erhärten. Er ist in den Besitz eines Schreibens von Consbruch an Buchhaim gelangt (die Anrede im Text lautet: Ew. Bischoffl. Hochwürden), in dem sich Consbruch sehr lobend über die Widerlegung einer in Holland gedruckten Schrift ausspricht, deren Druck er befürworte.[28] Hier und da zu machende Ausstände seien nicht wichtig, da die Schrift ja nicht vom Kaiser autorisiert sei, sondern angeblich von einem Holländer stamme. Wenn sie gedruckt sei, wolle er sie gern empfehlen. Aus allem scheint sich zweierlei zu ergeben:

1) Leibniz hat dem Bischof sein Manuskript zur Überprüfung am kaiserlichen Hof übersandt, 2) er bewahrte Anonymität, einmal indem er Consbruch glauben machte, er widerlege einen echten französischen Brief, während er nach der ganzen Anlage des kleinen Werkes alles selbst geschrieben haben muß, zum andern indem er in dem Consbruchschen Schreiben die Anrede des Briefkopfes durch starke Streichungen unleserlich machte.

Da Johann Bernoulli am 5. Mai[29] Leibniz mitteilt, das kleine Buch sei nun ausgedruckt, ergibt sich hieraus ein Anhalt für die Datierung der beabsichtigten Eingabe an Kaunitz. Sie ist, den Versandweg des Buches von Holland nach Hannover eingerechnet, auf die zweite Hälfte des Mai 1701 anzusetzen. Buchhaim scheint die Sendung – d. h. auch die Eingabe für Kaunitz – erhalten zu haben, denn er berichtet Leibniz Mitte Juni, das Buch habe die Billigung aller gefunden, die es gelesen hätten, und man habe es zum Druck nach Regensburg geschickt.[30] Ein solcher Nachdruck ist allerdings bisher nicht ermittelt worden.

Die zweite Beilage des für Kaunitz bestimmten Schreibens soll nach Leibniz' Angabe ein Postscriptum sein, in dem der Autor der bewußten Schrift das Angebot einer andern Stellung ablehnt. Dies Postscriptum hat sich nicht finden lassen, doch wäre dabei vielleicht an den Berliner Hof zu denken, wo Leibniz eben Präsident der neuen Sozietät geworden war und wo es zeitweise darum ging, ihn zum Nachfolger des 1694 verstorbenen brandenburgischen Historiographen Samuel Pufendorf zu ernennen. Über Bemühungen dieser Art kann D. E. Jablonski, der Mitbegründer der Berliner Sozietät, im September 1699 berichten,[31] der preußische Gesandte Ezechiel Spanheim dachte daran,[32] und aus dem Jahre 1701 existiert ein Promemoria Leibniz', in dem er das Für und Wider des Falles einer eingehenden Betrachtung mit notwendig negativem Resultat untersucht.[33] In diesem Sinn könnte Leibniz also auch an eine einflußreiche Person in Berlin geschrieben haben und sich darauf möglicherweise in unserm Schreiben beziehen.

---

[28] Consbruch an Buchhaim, 22. Februar 1701 (Lbr. 123 Bl. 7-8).

[29] Im Handexemplar von Faak wurde im Text „5." durchgestrichen, am Rande „7." notiert. Der Brief ist noch nicht ediert (Hrsg.).

[30] Buchhaim an Leibniz, 18. Juni 1701 (A I,20 Nr. 146).

[31] D. E. Jablonski an Leibniz, 29. September 1699 (A I,17 Nr. 308, nach Guhrauer, Gottschalk Eduard: *Leibnitz's Deutsche Schriften*, Bd. 2, Berlin 1840, S. 103-108).

[32] Vgl. E. Spanheim an Leibniz, 23. August 1700 (A I,18, Nr. 478).

[33] Leibniz, Promemoria, [1701] (Berlin, Akademie der Wissenschaften, Hschr. 3,1 Bl. 101-106).

Schließlich sollte der Eingabe noch eine Reihe von Bücherwünschen des Autors hinzugefügt werden, falls eine weitere Ausführung der Materie erwünscht würde. Leibniz hat
sich wohl eine persönliche Aushändigung eines derartigen Petitoriums an Kaunitz durch
den Bischof vorgestellt, denn er fährt nun fort, was zu sagen sei, wenn es zu einer mündlichen Aussprache komme. Dabei solle man besonders betonen, daß die „bewuste Person"
sowohl wegen ihrer jetzigen Stellung als wegen der höheren, die man ihr anträgt, nur unter
der „bewusten Qualität" – doch wohl eines Reichshofrats – herangezogen werden könne,
zumal Leute sie erhalten hätten, die noch vor kurzem der bewußten Person nachgestanden
hätten. Daran schließen sich wiederum Gehaltswünsche unter Einbeziehung der Zulagen,
die besonders auch wegen des „bekandten negotii" – hier ist sicher die Reunion gemeint
– nötig wären. Da die „bewuste Person" nicht so schnell an ihrem Ort „abbauen" könne,
müßte ihr vorläufig über alles ein geheimes kaiserliches Dekret ausgestellt werden.

Der nächste Brief Buchhaims,[34] vom 18. Juni 1701, ist ganz offensichtlich eine Antwort auf diesen Eingabevorschlag, so daß man ihn zeitlich nur an diese Stelle setzen
konnte. Das zur Eingabe gehörige Begleitschreiben Leibniz' ist verloren, Buchhaim muß
aber von Leibniz erfahren haben, daß dieser während der Monate Mai und Juni sich in
Wolfenbüttel aufgehalten hatte, denn er schreibt, er hoffe, daß Leibniz gut zu Hause ange-
kommen sei. Die Privataffaire wird wieder auf Herrn v. Hülsenberg bezogen. Buchhaim
versichert, was die Sache v. Hülsenbergs angehe, so habe er seine Pflicht getan. Er ist
wieder bei Graf Kaunitz gewesen, der dem Kaiser berichtet und zur Antwort erhalten hat,
das Ganze ließe sich machen. Leibniz und v. Hülsenberg kennten ja genügend die Lang-
samkeit des Wiener Hofes. Aber Leibniz soll Hülsenberg sagen, daß er alles tun werde,
um die Sache zu Ende zu bringen und eine kategorische Entscheidung darüber zu erlangen. Nun kommt er – wie bereits erwähnt wurde – auf das „kleine Buch" zu sprechen, das
von allen gebilligt worden sei, die es gelesen hätten. Man habe es daher zum Druck nach
Regensburg geschickt. Einige der von „Hülsenberg" (!) gewünschten Schriften hätten
sich im Archiv des Kaisers gefunden, wovon man noch Mitteilung machen werde. Die
Andern nicht gefundenen müßten sich im Geheimen Kabinett des Kaisers befinden. Der
Brief enthält wieder keine Namensunterschrift, doch ist die Handschrift unverkennbar
die Buchhaims.

Nach einer genauen Durchsicht aller hierhergehörigen Stücke läßt sich folgende Regel
erkennen: Leibniz nennt immer dann, wenn er den Ausdruck Reichshofrat gebraucht, im
Zusammenhang damit auch den Namen „v. Hülsenberg", während wenn er nur im allgemeinen von seiner Einstellung in den kaiserlichen Dienst spricht, er diese Vorsicht unterläßt.
Buchhaim dagegen nennt Leibniz' Namen niemals, er sagt entweder „v. Hülsenberg" oder
spricht von der bewußten Privataffaire. Vielleicht hat er sich das eine Mal, als Leibniz sich
einen Auszug aus seinem Brief anfertigte, nicht an die wohl zwischen ihm und Leibniz in
Wien getroffene Vereinbarung gehalten.[35]

---

[34] Buchhaim an Leibniz, 18. Juni 1701 (A I,20 Nr. 146).

[35] Siehe oben, S. 24 f. – Faak notierte hier: „offen lassen!" (Hrsg.).

Dies bietet nun aber auch eine Erklärung für den nächsten in diesen Themenkreis gehörigen Brief, der Leibniz endlich die ersehnte Entscheidung des kaiserlichen Hofes bringt.[36] Er stammt nicht von Buchhaim, sondern von einem gewissen Jean Florenville aus dem nordwestlich von Wien gelegenen Göllersdorf. Florenville stand als Hofmeister im Dienste der Grafen von Buchhaim,[37] zu deren Besitz die Herrschaft Göllersdorf seit dem Mittelalter gehörte. Da Leibniz' Korrespondent Franz Anton Graf v. Buchhaim der letzte kinderlose Erbe des Geschlechtes war, übertrug er 1711 mit kaiserlicher Erlaubnis Namen und Wappen der Buchhaims einer Linie der Grafen v. Schönborn, an die er auch die Erbschaft Göllersdorf verkaufte. So fand Leibniz später in Wien Florenville im Dienste des Reichsvizekanzlers Friedrich Karl Graf v. Schönborn-Buchhaim wieder. Florenvilles Brief vom 5. September 1701 ist bemerkenswerterweise nicht in seiner ursprünglichen Form erhalten, sondern es sind Teile herausgeschnitten, offensichtlich von Leibniz und erst zu einem späteren Zeitpunkt. Bei den ausgeschnittenen Stellen handelt es sich gerade um die, an denen der Name der im Brief behandelten Person gestanden haben muß. Im erhaltenen Text wird nicht vom Empfänger, sondern von einer dritten Person gesprochen, wie die französischen Pronomina il, ses (merites) usw. ausweisen. Bei der kurzen Inhaltsangabe, die hier folgen soll, sollen die fehlenden Teile durch – – – gekennzeichnet werden. Florenville teilt auftragsmäßig mit, sein Herr habe Leibniz' Brief vom 12. August empfangen, mit – – – Graf Kaunitz habe seinem Herrn gesagt, der Kaiser würde sich freuen, seine („ses") Verdienste durch Aufnahme in den Reichshofrat zu ehren und ihm die übliche Gage von 2000 Gulden mit freiem Quartier zu gewähren. – – – daß er (il) ihn seine Meinung wissen lasse, um sie Graf Kaunitz berichten zu können. Was die große Politik angehe: „dum arma vigent leges silent". Man muß Geduld haben und den Ausgang des Krieges in Italien abwarten. Im übrigen bittet sein Herr, den Empfänger, und – Greiffencrantz zu grüßen. Nach dem vorausgehenden Briefwechsel müßte man nun annehmen, daß in den wenigen fehlenden Zeilen des Briefes der Name v. Hülsenberg gestanden habe. Da es sich später zeigen wird, daß Leibniz Florenvilles Schreiben 1713 in Wien bei seinem neuen Versuch, die Würde eines Reichshofrates zu erhalten, verwenden wollte, doch zu seinem Bedauern feststellen mußte, daß er es zu Hause gelassen und so Florenville um dessen mündliche Bestätigung beim Reichsvizekanzler bitten musste,[38] bietet sich vielleicht von hier aus eine Erklärung für die Deformierung an. Leibniz hat möglicherweise bald nach Empfang des Briefes für eine spätere Verwendung den Namen der zum Reichshofrat zu ernennenden Person herausgeschnitten, hat auf jeden Fall nach Jahren und bei einem neuen Reichsvizekanzler befürchtet, daß der Brief sowohl in der ursprünglichen wie in der verstümmelten Form wenig vertrauenserweckend wirkte und sich dann lieber auf Florenvilles mündliche Aussage verlassen. Für den fehlenden Namen bietet sich außer dem v. Hülsenbergs auch noch ein anderer an, nämlich der des

---

[36] Florenville an Leibniz, 5. September 1701 (A I,20 Nr. 251; oder Klopp: Leibniz' Plan, S. 210).

[37] Vgl. Hans Zehnthaler an einen Ungenannten, 29. Mai 1701 (A I,19 Nr. 385).

[38] Vgl. Leibniz an Florenville, [9.] April 1713, Florenville an Leibniz, 18. April 1713 (siehe unten, S. 52 f.).

Genealogen Greiffencrantz, der hier bei Florenville zum ersten Mal im Zusammenhang mit Buchhaim genannt wird.

Leibniz hat sich für die ihm durch Florenville bekanntgemachte Entscheidung des Kaisers bei Buchhaim sofort bedankt, wie aus einem Schreiben an diesen vom 28. Oktober hervorgeht.[39] Letzteres war nur ein Begleitbrief einer Sendung an Consbruch.[40] Leibniz dankt Consbruch für dessen ihm vielleicht durch Buchhaim vermittelte Grüße und gibt ihm zu erkennen, daß er den Beschluß des Kaisers großenteils auch seiner Befürwortung zuschreibt. Buchhaim habe er mitgeteilt, daß er annehme. Weitere Befehle und Nachrichten Consbruchs könne er durch Buchhaim entgegennehmen. Als Beilage sendet er eine ihm unlängst zugegangene neue Edition der Schrift, die Consbruch neulich gesehen hat, und bei der sich auch die gewünschte Übersetzung finde. Wenn eine Übersetzung ins Lateinische oder Italienische notwendig würde, könnte man im Hinblick auf Holland, England oder Deutschland Änderungen vornehmen. Auch hieraus ergibt sich wieder klar, daß Leibniz der Verfasser der von ihm angekündigten Schrift sein muß und nicht etwa v. Hülsenberg. Es kann sich auch hier nur um „La justice encouragée" handeln.

Nach allem Vorhergehenden aber völlig unerwartet kommt nun der für die nächsten Jahre letzte Brief Leibniz' an Buchhaim, der scheinbar einen Schlußpunkt unter die ganze Angelegenheit setzt.[41] Leibniz schreibt „sur l'affaire qui est connue à Votre Excellence" – damit kann nur die Reunion gemeint sein – er habe in Berlin mehrere Leute dafür gewonnen. Ganz förmlich aber beginnt er sein Schreiben, so als habe er bisher noch nichts davon verlauten lassen, mit den Worten: er habe vor einiger Zeit einen Brief von Florenville auf Buchhaims Befehl erhalten, des Inhalts, Buchhaim habe die Bewilligung für – Greiffencrantz – empfangen und werde dafür sorgen, daß die Sache zur Vollendung gebracht werde. Greiffencrantz habe Leibniz beauftragt, seine Erkenntlichkeit dafür auszusprechen, abgesehen von dem, was er selbst geantwortet haben wird. Daraus scheint sich also zu ergeben, daß die ausgeschnittenen Stellen in dem Brief Florenvilles nicht, wie nach allem zu vermuten gewesen wäre, den Namen Hülsenberg, sondern den Greiffencrantz' enthalten haben. Mit dem Brief an Buchhaim war in der Sache – jedenfalls so weit es uns bekannt ist – das letzte Wort gesprochen. Wie man den neuen Tatbestand zu den vorangegangenen Ereignissen in Beziehung setzen soll, bleibt allerdings fraglich. Grundsätzlich ist es nicht ausgeschlossen, daß sich Leibniz für einen guten Bekannten verwendet haben kann, wie er ja häufig Professoren für eine Universität oder als Mitglieder für die Berliner Sozietät empfohlen hat. Doch konnte er dies hauptsächlich nur innerhalb seiner Einflußsphäre tun. Der bekannte Genealoge Christoph Joachim Nicolai v. Greiffencrantz dagegen war zur damaligen Zeit in Wien heimischer als Leibniz, da er in den 90er Jahren dort als ostfriesischer Gesandter weilte. Es ist fast unmöglich zu denken, daß Leibniz sich für seine Aufnahme in den Reichshofrat verwenden konnte. Greiffencrantz hatte gute Verbindungen in Wien. Er hatte, nach seiner Meinung um das Verlöbnis zwischen dem römischen König Josef und

---

[39] Leibniz an Buchhaim, 28. Oktober 1701 (A I,20 Nr. 312).

[40] Leibniz an Consbruch, 28. Oktober 1701 (ebd., Nr. 313).

[41] Leibniz an Buchhaim, 27. Dezember 1701 (ebd., Nr. 393).

der braunschweigischen Prinzessin Amalie gefragt, den Ministern seinen Beifall geäußert und nahm seitdem an dessen Zustandekommen lebhaften Anteil.[42] Aus einem Brief an Leibniz vom Mai 1700 geht hervor, daß dieser ihm geschrieben hatte: Die Öffentlichkeit sei daran interessiert, Greiffencrantz von seinem derzeitigen Landaufenthalt wegzulocken und wieder der politischen Bühne zuzuführen.[43] Greiffencrantz sucht Leibniz daraufhin seine Landflucht zu erklären und legt als Zeugnis zwei Abschriften von Briefen des schwedischen Kanzlers Gabriel Oxenstierna an ihn bei, die beide Greiffencrantz' Aufnahme in schwedischen Dienst betreffen. Man ist versucht, diese mit dem oben geschilderten Entwurf einer Eingabe an Kaunitz in Zusammenhang zu bringen, in der Leibniz sagt, sie werde als Beilage ein Postscriptum des für die Aufnahme in den Reichshofrat zu Empfehlenden enthalten, in dem dieser das Angebot einer höheren Stellung ablehnt.[44] Doch hier handelt es sich um das Angebot und nicht um die Ablehnung und außerdem um kein Postscriptum. Leibniz hat Greiffencrantz damals für eine neue Würde vorgeschlagen und zwar für eine Mitgliedschaft in der Berliner Sozietät. Greiffencrantz wurde am 1. April 1701 zum Mitglied erwählt;[45] daß er dies Leibniz verdankte, wurde ihm jedoch erst Ende des Jahres klar, als er aus den *Acta Eruditorum* vom April 1701 ersah, daß Leibniz Präsident der Berliner Societät war.[46] Eben zu dieser Zeit nun behauptet Leibniz in unserem Brief, die ihm durch Florenville mitgeteilte kaiserliche Entscheidung sei zugunsten Greiffencrantz' getroffen worden. Selbst wenn man annimmt, daß das Pseudonym v. Hülsenberg, das Leibniz zunächst selbst benutzte, später in der Reichshofratsaffaire zugunsten Greiffencrantz' angewendet worden wäre, so passen doch die v. Hülsenberg zugeschriebenen Eigenschaften und Lebensumstände viel mehr zu Leibniz als Greiffencrantz. Dazu gehört die Beschäftigung mit den Reichsrechten oder die in Holland gedruckte und von Consbruch vorher gebilligte Schrift. Ganz abgesehen davon, daß Greiffencrantz auch nie Reichshofrat geworden ist. Weshalb und mit welcher Berechtigung Leibniz hier den Namen eines in Wien so bekannten und mit ihm bis zu seinem Tode (1715) durch gelehrten Briefwechsel verbundenen Mannes nennen konnte, bleibt dunkel, es sei denn, daß eine vollständige Ausgabe des Leibnizbriefwechsels an anderer Stelle noch eine Erklärung bieten kann.[47]

Aus dem Jahre 1704 besitzen wir ein weiteres eindeutiges schriftliches Zeugnis von Leibniz' Hand, das bestätigt, daß die kaiserliche Bewilligung für keinen anderen als für ihn selbst bestimmt war. Dies ist ein für den Kurfürsten Johann Wilhelm von der Pfalz, den Schwager Kaiser Leopolds I., bestimmtes Memoriale vom 1. Dezember 1704, das zum ersten Mal den

[42] Vgl. Greiffencrantz an Leibniz, 12. Dezember 1698 (A I,16 Nr. 208) und früher.

[43] Greiffencrantz an Leibniz, 22. Mai 1700 (A I,18 Nr. 373).

[44] Siehe oben, S. 28. – Faak notiert hier „offen lassen" (Hrsg.).

[45] Amburger, Erik: *Die Mitglieder der Deutschen Akademie der Wissenschaften zu Berlin*, Berlin 1950, S. 56.

[46] Greiffencrantz an Leibniz, 21. Dezember 1701 (A I,20 Nr. 389).

[47] Vgl. Sellschopp, Sabine: „*Eine kleine Tour nach Hamburg incognito*" – zu Leibniz Bemühungen von 1701 um die Position eines Reichshofrates, in: *Studia Leibnitiana*, Bd. 37/1, Stuttgart 2005, S. 68-82.

Gedanken der Gründung einer Sozietät der Wissenschaften in Wien indirekt ausspricht.[48] Leibniz hat hier wieder Gelegenheit, über die wiederholten Versuche, ihn für den Dienst des Kaisers zu gewinnen, zu sprechen. Wir erfahren, daß ihm Graf Windischgrätz schriftlich und Hofkanzler Graf Strattmann mündlich den Dienst am kaiserlichen Hof angetragen hätten. Vor „weniger Zeit endlich" hat ihn „Herr Graf von Kaunitz Kaiserl. Reichs Vice Chanceler ausdrücklich wissen lassen, das Kayserl. M" ihm „eine Reichshofrathsstelle mit dem gewöhnlichen gehalt und Quartier wie es vor vielen Jahren bereits die meynung gehabt allergnädigst verwilligt". Er könne daher jeder Zeit nach Wien gehen, wenn es möglich sei, doch dies habe bisher wegen einiger dazwischengekommener Hindernisse unterbleiben müssen. Indessen hat er besonders durch die Herausgabe seines *Codex juris gentium diplomaticus* einige bisher fast unbekannte Reichsrechte wiedererweckt und durch sein Manifest für die Rechte König Karls III. in Spanien (der sich seit 1701 mit Ludwig XIV. um das spanische Erbe stritt), zu wirken gesucht.[49]

Wenn Leibniz im nächsten Jahr, 1705, nach längerer Pause den Briefwechsel mit Buchhaim wieder aufnimmt, so spricht er nur in vagen Ausdrücken von der zurückliegenden Reichshofratsaffaire.[50] Leibniz ist der Ansicht, daß für Reunionsgeschäfte jetzt nicht die richtige Zeit sei, doch will er sich Buchhaims Andenken bewahren, indem er an ihr gemeinsames Geschäft („commerce") erinnert, das jetzt vielleicht für den Dienst des Kaisers nützlich werden könnte. Buchhaim wisse, was Graf Kaunitz durch seine Vermittlung damals hat hoffen lassen. Damals war es nicht möglich, das Angebot des Kaisers anzunehmen. Diese Zeit wird vielleicht kommen. Im Augenblick geht es Leibniz um etwas anderes, nämlich die Besetzung der seit Anfang 1700 offenen Bibliotheksstelle am kaiserlichen Hof. Leibniz bittet Buchhaim, dazu beizutragen zu suchen, daß diese noch nicht besetzt werde. Er sagt dies nicht im eigenen Interesse. Buchhaim weiß ja, wie vielfältig er gebunden ist. Aber er spricht im Namen eines guten Freundes, dem er helfen will. Buchhaim ist erfreut, nach so langer Zeit wieder von Leibniz zu hören.[51] Er weist auf große Veränderungen am Wiener Hof hin, ist aber bereit, bezüglich der Bibliothekarstelle Erkundigungen einzuziehen, sowohl in Hinsicht auf die Besetzung wie Pflichten, Einkünfte und Nebeneinnahmen dieses Postens.

Im Juni 1705 hatte Leibniz schon an anderer Stelle vorgefühlt. Er bat Greiffencrantz, von dessen Reise nach Wien er gehört hatte, um Mithilfe bei der Suche nach einigen von ihm in Wien bestellten Manuskripten, da er nicht sicher sei, ob es dort einen Bib-

---

[48] Gedr. v. Bergmann, Joseph: Leibnizens Memoriale an den Kurfürsten Johann Wilhelm von der Pfalz, in: *Sitzungsberichte der Kaiserl. Akademie der Wissenschaften*, philos.-histor. C.-, Bd. XVI, Wien 1855, S. 3 ff. Zuletzt: Meister, Richard: *Geschichte der Akademie der Wissenschaften in Wien*, Wien 1947, S. 205 (teilweise).

[49] *Manifeste contenant les Droits de Charles III. Roy d'Espagne.* o. O. 1703.

[50] Leibniz an Buchhaim, [Sommer 1705] (LH XLI 9 Bl. 97). Daß der undatierte Brief, dessen Konzept vorliegt und der keinen Empfänger nennt, wirklich an Buchhaim gerichtet ist, geht aus dessen Antwort vom 20. Juli 1705 hervor.

[51] Buchhaim an Leibniz, 20. Juli 1705 (LBr. 123 Bl. 3-4).

liothekar vom Fach gebe, der die betreffenden Stücke zu finden wisse.[52] Trotz Leibniz'
Versicherung, er verwende sich für einen guten Freund, bleibt zu vermuten, daß er die
Stelle eines Bibliothekars gern selbst eingenommen hätte.[53] Bezeichnenderweise macht er
diesen Versuch nach dem Tode des Reichsvizekanzlers v. Kaunitz, der am 11. Januar 1705
verstorben war. Es sieht daher fast so aus, als habe Leibniz von diesem nicht viel erwartet. Über seine Beziehung zu Graf Dominik Andreas v. Kaunitz ist sonst nichts bekannt;
solche brieflicher Natur bestanden jedenfalls nicht. Da Leibniz während seiner Amtsdauer
auch nur eineinhalb Monate in Wien war, könnten sie ohnehin nur flüchtig gewesen sein.
In dem Buch von Lothar Gross über die Reichskanzlei wird er als tüchtiger und ein-
flußreicher Kanzler geschildert, der allerdings mehr österreichische als Reichsinteressen
vertreten habe.[54] Bei Leibniz wird auch wieder die Gebundenheit an den hannoverschen
Hof mehr als alles andere der Grund dafür gewesen sein, daß er auch das zweite Mal,
im Jahre 1701, trotz erfolgreicher Bemühungen die ihm angebotene Reichshofratsstelle
nicht antreten konnte.

---

[52] Leibniz an Greiffencrantz, [nach 1. Juni 1705] (LBr. 327 Bl. 283).

[53] Ganz abgesehen von dem latent immer vorhandenen Wunsch Leibniz', nach Wien zu gehen, spricht
u. a. dafür die strenge Geheimhaltung, um die er Buchhaim bezüglich der Nennung seines Namens
in der Sache ersucht (wohl im Hinblick auf die eventuelle Aussichtslosigkeit), ferner eine doppelte
Korrektur bei dem Satz, der seine eigene Kandidatur unmöglich erscheinen lassen sollte: (1) seine
Beschäftigungen erlaubten ihm nicht (2) er könne nicht (3) er habe erheblichere Beschäftigungen
und Ämter. Schließlich wäre auch die einige Jahre zurückliegende Mitteilung des hannoverschen
Gesandten Huldenberg an Leibniz vom 9. Februar 1701 (A I,19 Nr. 193) in Betracht zu ziehen,
daß man in Wien von einer möglichen Einstellung Leibniz' als kaiserlicher Bibliothekar spreche.
Damals lehnte Leibniz ein solches Ansinnen ab mit der Begründung, daß er es nicht verantworten
könne, deshalb das Bekenntnis zu wechseln. Wenn er das gewollt hätte, hätte er auch Bibliothekar
der vatikanischen Bibliothek werden können (Leibniz an Huldenberg, 3. April 1701 (ebd., Nr. 293)).
Dieser Hinderungsgrund wäre aber im Jahre 1705 weggefallen, da er nun bereits die Zusage für die
Reichshofratsstelle hatte.

[54] Gross, Lothar: *Die Geschichte der deutschen Reichshofkanzlei*, Wien 1933, S. 61 und 347.

(3) Leibniz' Empfehlung durch die Gemahlin Kaiser Josefs I. Kaiserin Amalie (1708–1710)

Auch seinen dritten, wieder nur kurzen und incognito durchgeführten Aufenthalt in Wien hat Leibniz nicht vorübergehen lassen, ohne an die Absichten des kaiserlichen Hofes zu mahnen, ihn zum Reichshofrat zu ernennen. Ebenso wie später 1712 führte ihn Ende 1708 ein Auftrag Herzog Anton Ulrichs von Braunschweig-Lüneburg-Wolfenbüttel dorthin. Diesmal ging es um die Gewinnung von Teilen des Bistums Hildesheim für Hannover. Das Stift Hildesheim – das territorial von den Ländern Braunschweig-Lüneburg umschlossen war – hatte im 16. Jahrhundert einen großen Teil seiner Besitzungen im Kampf gegen das Haus Braunschweig verloren, diese aber 1642 bis auf weniges wiedergewonnen. Gegenüber dem katholischen Bischof und Domkapitel waren Adel und Bürgerschaft der Stadt größtenteils evangelisch. Häufig auftretende Auseinandersetzungen zwischen den beiden Parteien wie auch der Bürgerschaft mit dem Rate veranlaßten die Stadt, den Herzögen von Braunschweig-Lüneburg die Erbschutzgerechtigkeit über sie aufzutragen. Die Braunschweiger hatten daher öfter Gelegenheit, Hildesheim mit Truppen zu besetzen. Der Gedanke, die Stadt ganz für sich zu gewinnen, lag nahe. Doch war es zweckmäßig, nicht mit Gewalt vorzugehen, sondern sich des Rechtsweges über den Kaiser zu bedienen. Herzog Anton Ulrich von Wolfenbüttel wollte im Jahre 1708 – ohne Wissen des Gesamthauses und dessen Chef Kurfürst Georg Ludwig – den Anstoß dazu geben und forderte Leibniz auf, in Wien deswegen vorzusprechen. Wie der Plan im einzelnen aussah, soll im zweiten Teil der Arbeit in einem besonderen Kapitel geschildert werden.[1] Leibniz entwarf selbst seine mit dem 13. November 1708 datierte Instruktion für Kaiser Josef I.[2] sowie die Briefe Herzog Anton Ulrichs an die Gemahlin des Kaisers Amalie und an den Obersthofmeister Karl Theodor

---

[1] Siehe unten, S. 135-139.

[2] Leibniz als Herzog Anton Ulrich für Kaiser Josef I., 13. Nov. 1708 (Bodemann, Eduard: Leibnizens Briefwechsel mit dem Herzog Anton Ulrich von Braunschweig-Wolfenbüttel, in: *Zeitschr. d. histor. Vereine f. Niedersachsen*, 1888, S. 184).

© Springer-Verlag Berlin Heidelberg 2016
W. Li (Hrsg.), *Leibniz als Reichshofrat*, DOI 10.1007/978-3-662-48390-9_4

Otto Fürst von Salm.[3] In einer besonderen Aufzeichnung hatte er sich noch in Hannover die Punkte notiert, die er außer der Hildesheimer Affaire in einer Audienz bei Fürst Salm vortragen wollte.[4] Dazu gehörten seine fortgesetzten Bemühungen um die Reichsrechte, die durch „das publicum" gefördert werden müßten. Für die Finanzierung einer Sammlung aller Reichsrechte ohne Belastung der kaiserlichen Kammer will er Vorschläge machen. Er will eine Neuordnung der Manuskripte der kaiserlichen Bibliothek anregen, da diese nicht mehr ihrem alten Ordnungsprinzip entsprechend aufgestellt und daher schwer zu finden seien. Auch die Quedlinburger Äbtissinnenwahl im Sinne des Herzogs und die Rechtfertigung der Verwendung des abenteuernden Diplomaten Joseph August Ducros durch den Herzog gehören zu seinem Programm, das er dann auch eingehalten hat, wie aus den Briefen der Kaiserin, Salms und Leibniz' aus Wien an Herzog Anton Ulrich hervorgeht.

Am 29. November teilt Leibniz dem Herzog mit, daß er gegen Ende der Woche aus Hannover abgereist und über Halberstadt, Erfurt, Eger und Karlsbad am 28. November in Regensburg eingetroffen ist.[5] Am nächsten Tag will er zu Schiff auf der Donau weiterreisen und „ex loco" schreiben. Erst einen Monat später verfaßt er dann den ersten Bericht an Anton Ulrich über das, was er ausgerichtet hat.[6] Danach hat er sich zuerst an den mit Hannover bekannten Leibarzt der Kaiserin Pius Nicolaus Garelli gewandt, der ihm freundlich Quartier gewährte. Da Garelli die Kaiserin täglich besuchte, fand Leibniz so den bequemsten Zutritt zu dieser Fürstin, die mit ihm als Tochter des 1679 verstorbenen Herzogs Johann Friedrich von Hannover auch in gelegentlicher brieflicher Verbindung stand. Sie empfing das an sie gerichtete Schreiben Anton Ulrichs durch Leibniz, versprach ihre Unterstützung und erkundigte sich nach dem persönlichen Befinden des Herzogs. In mehreren Audienzen hat Leibniz dann mit dem Fürsten Salm „die bewuste Sach" besprechen können. Salm wollte in „puncto juris" erst eine vertraute Person, d. h. den Hofkanzler Johann Friedrich Graf v. Seilern, zu Rate ziehen. Darauf mußte Leibniz ihm aber strengste Geheimhaltung empfehlen, da Herzog Anton Ulrich allein vorgegangen sei und nur zum besten des Erzhauses und der Allgemeinheit einen Rat hätte geben wollen. (Im Austausch für die Überlassung einiger Ämter im Stift Hildesheim sollte Leibniz Truppen für den Spanischen Erbfolgekrieg versprechen). Es sollte daher nichts verlautbaren von der Sache, bevor der Kaiser sich nicht damit im großen und ganzen einverstanden erklärt habe. Unter Umgehung Salms hat die Kaiserin auch mit dem zweiten Hofkanzler Philipp Ludwig Graf v. Sinzendorf davon gesprochen. Leibniz will nun zu erfahren suchen, ob man auf Anton Ulrichs Wünsche eingehen oder die Angelegenheit einer späteren Diskussion oder einer dringenderen Aktualität vorbehalten wird. Schon am 26. Dezember teilt er dem Fürsten Salm mit, daß er eine bequeme Gelegenheit, am 28. Dezember abzureisen, wahrnehmen werde. Diese bot ihm der russische Gesandte in Wien Johann Christoph Urbich, der nach

---

[3] Leibniz als Anton Ulrich an Kaiserin Amalie, 13. Nov. 1708 (ebd., S. 186 f.) und Fürst Salm (LBr. F 1 Bl. 100-101).

[4] Leibniz, Aufzeichnungen für eine Audienz, [Anfang November 1708] (LBr. F 1 Bl. 102).

[5] Leibniz an Herzog Anton Ulrich, 29. November 1708 (ebd., Bl. 103).

[6] Leibniz an Herzog Anton Ulrich, 20. Dezember 1708 (LBr. F 1 Bl. 111).

Leipzig fahren wollte. Am 27. Dezember empfing er von der Kaiserin und Fürst Salm die Antwortbriefe für Herzog Anton Ulrich, die nur in allgemeinen Worten Unterstützung versprachen und in sachlicher Hinsicht auf den mündlichen Vortrag Leibniz' verwiesen.[7] Wie dieser ausfiel, sagt uns Leibniz' Schreiben an den Herzog vom 9. Januar 1709, das er ihm auf der Rückreise von Leipzig aus sandte.[8] Darin muß er bekennen, daß der Fürst sich noch zu nichts entschlossen habe, da er alles formell und „judicialiter" verhandelt haben wollte, während Leibniz eine Präliminardiskussion vorgeschlagen habe. Er glaubt, daß es zu einer solchen kommen könnte, doch habe er die Sache juristisch noch nicht genügend untersucht gehabt und daher nicht darauf dringen wollen. Damit mußte die Hildesheimer Affaire zunächst auf sich beruhen. Leibniz hat sie bei seinem vierten und letzten Aufenthalt in Wien jedoch erneut zur Sprache gebracht.

Um die Erfüllung seiner privatesten Wünsche in Wien hat er sich von Hannover aus schon bald nach seiner Rückkunft bemüht. Etwa im April 1709 wendet er sich, vermutlich über den russischen Gesandten Urbich, an eine mit Monseigneur und Votre Excellence angeredete Persönlichkeit in Wien, in der wohl Fürst Salm zu sehen ist.[9] Er spricht von seiner Zusage der regierenden Kaiserin, ihm zur Reichshofratswürde verhelfen zu wollen. Leibniz ist bereit anzunehmen, wenn er die Bindung an Hannover deswegen nicht preiszugeben braucht, zumal die Interessen der Häuser Habsburg und Braunschweig-Lüneburg gemeinsame seien. Leibniz' Bemühung, die Verhandlungen über den Leibarzt der Kaiserin Garelli weiterzuführen, ist leider vergeblich gewesen. Dieser hat nicht geantwortet. Vom Adressaten hat Leibniz gehört, daß er bald nach Rom abreisen wird. Er bittet ihn daher zu bewirken, daß die Kaiserin Garelli erneut mit der Sache beauftragt oder ihm einen anderen Mittelsmann nennt. Sich an Garelli zu halten, rät ihm vor allem Urbich, der von Fürst Salm schreibt, dieser zeige sich zwar Leibniz' Wünschen sehr geneigt, doch auf Grund seiner in Aussicht stehenden Abreise (die wohl mit einem Wechsel der Stellung verbunden war), vernachlässige er gegenwärtig alle Geschäfte.[10] Leibniz scheint über Garelli nichts erreicht zu haben. Erst im September 1710 bietet sich ihm wieder eine Gelegenheit, die Kaiserin an ihr Versprechen zu erinnern. Der durch Hannover reisende, nach Wien zurückkehrende Rudolf Christian Baron v. Imhoff, wolfenbüttelscher Geheimer Rat und seit 1701 ständiger Begleiter der Enkelin Anton Ulrichs und Gemahlin des Erzherzogs Karl Elisabeth Christine, soll der Kaiserin einen Brief Leibniz' und den Codex juris gentium diplomaticus überreichen.[11] Ein Promemoria für die Kaiserin, das Leibniz' Absichten deutlicher erklärt, läßt er durch Herzog Anton Ulrich überschicken.[12] In ihm kündigt er drei Bände in Folio an, die zur Erhellung der braunschweigischen Geschichte

---

[7] Kaiserin Amalie an Herzog Anton Ulrich, 27. Dezember 1708 (LBr. F 1 Bl. 107-108), Fürst Salm an Herzog Anton Ulrich, 27. Dezember 1708 (ebd. Bl. 106).

[8] Leibniz an Herzog Anton Ulrich, 9. Januar 1709 (Bodemann: Leibnizens Briefwechsel, S. 187 f.).

[9] Leibniz an Fürst Salm?, [wohl April 1709] (LH XLI 9 Bl. 59).

[10] Urbich an Leibniz, 1. Mai 1709 (Guerrier: *Leibniz in seinen Beziehungen zu Rußland*, S. 112).

[11] Leibniz an Imhoff, 23. September 1710 (LBr. F 24 Bl. 48).

[12] Leibniz für Kaiserin Amalie, 22. September 1710 (LH XI 6B Bl. 13-14).

dienen und der Kaiserin zeigen sollen, daß die üble Nachrede, er habe in dieser Hinsicht
seine Pflicht versäumt, falsch ist. Da von Leibniz' Scriptores rerum Brunsvicensium 1710
erst zwei Bände erschienen waren – der dritte kam 1711 heraus[13] – könnte unter den drei
Foliobänden der *Codex juris gentium* gewesen sein. Leibniz' eigentliches Anliegen ist
nun, daß, als er vor zwei Jahren in Wien auf die Rechte des Hauses Este auf Ferrara und
Comacchio hingewiesen hatte (von Hildesheim sagt er hier nichts), man geglaubt habe,
es wäre ihm ein Platz im Reichshofrat angemessen.[14] Die Kaiserin selbst habe ihm die
Erlaubnis gegeben, mitzuteilen, welcher Zeitpunkt ihm dafür geeignet erscheine. Diesen
sehe er nun in der Anwesenheit Baron Imhoffs, der ein vertrauter Minister sowohl des
Hauses Braunschweig wie Österreichs sei. Nachdem er sich wieder auf die früheren
Absichten Königseggs, Strattmanns, Windischgrätz' und Kaunitz' berufen hat, ihn in
den Reichshofrat aufzunehmen, weist er dieses Angebot jetzt sogar als nicht mehr ganz
zureichend zurück und entwickelt der Kaiserin, wie er sich seine Stellung am Wiener
Hof gedacht habe. Er erstrebt eine Oberaufsicht über das Reichsarchiv und dessen Manuskripte. Dabei hofft er, Gelegenheit zu finden, sowohl bei politischen Verwicklungen wie
in der privaten Rechtssphäre über die Wahrung der Rechte von Kaiser und Reich wachen
zu können. Wie er sich seine Tätigkeiten dabei vorstellte und welchen Rang, wenn nicht
den eines Reichshofrats, er nun beansprucht, erfährt man aus einigen wieder durchstri-
chenen Sätzen des Promemorias, die ihm wohl für die schriftliche Mitteilung an die Kaiserin verfrüht erschienen. Danach wollte er wie andere Reichshofräte bei entsprechenden
Vorkommnissen juristische Gutachten abfassen, doch nicht nur für den Reichshofrat,
sondern in erster Linie für den Geheimen Rat. Hier wird ganz deutlich, wie gern Leibniz
mit der Stellung eines Reichshofrates eine politische Funktion verbunden hätte, so wie
sie ja der Reichshofrat in seinen Anfängen auch allgemein gewährte. Leibniz glaubte, daß
diesen Vorstellungen ungefähr die Rechte und Pflichten eines Geheimen Justizrates an
den deutschen Fürstenhöfen – wie er es selbst in Hannover war – nahekämen. Das Amt
eines kaiserlichen Geheimen Justizrates hätte für ihn allerdings neu geschaffen werden
müssen, wie er ja ohnehin, nicht zuletzt wegen seiner Bindung an Hannover, eine Son-
derstellung am Wiener Hof anstrebte. Während er aber später auf dem Gedanken eines
Reichsarchivdirektors, der zugleich eine Art Reichssyndikus oder Reichsjustitiar – um
es so zu nennen – gewesen wäre, beharrte, findet sich der Vorschlag für irgendeine Art
von Titel in den späteren Eingaben nicht mehr. Er legt der Kaiserin hier nur nahe, daß er
dem Kaiser so behilflich sein könne, die Reichsrechte in Italien und im übrigen Ausland
wahrzunehmen. Sein *Codex juris gentium* zeigt, wieviel er bereits dafür, besonders hinsichtlich des kanonischen Rechts, getan hat. In seinem Manifest von 1703 ist er für die
Rechte des Hauses Habsburg in Spanien eingetreten. Wenn die Kaiserin daher mit Leibniz' Vorschlägen wenigstens teilweise einverstanden sei, so könne sie Leibniz für einige
Wochen aus Hannover abfordern. Genügend Anlaß dafür bieten seine Entdeckungen,
die den Streitigkeiten zwischen dem Kaiser, dem Papst und dem Herzog von Modena

---

[13] *Scriptores rerum Brunsvicensium ...*, hrsg. v. G. W. Leibniz. 3 Bde. Hannover 1707-1711.

[14] Über die 1708 um Comacchio beginnenden Streitigkeiten siehe unten, S. 147 f.

über Comacchio eine neue Wendung geben könnten. In seiner neuen Stellung werde er Gelegenheit genug haben, die Interessen Braunschweig-Lüneburgs zu vertreten.

In einem Begleitschreiben an Baron Imhoff ersucht Leibniz diesen, ihn vom Ergebnis seiner Rücksprache mit der Kaiserin über den Postbeamten Henneberg zu benachrichtigen.[15] Imhoff erfüllt Leibniz' Wunsch. Einen Monat später, am 22. November, berichtet er Leibniz, er habe mit der Kaiserin gesprochen und diese habe seine Pläne gebilligt.[16] Doch habe sie geglaubt, für ihre Ausführung die Rückkehr des Reichsvizekanzlers v. Schönborn abwarten zu müssen, die gegen Weihnachten erfolgen solle. Imhoff selbst zeigt sich sehr bereit, in einer für den Kaiser so nutzbringenden Sache mitwirken zu dürfen. Die Gewinnung eines kaiserlichen Ministers – da es hier ja auch um Geldfragen ging – hatte Leibniz schon vorher in Erwägung gezogen, wie sein Brief an Imhoff zeigt.[17]

Der am 17. April 1711 überraschend eintretende Tod Kaiser Josefs I. schnitt Leibniz dann zunächst den Weg über die Kaiserin Amalie nach Wien ab. Doch blieb er weiter im Briefwechsel mit dem Baron Imhoff, der durch die Erhebung Karls auf den Kaiserthron nun im unmittelbaren Dienst einer regierenden Kaiserin stand. Diese – Elisabeth Christine – war eine Enkelin Herzog Anton Ulrichs, und mit dessen Hilfe gelangte Leibniz dann auch endgültig ans Ziel. Baron Imhoff, der ihm schon im Sommer 1711 verspricht, sich bei gegebener Zeit an ihre Verabredungen zu erinnern, übernimmt auch, Elisabeth Christine zu einer Fürsprache bei Kaiser Karl VI. zu bewegen.[18] Doch als Leibniz sich bei seinem vierten und längsten Aufenthalt in Wien vom Dezember 1712 an um eine endgültige Konkretisierung seiner Pläne bemüht, ist es wieder die Kaiserin Amalie, die ihm gelegentlich dabei hilft.

---

[15] Leibniz an Imhoff, 23. September 1710 (LBr. F 24 Bl. 48). Leibniz befand sich zu dieser Zeit nicht in Hannover, sondern in Wolfenbüttel.

[16] Imhoff an Leibniz, 22. November 1710 (LBr. 450 Bl. 32-33).

[17] Siehe oben, Anm. 15.

[18] Imhoff an Leibniz, 27. Juni 1711 (LBr. 450 Bl. 39-40).

(4) Die Erwerbung des Ernennungsdekrets (Anfang 1713)

(a) Leibniz' Einführung am Wiener Hof. – Vorschläge zur Gründung einer Sozietät der Wissenschaften

Anläßlich der am 22. Dezember 1711 in Frankfurt stattfindenden Krönung Karls VI. zum deutschen Kaiser befand sich auch Herzog Anton Ulrich, der Großvater der Kaiserin, in Frankfurt. Leibniz, der erst nach Herzog Anton Ulrichs Abreise davon erfahren zu haben scheint, arbeitet am 27. Dezember ein langes Promemoria in Briefform für Anton Ulrich aus, von dem er hofft, daß es ihn noch rechtzeitig in der Krönungsstadt erreichen werde.[1] Er macht darin den Vorschlag, die Anwartschaft auf das Großherzogtum Toskana für die Häuser Este und Braunschweig-Lüneburg zu betreiben, spricht über seine Arbeiten, die die Reichsvikariate betreffen, und über sein schon 1703 für den damaligen König Karl III. von Spanien verfaßtes Manifest. Er überläßt es Anton Ulrich, ob er diese Dinge zum Zweck der Verleihung der Reichshofratswürde an ihn bei dem neu gekrönten Kaiser erwähnen will, da ihm diese schon zur Zeit Kaiser Leopolds I. durch Königsegg und Strattmann zugesichert worden sei. Leibniz will sich also – im Gegensatz zu seinen Plänen des Vorjahres – wieder mit dieser Würde begnügen. Er glaubt, die Zeit sei jetzt geeigneter als früher, seine fortgesetzte Beschäftigung mit der braunschweigischen Historie, die zugleich Rechte und Geschichte des Reiches erhellt, mit der Bekleidung der Reichshofratswürde zu verbinden, ohne Hannover dabei verlassen zu müssen.

Der Kaiser reiste am 11. Januar 1712 aus Frankfurt ab und traf am 26. Januar in Wien ein. Herzog Anton Ulrich konnte noch vor dem 11. Januar durch den Hauptbevollmächtigten des Kaisers bei den Utrechter Friedensverhandlungen, den schon genannten Philipp Ludwig Graf v. Sinzendorf, Leibniz' Anliegen vortragen. Nach seiner Rückkunft berichtet Anton Ulrich Leibniz schriftlich, da er ihn in Hannover nicht angetroffen hat, von der

---

[1] Leibniz an Herzog Anton Ulrich, 27. Dezember 1711 (LBr. F 1 Bl. 137-138).

© Springer-Verlag Berlin Heidelberg 2016
W. Li (Hrsg.), *Leibniz als Reichshofrat*, DOI 10.1007/978-3-662-48390-9_5

Versicherung der kaiserlichen Zusage durch Sinzendorf.[2] Leibniz bedankt sich „untertänigst" und wendet sich, auf Herzog Anton Ulrichs Rat, direkt an Sinzendorf.[3] Er bittet diesen, ihm nähere Einzelheiten darüber mitzuteilen, an wen er sich wenden müsse, um zur wirklichen Nutznießung der neu verliehenen Würde gelangen zu können. Sinzendorf antwortet aus Utrecht, erfreut über die Ehre eines Briefes des bekannten Gelehrten.[4] Um weiteres beim Kaiser zu erreichen, kann Sinzendorf ihn an die Sache erinnern; er schlägt Leibniz außerdem vor, selbst nach Wien zu schreiben, wo der Reichshofrat es sicher sehr begrüßen wird, daß ein Mann wie Leibniz sein Mitglied wird. Sinzendorf dankt außerdem für die durch Leibniz übersandten Gedichte und geht auf seine Gedanken, das europäische Kräfteverhältnis in Utrecht betreffend, ein. Schließlich biete er Leibniz weiterhin seine Dienste an. Leibniz antwortet Sinzendorf, der über die Friedensverhandlungen der besser Informierte sei, speziell über die englische Politik.[5] Um diese Zeit muß Leibniz nun den Entschluß gefaßt haben, nicht nach Wien zu schreiben, sondern selbst dorthinzugehen, um zu versuchen, das ihm so oft gegebene Versprechen, ihn in den Reichshofrat aufzunehmen, in die Tat umzusetzen. Die Bedingungen lagen für ihn jetzt günstiger als in früheren Jahren. Er war durch Veröffentlichungen, Bekanntschaften und Korrespondenzen zum weltbekannten Gelehrten geworden, er war durch die eben (1707–1711) erschienenen *Scriptores rerum Brunsvicensium* sowohl für die braunschweigische wie die Reichsgeschichte tätig gewesen, und er besaß in der verwitweten Kaiserin Amalie, die aus dem Hause Braunschweig stammte, eine genügend einflußreiche und vertraute Persönlichkeit, die ihm noch immer bei der Durchsetzung seiner Ansprüche unterstützen konnte. Jedoch auch die Schwierigkeit war nach wie vor die gleiche geblieben, daß er aus persönlichen Motiven und dem Wunsch nach einem neuen Wirkungskreis wohl gern Hannover verlassen hätte, daß er aber andrerseits sich an die von ihm selbst übernommene Aufgabe, eine Geschichte des Welfenhauses zu schreiben, gebunden fühlte und sich auch nicht selbständig davon lösen konnte. Erst nach beendeter Drucklegung der großenteils schon ausgearbeiteten Annalen zur Welfengeschichte hätte er daher nach Wien übersiedeln können, und dies ist auch bei den letzten erfolgreichen Bemühungen, in den Genuß auch der Reichshofratsbesoldung zu kommen, sein Ziel gewesen.

Aus dem Sommer 1712 findet sich ein Brief des niederösterreichischen Regierungsrates Zacharias Gerbrandt an Leibniz aus Schwechat, einem eineinhalb Meilen von Wien entfernten Ort, der ihm meldet, die ihm durch einen Freund übermittelten Befehle Leibniz' ausgeführt zu haben.[6] Dabei kann es nur um eine Zimmervermittlung in Wien gehen, die Gerbrandt auch im nächsten Jahr häufig für Leibniz übernahm. Kurze Zeit später wendet sich Leibniz dann mit dem Wunsch der Vermittlung beim Kaiser durch die noch in Spa-

---

[2] Herzog Anton Ulrich an Leibniz, 3. Februar 1712 (Bodemann: Leibnizens Briefwechsel, S. 212).

[3] Leibniz an Herzog Anton Ulrich, 10 Februar 1712 (ebd., S. 212 f.), an Sinzendorf, 18. März 1712 (LBr. 867 Bl. 1).

[4] Sinzendorf an Leibniz, 2. April 1712 (ebd. Bl. 2-3).

[5] Leibniz an Sinzendorf, 30. Juni 1712 (ebd. Bl. 5).

[6] Gerbrandt an Leibniz, 27. Juli 1712 (LBr. 307 Bl. 4).

nien weilende Kaiserin Elisabeth Christine an deren Begleiter Imhoff.[7] Leibniz berichtet ihm von der Zusage des Kaisers durch Sinzendorf, bei der aber von den mit dem Titel verbundenen Einkünften nicht die Rede gewesen sei. Er, der durch seine wiederholten Vorschläge, die Reichsrechte nach dem Vorbild der Franzosen zu sammeln und auszuwerten und durch seine eigenen Arbeiten auf dem Gebiet mehr Interesse als andere für diese Materie bewiesen hat, glaubt, daß man ihn mit Recht von der direkten Einführung in den Rat dispensieren könne. Die Kaiserin möge an ihm vollenden, was ihr Großvater begonnen habe. Und nun fügt er offen hinzu, daß er nach Karlsbad zur Kur zu gehen gedenke, und von dort einen Abstecher nach Wien machen wolle, um persönlich vorzusprechen. Als Beilage sendet er einen Entwurf für ein Schreiben Elisabeth Christines an ihren Gemahl. Die Kaiserin ist Leibniz' Wunsch nachgekommen und hat sich des Entwurfs zu einem Brief an den Kaiser bedient. So teilt es Imhoff im Dezember – das stürmische Meer hat die Briefsendung verzögert – Leibniz mit.[8] Auch Herzog Anton Ulrich hat Leibniz seiner Enkelin empfohlen, und man zweifelt nun nicht am Erfolg, vorausgesetzt, daß dem Kaiser bei den Kriegswirren Zeit bleibt, eine definitive Entscheidung zu treffen. Die Wirkung der Fürsprache Elisabeth Christines hat Leibniz dennoch zu spüren bekommen, wie er später dankbar an Imhoff schreibt.[9]

Im Oktober 1712 erfolgte die bekannte Einladung des Zaren an Leibniz, so daß er nun endgültig nach Karlsbad aufbrach. Wie schon in der Einleitung dargestellt wurde, bekam Leibniz von Herzog Anton Ulrich den Auftrag, bei Peter I. für die vom Kaiser Karl VI. gewünschte Verständigung mit Rußland zu wirken. Da der Zar jedoch die Berufsdiplomaten für seine Verhandlungen bevorzugte, konnte Leibniz, nachdem er dem Zaren von Karlsbad nach Teplitz und von Teplitz nach Dresden gefolgt war, dem Kaiser in Wien nur von der allgemein freundschaftlichen Gesinnung Peters berichten. Zu dem von Herzog Anton Ulrich und Leibniz empfohlenen Bündnis zwischen beiden Herrschern ist es – der Spanische Erbfolgekrieg neigte sich bereits seinem Ende zu – nicht gekommen, obwohl der Zar im Frühjahr 1713 bei einem Besuch in Wolfenbüttel dem Gedanken immer noch zugeneigt schien. Er hatte sogar nichts dagegen, daß das Bündnis in Wien durch seinen „Solon" – so hatte sich Leibniz selbst scherzhaft bezeichnet – nochmals vorgeschlagen wurde.[10]

Der erste, an den sich Leibniz in Wien wendet, ist der Bischof von Wiener Neustadt Franz Anton Graf v. Buchhaim, der Leibniz schon vor einem guten Jahrzehnt bei der Erwerbung der Reichshofratswürde behilflich sein wollte. Er schreibt ihm Anfang Dezember auf der Durchreise aus Prag, wo er sich drei bis vier Tage aufhalten will, aus welchen Gründen

---

[7] Leibniz an Imhoff, 27. September 1712 (Klopp: *Werke*, 9, 1873, S. 365-372).

[8] Imhoff an Leibniz, 23. Dezember 1712 (LBr. 450 Bl. 56-57).

[9] Leibniz an Imhoff, [Februar 1713] (LBr. 450 Bl. 62). Hier muß die Behauptung Fransens (*Leibniz und die Friedensschlüsse*, S. 44) als unrichtig zurückgewiesen werden, Leibniz habe das Schreiben an die Kaiserin nicht abgeschickt oder kein Gehör erlangt, da von einer Empfehlung durch die Kaiserin nie mehr die Rede gewesen sei.

[10] Herzog Anton Ulrich an Leibniz, 10. März 1713, 3. April 1713, Leibniz an Herzog Anton Ulrich, [März 1713] (Guerrier: *Leibniz in seinen Beziehungen zu Rußland*, S. 297 f.; S. 299; S. 196 f.).

er in die österreichische Hauptstadt kommt.[11] Leibniz will ihn in Wien aufsuchen, wenn er sich dort aufhält, oder einen Abstecher nach Neustadt machen. Er möchte von ihm beim Reichsvizekanzler Friedrich Karl v. Schönborn eingeführt werden, bittet aber, sein Incognito anderswo nicht zu enthüllen. Buchhaim hat seiner Bitte entsprochen.[12] Leibniz' Brief an den hannoverschen Minister A. G. v. Bernstorff vom 23. Dezember 1712 zeigt, daß er vermutlich noch im ersten Drittel des Monats Dezember in Wien eintraf und den Hof in Hannover auch bald von seiner Anwesenheit dort in Kenntnis setzte.[13] Bereits einige Tage vorher hat er seine erste Denkschrift für den Kaiser verfaßt, die er jedoch infolge eines Halsleidens nicht persönlich überreichen könnte.[14] Sie sollte den Kaiser zunächst mit den früheren Aussichten Leibniz', in den Stand eines Reichshofrates zu treten, bekanntmachen, wobei er wieder die Namen Königsegg, Strattmann, Kaunitz und Salm nennt. Daran schließt sich die Bitte an, ihn nun in den Genuß der ihm von Karl VI. in Frankfurt gemachten Bewilligung gelangen zu lassen. Zu diesem Zweck sei er von Dresden, wo er dem Zar persönlich aufgewartet habe, nach Wien gekommen. Der Zar hat, wenn nicht dem Kaiser durch Leibniz, so doch Herzog Anton Ulrich auf Leibniz' Vortrag hin eine sehr gnädige Antwort erteilt. Von Anton Ulrich bringt Leibniz ein Empfehlungsschreiben an den Kaiser mit, das ihn zum Träger eines eventuell gewünschten Gedankenaustausches akkreditiert.[15] Leibniz will sich ferner durch eine Reihe seiner gedruckten Schriften einführen, die er zu diesem Zweck mitgebracht hat und überreichen will. Diese sind der *Codex juris gentium*, das *Manifest contenant les Droits de Charles III. Roy d'Espagne*, *Fabula moralis* und eine *Epistola ad amicum* über die Berliner Sozietät.[16] Andere Veröffentlichungen wie die *Scriptores rerum Brunsvicensium*, die *Accessiones historicae*, die Schriften über das Reichsbanneramt, die *Theodicée*, zählt er nur auf. Es geht ihm hauptsächlich darum, zwei Dinge mit Hilfe des Kaisers ins Werk zu setzen, einmal die Sammlung der Reichsrechte, zum andern die Gründung einer Sozietät der Wissenschaften in Wien. Diese Denkschrift hat Leibniz erst im Januar des nächsten Jahres durch den ihm bekannten kaiserlichen Leibarzt Garelli Karl VI. überreichen lassen, der ihm auch die genannten Bücher geben mußte.[17] Nur den *Codex juris gentium* vertraute er dem Obersthofmeister Anton Florian Fürst von Liechtenstein an. Bei ihm, der Erzieher und seit 1703 ständiger Begleiter Karls VI. in Spa-

---

[11] Leibniz an Buchhaim, [Anfang Dezember 1712] (LH XLI 9 Bl. 98).

[12] Siehe unten, S. 49.

[13] Leibniz an Bernstorff, 23. Dezember 1712 (Doebner: Leibnizens Briefwechsel,. S. 261 f.).

[14] Leibniz für Kaiser Karl VI., 18. Dezember 1712 (*Leibniz-Album*, hrsg. v. Grotefend, S. 18-20).

[15] Leibniz als Herzog Anton Ulrich an Kaiser Karl VI., [25. Oktober 1712] (Klopp: Leibniz' Plan, S. 213).

[16] [G. W. Leibniz], *Fabula moralis de necessitate perseverantiae in causa publicae salutis.* o. O. [1712]; [G. W. Leibniz], *Epistola ad amicum d. 18. Oct. 1700 de ... Academia Scientiarum Brandeburgica.* Berolini 1701. Die *Epistola ad amicum* stammt nicht von Leibniz, wurde von diesem aber trotzdem beigelegt, vgl. A I,20 S. 83 (Hrsg.).

[17] Leibniz an Kaiser Karl VI., Januar 1713 (Roessler, Emil: Beiträge zur Staatsgeschichte Österreichs aus dem G. W. von Leibniz'schen Nachlasse in Hannover, in: *Sitzungsberichte d. kaiserl. Akademie d. Wissenschaften*, Jg. 20, 1856, H. 2, S. 271-274).

nien (dort Karl III.) gewesen war, hatte er sich ebenfalls durch ein Empfehlungsschreiben Herzog Anton Ulrichs eingeführt.[18]

Indessen wendet er sich erst einmal schriftlich an die Kaiserin Amalie, der er seine Ankunft und den Grund seines Kommens meldet mit der Bitte, seine Anwesenheit noch zu verschweigen, da er nicht für einen Bittsteller gelten möchte.[19] Er erhofft eine Audienz bei der Kaiserin. Diese wird ihm gewährt. Herzog Anton Ulrich erfährt von Leibniz, daß die Kaiserin sich seiner annehme und auch der Kaiser, dem er bisher noch nicht persönlich begegnet ist, ein gutes Vorurteil von ihm habe.[20] Noch im Januar hat jedoch eine erste Unterredung Karls VI. mit Leibniz stattgefunden. Ende Februar bringt Herzog Anton Ulrich bereits seine Freude darüber zum Ausdruck, daß der Kaiser Leibniz so gnädig gesonnen sei und Leibniz nun alle drei Adler auf seiner Seite habe, den wienerischen, moskowitischen und preußischen.[21] Und im Februar 1713 kann Leibniz es schon wagen, den Kaiser um eine Funktion zu bitten, die ihm ständigen Zutritt, ohne Anmeldung durch einen Minister gewähre. Nach der persönlichen Bekanntschaft mit dem Kaiser setzt dann die Flut von Vorschlägen und Denkschriften Leibniz' ein, die sich mit der Verbesserung fast aller zivilen und militärischen Einrichtungen des Landes beschäftigen. Seine politischen Denkschriften dieser Zeit, die vor allem die Verhinderung eines für Deutschland ungünstigen Friedensschlusses nach dem Frieden von Utrecht zum Ziel haben, sind bereits von Petronella Fransen einer eingehenden, wenn auch strengen kritischen Würdigung unterzogen worden.[22] Inhalt und Erfolg seiner übrigen politischen Pläne sollen den Gegenstand des zweiten Teils dieser Arbeit bilden.[23]

Die Anwendung besonders der Naturwissenschaften für die Verbesserung des Lebensstandards der Gesellschaft hoffte Leibniz durch die Gründung einer Sozietät der Wissenschaften ins Werk zu setzen. Er machte Vorschläge für die Reform von Justizwesen und Finanzen in diesem Zusammenhang, für eine Vereinfachung im Rechnungswesen; ja er wies ständig auf die Vorteile des mathematischen Fortschritts für das Kriegswesen hin. Dies letztere häufig wiederholte Argument hielt er wohl für das wirksamste, um dem Kaiser eine Akademiegründung in vorteilhaftem Licht erscheinen zu lassen. Sein Plan der Einrichtung einer Sozietät in Wien, deren Direktor er zu werden hoffte, hat die gleichen Voraussetzungen und ein ähnliches Schicksal gehabt wie seine Reichshofratspläne. Er bekam das gewünschte Diplom, das ihn für den Fall der Errichtung der Akademie zu deren Direktor

---

[18] Leibniz als Herzog Anton Ulrich an Fürst Liechtenstein, [25. Okt. 1712] (LBr F 1 Bl. 143-144).

[19] Leibniz an Kaiserin Amalie, [21. Dez. 1712] (LBr. F 30 Bl. 42).

[20] Leibniz an Herzog Anton Ulrich, 7. Jan. 1713 (Bodemann, Eduard: Nachträge zu „Leibnizens Briefwechsel mit dem Minister von Bernstorff u. andere Leibniz betr. Briefe", in Jahrg. 1881, S. 205 ff. und 1884, S. 206 ff, in: *Zeitschrift d. histor. Vereins für Niedersachsen*, 1890, S. 222 f.).

[21] Herzog Anton Ulrich an Leibniz, 23. Febr. 1713 (ebd., S 225 f.); vgl. Leibniz an Bernstorff, 18. Jan. 1713 (Doebner: Leibnizens Briefwechsel, S. 264 f.).

[22] Fransen: *Leibniz und die Friedensschlüsse*.

[23] Faak notiert am Rande: „Schriften zum Span. Erbfolgekrieg gehörten zur Außenpolitik, nicht Reichsrechte und Reichshofrat" (Hrsg.).

ernannte mit einer später festzusetzenden Besoldung[24], und ein Protektor des Instituts wurde außerdem in Sinzendorf bestimmt. Doch waren Leibniz durch seinen Dienst in Hannover die Hände gebunden; seine ständig drohende Abreise schwebte als Damoklesschwert über dem Unternehmen, und so kann man nicht nur der immer angeführten Finanznot in Wien – die kürzlich als Vorwand für Lustlosigkeit der Minister bezeichnet wurde[25] – die Schuld am Scheitern des Planes geben. Doch davon wird später wiederholt noch die Rede sein. Auch nach Leibniz' Abreise hatten alle Zusammenkünfte seiner recht einflußlosen Gewährsmän-ner in Wien nichts weiter zum Zweck, als über die nächsten notwendigen Schritte bei den österreichischen Ministern, besonders Sinzendorf, Prinz Eugen und General Claude Alex-andre de Bonneval zu beraten, und diese dachten nicht daran, ohne Leibniz' Anwesenheit etwas zu unternehmen.[26] An freundlichen Versicherungen ihrer gewiß ehrlich gemeinten Unterstützungsbereitschaft ließen sie es allerdings nie fehlen. Leibniz selbst hat sich sowohl in Wien wie später in Hannover um die Gewinnung von Mitgliedern bemüht.[27] Eine Reihe von Entwürfen, darunter einige für Prinz Eugen bestimmt,[28] gibt Aufschluß über die Form, die Leibniz der Akademie zu geben gedachte.

Drei große Themengruppen stellt Leibniz dabei jedesmal heraus: erstens die Einteilung der Akademie in Klassen, zweitens die Gewinnung von Mitgliedern und die Beschaffung eines Arbeitsapparates, drittens die Aufbringung der Mittel zur Finanzierung des Unter-nehmens. Drei Klassen sollten mehrere Wissenszweige umfassen: die Klasse für Literatur sollte die Erforschung der Geschichte, alter, mittelalterlicher und neuer Zeit einbegreifen sowie die Philologie das Studium der toten und lebenden Sprachen. Unter den historischen Hilfswissenschaften weiß Leibniz zeitgemäß auf den praktischen Nutzen der Aufstellung von Genealogien fürstlicher Häuser hinzuweisen.

Die Klasse für Mathematik sollte durch die Disziplinen der Analysis, Arithmetik und Geometrie neben der reinen Forschung auch der Verbesserung der Methoden des prakti-schen Rechnens, der genaueren Bestimmung von Maßen und Gewichten, der Landesver-messung und Flußregulierung u. a. dienlich sein. Auch die Beschäftigung mit Astronomie, Architektur, und Mechanik sollte dem täglichen Leben zugutekommen, etwa in der Navi-gation auf Meeren und Flüssen oder der Kriegstechnik.

Schließlich erhoffte Leibniz von der Klasse für Physik mit der Erforschung des Mi-neral-, Pflanzen- und Tierreiches eine Vertiefung der medizinischen Kenntnisse. Immer wieder betont er den Wert der Aufzeichnung von Krankengeschichten, wobei z. B. auch die Temperaturen der Jahreszeiten oder der Pflanzenwuchs eines Jahres beachtet werden

---

[24] Dekret Kaiser Karls VI. für Leibniz, 14. August 1713 (Klopp: Leibniz' Plan, S. 241 f.).

[25] Hamann, Günther: Prinz Eugen und die Wissenschaften, in: *Österreich in Geschichte u. Literatur*, Jg. 7, 1963 (Sondernummer zum 300. Geburtstag des Prinz Eugen), S. 36.

[26] Vgl. Leibniz' Briefwechsel mit Johann Philipp Schmid, LBr. 815 Bl. 1-304.

[27] Vgl. Leibniz an Kaiserin Amalie, 20. September 1716 (Klopp: *Werke*, 11, 1884, S. 192-195).

[28] Leibniz an Prinz Eugen, 17. August 1714 (LH XIII Bl. 121-124; gedr. zuletzt: Meister: *Geschichte der Akademie der Wissenschaften in Wien*, S. 207 f.); für Kaiser Karl VI. (?), 17. August 1714 (LH XIII Bl. 121-124; Teildruck: Klopp: Leibniz' Plan, S. 249-251).

sollen. Dies sollte die Ursachen von Seuchen erkennen und ihre Vermeidung herbeiführen helfen.

Die Mitglieder teilte Leibniz ein in besoldete, korrespondierende und Ehrenmitglieder. Unter den letzten verstand er in der Hauptsache Personen von Rang, von denen er Unterstützung in den äußeren Belangen der Sozietät erwartete. Der Apparat bedeutete die Schaffung von Gebäuden, in denen man sich versammeln, Bücher und Manuskripte, Observatorien und Laboratorien unterbringen konnte. Auch Ausstellungsräume für den Bereich von Natur und Kunst nach Art moderner Museen wollte Leibniz für die Zwecke der Akademie eingerichtet wissen.

Die zum Zeitpunkt der Gründung brennendste Frage war die der Beschaffung der Geldmittel. Hier war Leibniz auf die verschiedensten Wege bedacht; er schlug die Übergabe schlecht verwendeter Stiftungen an die Akademie vor, die Verleihung von Privilegien wie Druckprivilege für politische und Kulturnachrichten verbreitende Almanache, für Kalender, für Schulbücher auch in deutscher Sprache, ein Papierfabrikationsprivileg, ein Privileg auf Herstellung chemischer Flüssigkeiten, die bis dahin aus dem Ausland bezogen wurden. Zu laufenden Einkünften sollte die Akademie auch durch Übertragung der Betreuung bestimmter Institutionen an sie gelangen können. So sollten deutschsprachige Schulen Handwerker und Techniker auf ihren Lebensberuf vorbereiten – hier wird die Bürgerschule August Hermann Franckes zum Vorbild gedient haben[29] –, Arbeitshäuser und Fabriken wissenschaftliche Anleitung erfahren, Erfindungen und Entwürfe geprüft und neue Einrichtungen des Auslands unter Umständen eingeführt werden. Auch an die Zuwendung bestimmter Steuern hat Leibniz gedacht, besonders an die in Österreich erfolglos versuchte Stempelsteuer auf gestempeltes Papier zu Behördenzwecken. Endlich hoffte Leibniz, eine vom Kaiser festgesetzte jährliche Abgabe der Stände der Erbländer werde durch den Nutzen und die Ehre gerechtfertigt werden, den die Sozietät dem ganzen Lande bringen mußte. Zu Volkswirtschaft und Finanzpolitik hat Leibniz aber auch außerhalb des Rahmens der Sozietätsentwürfe Vorschläge gemacht. Davon hat besonders einer Beziehungen zu einer bedeutenden Veränderung im damaligen Wiener Verwaltungsleben. Es ist der der Gründung einer Girobank in Wien, zu dem der Abbate Spedazzi Leibniz anregte. Ob die Pläne des kaiserlichen Dechiffreurs einen Einfluß auf die 1715 tatsächlich erfolgte Gründung der Bank gehabt haben, ließe sich vielleicht durch eine besondere Untersuchung feststellen. Die Akten des österreichischen Finanzarchivs enthalten seinen Namen nicht,[30] doch wird die Verbindung mit Leibniz von Nutzen für ihn gewesen sein. Denn Leibniz' schriftlich ausgearbeitete Vorträge – in denen auch der Bank gedacht wird – hat der Kaiser wohl meistens auch angehört.[31] Schon während des zweiten Monats seines Aufenthaltes in Wien versichert er erfreut dem Baron Imhoff, daß die Fürspra-

---

[29] Vgl. Winter, Eduard: *Halle als Ausgangspunkt der deutschen Rußlandkunde im 18. Jahrhundert*, Berlin 1953, S. 20 u. S. 40, wo Leibniz' persönlicher Besuch bei Francke in Halle nachgewiesen wird.

[30] Vgl. Mensi, Franz von: *Die Finanzen Österreichs von 1701 bis 1740*, Wien 1890. Faak notiert zudem am Rande: „anonymes Material" und bezieht sich dabei auf die Tatsache, dass diese Akten prinzipiell ohne Namen geführt wurden (Hrsg.).

[31] Siehe unten, S. 89 f.

che der Kaiserin Elisabeth Christine ihm mehrmaligen Zutritt beim Kaiser verschafft habe.[32] Dieser habe ihm nicht nur aufmerksam zugehört, sondern ihm auch mit Überlegung scharf durchdachte, seines Geistes und seiner Sorge für das öffentliche Wohl würdige Antwort gegeben. Er habe ihn sogar ermutigt, von Zeit zu Zeit wiederzukommen.

Allmählich wurde Leibniz auch mit den übrigen Ministern des Hofes bekannter. Er fand Eingang bei Graf Schlick, der an Stelle Johann Wenzel Wratislavs Kanzler von Böhmen wurde. Leibniz berichtet Herzog Anton Ulrich von einer interessanten Begegnung an dessen Tafel.[33] Gleichzeitig mit ihm war Prinz Eugen geladen, und es kam zu einem Disput über die Akkomodationsmethoden der Jesuiten in der Chinamission, in welchem Prinz Eugen sich dagegen, Leibniz dafür aussprach.[34] In diesem Gespräch wird die erste Zusammenkunft der beiden bedeutendsten Männer ihres Jahrhunderts zu sehen sein. Leibniz urteilt darüber: der Prinz kann besser von der Theologie sprechen als ich vom Kriegswesen, weil er in der Jugend studiert hat, ich aber nie im Krieg gewesen bin.[35]

Die Verbindung mit Schlick scheint nur im Frühjahr 1713 eine engere gewesen zu sein. Leibniz schickt ihm ein lateinisches Stück in Versen mit französischer Übersetzung, das im vergangenen Jahr geschrieben worden sei, um den Kriegsmüden ein wenig Mut zu machen, und bittet Schlick, falls es ihm gefalle, es auch Prinz Eugen zu zeigen. Außerdem erwähnt er, daß Prinz Eugen ihn eine Besichtigung seiner Bibliothek habe erhoffen lassen, er aber fürchte, ihm damit nur ungelegen zu kommen.[36] Mit der Verserzählung kann nur die „Fabula moralis" gemeint sein, die die Alliierten von einem vorzeitigen, ungünstigen Friedensschluß zurückhalten sollte.[37] Als warnendes Beispiel schildert Leibniz in Sagenform den Deichbau eines Volkes an der Nordseeküste, der durch die Bestechungskünste eines reichen Nachbarfürsten nicht beendigt worden sei, so daß das Land Opfer einer Flutkatastrophe wurde. Schlick dankt für die „Ermahnung zur Beständigkeit"[38] und äußert kritisch, er und Prinz Eugen hätten ein heroisches Versmaß für geeigneter gehalten. Leibniz stimmt dem zu.[39] Die Bibliothek des Prinzen wird Leibniz als augenblicklich etwas ungeordnet geschildert, doch soll er sie wie sie ist so bald wie möglich in Augenschein nehmen dürfen. Vorerst hat Leibniz dann in der Gesellschaft Prinz Eugens die kaiserliche Raritätengalerie besichtigen dürfen. Schlick hatte ihm zu diesem Zweck seine Karosse geschickt.[40] Zur Ernennung zum Kanzler von Böhmen gratuliert Leibniz Schlick wegen

---

[32] Leibniz an Imhoff, [Februar 1713] (LBr. 450 Bl. 62).

[33] Leibniz an Herzog Anton Ulrich, 18. Februar 1713 (Bodemann: Leibnizens Briefwechsel, S. 224 f.).

[34] Vgl. Benz, Ernst: *Leibniz und Peter der Große*, Berlin 1947, S. 46.

[35] Nachgewiesen bei Müller, Kurt/ Krönert, Gisela: *Leben und Werk von G. W. Leibniz. Eine Chronik*, Frankfurt a. M. 1969 (Hrsg.).

[36] Leibniz an Schlick, 9. März 1713 (LBr. 813 Bl. 1).

[37] [G. W. Leibniz], *Fabula moralis de necessitate perseverantiae in causa publicae salutis.* o.O. [1712]; französische Übersetzung: *Fable morale sur la nécessité de la persévérance dans les consails salutaires à l'Etat.* o.O. [1712].

[38] Schlick an Leibniz, 10. März 1713 („exhortation sur la persévérance") (ebd. Bl. 3-4).

[39] Leibniz an Schlick, 10. März 1713 (ebd. Bl. 2).

[40] Schlick an Leibniz, 12. März 1713 (ebd. Bl. 5-6).

einer Unpäßlichkeit schriftlich.[41] Daraufhin lädt Schlick Leibniz zum Diner, womit er sich
für eine neuerlich von Leibniz übersandte Schrift erkenntlich zeigen will. Leibniz führt bei
dieser Gelegenheit auf Schlicks Wunsch den kaiserlichen Antiquar Carl Gustav Heraeus
bei ihm ein.[42] Ein anderes Mal entschuldigt ein deutsches Gedicht Leibniz' Fernbleiben:
er ist zu einer Damengesellschaft – vermutlich einer allerhöchsten – geladen, und dieser
muß man selbst vor einem Minister den Vorzug geben.[43] Mit dem Dank für die Übersendung eines weiteren Buches verbindet Schlick dann sein Bedauern, daß Leibniz von seiner
nahebevorstehenden Abreise Ende April spreche.[44] Beide müssen sich gemeinsam mehrmals
in der Gesellschaft von Kaiserin Amalie befunden haben, denn Schlick spricht von seiner
vergeblichen Hoffnung, die Kaiserin werde Leibniz wenigstens für einige Zeit auf ihrem
Landsitz festhalten. So lädt er ihn noch einmal zum Diner. Er vermutet, daß Leibniz das
Gerücht von einer beginnenden Pest in Wien beunruhigt hat. In der nachfolgenden Zeit
scheint Leibniz dann nur noch in geschäftlichen Angelegenheiten mit dem böhmischen
Kanzler zusammengetroffen zu sein. Die Bibliothek des Prinzen Eugen hat er 1713 jedenfalls nicht zu sehen bekommen, wie aus seiner Ostergratulation von 1714 an Schlick
hervorgeht.[45] Mit Prinz Eugen, der 1713 in Rastatt mit Frankreich Frieden schloß, ist er
erst im nächsten Jahr näher bekannt geworden.

Ebenso wie sich Leibniz sofort nach seiner Ankunft in Wien bei der Kaiserin Amalie
gemeldet hatte, sucht er auch noch im Dezember 1712 mit dem Reichsvizekanzler Friedrich
Karl v. Schönborn Kontakt zu bekommen. Graf Buchhaim hat seiner Bitte entsprochen,
ihn dem Reichsvizekanzler vorzustellen.[46] Bereits im Dezember ist die Verbindung mit
Schönborn zustandegekommen. Thema ihrer ersten Unterredung muß der zu Ende gehende
Spanische Erbfolgekrieg gewesen sein. Schönborn hat Leibniz einen gegen Jean Dumonts
prohabsburgische „Soupirs de l'Europe" gerichteten französischen Brief gezeigt; Leibniz
schickt den Brief zurück zusammen mit einer kurzen eigenen Polemik gegen die französische Lettre.[47] Er stellt Schönborn anheim, falls es möglich und nicht überhaupt schon
zu spät für eine schriftliche Stellungnahme sei, seine Betrachtungen auch dem Prinzen
Eugen zu zeigen. Nach Abschluß des Utrechter Friedens im April 1713 hat Leibniz auch
seine Schrift „La Laix d'Utrecht inexcusable", die mit publizistischen Mitteln für einen
günstigen deutschen Friedensschluß oder die Fortsetzung des Krieges wirken sollte, dem
Reichsvizekanzler vorgelegt.[48] Dieser, der im großen und ganzen Leibniz recht verständ-
nislos und ablehnend gegenüberstand – so schrieb er Ende 1713 an den Kurfürsten von
Mainz, Lothar Friedrich v. Schönborn, er finde an Leibniz „bei weitem den mann nit, als

---

[41] Leibniz an Schlick, 23. März 1713 (ebd. Bl. 8).

[42] Schlick an Leibniz, 23. März 1713 (ebd. Bl. 7).

[43] Leibniz, Gedicht für Schlick, [1713] (LH XLI 9 Bl. 144).

[44] Schlick an Leibniz, 17. April 1713 (LBr. 813 Bl. 101).

[45] Leibniz an Schlick, 31. März 1714 (ebd. Bl. 12).

[46] Vgl. Klopp: Leibniz' Plan, S. 186; Leibniz an Schönborn, [Dez. 1712] (LH XL 6 B Bl. 166).

[47] [G. W. Leibniz]: *Réflexions d'un Hollandois sur la Lettre contre les Soupirs de l'Europe* (Foucher
de Careil: *Oeuvres de Leibniz*, Bd. 4, Paris 1862, S. 154-169).

[48] Ebd., S. 1-140.

wie er zu anfangs angerähmt ware"[49] –, ließ die Schrift zwar von dem lateinischen Sekretär
der Reichskanzlei Peter Josef v. Dolberg abschreiben, doch ist sie nicht zum Druck gekommen.[50] Schönborns Verstimmung rührt möglicherweise daher, daß Leibniz sich immer
wieder gerade an ihn als Chef der Reichskanzlei und Interimspräsident des Reichshofrates
mit seinen Eingaben wenden mußte,[51] um endlich die zur Führung des Reichshofratstitels
notwendigen Einkünfte und sonstigen Vorrechte erhalten zu können.

Leibniz glaubte zunächst, daß in seinem Fall dafür eine einfache Anweisung des Kaisers
an die Hofkammer genüge. So bittet er Schönborn im März des Jahres, darüber dem Kaiser
zu referieren oder referieren zu lassen, zumal ihn die Dringlichkeit seiner Abreise nach
Hannover zur Eile zwingt.[52] Um seiner Bitte Nachdruck zu verleihen, versucht er über die
ihm von Hannover her bekannte erste Hofdame der Kaiserin Amalie, Fräulein v. Klenck,
die Kaiserin zu einem Gespräch mit dem Reichsvizekanzler zu bewegen.[53] Doch schon in
dem Promemoria für Fräulein v. Klenck zeichnet sich deutlich eine in Wien hervorgerufene
Veränderung seiner Gedanken und Pläne ab. Einmal ist ihm klar geworden, daß der Kaiser
nicht ohne den vorgeschriebenen Weg über die Behörde Reichshofratsbesoldungen verleihen konnte, sondern daß ein ordentliches Ernennungsdekret darüber von der Reichskanzlei
ausgestellt werden mußte und erst im Anschluß daran in einem weiteren Dekret an die
Hofkammer Weisung zur Auszahlung des Gehalts erteilt werden konnte. Zum andern muß
er erkannt haben, daß der Kaiser nicht gesonnen war, ihm diese Besoldung ohne wirkliche
an Ort und Stelle geleistete Dienste zu gewähren. Dagegen scheint der Kaiser gern bereit
gewesen zu sein, Leibniz in seinen Dienst zu nehmen, sonst wäre ihm das Dekret, das seine
spätere Introduzierung in Aussicht nahm, nicht ausgestellt und die Besoldung wirklich gereicht worden. Leibniz seinerseits wäre sicher mit Begeisterung nach Wien gegangen, und
obwohl er sich über die Schwierigkeiten, den Kurfürsten zu seiner Entlassung zu bewegen,
vollständig klar war, hat er es von nun an doch dahinzubringen versucht.

Wie oben schon erwähnt, hatte Leibniz den Minister Bernstorff bereits am 23. Dezember 1712 von seinem Aufenthalt in Wien unterrichtet.[54] Er erzählt gleichzeitig von
seiner Zusammenkunft mit dem Reichsvizekanzler, den er den historischen Studien sehr
geneigt und auch für seine Annalen sehr interessiert gefunden hat. An seinem bereitwilli-
gen Angebot, eventuelle Aufträge des Kurfürsten in Wien ausführen zu wollen, zeigt sich
bereits seine Entschlossenheit, diesmal Wien nicht ohne einen sichtbaren Erfolg seiner
Bemühungen verlassen zu wollen. Ein paar Tage später fühlt er sich bemüßigt, seinen
unerlaubten Abstecher nach Wien dem Kurfürsten gegenüber etwas zu begründen. Er führt
an Bernstorff aus, daß der Wiener Aufenthalt weit davon entfernt sei, seine Arbeit an den

---

[49] Hantsch, Hugo: *Reichsvizekanzler Friedrich Karl v. Schönborn*, Augsburg 1929, S. 435 f.

[50] Vgl. Leibniz an Dolberg, 3. November 1713 (LH XLI 9 Bl. 84).

[51] Faak ergänzt auf einem eingelegten Zettel: „Schönborn war Reichshofratsvizepräsident bzw. Interimspräsident, vgl. Hantsch S. 142" und „noch nachsehen: Stelle über den Fürstabt zu Kempten".
Zum Fürstabt vgl. unten, S. 68 (Hrsg.).

[52] Leibniz für Schönborn, 14. März 1713 (LH XLI 9 Bl. 84).

[53] Leibniz an und für Fräulein v. Klenck, [März 1713] (LH XLI 9 Bl. 33); vgl. Über sie unten, S. 65.

[54] Leibniz an Bernstorff, 23. Dezember 1712 (Doebner: Leibnizens Briefwechsel, S. 261 f.).

Annalen zu behindern.[55] Diese sei in Hannover durch die Krankheit seines Gehilfen Eckhart ohnehin gerade unterbrochen gewesen. Auch persönliche gesundheitliche Gründe
läßt Leibniz dabei nicht außer acht. Er schreibt lobend über das Wasser in Karlsbad, das
das einzige wirksame Mittel gegen seine Gicht sei, mit der der heimatliche Arzt Bouget
bereits am Ende gewesen sei. Am 18. Januar 1713 berichtet er von seiner ersten Audienz
beim Kaiser, der sehr gnädig seine Bibliothek gegen Leibniz erwähnt hat, obwohl sie sonst
sehr eifersüchtig gehütet wird.[56] Der Kaiser hat auch von Leibniz' Annalen verstanden, daß
sie nicht die braunschweigische Geschichte behandeln können, ohne gleichzeitig auch die
Reichsgeschichte zu berühren. Leider konnte Leibniz wegen der strengen Jahreszeit die
Bibliothek des Kaisers noch nicht benutzen, abgesehen davon, daß er wegen des nicht beabsichtigten längeren Aufenthaltes auch keine Unterlagen für seine Arbeit mitgebracht habe.
Schließlich bittet er für die früher aus der Wiener Bibliothek entliehenen Manuskripte um
ein Geldgeschenk für den Bibliothekar Giovanni Benedetto Gentilotti. Bernstorff, entsetzt
über Leibniz' Kühnheit, wagt dem Kurfürsten nichts von dem Brief zu sagen, der Leibniz
schon auf der Rückreise nach Hannover begriffen glaubt.[57] Im Februar zeigt sich Leibniz
denn auch zur Abreise bereit, die er während der rauhesten Zeit des Jahres nicht gewagt
habe.[58] Schließlich muß er doch mit seinen wahren Absichten herausrücken.[59] Er bittet
Bernstorff, ihm vom Kurfürsten die Erlaubnis für die Annahme des Reichshofratstitels zu
erwirken. Dabei hebt er hervor, daß es für einen großen Fürsten immer ehrenhaft sei, Leute
zu haben, mit denen man auch anderswo Staat machen könne.

In Hannover hat man Leibniz' Anwesenheit in Wien für sich nicht ungenutzt vorüber-
ziehen lassen wollen, und Leibniz erhielt den Auftrag, sich beim Kaiser um die Belehnung Braunschweig-Lüneburgs mit Lauenburg zu bemühen.[60] Im übrigen läßt der Kurfürst
Leibniz durch Bernstorff sagen, er hätte gewünscht, daß Leibniz sich mit seinem Dienst
begnügt hätte.[61] Doch willigte er in die Annahme der Reichshofratswürde ein, wenn sie
ihm der Kaiser geben wolle, unter der Bedingung, daß Leibniz Amt und Aufgaben in
Hannover nicht verlasse. Insgeheim allerdings machte der Kurfürst Versuche, durch den
Gesandten Daniel Erasmus von Huldenberg und die Kaiserin Amalie Leibniz' Aufnahme
in den Reichshofrat zu verhindern.[62] Leibniz ist mit der Art der Zustimmung, wie sie ihm

---

[55] Leibniz an Bernstorff, 27. Dezember 1712 (ebd. S. 262 f.).

[56] Leibniz an Bernstorff, 18. Januar 1713 (ebd., S 264 f.).

[57] Bernstorff an Leibniz, 30. Januar 1713 (ebd., S. 265).

[58] Leibniz an Bernstorff, 22. Februar 1713 (ebd., S. 266 f.).

[59] Leibniz an Bernstorff, 1. März 1713 (ebd., S. 26 7 f.).

[60] Kurf. Georg Ludwig an Leibniz, 6. April 1713 (Doebner, Richard: Nachträge zu Leibnizens Briefwechsel mit dem Minister von Bernstorff, in: *Zeitschrift d. histor. Vereins für Niedersachsen*, Jg.
1884, S. 228), an den hannov. Gesandten in Wien Huldenberg, 6. April 1713 (Hannover, Niedersächs.
Staatsarchiv, Ca..Br.Arch. Des. 24. Österreich I Nr 93 a); Huldenberg an Georg Ludwig, 26. April 1713 (Doebner, ebd., S. 229).

[61] Vgl. Bernstorff an Leibniz, 5. April 1713 (Doebner: Leibnizens Briefwechsel, S. 269).

[62] Vgl. Huldenbergs Verhandlungen mit Hannover und Wien bei Doebner, ebd., S. 216 f.

Bernstorff verschafft hat, schon zufrieden.[63] Die hin und wieder bei kaiserlichen Audienzen erwähnte lauenburgische Frage hat ihm dann Zeit verschafft, indessen seine Anerkennung als Reichshofrat durchzusetzen.

Aus dem Gesagten ist ersichtlich, daß Leibniz es allein nicht wagen konnte, dem Kurfürsten mit der Absicht einer Übersiedlung nach Wien entgegenzutreten. Er brauchte einen Fürsprecher, und nur der persönliche Wunsch des Reichsoberhaupts, ihn für sich zu gewinnen, schien Leibniz ein ausreichendes Gegengewicht gegen die Ansprüche des Kurfürsten zu sein. So legte er dem Kaiser die Abfassung eines Handschreibens an Kurfürst Georg Ludwig nahe, das auf den gleichzeitigen Nutzen der Leibnizschen Tätigkeit im Reichsdienst für die politischen Belange des Hauses Braunschweig-Lüneburg hinweisen sollte. Immer wieder dringt Leibniz auch auf die Erledigung der Reichshofratsaffaire, damit er nach Hannover zurückkehren kann, wo er selbst irgendwie seine Wiederkunft nach Wien ins Werk setzen möchte. So drängt er noch im März den Kaiser zu einer Entscheidung.[64] Er hat sich ausgerechnet, daß er zusammen mit den 2000 Gulden der vom Kaiser mündlich schon zugestandenen Reichshofratsbesoldung zu Hause über 5000 Gulden jährlich verfügen würde, und mit viel weniger getraut er sich in Wien nicht auszukommen. Dabei spricht er zum ersten Mal von seiner Gewohnheit, sehr viel Geld zu Forschungszwecken, für Studien, Erfindungen und Experimente zu verbrauchen.[65] Die anschließend vorgebrachten Reformvorschläge auf dem Gebiet der Kartographie, des Polizeiwesens, der Finanzen und die Erinnerung an die Sozietät verbindet er wieder mit dem Wunsch nach einem besonderen Zutritt zum Kaiser, der ihm in der Folgezeit auch gewährt wird.

(b)   Die Ausstellung des Ernennungsdekrets durch die Reichskanzlei (April – Mai 1713)

Mit seiner offiziellen Ernennung zum Reichshofrat hat es Leibniz im Frühjahr 1713 endlich geschafft, nicht zuletzt durch die Fürsprache Schönborns und der Kaiserin Amalie. Wir erfahren dies aus einem Brief Leibniz' an den ihm seit den Verhandlungen mit dem Bischof von Wiener Neustadt vom Jahre 1701 her bekannten Florenville.[66] Da der Graf v. Buchhaim 1711 Besitz und Grafentitel einer Linie der Grafen v. Schönborn verkauft bzw. vererbt hatte, stand Florenville aus Göllersdorf jetzt statt im Dienst des Bischofs in dem des Reichsvizekanzlers v. Schönborn-Buchhaim. Leibniz teilt Florenville, von dessen unverändertem Aufenthalt in Göllersdorf er auf der Durchreise erfahren hat, am 9. April mit, der Kaiser habe ihm die Expedition eines Dekretes betreffend eine Reichshofratsstelle bewilligt. Er sei dem Reichsvi-

---

[63] Leibniz an Bernstorff, 19. April 1713 (Doebner, ebd., S. 270f.).

[64] Leibniz an und für Kaiser Karl V., [März 1713] (Klopp: Leibniz' Plan, S. 224-229; Foucher de Careil: *Oeuvres de Leibniz*, Bd. 7, Paris 1875, S. 328-331; LH XLI 9 Bl. 21).

[65] Leibniz soll allein für seine Rechenmaschine etwa 11000 Taler verwandt haben (Grote, Ludwig: *Leibniz und seine Zeit*, Hannover 1869, S. 158, Anm.).

[66] Leibniz an Florenville, [9.] April 1713 (Konzept vom 8. April LH XLI 9 Bl. 37; teilw. gedr. v. Klopp: Leibniz' Plan, S. 210).

zekanzler dafür sehr verbunden. Dann erinnert er Florenville an das Schreiben, in dem er ihm damals im Auftrag Buchhaims die Absicht Kaiser Leopolds, Leibniz zum Reichshofrat zu machen, übermittelt hat. Leibniz hat versäumt, es nach Wien mitzunehmen, und bittet Florenville, dem Reichsvizekanzler gesprächsweise davon Kenntnis zu geben. Florenville kommt Leibniz' Aufforderung noch Mitte April bereitwillig nach, und Schönborn scheint sich ihm gegenüber zuvorkommend über Leibniz geäußert zu haben.[67] Florenvilles Bestätigung ist ein letzter Beweis dafür, daß sein von Leibniz beschnittenes Schreiben vom 5. September 1701 – über das oben ausführlich berichtet wurde – doch für Leibniz selbst bestimmt gewesen ist und die fehlenden Briefteile nur ein für andere unverständliches Pseudonym Leibniz' oder einen stellvertretend eingesetzten Namen enthalten haben können.[68]

Die erste Ausstellung des Ernennungsdekretes dürfte also auf Grund dieser Zeugnisse in das zweite Drittel des Aprils gesetzt werden. Da Leibniz so großen Wert darauf legte, daß das Dekret das Datum der mündlichen Bewilligung durch Kaiser Karl VI. trug, die er im Januar 1712 durch Graf Sinzendorf dem Herzog Anton Ulrich ausgesprochen hatte, so wurde es von der Reichskanzlei mit „Franckfurt am Mayn den 2.ten Januarii 1712" datiert, und das wirkliche Datum der Abfassung kann nur aus der dazugehörigen Korrespondenz Leibniz' erschlossen werden. [69] Der Terminus post quem ergibt sich aus dem Brief an Florenville, als Terminus ante quem wird der 21. April anzusehen sein. Am 21. April 1713 berichtet Leibniz Herzog Anton Ulrich unter anderem, er habe die Reichshofratsstelle und die Zusicherung der Besoldung vom Januar 1712 an bereits erhalten, wolle das Diplom aber noch nicht auslösen, da er insgeheim hoffe, der Kurfürst von Mainz werde ihn von der für die Ausfertigung von Urkunden zu erlegenden Taxe befreien.[70] Ungefähr zwischen dem 10. und 20. April also muß das Dekret in der Reichskanzlei konzipiert worden sein, und Leibniz muß umgehend davon erfahren haben. Hier nun zunächst der Wortlaut des Konzepts im Österreichischen Staatsarchiv[71]:

Decretum für dem von Leibniz alß
würcklich angenohmenen Kayserl.
Reichs-Hoffrath.
Franckfurt den 2.ten Januarii 1712.

Von der Röm. Kays. May.tt Carl des Sechsten Unsers allergnädigsten Herren wegen dem Churfürstl. Braunschweig-Lüneburgischen justiz-raht Gottfried Wilhelm von Leibnitz in gnaden anzuzeigen: Es hätten allerhöchst gedacht Jhre Kays. M.t die jhm beywohnende, und jhro verschiedentlich angerühmte, auch von selbst wahrgenohmene stattliche qualitäten,

---

[67] Florenville an Leibniz, 18. April 1713 (LH XLI 9 Bl. 38).

[68] Siehe oben, S. 30 f.

[69] So schreibt Leibniz über ein Gesuch um die mit der Reichshofratsstelle verbundenen Einkünfte und Vorrechte, das im Frühjahr 1713 entstanden sein muß: „Ist abgefaßet als ob es zu Franckfurt bey der Crönung 1712 übergeben worden" (LH XLI 9 Bl. 107).

[70] Leibniz an Herzog Anton Ulrich, 21. April 1713 (LBr F 1 Bl. 169).

[71] Wien, Österreichisches Staatsarchiv, (Haus- Hof- u. Staatsarchiv), Reichshofrat, Verfassungsakten 29.

vernunfft, gelehrt- und geschicklichkeit, auch in Reichs-rechts- und andern weldtsachen erworbene wißenschafft und erfahrenheit allermidest betrachtet, und dan in deren ansehung auch daß Jhro und dem gemeinen weesen Er in vielen begebenheiten angenehme nutz- und ersprießliche dienste geleistet, jhn zu Dero Kays. ReichsHoffrath würcklich allergdst auff- und angenohmen: Also und dergestalt, daß Sie ihn zu seiner zeit in das Reichshoffrahts-Collegium introducieren, und alle solcher stelle anklebende emolumenta angedeyen lassen werden, inzwischen aber Jhme a dato dießes Decreti die Reichs-Hoffrahts-besoldung gleich andern auff der gelehrten Banck sitzenden Reichs-Hoffrahten auß des Kays. Hoffzahlambts Mitteln mit quatemberlichen ratis richtig gerechet werden solle. Allermaßen Jhre Kays. M^t auch an Dro Löbl. Kays. Hoff-Cammer dießfallß das Behörige allergdst verfügen wollen. Wie nun auß deroselben allergd^{sten} Begehl Er von Leibnitz deßen krafft dieses Decreti versichert wird; also verbleiben Sie jhme ferner mit Kays. gnaden gewogen. Signatum Franckfurt am Mayn den 2.ten Januarii 1712.

Der Sekretär der deutschen Expedition Ernst Franz v. Glandorff hat dieses Konzept entworfen, das dann Schönborn nach seiner Gewohnheit überprüft und eigenhändig korrigiert hat.[72] Wie schon Gschließer in seinem Buch über den Reichshofrat bemerkt hat, hat Schönborn dabei eine Reihe lateinischer Bezeichnungen ins Deutsche übersetzt.[73] Unter Berücksichtigung dieser Änderungen ist dann die Reinschrift bzw. Expedition des Dekrets hergestellt worden. Auffällig ist dabei, daß auch das „von" vor Leibniz' Namen in der Überschrift gestrichen worden ist, sicher ebenfalls von Schönborn. Entsprechend ist es in der Expedition des Diploms in allen Fällen der Namensnennung weggelassen worden. Hier liegt sozusagen ein handgreiflicher negativer Beweis zu der viel umstrittenen Frage

---

[72] Vgl. Gross: *Die Reichshofkanzlei*, S. 349.

[73] In der Literatur ist der Vorgang der Ernennung Leibniz' bisher chronologisch nie einwandfrei dargestellt worden. Guhrauer: *Leibnitz*, Tl. 2, S. 284 erwähnt zwar das Gesuch Leibniz' an Bernstorff vom 1. März (nicht 1. Mai!) 1713 um Kurfürst Georg Ludwigs Einverständnis zur Annahme der Reichshofratswürde, leugnet aber die Tatsache, daß Leibniz anläßlich der Krönung Karls VI. bereits zum Reichshofrat ernannt worden ist. Aus dem eingangs zitierten Aufsatz Bergmanns (Leibniz als Reichshofrath in Wien und dessen Besoldung, siehe oben, S. VII) und den von ihm veröffentlichten Dokumenten scheint sich zu ergeben, daß Leibniz im Frühjahr 1713 nur noch um die Auszahlung der Besoldung nachgesucht habe, das Ernennungsdekret dagegen schon vom Januar 1712 datierte. So hat auch Gschließers Darstellung (*Der Reichshofrat*, S. 378 f.), die auf Bergmann beruht, nicht erkannt, daß das Datum des 2. Januar 1712 nur fingiert war. Infolgedessen irrt Gschließer auch in der Annahme, daß Leibniz erst nachträglich in Hannover die Erlaubnis eingeholt habe. Wie wir gesehen haben, hat er sie noch kurz vor Abfassung des Dekrets, nach dem 5. April 1713, in Händen gehabt. Vor diesem Zeitpunkt unterließ er in keiner seiner Eingaben in Wien darauf hinzuweisen, daß ihm die Zustimmung aus Hannover noch fehle (vgl. Leibniz an Fräulein v. Klenck, [März 1713] (LH XLI 9 Bl. 33), für Karl VI., [März 1713], (ebd. Bl. 21). – Kuno Fischer scheint sich ebenfalls auf Bergmann zu stützen, obwohl er ihn nicht zitiert, wenn er (*G. W. Leibniz, Leben, Werke und Lehre*, Heidelberg 1920, S. 238) den 3. Juli 1713 für das Ausstellungsdatum des Ernennungsdekrets hält (nach Bergmann: Leibniz als Reichshofrath, S. 198). Dies ist jedoch das Datum der Aushändigung des Zahlungsdekrets der Reichskanzlei für die Hofkammer, das bis auf den veränderten Schluß den Wortlaut des Ernennungsdekrets beibehalten hat (siehe unten, S. 60).

vor, ob Leibniz jemals in den Freiherrenstand erhoben worden ist, wie es z. B. bei Reichshofräten gewöhnlich zu geschehen pflegte. Von Schönborn als Chef der Reichskanzlei, die
als einzige Behörde die vom Kaiser vorgenommenen Standeserhöhungen beurkundete, ist
anzunehmen, daß er darüber Bescheid wußte, ob Leibniz geadelt worden war oder nicht.
Irgendwelche Spuren für ein nicht ausgelöstes Adelsdiplom haben sich in den Reichsadels-
akten außerdem niemals gefunden.[74] Dennoch ist Leibniz zu Lebzeiten und später häufig
mit „von" tituliert worden.

Schönborn gab nach der Korrektur das Stück zur Expedition frei mit der auf dem Konzept vermerkten Aufforderung: „expeditur et ut expeditio in summo secreto". Unverzüglich
wurde eine Reinschrift hergestellt, die durch die Unterschriften Glandorffs und Schönborns
und das Siegel der Reichskanzlei den Charakter einer Expedition erhielt. Leibniz muß sie
bald nach ihrer Fertigstellung in der Reichskanzlei haben einsehen können und hat sie noch
vor dem 14. Mai erhalten.[75]

Es ist keineswegs verwunderlich, daß Leibniz das Diplom zunächst in der Reichskanzlei beließ; denn für die Erhebung eines Reichshofratsdekrets waren nicht weniger
als 450 Gulden auf dem Taxamt der Reichskanzlei zu entrichten, und diese und andere
Taxerhebungen suchte man nicht selten durch einen Dispens aus Mainz zu umgehen.[76]
Außerdem empfahl die Formulierung des Dekrets „jhn zu Dero Kays. ReichsHoffrath
würcklich allergnädigst auff- und angenohmen: Also und dergestalt, daß Sie ihn zu seiner
zeit in das Reichshoffrahts-Collegium introducieren … werden" Leibniz Geheimhaltung.
So versuchte er zunächst ohne Introduktion, die erst „zu seiner zeit" geschehen sollte und
ohne sich durch Erwerb des Diploms als Reichshofrat legitimiert zu haben, in den Genuß
der ihm „a dato dießes Decreti gleich andern auff der gelehrten Banck sitzenden Reichs-
hoffrahten auß des Kays. Hoffzahlambts Mitteln mit quatemberlichen ratis" zugesagten
„Reichs-Hoffrahtsbesoldung" zu kommen. Der Passus „a dato dießes Decreti" bedeutete,
daß er bereits eine Gehaltsnachforderung von 2000 Gulden für das Jahr 1712 zu stellen
hatte. Er macht daher eine neue Eingabe an den Kaiser, die er ihm durch den kaiserlichen
Kabinettssekretär zukommen läßt.[77] Johann Theodor von Imbsen wird Leibniz durch dessen
Schwager Gerbrandt außerhalb der Hofkreise kennengelernt haben; Gerbrandt besorgte
Leibniz häufig Quartier in dem anderthalb Meilen von Wien entfernten Schwechat, von wo
aus der Landsitz der Kaiserin Amalie in Ebersdorf leicht zu erreichen gewesen sein muß.[78]
In der Eingabe an den Kaiser stellt Leibniz nicht nur die Forderung auf die 2000 Gulden
Reichhofratsbesoldung, sondern möchte diese Summe für den Fall seiner Rückkehr nach
Wien auf 6000 Gulden erhöht sehen, wie er es mit dem Kaiser bereits abgesprochen habe.
Für die Festsetzung auch dieser Summe erhofft er ein neues Dekret. Wichtiger allerdings
ist ihm, daß die Reichskanzlei ein Zahlungsdekret für die Hofkammer ausstellt über die

---

[74] Vgl. Gschließer: *Der Reichshofrat.*

[75] LH XLI 9 Bl. 5.

[76] Vgl. Gross: *Die Reichshofkanzlei*, S. 44, 108.

[77] Leibniz an Kaiser Karl VI., [19. April 1713], an Imbsen, [19. April 1713] (LH XLI 9 Bl. 39-40).

[78] Gerbrandt an Leibniz, [20. April 1713] (LBr. 307 Bl. 3).

ihm bereits zustehenden 2000 Gulden.[79] Dabei möchte er vermeiden, daß die Hofkammer überhaupt von seiner Ernennung zum Reichshofrat erfährt, da er aus Hannover erst eine teilweise Erlaubnis erhalten hat, die Gnade des Kaisers anzunehmen. Er legt daher Schönborn und Glandorff nahe, die Reichshofratsstelle in dem Zahlungsbefehl überhaupt zu verschweigen und nur allgemein von seinen Verdiensten für Kaiser und Reich zu sprechen.[80] Gleichzeitig versucht er, auf dem einmal begangenen Weg auch gleich ein Gründungsdiplom für die Sozietät der Wissenschaften zu erreichen.

Auf eine Zahlungsanweisung der Reichskanzlei an die Hofkammer, ohne daß Leibniz die von der Behörde vorgeschriebenen Gegenleistungen entrichtete, scheint sich jedoch keine Aussicht eröffnet zu haben. Auch über einen Dispens aus Mainz ist nichts bekannt. So blieb ihm nichts weiter übrig, als die erforderlichen 450 Gulden an das Reichskanzleitaxamt zu zahlen. Er erhielt eine am 18. Mai 1713 ausgestellte besiegelte Quittung darüber vom Taxator.[81] Anscheinend hat man ihm die Urkunde jedoch schon vorher vertrauensvoll überlassen, denn in einem Brief an den Sekretär der deutschen Expedition Glandorff vom 14. Mai spricht Leibniz erstmalig von dem völlig expedierten und ihm schon übergebenen Dekret.[82]

Den eigentlichen Grund für sein Schreiben an Glandorff boten Änderungswünsche Leibniz' am Text des Diploms. Es lag ihm sehr viel daran, daß ein weiterer Passus darin aufgenommen würde, der über die bereits von Kaiser Leopold erteilte Bewilligung zur Aufnahme in den Reichshofrat Auskunft gab. Vielleicht hatte er nur deshalb Florenville aus Göllersdorf um seine Zeugenschaft beim Reichsvizekanzler gebeten. Jedenfalls läßt er den Reichsvizekanzler ersuchen, das Dekret noch einmal umzuschreiben und einen Kaiser Leopold I. betreffenden Satz mitaufzunehmen. Er kann damit den kurhannoverschen Legationssekretär Georg Eberhard v. Reck betrauen, da der Kurfürst ja von seinem Vorhaben in Wien unterrichtet ist.[83] Reck soll vorschlagen, zwischen die Worte: „zu Dero Kays.ReichsHoffrath und „würcklich allergdst auff- und angenohmen" setzen zu lassen: „zu welcher würde er bereits Unsers … verwilligung gehabt". Im übrigen aber wird der Legationssekretär von Leibniz' wahren Absichten hinsichtlich Wiens nicht viel erfahren haben. Elf Tage später, nachdem er die Approbation des Kaisers eingeholt hat, empfiehlt Schönborn Leibniz, wie es dieser auch schon selbst getan hatte, sich mit Glandorff deswegen in Verbindung zu setzen.[84]

---

[79] Leibniz an Kaiser Karl VI., a.a.O.; Leibniz für Schönborn, 19. April 1713 (Konzept LH XLI 9 Bl. 41; ein völlig gleichlautendes Schreiben vom 21. April 1713 scheint die Abfertigung dazu zu sein, gedr. v. Bergmann: Leibniz als Reichshofrath, S. 197. Keinesfalls jedoch wird es, wie Bergmann annimmt, an den Präsidenten des Reichshofrats gerichtet gewesen sein, da Rupert v. Bodmann niemals in Wien amtiert hat und Schönborn zu dieser Zeit Interimspräsident war.).

[80] Leibniz für Schönborn, Leibniz an Glandorff, 21. April 1713 (Bergmann, ebd.; LH XLI 9 Bl. 41), Leibniz an Schönborn, Leibniz an Glandorff, 24. April 1713 (LH XLI 9 Bl. 42).

[81] LH XLI 9 Bl. 46.

[82] Leibniz an Glandorff, 14. Mai 1713 (Wien, Österreichisches Staatsarchiv Haus- Hof- und Staatsarchiv, Große Korrespondenz, Fasz. 25).

[83] Leibniz an Reck, 3. Mai 1713 (LH XLI 9 Bl. 45).

[84] Leibniz an Glandorff, 3. Mai 1713 (LH XLI 9 Bl. 45), 14. Mai 1713 (Wien, Österreichisches Staatsarchiv Haus- Hof- und Staatsarchiv, Große Korrespondenz, Fasz. 25).

Leibniz' Unterredung mit Schönborn fand nach einer Aufzeichnung Leibniz' am 14. Mai in Laxenburg statt, der Sommerresidenz des Kaisers, in der auch der Kaiser Leibniz an diesem Tag – wie auch sonst öfter – Audienz erteilte.[85] Für ein Quartier dort sorgte der kaiserliche Türhüter und Mathematiker Theobaldt Schöttel, der sich für Leibniz' Ansprüche in Wien bis zu dessen Lebensende treu eingesetzt hat.[86] In den nächsten Tagen folgten dann Auslieferung des Dekrets in seiner ersten Form und Erlegung der Taxe.

Am 20. Mai wendet sich Leibniz wiederum in zwei Briefen an Schönborn; in einem bittet er um Erteilung einer Zahlungsanweisung an die Hofkammer, im andern ersucht er um Ausführung einer versprochenen Änderung des Dekrets.[87] Schönborn antwortet am 26. Mai, er habe nach Empfang von Leibniz' Brief seine Befehle in der Reichskanzlei „erneuert", wobei man sich im bezug auf Anordnung und Anfang des Stückes ganz auf Leibniz' „eigenes Genie" verlasse.[88] Erst nach diesem Brief kann man die zweite Expedition des Dekrets ansetzen, das Leibniz ebenfalls gesiegelt und mit den Unterschriften von Schönborn und Glandorff versehen ausgehändigt wurde und für das ihm wohl keinerlei Gebühr mehr abgefordert worden ist. Schönborn hat dem ersten Konzept eine Kaiser Leopold betreffende Stelle eigenhändig hinzugefügt, so daß das zweite Dekret mit Berücksichtigung sämtlicher Änderungen des Reisvizekanzlers (hier unterstrichen) nun folgenden Wortlaut hat[89]:

„Von der Röm. Kays. May. Carl des sechsten Unsers allergnädigsten Herren wegen dem Churfürstl. Braunschweig=Lüneburgischen geheimen justiz-Rath Gottfried Wilhelmben Leibnitz in gnaden anzuzeigen: Es hetten allerhöchst-gedacht Jhre Kay. May. die jhm beywohnende, und jhro verscheidentlich angerühmbte, auch von selbst wahrgenohmene stattliche Qualitäten, vernunfft, gelehrt= und geschicklichkeit, und in Reichs- Rechts= und anderen Weldtsachen erworbene wißenschafft und erfahrenheit allermindist betrachtet, und dan in deren ansehung, bevorab auch, daß dessentwegen weilandt Dero in Gott ruhenden Herrn Vatters Leopoldi Kays. May. glorwürdigsten andenckens allschon entschloßen gehabt, denselben zu Dero würcklichen ReichsHoffrath auff: und anzunehmen, und dan, daß Jhro und dem Gemeinen Weeßen Er in vielen begebenheiten angenehme nutz0 und ersprießliche dienste geleistet, ihn zu Dero Kays. ReichsHoffrath würcklich allergnädigst auff= und angenohmen: Also und dergestalt, daß Sie jhn zu seiner zeit in die ReichsHoff-Raths versamblung einführen, und alle solcher stelle anklebende vorrechte gnade ehr und nutzbarkeit angedeyen sollen, inzwischen aber Ihme von tag dieses Decreti die ReichsHof-Räthen auß des Kays. Hoffzahlambts mitteln mit quatemberlichen fristen richtig gereichet werden solle. Allermaßen Jhre Kays. May. auch an Dreo löbl. Kays. HoffCammer dießfalls

---

[85] Leibniz, Aufzeichnungen, 13. Mai 1713 (Foucher de Careil: *Oeuvres*, 7, S. 332-336).

[86] Th. Schöttel an Leibniz, 12. und 13. Mai 1713 (LBr 827 Bl. 4-5; Bl. 1-2).

[87] Leibniz an Schönborn, 20. Mai 1713 (Wien, Haus-, Hof- und Staatsarchiv, Reichshofrat Verfassungs-Akten Fasz. 17; ebd. Fasz. 29).

[88] Schönborn an Leibniz, 26. Mai 1713 (LH XLI 9 Bl. 49).

[89] LH XLI 9 Bl. 3.

das behörige allergnädigst verfügen laßen, und wie nun auß Deroselben allergnädigsten befehl Er Leibnitz dessen krafft dieser <u>Kays. gnadens-verordnung</u> versichert wird; also verbleiben Sie jhme ferner mit Kayserlichen gnaden gewogen.

Signatum Franckfurth am Mayn unter Dero hervorgedruckten Secreten Insiegel den anderten Januarij Anno Siebzehn Hundert und zwölff.

Frid. Carl graff von Schönborn mp.

E.F. v. Glandorff mp."

Damit war Leibniz endgültig und offiziell zum Reichshofrat ernannt.

(5) Leibniz' Besoldung als Reichshofrat während des Wiener Aufenthalts (1713–1714)

(a) Anweisung der Reichskanzlei an die Hofkammer, der Hofkammer an das Hofzahlamt

Mit dem nun zum zweiten Mal ausgestellten und in dieser Form von Leibniz akzeptierten Dekret seiner Ernennung zum Reichshofrat war der entscheidende Schritt getan, der den Weg für eine Zahlungsanweisung der Reichskanzlei an die Hofkammer freigab. Noch im Mai fand sich Leibniz zu einer neuen Audienz beim Kaiser ein – wie aus dem Inhalt seines schriftlich ausgearbeiteten Vortrages hervorgeht – nach Ausstellung des Ernennungsdekrets.[1] Er kommt nicht nur wegen seiner Privatangelegenheiten, sondern als eine Art politischer Berater. Er macht dem Kaiser – der sich ja noch im Krieg mit Frankreich befand – Vorschläge, die der finanziellen Erschöpfung des Landes aufhelfen sollten, vielleicht mit einem Seitenblick auf seine eigenen Forderungen. Außer Anleihen im Reich, in Braunschweig-Lüneburg und Preußen, empfiehlt er eine Luxussteuer, Abzüge von Beamtengehältern, das Anlegen von Kornvorräten, Ausnützung von strategischen Erfindungen wie einem Mehrschußgewehr u. a. mehr. Leibniz ist bereit, Erfindungen dieser Art selbst praktisch vorzuführen. Er ist nicht ihr Urheber, sondern er hat sie „von erfahrenen Leuten billig gekauft". Dies zeigt, daß er seine Aufmerksamkeit Menschen aller Schichten zuwandte, sobald sie mit ihren Erfahrungen dem Fortschritt der Wissenschaft nützen konnten. So hatte er schon in der Jugend geschrieben, daß neue medizinische Kenntnisse oft besser aus dem Umgang mit Kräutermännern und Gärtnern als dem Studium des Aristoteles und Platon zu gewinnen seien.[2] Am Schluß seines Vortrages kommt er auf seine privaten Angelegenheiten zu sprechen, wobei hier wie in fast allen Eingaben an den Kaiser, an Schönborn und dann den Hofkanzler Sinzendorf mit der Erwerbung der Reichshofratswürde die Aufforderung zur Errichtung einer Sozietät der Wissenschaften Hand in Hand geht. Der Erfolg in der

---

[1] Leibniz, Aufzeichnung für einen Vortrag vor dem Kaiser, [Juni 1713] (LH XLI 9 Bl. 138-139).

[2] A IV, 1 S. 550 (*Bedenken von Aufrichtung einer Akademie oder Societät*).

© Springer-Verlag Berlin Heidelberg 2016
W. Li (Hrsg.), *Leibniz als Reichshofrat*, DOI 10.1007/978-3-662-48390-9_6

einen Angelegenheit verstärkt seine Hoffnungen auf die Erledigung der andern. Er fragt auch hier wieder nach einem Diplom für die Akademie und bittet den Kaiser, wegen der fälligen Reichshofratsbesoldung für 1712 sowie für eine weitere Bestallung Anordnungen zu treffen, so daß er im ganzen über 6000 Gulden zu verfügen habe. Auf ein Schreiben gleichen Inhalts vom 27. Mai an den Kaiser[3] folgt dann die Ausstellung eines Zahlungsdekrets der Reichskanzlei im Namen Kaiser Karls VI. für die Hofkammer.[4] Unterzeichnet haben wieder Schönborn und Glandorff. Dabei wird der Wortlaut des Ernennungsdekrets beibehalten bis zu der Stelle: „mit quatemberlichen fristen gereichet werden solle". Daran schließt sich die neu formulierte Anweisung:

„Aller wird es der Löbl[n]. Kays[n]. HoffCammer zu dem endte hiemit bekant gemacht, damit Sie darnach das Behörige zu Verfügen und anzuschaffen, wissen möge, Ihre Kays. May[t]. verbleiben dersoselben im übrigen mit Kays[n]. gnaden wohl gewogen."

Das Datum ist natürlich wieder der 2. Januar 1712. Der Präsentationsvermerk[5] auf dem Konzept des Zahlungsdekrets sagt uns jedoch, daß es am 4. Juni dem Sekretär Glandorff zur Bearbeitung übergeben worden war, der Vermerk: Relatum Suae Majestati den 3ten Juli 1713, daß es einen Monat später, am 3. Juli dem Kaiser zur Begutachtung vorgelegt wurde. Dieser war einverstanden, denn eine Bleistiftnotiz deutet an, daß die Reinschrift bzw. Expedition des Dekrets dem Hofkammerrat Anton Albrecht v. Schmerling ausgehändigt werden sollte.

Schmerling seinerseits verfaßte sofort eine Anweisung der Hofkammer an das Hofzahlamt, die Leibniz eine Besoldung wie anderen Reichshofräten auf der Gelehrtenbank zuerkannte, mit der Einschränkung, diese solle bis zum Freiwerden einer Stelle im Reichshofrat in Form einer Pension gezahlt werden.[6] Die Pension soll Leibniz in vierteljährlichen Raten gegen eine Bescheinigung gereicht werden. Diese Anweisung, die vom Hofkammerpräsidenten Graf Starhemberg, vom Hofkammervizepräsidenten Graf Mollarth und Schmerling unterzeichnet wurde, versah Schmerling mit einem Datum des Empfangs des Zahlungsdekrets durch den Kaiser, dem 3. Juli. Am 12. Juli scheint die Anweisung dem Hofzahlamt weitergereicht worden zu sein.[7] Einen Termin für den Beginn der Auszahlung des Geldes nennt sie nicht. Das Zahlamt muß daher notwendigerweise eine Rückfrage an die Hofkammer gerichtet haben, die Hofkammer wiederum wandte sich an den Kaiser. Ihr von Starhemberg, Schmerling und Pacher unterzeichnetes Referat vom 31. Juli gibt dem Kaiser zu bedenken, daß die Kammer nicht einmal in der Lage sei, die laufenden Besoldungen und Pensionen für die wirklichen und überzähligen Reichshofräte pünktlich zu zahlen.[8] Wenn nun auch Termine für Zahlungen zurückverlegt würden, müßte sich die Summe

---

[3] Leibniz an Kaiser Karl VI., 27. Mai 1713 (LH XLI 9 Bl. 50).

[4] Gedr. v. Bergmann: Leibniz als Reichshofrath, S. 197 f.

[5] Vgl. Gross: *Die Reichshofkanzlei*, S. 147.

[6] Kaiser Karl VI., gez. Starhemberg, Mollarth, Schmerzling, an das Hofzahlamt, 3. Juli 1713 (spätere Abschrift für Leibniz LH XLI 9 Bl. 65-66).

[7] Vgl. Kaiserl. Hofkammer an das Kaiserl. Hofzahlamt, 31. Juli 1713 (Bergmann: Leibniz als Reichshofrath, S. 199 f.).

[8] Kaiserl. Hofkammer an Kaiser Karl VI., 31. Juli 1713 (Bergmann, ebd., S. 198 f.).

aller Rückstände erhöhen und der Kaiser werde mit Klagen überhäuft werden. Der Kaiser entschied jedoch zugunsten Leibniz', und die Hofkammer teilte noch am gleichen Tag dem Hofzahlamt mit, als terminus a quo für die Zahlungen habe der 2. Januar 1712 zu gelten.[9]

Die nochmalige Entscheidung des Kaisers für den Zahlungstermin hat wohl Leibniz selbst herbeigeführt. Während er noch Ende Juni bei dem inzwischen zum ersten Hofkanzler avancierten Philipp Ludwig Grafen v. Sinzendorf wegen seiner zusätzlich in Aussicht genommenen Ämter in Wien um die Bewilligung einer Gage von weiteren 4000 Gulden nachsuchte,[10] muß er indessen bei einer Vorsprache im Hofzahlamt von den Schwierigkeiten bezüglich des Zahlungsbeginns erfahren haben. In Briefen vom 19. und 24. Juli an den Kaiser und seinen Sekretär Imbsen[11] wie in einer Audienz[12] ersucht er Karl VI. um eine positive Entscheidung für sich, die er dann auch erreicht hat. Seiner Bitte, ihn von einer weiteren notwendigen Taxe zu befreien, konnte jedoch nicht entsprochen werden. Im Hofkammer-Taxamt mußte er für die Bewilligung der Besoldung nochmals 525 Gulden erlegen. Er erhielt wiederum eine besiegelte Quittung darüber, ausgestellt am 24. September 1713.[13] Einen Tag später stellte der Hofkammerregistrator und -taxator für Leibniz Abschriften von den beiden Zahlungsanweisungen der Hofkammer an das Hofzahlamt vom 3. und 31. Juli her, die Leibniz wohl angefordert hat.[14]

(b)   Ernennung zum Direktor der zukünftigen Sozietät; Bewerbung um das Kanzleramt in Siebenbürgen

Bei den nun folgenden Bemühungen Leibniz', die durch eine schwere Taxe erworbenen Gehaltsansprüche auch zu realisieren, geht es um zweierlei. Einmal ist er immer wieder genötigt, um die Auszahlung des nun schon rückständigen wie des laufenden Gehalts zu bitten. Nur sehr allmählich hat er Erfolg damit. Zum andern ist er bestrebt, für die jetzt bereits fest beabsichtigte Niederlassung in Wien eine sichere finanzielle Grundlage zu schaffen. Daher bemüht er sich um eine zusätzliche Pension, wie sie auch andere Reichshofräte erhalten. Seine Forderung nach einer solchen Zusatzpension hält er für um so berechtigter, als ja in Wien die Aufgabe der Gründung einer Akademie der Wissenschaften auf ihn wartet, deren leitender Direktor er werden soll. Der Kaiser ist von Anfang an mit

---

[9] Kaiserl. Hofkammer an das Hofzahlamt, 31. Juli 1713 (Bergmann: Leibniz als Reichshofrath, S. 199 f.).

[10] Leibniz an Sinzendorf, 30. Juni 1713 (LH XLI 9 Bl. 52).

[11] Leibniz an Imbsen, 19. Juli 1713 (LBr. 448 Bl. 1), an Kaiser Karl VI., 24. Juli 1713 (LH XLI 9 Bl. 54).

[12] Leibniz, Aufzeichnungen für Audienzen bei Karl VI. [Juli 1713] (die Datierung ergibt sich aus der Erwähnung der am 30. Juni bei Sinzendorf nachgesuchten Unterredung; LH XLI 9 Bl. 125-126), 30. Juli 1713 (ebd. Bl. 57).

[13] Kaiserliches Hofkammer-Taxamt für Leibniz, 24. September 1713 (LH XLI 9 Bl. 63).

[14] LH XLI 9 Bl. 65-66, 67-68.

diesem Plan einverstanden gewesen. Schon im Mai 1713 wendet sich daher Leibniz an
den nach dem Utrechter Friedensschluß nach Wien zurückgekehrten und zum Hofkanzler
ernannten Grafen Sinzendorf, da er von Sachverständigen gehört hat, daß ein Unternehmen wie die Akademiegründung in das Ressort der Hofkanzlei falle.[15] Es geht ihm dabei
um die Abfassung einer Gründungsurkunde, über deren Inhalt er sich im Bedarfsfall zu
äußern anbietet. Leibniz hat sie dann selbst entworfen, ihr Wortlaut ist bekannt.[16] Im Juni
wiederholt er seinen Antrag und legt Sinzendorf außerdem die Expedition eines Dekrets
über vom Kaiser schon bewilligte weitere 4000 Gulden jährlichen Gehalts nahe.[17]

Sinzendorf hat daraufhin mit Leibniz die Ausgabe eines Dekrets abgesprochen, das ihn
zum Direktor der zukünftigen Akademie ernannte mit einem dem Fundus der Sozietät zu
entnehmenden Gehalt von 4000 Gulden. Er sendet Leibniz seinen Entwurf des Dekrets vom
2. August[18] und dieser schickt ihn umgehend mit einigen Änderungsvorschlägen zurück.[19]
Er legt dabei vor allem Wert auf den Eindruck, den die Sache in Hannover machen wird.
So gesteht er Sinzendorf ganz offen, daß er den Kurfürsten davon überzeugen müsse, daß
man ihm in Wien eine weit glänzendere Stellung biete und es daher verständlich sei, wenn
er dieses Angebot nicht ausschlage. Deswegen möchte er, daß in das Dekret hineingesetzt
werde, seine Besoldung als Akademiedirektor solle vom Frühjahr 1713 an – wieder dem
Zeitpunkt der Bewilligung durch den Kaiser – ihren Anfang nehmen. Außerdem beanstan-
det er Sinzendorfs Ausdruck, die Beschaffenheit der Zeiten lasse die Gründung im Augenblick nicht zu. Leibniz beabsichtigt ja, Mittel zur Finanzierung der Akademie ausfindig zu
machen, die die Einkünfte des Kaisers nicht beschweren sollen, und diese seien zu jeder
Zeit durchführbar. Man solle daher als Grund für die Verzögerung der Akademiegründung
lieber seine nah bevorstehende Abreise nach Hannover nennen. So solle es auch nicht hei-
ßen, die Gründung werde „zu bequemer zeit" sondern „ehistens" stattfinden. Sinzendorf
ist zufrieden damit, und in dem am 14. August ausgestellten Dekret sind alle Änderungswünsche Leibniz' erfüllt worden.[20]

---

[15] Leibniz an Sinzendorf (LH XIII Bl. 113-114), an einen Überbringer des Briefes (Foucher de Careil:
Oeuvres, 7, S. 340), an Schönborn (ebd., S. 349), 8. Mai 1713.

[16] Gedr. v. Klopp: Leibniz' Plan, S. 236 ff.

[17] Leibniz an Sinzendorf, 30 Juni 1713 (LH XLI 9 Bl. 52).

[18] Sinzendorf für Leibniz, 2. August 1713 (Abschrift von Leibniz 6. August 1713 LH XIII Bl. 180-
181).

[19] Leibniz an und für Sinzendorf, 6. August 1713 (ebd.).

[20] Kaiser Karl VI. für Leibniz, Dekret betreffend Leibniz' Direktorat der zu gründenden Akademie,
14. August 1713 (Klopp: Leibniz' Plan, S. 241 f.). Später mußte Leibniz doch selbst auf den Ausdruck „zu seiner zeit" zurückkommen. Als die in Leipzig erscheinenden „Neuen Zeitungen von
gelehrten Sachen" am 18. Sept. 1715 (S. 297) meldeten, daß die von Leibniz angeregte „Academia
Scientiarum" in Wien noch nicht ins Leben gerufen sei, hauptsächlich wegen der Neuordnung des
Finanzwesens, entgegnete Leibniz: „Es haben Kayserl. M^t bereits per decretum dero erleüchtetes
absehen eine societät der wißenschafften aufzurichten, festgestellet, und wird es also zu seiner zeit
an der vollstreckung nicht leicht fehlen" (LH XI vol. I,5 Bl. 3-4). Diese Entgegnung druckten die
Leipziger *Neuen Zeitungen* nach Leibniz' Tod 1716 (S. 551) ab.

Leibniz hatte damit für die Zukunft einiges erreicht, für die Gegenwart nichts. Die Besoldung als Reichshofrat war ihm bewilligt worden, doch er hatte bisher keinen Kreuzer davon erhalten, sondern im Gegenteil seinerseits fast 1000 Gulden an die Kanzleien zahlen müssen. Er wußte außerdem recht gut, daß die wirkliche Einrichtung der Akademie in dem noch mit Frankreich im Krieg befindlichen Österreich auf sich warten lassen würde. Daher ergriff er eine andere Gelegenheit, die die Möglichkeit zu bieten schien, in Wien festen Boden zu gewinnen. Es war die gerade stattfindende Wahl eines Vizekanzlers von Siebenbürgen. Sie beschäftigte ihn zwei Monate hindurch, so daß er auch im Laufe des September und Oktober keine Anstalten machte, nach Hannover zurückzukehren. Leibniz glaubte, daß die Bekleidung der Stellung eines Vizekanzlers bzw. Kanzlers sowohl für ihn wie für den Kaiser, der sie ja ohnehin besolden mußte, am nützlichsten sein würde. Hier hätte er der Gründung der Sozietät in Ruhe entgegensehen und außerdem im Bereich des Möglichen für die Förderung der Wissenschaften wirken können. Er wendet sich mit dieser neuen Idee an die ihm freundlich gesinnte Kaiserin Amalie und ihre Hofdame Fräulein v. Klenck. Die Kaiserin soll auch den mit Leibniz bekannten und amtserfahrenen Kanzler von Böhmen Schlick zu einer Fürsprache beim Kaiser zu bewegen suchen. Nur zweimal wendet sich Leibniz an den Kaiser direkt.[21] Alle Bedenken, die sich hinsichtlich der Religion, der Nationalität, der staatsmännischen Fähigkeiten und des Vorrechts anderer Kandidaten ergeben könnten, sucht er vorher auszuräumen.

Der größte Teil seiner Erwägungen ist dabei der Frage der Konfession gewidmet. Der letzte katholische Kanzler sei jetzt Präsident des Siebenbürgischen Rates geworden, und man möchte nun wieder einen Calvinisten statt seiner sehen, da dieses Bekenntnis unter dem Adel und auf dem Lande dominiert. Leibniz glaubt aber, daß in den Städten, wo mehr Lutheraner sind, ein Angehöriger dieses Bekenntnisses Anklang finden würde. Außerdem stünden die Lutheraner den Katholiken näher als die Calvinisten und würden am besten mit der in Siebenbürgen vorhandenen Sekte der Arianer fertig werden, die im Guten vielleicht besser als mit Zwang von ihrem Irrglauben befreit werden könnte. Ein Calvinist könnte dagegen möglicherweise den Prinzipien der Arianer zustimmen. Die Tatsache, daß er kein Landsmann ist, hofft Leibniz durch Erwerbung der siebenbürgischen oder ungarischen Staatszugehörigkeit zu beseitigen. Zudem sei die deutsche bzw. sächsische Nation gegenüber der ungarischen und szeklischen bisher benachteiligt gewesen. Dies könnte bei der beabsichtigten Neugestaltung der Verfassung berücksichtigt werden. Die Landessprache sei in den Städten deutsch, auf dem Lande wallachisch, nicht eigentlich ungarisch oder slowakisch. Alle Expeditionen der Kanzlei ergingen ohnehin in der allgemeinverständlichen lateinischen Sprache. Die Erneuerung der Verfassung werde das Studium der Lan-

---

[21] Leibniz an und für die Kaiserin Amalie, 23. August (LBr. F 24 Bl. 46-47), 4. Oktober (LH XLI 9 Bl 74-75), 18. Oktober (ebd., Bl. 79-80) 1713; an Fräulein v. Klenck, 23. August (LBr. F 24 Bl. 46-47), 4. (LH XLI 9 Bl. 74-75), 7. (ebd. Bl. 77), 18. (ebd. Bl. 79-80), 24. Oktober (ebd. Bl. 77), [Oktober] (ebd. Bl. 123) 1713; Fräulein v. Klenck an Leibniz, 7., [nach 24. Okt.] 1713 (LH XLI 9 Bl. 76; 147-148); Leibniz an und für Schlick, 4., 18. Oktober, [November] 1713 (LH XLI 9 Bl. 74-75, Bl. 137, LH XL Bl. 26-27); Leibniz für Kaiser Karl VI., 26. September, [Oktober] 1713 (LH XLI 9 Bl. 70-71; LH XIII Bl. 81-82).

dessprache erleichtern. Dem reichen Bergbau des Landes würden Leibniz' in vielen Jahren erworbene theoretische und praktische Erfahrungen in Bergwerkssachen nützlich werden können. Die übrigen Bewerber kandidieren alle für den Posten eines Vizekanzlers. Nach den Gepflogenheiten früherer Jahre hat es immer nur entweder einen Kanzler oder einen Vizekanzler gegeben. Ebensogut wie der Posten des Kanzlers seit Jahren unbesetzt geblieben sei, könne es für eine Weile auch der des Vizekanzlers bleiben, wenn Leibniz etwa Kanzler werden sollte. Für den Posten des Vizekanzlers haben die Stände von Siebenbürgen drei Kandidaten nominiert. Zwei von ihnen wurden von der Geheimen Konferenz abgewiesen, der dritte, Calnocki mit Namen, für zu jung erklärt. Einige eifrige Katholiken haben einen vierten Bewerber, Cassony, aufgestellt, und er wurde in der Geheimen Konferenz vom – wie sich Leibniz erinnert – 23. September aufgenommen. Leibniz hat gehört, daß er kein Jurist und ohne Kenntnisse in Wirtschaftsfragen sein soll. Einer übereilten Entscheidung des Kaisers könnte durch eine befristete Vakanz des Vizekanzellariats zuvorgekommen werden. Schließlich hat Leibniz auch die Absicht, in Wien zu bleiben, worauf man bei einem Kanzler von Siebenbürgen großen Wert legt. Leibniz könnte auf diese Weise nichts ohne Wissen des Kaisers tun.

Anfang Oktober erfährt er von Fräulein v. Klenck, daß die Kaiserin Amalie nichts beim Kaiser ausgerichtet habe. Leibniz setzte nun seine Hoffnungen auf eine Fürsprache des böhmischen Kanzlers Schlick, der vorher noch mit der Kaiserin beraten sollte. Doch auch dies fruchtete nichts. Die ihm von Fräulein v. Klenck mitgeteilten Bedenken des Kaisers wegen der Nation konnten von Leibniz auch nicht durch das Argument beseitigt werden, daß er bereits einige Siebenbürger Sachsen für sich gestimmt gefunden habe. Der Kaiser kann mit Nation demnach nur die ungarische gemeint haben.[22] Etwas enttäuscht schreibt Leibniz im November an Schlick um nähere Information über die Unterredungen mit der Kaiserin. Falls dritte Personen ins Vertrauen gezogen worden sind, bittet er um deren Namen, da er nicht möchte, daß die Angelegenheit in die Öffentlichkeit dringt. Entscheidender als die Frage der Nationalität wird dennoch die der Konfession gewesen sein. Für die Durchsetzung des Katholizismus in Siebenbürgen, wie sie von Österreich mit allen Mitteln erstrebt wurde, war Leibniz keinesfalls der geeignete Mann. Dafür lieferte er selbst dem Kaiser noch im Winter des gleichen Jahres den Beweis, als er sich bei Graf Seilern und Graf Schlick für August Hermann Franckes Abgesandten Christoph Nikolaus Voigt um dessen Professur in Hermannstadt einsetzte, wenn auch mit den den Pietismus verharmlosenden Worten: soviel Pietist wie Voigt sei er selbst auch.[23]

---

[22] Den Irrtum Klopps (Leibniz' Plan, S. 196), der Kaiser habe geglaubt, Leibniz werde der sächsischen Nation nicht angenehm sein, widerlegt Fransen, *Leibniz und die Friedensschlüsse*, S. 106. Sie selbst irrt dagegen in der Annahme, Leibniz habe sich um das Vizekanzellariat von Siebenbürgen beworben. Wie schon Klopp richtig bemerkt hat (ebd.), ging es ihm um das Kanzleramt.

[23] Vgl. Winter, Eduard: *Die Pflege der west- und südslavischen Sprachen in Halle im 18. Jahrhundert*, Berlin 1954, S. 143, 255.

(c)   Empfang der ersten drei Quartale des Reichshofratsgehalts; Rückkehr nach Hannover

Indessen berechtigte die bei der Hofkammer im Juli getroffene Entscheidung, daß Leibniz die Reichshofratsbesoldung in Form einer Pension vom Januar 1712 an empfangen solle wie die im September im Hofzahlamt dafür erlegte Taxe[24] Leibniz, bei der nächsten fälligen Gehaltszahlung für das dritte Quartal 1713 ebenfalls seine Ansprüche anzumelden. Er wendet sich zuerst damit an den Reichsvizekanzler, da er gehört hat, daß auch andere Reichshofräte einen Teil ihrer Gage erhalten haben.[25] Der niederösterreichische Regierungsrat Gerbrandt hinterbringt Leibniz, daß er nicht auf der Liste der Räte stehe, die ausgezahlt werden sollen, und rät ihm, sich an den Hofkammerpräsidenten deswegen zu wenden.[26] Leibniz meldet sich bei der Hofkammer, um seine Rückstände und das laufende Quartal in Empfang zu nehmen. Er muß aber dort hören, daß man wiederum durch ein Referat erst die Erlaubnis des Kaisers dazu einholen wolle. Leibniz bittet daher den Kaiser, seine Erklärung vom vorigen Mal zu wiederholen.[27] Er wendet sich außerdem direkt an den Hofkammerpräsidenten Gundaker Thomas v. Starhemberg. Starhemberg, dessen führende Rolle in der österreichischen Politik[28] und dessen Bedeutung für die Reform des Finanzwesens von Hugo Hantsch[29] hervorgehoben wurden, lernte Leibniz in privater Sphäre durch dessen Schwager, den Geheimen Konferenzrat und Statthalter von Niederösterreich, Graf Jean Joseph Jörger, kennen. Jörger, den Leibniz als Ehrenmitglied in die Wiener Sozietät aufzunehmen gedachte, spielt in Leibniz' Wiener Bekanntenkreis keine geringe Rolle.[30] Eine seiner Schwestern war mit dem Hofkammerpräsidenten vermählt,[31] eine zweite war Hofdame bei der Kaiserin Amalie[32] und im Kreise des Fräuleins v. Klenck wird Leibniz zunächst die Hofdame und dann ihren Bruder, Graf Jörger, kennengelernt haben. Darauf deutet jedenfalls, daß

---

[24] Siehe oben, S. 61 f.

[25] Leibniz an Schönborn, 24. Oktober 1713 (LH XLI 9 Bl. 82).

[26] Gerbrandt an Leibniz, 28. Oktober 1713 (LBr. 307 Bl. 5 (?)).

[27] Leibniz an Kaiser Karl VI., 17. November 1713 (LH XLI 9 Bl. 85. 86).

[28] Seit 1703 war er Hofkammerpräsident anstelle vom Grafen Salaburg.

[29] Hantsch: *Reichsvizekanzler Friedrich Karl v. Schönborn*, S. 50, 52, 85, 164, 170.

[30] Vgl. über ihn Wurm, Heinrich: *Die Jörger von Tollet*, Linz 1955, S. 209, 262 (Nr. 39), 292-293 (Stammtafel). Wurms Angabe (S. 221), Leibniz habe zwei Söhne Johann Quintins I. Grafen Jörger, also nicht nur Jean Joseph, sondern auch noch einen seiner Brüder für die Akademie vorgeschlagen, beruht auf einem Irrtum bei A. Ilg, den er zitiert (Die Fischer möchte ernannt wissen ... den Grafen Schlick, die Grafen Jörger, Sinzendorf, Rappach usw. Daraus wird in Ilgs Register (ebd., S. 806): Jörger, die, Freiherren. Ilg zitiert jedoch zweifellos nach Klopp: Leibniz' Plan, S. 218, wo Leibniz in diesem Zusammenhang schreibt: ... „Ich habe auch überaus grosse vergnügung bei dem Grafen Jörger gefunden ...".

[31] Maria Josefa, am 3. März 1707 verm. mit Starhemberg.

[32] Maria Karolina, vgl. Zedler: *Universal-Lexicon,* Bd. 14, 1735, S. 1051 und Wurm: *Die Jörger von Tollet*, S. 263 (Nr. 49).

„la Minerve Klenck"[33] öfter in dem Juni beginnenden Briefwechsel zwischen Leibniz und Jörger – der außerhalb Wiens wohnte – erwähnt und mit Grüßen bedacht wird. Leibniz rühmt Jörger in einem Brief an die Kurfürstin Sophie, die Mutter des Kurfürsten von Hannover, als einen überdurchschnittlich begabten Mann, der auf Ramón Lull schwöre und über Leibniz' Theodicée hinausgehen wolle, indem er aus der Offenbarungsreligion eine natürliche zu machen und die Mysterien wissenschaftlich zu erklären beabsichtigte.[34] Sie hätten einfach Freunde werden müssen. Jörger, der großes Interesse für Mathematik und lateinische Poesie hat, glaubt, Leibniz lebenslang nicht mehr entbehren zu können. Seine ganze Umgebung erscheint ihm in neuem Licht. Leibniz ist mehrmals auf Schloß Zacking Gast gewesen, dem ständigen Wohnsitz des Grafen, der sich nur zu Geschäften in Wien aufhielt. Jörger übernimmt es bei seinen Besuchen in Wien, Starhemberg auf Leibniz' Forderungen hinzuweisen. Meistens jedoch trifft er nur die Frau Präsidentin, seine Schwester, zu Hause an und hinterläßt ihr, da er geschäftehalber auf den in der Konferenz befindlichen Schwager nicht warten kann, seine Empfehlungen für Leibniz.[35] So wendet sich Leibniz selbst an den Hofkammerpräsidenten.[36] Für den November 1713 liegen drei Briefkonzepte vor, zwei davon undatiert und eines abgebrochen bei der Begründung, weshalb Leibniz nicht als überzähliger Reichshofrat (supernumerarius) gelten könne. Die Anzahl der außer ihm vorhandenen evangelischen Reichshofräte, die sechs nicht überschreiten sollte, weiß er dann doch nicht zu nennen.[37] Leibniz bringt jetzt außer den Taxerhebungen auch die Kosten seines ständig verlängerten Aufenthalts in Wien, die Reisekosten und seine schriftstellerische Tätigkeit im Dienst des Kaisers in Anschlag. Zum ersten Mal taucht nun auch das Problem auf, daß Leibniz' Reichshofratsgehalt laut Anweisung der Hofkammer an das Hofzahlamt vom 3. Juli 1713 bis zum Freiwerden einer Reichshofratsstelle statt in Form einer Besoldung in Form einer Pension gereicht werden soll.[38] Da eine solche Pension bei eintretendem Geldmangel natürlich vor den regelrechten Besoldungen der Gefahr unterlag, suspendiert oder ganz gestrichen zu werden, bemüht sich Leibniz selbst beim Reichsvizekanzler[39] und

---

[33] Marie Charlotte Freiin v. Klenck. Leibniz rühmt an ihr Geist und höfisches Benehmen in einem Brief an die Kurfürstin Sophie vom 21. Januar 1713 (Klopp: *Werke*, Bd. 9, 1873, S. 382 f.).

[34] Leibniz an Kurfürstin Sophie, 6. Mai 1713 (Klopp, ebd. S. 395-398).

[35] Jörger an Leibniz, 6. August 1713 (LBr. 453 Bl. 8-9), vom selben Tag (ebd., Bl. 10), [November] 1713 (ebd., Bl. 16), 14. Dezember 1713 (ebd., Bl. 15), Leibniz an Jörger, 30. November 1713 (ebd. Bl. 14).

[36] Leibniz an Starhemberg, 29. November, [November], [November] 1713 (LH XLI 9 Bl. 17; LH XL Bl. 26-27; LH XLI 9 Bl. 18).

[37] Die Zahl von 6 evangelischen Reichshofräten war wohl durchgehend erfüllt. Vgl. Gschließer: *Der Reichshofrat*, S. 384, wonach am 10. April 1713 Justus Vollrath v. Bode die erste freiwerdende Reichshofratsstelle des Augsburger Bekenntnisses zugesichert wurde. Bode wurde am 14. Februar 1715 aufgenommen.

[38] Siehe oben, S. 60.

[39] Leibniz an Schönborn, [wohl November], für Schönborn, [wohl November 1713] (LH XXXIV Bl. 72).

durch Eingaben an diesen[40] und den Kaiser[41], die ihm ein des Wiener Kanzleistils Kundi-
ger aufsetzen muß, diese Anordnung rückgängig zu machen. Dabei bestand seine Anklage
formell zu Recht, die Hofkammer habe mit dieser Entscheidung dem aus der Reichskanzlei
an sie ergangenen Dekret[42], in dem ihm eine Reichshofratsbesoldung zugesprochen wurde,
zuwidergehandelt. Doch ist die Hofkammer hier bestimmt im Einverständnis mit dem Kaiser
vorgegangen, da ihr Fundus den Anforderungen ohnehin nie ganz gewachsen war. Leibniz'
dahingehender Bitte ist daher auch niemals, auch in den späteren Jahren nicht, entsprochen
worden. Ein Brief an den Kaiser mit dem gleichen Vorschlag wie vor Jahren an die Kaiserin
Amalie, ihm die Sammlung der Reichsrechte und Inspektion der Reichsarchive zu übertragen, da ja der siebenbürgische Versuch mißglückt sei, zeigt auch seinen Stoßseufzer, er wisse
schon gar nicht mehr, wie er es anstellen solle, um zu der ihm versprochenen Besoldung
zu gelangen.[43] Als er nach einem überwundenen Gichtanfall wieder ausgehen kann, meldet
er sich persönlich bei Starhemberg, der jedoch ausweicht und alles auf die Reichsinstanzen schiebt.[44] Er behauptet, für die Verteilung der Reichshofratsgehälter sei in erster Linie
Schönborn zuständig. Leibniz bemüht sich also um eine Audienz bei Schönborn, kann
ihn jedoch nicht erreichen und macht ihm daher schriftlich Mitteilung von Starhembergs
Aussagen.[45] Aber erst als er nochmals den Kaiser angerufen hat, zeigt sich ein Erfolg.[46] Aus
seinem nächsten Brief an Starhemberg vom Januar 1714 scheint hervorzugehen, daß er nun
ein Quartal des Gehalts empfangen hat, und er macht bereits den Vorschlag, ihm bei jeder
neuen Gehaltszahlung eins der rückständigen Quartale mitauszuzahlen.[47] Erst vom Februar
liegt die schriftliche Bestätigung dafür vor, daß er das Geld wirklich bekommen hat. Am
16. Februar schreibt ihm sein zukünftiger Geschäftsträger in Wien, Johann Philipp Schmid,
der Kassierer des kaiserlichen Hofzahlamtes lasse sich empfehlen und Leibniz möge Schmid
eine Blankovollmacht für den Empfang von 500 Gulden ausstellen, die Schmid nachmittags
um 3 Uhr in der Kasse ausgehändigt werden sollen.[48] Etwas unverständlich ist die Tatsache,
weshalb Leibniz eine zeitlang von 1200 und dann 1300 Gulden Taxe spricht, die er erlegt

---

[40] Leibniz an Schönborn, [wohl November 1713] (LH XLI 9 Bl. 113).

[41] Leibniz an Kaiser Karl VI., [wohl November 1713] (ebd.).

[42] Siehe oben, S. 57–58 u. 60.

[43] Leibniz für die Kaiserin Amalie, 22. September 1710 (siehe oben, S. 37 f.), an Kaiser Karl VI.,
11. Dezember 1713 (LH XXXIV Bl. 187-190).

[44] Leibniz, Aufzeichnungen für eine Audienz bei Schönborn, 14. Dezember 1713 (LH XLI 9 Bl. 88).

[45] Ebd. und Leibniz an Schönborn, 18. Dezember 1713 (LH XLI 9 Bl. 89).

[46] Leibniz an Kaiser Karl VI., 30. Dezember 1713, [Dezember 1713] (LH XLI 9 Bl. 91; LH XIII
Bl. 80).

[47] Leibniz an Starhemberg, 14. Januar 1714 (LH XLI 9 Bl. 93); der Vorschlag später öfter, u. a. in dem
Promemoria für Schreyvogel vom 14. August 1714 (LBr 836 Bl. 1).

[48] Johann Philipp Schmid an Leibniz, 16. Februar 1714 (LBr 815 Bl. 1). Auch Leibniz' Briefe an den
Kaiser vom 17. Mai 1714 (Bergmann: Leibniz als Reichshofrath, S. 200 f.) und an Starhemberg vom
5. Juli 1714 (ebd., S. 202) bestätigen den Empfang dieses Quartals.

habe[49], während er später gemäß den vorhandenen Quittungen über 975 Gulden nur 1000 Gulden anführt.[50]

Inzwischen erfuhr auch der Reichshofrat eine nicht unbedeutende Veränderung; er erhielt wieder einen Chef, den er seit dem Jahre 1708 hatte entbehren müssen. Kaiser Josef I. hatte 1708 den Fürstabt von Kempten, Rupert Freiherr v. Bodmann, für dieses Amt bestimmt.[51] Doch dieser, der zunächst aus gesundheitlichen Gründen und wegen Geschäftsüberhäufung gebeten hatte, in seiner Abtei bleiben zu dürfen, wurde außerdem als katholischer Ordensgeistlicher von den protestantischen Ständen abgelehnt. Sie führten an, daß er in peinlichen Strafsachen nicht judizieren dürfe, dem Papst Gehorsam schuldig sei und daher die Protestanten als Ketzer verfolgen müsse. So hat er seinen Posten nie angetreten, verzichtete aber erst im Jahre 1713 darauf. Er kam dazu persönlich nach Wien, Leibniz berichtet dem wolfenbüttelschen Hofrat Lorenz Hertel im August 1713 davon.[52]

Den neuernannten Präsidenten, Ernst Friedrich Graf v. Windischgrätz, lernte Leibniz wiederum durch den ihm befreundeten Grafen Jörger kennen und zwar unter ganz besonderen Umständen. Er selbst war nämlich gebeten worden, einem andern Bewerber für diese Stellung behilflich zu sein. Der Sohn einer Schwester Jörgers, Pratisius mit Namen, war Sekretär bei dem Fürsten Ferdinand August Leopold v. Lobkowitz. Lobkowitz war von 1692 bis 1698 Prinzipalgesandter des Kaisers in Regensburg gewesen[53] und seit 1699 Obersthofmeister der Kaiserin Amalie. Diese Stelle legte er 1708 nieder. Er war viermal vermählt gewesen und hatte zahlreiche Kinder. Durch seinen Neffen erfuhr Jörger von seinem Wunsch, die Präsidentschaft des Reichshofrates zu übernehmen.[54] Man wandte sich daher an Leibniz, der ein häufiger Gast auf dem Landsitz der Kaiserin Amalie in Ebersdorf war. Am 30. September erfuhr Leibniz von der Kaiserin, daß sie das Terrain sondiert habe, daß es aber allem Anschein nach schon zu spät dafür sei.[55] Leibniz bedauert dem Regentschaftsrat Gerbrandt gegenüber, daß der Fürst sich nicht früher erklärt habe, unmittelbar nach der Abreise des Fürstabts von Kempten. Dennoch ist auch im Oktober noch die Rede von dem Plan; Leibniz wird von Gerbrandt nochmals daran erinnert[56], und er selbst teilt der Kaiserin mit, er habe gehört, daß Windischgrätz das Amt ausgeschlagen habe.[57] Dies erwies sich jedoch als ein Gerücht. Windischgrätz nahm an.

---

[49] Leibniz an Schönborn, 18. Dezember 1713; an Karl VI., 30. Dezember 1713, 30. April, 17. Mai 1714 (LH XLI 9 Bl. 89; 91; 115; Bergmann, ebd., S. 200 f.); an Kaiserin Amalie, 4. Juni 1714 (LH XLI 9 Bl. 118).

[50] Leibniz an Frl. v. Klenck, 24. Dezember 1715; an Karl VI., [Dezember 1715] (LH XLI 9 Bl. 154; 92).

[51] Vgl. Gschließer: *Der Reichshofrat*, S. 369 f.

[52] Leibniz an Hertel, 5. August 1713 (Wolfenbüttel, Herzog-August-Bibl.: Leibniziana I Nr 51 Bl. 110-111).

[53] Repertorium der diplomatischen Vertreter aller Länder Bd. 1, 1936, S. 138.

[54] Leibniz an Gerbrandt, 30. September 1713 (LBr. 307 Bl. 6(?)).

[55] Leibniz an Gerbrandt (Ebd.).

[56] Gerbrandt an Leibniz, 28. Oktober 1713 (Ebd., Bl. 5 (?)).

[57] Leibniz an Kaiserin Amalie, [Oktober 1713] (LH XLI 9 Bl. 123).

Mit ihm war Graf Jörger ebenfalls gut bekannt. Zehn Tage vor seiner Vereidigung als Reichshofratspräsident ist Windischgrätz auf der Durchreise in St. Pölten, in der Nähe der Jörgerschen Herrschaft Pottenbrunn, und man unterhält sich auch über Leibniz, von dem der neue Präsident mit großer Hochachtung spricht, wie Jörger berichtet.[58] Er habe sogar Eile gezeigt, Leibniz kennenzulernen. Jörger wünscht ihm die intime Freundschaft Windischgrätz'. Er gibt auch der Befürchtung Ausdruck, daß er Leibniz' Konversation nun wohl in Anbetracht von dessen geschäftlicher Tätigkeit in Wien mehr als früher werde entbehren müssen. Dies scheint sich bewahrheitet zu haben, jedenfalls ist das zitierte Schreiben Jörgers das letzte uns bekannte dieses Briefwechsels.

Bei Windischgrätz fand Leibniz durch Jörger leichten Zutritt. Windischgrätz scheint auch gleich nach seinem Amtsantritt mit dem Kaiser über Leibniz gesprochen zu haben, da Leibniz sich in seinem ersten Brief an den Präsidenten dafür bedankt.[59] Im Übrigen deutet er ihm darin flüchtig die Dinge an, die er in Wien noch zu erreichen hofft, darunter die Zuweisung eines Hofquartiers, die in das Ressort des Fürsten Schwarzenberg fällt. Leibniz ist deswegen so eifrig um die Erledigung dieser Angelegenheit bemüht, damit er bei seiner Rückkehr aus Hannover existentiell gesichert sei und nicht von neuem anfangen müsse mit „Solizitieren".

Den Gedanken an die Rückkehr nach Hannover hat Leibniz in Wien keinen Augenblick außer acht gelassen. Doch es fanden sich immer neue Anlässe, die ihn bewogen, seine Wiener Belange erst noch – wie er glaubte in kürzester Frist – ins Reine zu bringen und darum die Abreise für wenige Wochen zu verschieben. Aus den ersten Wochen wurden Monate und erst nach fast zweijähriger Abwesenheit kehrte er wirklich nach Hannover zurück.

Im Juni 1713 entwarf Leibniz das von ihm schon Anfang des Jahres gewünschte Handschreiben des Kaisers an den Kurfürsten von Braunschweig-Lüneburg, das der Rechtfertigung seiner Abwesenheit und zur Begründung seiner Rückkehr nach Wien dienen sollte.[60] Indessen war er durch die Verwirklichung seiner Gehaltsforderungen als Reichshofrat bei Hofkammer und Hofzahlamt aufgehalten, für die Sozietätsgründung wurde ein Schritt getan, und er bewarb sich um die Stellung eines Kanzlers von Siebenbürgen. So wandte er sich erst Ende September ernstlich mit dem Entwurf des Handschreibens an den Hofkanzler Sinzendorf.[61] Den Vorgriff entschuldigt er mit seiner genaueren Kenntnis des hannoverschen Hofes, dessen Widerspruch er von vornherein unmöglich machen wollte. Eventuelle Änderungen bittet er ihm mitzuteilen. Das Schreiben drückt den Wunsch des Kaisers aus, Leibniz in seine Dienste zu ziehen, die durch Aufträge betreffend Geschichte und Rechte des Reiches auch dem Kurfürsten nützlich werden würden. Mündlich soll Leibniz über des Kaisers günstige Gesinnung gegenüber dem Kurfürsten berichten. Wieder kam man Leibniz entgegen; ein eigenhändiges Schreiben Karls VI. an Kurfürst Georg Ludwig wurde

---

[58] Jörger an Leibniz, 5. Januar 1714 (LBr. 947 Bl. 137).

[59] Leibniz an Windischgrätz, 4. Februar 1714 (LH XLI 9 Bl. 96).

[60] Leibniz für Kaiser Karl VI., als Kaiser Karl VI. an Kurfürst Georg Ludwig; Leibniz als Sinzendorf (?) an Kurfürst Georg Ludwig, [Juni 1713] (LH XLI 9 Bl. 125-126, 127-128).

[61] Leibniz an Sinzendorf, 19. September 1713; Leibniz, Vorentwurf für ein Handschreiben Kaiser Karls VI. an Kurfürst Georg Ludwig, 19. September 1713 (LH XLI 9 Bl. 62).

Leibniz ausgehändigt, in der Substanz seinem Entwurf entsprechend, nur äußerlich dem Kanzleistil angeglichen und in die notwendige Ich-Form abgeändert.[62] Leibniz hatte niemals Gelegenheit, es abzugeben,[63] doch hatte er schon im Juli des Jahres, als der Kaiser ihm ein Handschreiben bereits zugesagt hatte, von dieser Absicht des Kaisers Bernstorff in Kenntnis gesetzt.[64]

Die Gründe, die Leibniz dem Kurfürsten und seinem Minister Bernstorff von Wien aus für seine lange Abwesenheit nennt, sind vor allem drei: die seit dem Frühjahr in Wien auftretende und sich verstärkende Pest, der Auftrag des Kurfürsten wegen der lauenburgischen Sukzession und eine Aufgabe, die Leibniz im Dienst des Kaisers verrichtet: die Klärung der toskanischen Frage. Wegen der Pest stellt er Bernstorff vor, daß ihretwegen – als Leibniz wegen Lauenburg beim Kaiser gesprochen hatte und abreisen wollte – alle Österreich benachbarten Staaten eine Quarantaine verhängt hatten, deren Unbequemlichkeiten er sich in seinem Alter nicht hätte unterziehen wollen.[65] Dies habe man billigerweise auch nicht von ihm verlangen können; man habe ihm sogar von Hannover aus abgeraten, unter diesen Umständen gleich zurückzukommen, schreibt Leibniz später an den hannoverschen Minister Friedrich Wilhelm von Goertz.[66] An die Erwähnung des lauenburgischen Auftrags, der ihn für längere Zeit in Wien festgehalten habe, knüpft er sein Anerbieten, die Übermittlung geheimer politischer Nachrichten zwischen dem Kaiser und dem Kurfürsten mit seiner Rückreise zu verbinden; doch gesteht er Bernstorff, von Braunschweig aus wenig informiert zu sein.[67] Der Kurfürst läßt ihm antworten, er habe keinen besonderen Befehl für Leibniz, doch würde es ihn freuen, wenn der Reichshofratspräsident veranlaßt werden könnte, dem Kaiser die Beendigung der vor den Reichshofrat gehörigen lauenburgischen Angelegenheit nahezulegen.[68] Leibniz beeilt sich, dem Kurfürsten gefällig zu sein.[69] Er spricht nochmals mit dem Kaiser und Windischgrätz, und beide versichern ihm, Georg Ludwig gern die Investitur geben zu wollen. Man warte nur darauf, daß der Kurfürst die Verzichtleistung der übrigen Anwärter auf Lauenburg beibringe. Dabei hatte man wohl das Haus Anhalt und die ernestinische Linie des Hauses Sachsen im Auge, die erst sehr spät bzw. gar nicht verzichteten. Dennoch erlangte das Haus Braunschweig die Investitur.[70]

---

[62] Kaiser Karl VI. an Kurfürst Georg Ludwig, 30. September 1713 (Wien, Haus-, Hof- u. Staatsarchiv, Protokolle der Staatskanzlei, 1713, Bl. 157 und LH XLI 9 Bl. 72-73).

[63] Am 29. November 1713 erbat Leibniz von Sinzendorf eine Abschrift des Handbriefes, vermutlich eine beglaubigte (LH XLI 9 Bl. 87).

[64] Leibniz an Bernstorff, Juli 1713 (LBr. 676 Bl. 321-322, 323).

[65] Leibniz an Bernstorff, [April 1714] (Doebner: Nachträge, S. 235).

[66] Leibniz an Goertz, 28. Dezember 1714, 12. Februar 1715 (Klopp: *Werke*, 11, 1884, S. 26 f.; Doebner, Leibnizens Briefwechsel, S. 309-311).

[67] Leibniz an Bernstorff, an Kurfürst Georg Ludwig, 17. Februar 1714 (Doebner, ebd., S. 279 f.; 280 f.).

[68] Bernstorff an Leibniz, 1. März 1714 (LBr. 59 Bl. 94-95).

[69] Leibniz an Bernstorff, 28. März 1714 (Doebner: Leibnizens Briefwechsel, S. 281).

[70] Siehe unten, S. 131-134.

Für die Klärung der Nachfolgefrage in Toskana, die Leibniz im Zusammenhang mit der Verbindung der Häuser Braunschweig-Lüneburg und Este seit längerer Zeit beschäftigte, mußte er besonders in dem Moment in Wien ein lebhaftes Echo finden, als der Großherzog von Florenz im Herbst 1713 selbständig darüber zu entscheiden suchte. Leibniz' Hauptanliegen war dabei jedoch, dem Haus Braunschweig-Lüneburg eine, wenn auch nur entfernte Anwartschaft auf die Nachfolge zu erwerben. In diesem Sinne berichtet er Kurfürst Georg Ludwig,[71] Bernstorff[72] und Herzog Anton Ulrich[73] über sein Vorgehen.

Herzog Anton Ulrich, der seine Pläne schon von früher her kannte, konnte Leibniz hierin noch einen letzten Dienst erweisen, bevor er im März 1713 für immer die Augen schloß. Beide hatten wohl nicht geglaubt, als Leibniz einen kurzen Abstecher nach Wien beabsichtigte, daß sie brieflich voneinander würden Abschied nehmen müssen. Herzog Anton Ulrich schrieb im November 1713 an Leibniz, er habe nicht gewußt, daß dieser die Pest so lieb habe und daher nicht von Wien wegkommen könne, sonst hätte er eher auf seinen letzten Brief geantwortet.[74] Leibniz hatte wiederum die verschiedensten Anliegen an den Herzog. In Wien ist zwischen ihm und dem russischen Gesandten Andrej Artamonovic Matveev nochmals von dem Bündnis mit dem Zaren die Rede gewesen und der Herzog soll die Sache nun zum zweiten Mal beim Kaiser anhängig machen.[75] Außerdem sucht er Anton Ulrichs Unterstützung in der toskanischen Angelegenheit zu gewinnen. Erstens bittet er um die Abschrift einer dafür notwendigen Urkunde, die er in einem der wolfenbüttelschen Handschriftencodices gesehen zu haben sich erinnert,[76] zweitens hofft er auf einen Brief Anton Ulrichs an die Kaiserin Amalie, die von allem schon unterrichtet ist, um die Sache zu befördern. Durch die Kurfürstin Sophie erfährt Leibniz dann von dem sich verschlechternden Gesundheitszustand des Herzogs.[77] Wenige Wochen vor seinem Ende antwortet Anton Ulrich Leibniz, daß er seinen Hofrat Hertel mit dem Heraussuchen der Urkunde beauftragt habe.[78] Den moskowitischen Gesandten bittet er zu grüßen, seine Enkelin, die Kaiserin Elisabeth Christine, der Leibniz einen Brief ihres Großvaters überreicht hatte,[79] an ihre Antwort zu mahnen. Aus Leibniz' letztem Brief an ihn hat er gesehen, daß dieser ihn gern noch länger bei sich behalten wolle, er glaube jedoch, sein einundachtzigstes Jahr

---

[71] Leibniz an Kurf. Georg Ludwig, 20. Dez. 1713 (Doebner, ebd., S. 287 f.).

[72] Leibniz an Bernstorff, 4. April 1714 (Doebner, ebd. S. 282 f.).

[73] Leibniz an Anton Ulrich, 27. Dez. 1711, 20. Dez. 1713, 27. Jan., 24. Febr 1714 (LBr F 1 Bl. 137-138; Ms XXXIII 1749 Bl. 115-116; Wolfenbüttel, Herzog-August-Bibl.: Leibn. I Nr 52a Bl. 114-115; Nr 53 Bl. 116-117); Anton Ulrich an Leibniz, 6. März 1714 (Bodemann: Leibnizens Briefwechsel, S. 237 f.).

[74] Herzog Anton Ulrich an Leibniz, 30. Nov. 1713 (ebd., S. 236 f.).

[75] Leibniz an Herzog Anton-Ulrich, 20. Dez. 1713 (Ms XXXIII 1749 Bl. 115-116).

[76] Leibniz an Herzog Anton-Ulrich, 27. Januar 1714 (Wolfenbüttel: a. a. O. Nr 52a Bl. 114-115); vgl. unten, S. 158 f.

[77] Leibniz an Herzog Anton-Ulrich, 24. Februar 1714 (ebd Nr 53 Bl. 116-117).

[78] Herzog Anton Ulrich an Leibniz, 6. März 1714 (Bodemann: Leibnizens Briefwechsel, S. 237 f.).

[79] Vgl. Leibniz an Herzog Anton Ulrich, 27. Januar 1714 (Wolfenbüttel: a. a. O. Nr 52a Bl. 114-115).

werde „Nein" dazu sagen. Er starb am 27. März 1714. Die Kurfürstin Sophie und Leibniz bewahrten seine letzten Briefe sorgfältig.

Die toskanische Nachfolgefrage beschäftigte Leibniz weiterhin lebhaft. Im Zusammenhang mit dem Fund der für die österreichische Politik recht wichtigen Urkunde, über die in einem besonderen Kapitel berichtet werden soll, stellte Leibniz dem Kaiser die Wichtigkeit der Sammlung der Reichsrechte vor Augen.[80] Eine solche Sammlung, für einen gelehrten Privatmann wegen der damit verbundenen Kosten nur in geringerem Maße möglich, wollte Leibniz im Dienst des Kaisers im großen Rahmen durchführen. Er hoffte, für diesen Zweck mit der Aufsicht über das Reichsarchiv betraut zu werden. Dies aber schien ihn zu einer „Additionalpension" zu berechtigen, wie sie auch andern Reichshofräten gewährt wurde.[81] Er bleibt dabei, daß diese zusätzliche Pension 4000 Gulden betragen und vom Anfang seines Wiener Aufenthaltes im Januar 1713 an zahlbar sein müsse. Er möchte diese Summe durch ein neues Dekret gesichert wissen, doch soll es nur ein Eventualdekret sein, denn das Geld verlangt er nur für den Fall seiner endgültigen Niederlassung in Wien. Da es um die Reichsrechte geht, wendet sich Leibniz mit seinem Anliegen auch an die Reichsinstanzen. Er läßt dem neuernannten Reichshofpräsidenten ein Memorial zukommen zur Weitergabe an den Kaiser[82], und dieser übergibt es dem Hofkammerpräsidenten, ohne daß jedoch erkenntlich wird mit welchen Weisungen.[83] Nach einigen Wochen beklagt sich Leibniz bei des Kaisers Sekretär Imbsen, der ihm diese Vorgänge mitgeteilt hatte, der Hofkammerpräsident habe ihm noch vor Ostern auf seine Anfrage gesagt, er wisse von nichts.[84] Seine Hoffnung, daß Imbsen etwas für ihn tun könne, ist vergeblich. Ebenso vergeblich ist seine nochmalige Mahnung beim Kaiser selbst. Auch die Hoffnung, daß die Zahlung des Reichshofratsgehaltes nun endgültig in Fluß gekommen sei, erweist sich als trügerisch. Bei der Auszahlung des zweiten Quartals 1714 wird Leibniz wieder übergangen.[85]

Indessen entschließt er sich im Frühjahr erst einmal, das vier Meilen von Wien entfernte Baden aufzusuchen, um dort mit einer im ganzen fünfzehn Tage dauernden Kur seinem Gichtleiden aufzuhelfen. Nach seinen Aussagen bereitet ihm dies keine Schmerzen, doch es behindert ihn am Gehen und fesselt ihn ans Haus. Deswegen muß er sich auch häufig in Briefen an die Minister wenden, statt selbst zur Audienz zu erscheinen. Den Kurfürsten läßt Leibniz durch Bernstorff von seinen Urlaubsabsichten in Kenntnis setzen; dessen Zustimmung empfängt er Mitte Mai.[86] Mitte Juni hat Leibniz jedoch erst zwei Drittel der

---

[80] Leibniz an Kaiser Karl VI., 18. und 20. Februar 1714 (LH XL Bl. 28; LH XLI 9 Bl. 108).

[81] Nach Gschließer: *Der Reichshofrat*, S. 380, wurde Johann Heinrich von Berger am 18. März 1712 zum Reichshofrat ernannt und erhielt gleichzeitig mit der Besoldung eine Zulage von weiteren 2000 Gulden.

[82] Leibniz an Kaiser Karl VI., 31. März 1714 (LH XLI 9 Bl. 111).

[83] Imbsen an Leibniz, [wohl März 1714] (LBr. 448 Bl. 7).

[84] Leibniz an Imbsen, 8. April 1714 (ebd. Bl. 9).

[85] Leibniz an Kaiser Karl VI., [27.] und 30. April 1714; für Imbsen (?), [um 30. April 1714] (LH XLI 9 Bl. 44; 115; 8).

[86] Leibniz an Bernstorff, 21. April 1714, Bernstorff an Leibniz, 11. Mai 1714 (Doebner: Leibnizens Briefwechsel, S. 283 f.; S. 284).

Kur absolviert. Er schreibt an Bernstorff, er sei zweimal in Baden gewesen für je fünf Tage, wolle in der nächsten Woche ein drittes Mal dorthinfahren und dann abreisen.[87] So schnell sollte es aber mit der Abreise noch nicht gehen.

Um seinen Forderungen Nachdruck zu verleihen, schrieb er ein zweites Memoire, das sowohl die laufende Gehaltszahlung wie die Zusatzpension berücksichtigte.[88] Imbsen muß es diesmal dem Kaiser überreichen.[89] Darauf scheint keine Antwort erfolgt zu sein, denn Leibniz wendet sich nun wieder direkt an den Hofkammerpräsidenten Starhemberg, an den Kaiser und an die Kaiserin Amalie.[90] Der Kaiserin stellt Leibniz vor, daß ihn Reise, Unterhalt und Taxen schon mehr als 4000 Gulden gekostet hätten. Hinzu kommt, daß man ihm von Hannover aus wegen seiner langen Abwesenheit schon Zahlungsschwierigkeiten gemacht hatte.[91] Um das angestrebte Ziel auf jeden Fall zu erreichen, erwartet Leibniz auch noch eine Rückkehr des Reichshofratspräsidenten Windischgrätz aus Böhmen Ende Juli, dem er ein drittes Memoire überreicht[92], und nachdem er sich nochmals an Starhemberg und an den Kaiser gewandt hat,[93] erfolgt endlich eine Reaktion der Hofkammer. Diese gibt Leibniz eine schriftliche Erklärung darüber, daß sie ihre Anweisung an das Hofzahlamt wiederholt habe, Leibniz die rückständige Besoldung so schnell wie möglich auszuzahlen.[94] Es folgt jedoch die Einschränkung – die wohl der von 1712 an gerechneten rückständigen, recht hohen Summe von 4500 Gulden Rechnung trug –: „Entzwischen aber müßte dießelbe dort [im Hofzahlamt] angewißener verbleiben." Nichtsdestoweniger erhielt Leibniz nun zwei weitere Quartale ausgezahlt, wie aus seinem Promemoria für einen Beamten des Hofzahlamtes namens Schreyvogel hervorgeht.[95] Außerdem sicherte der Kaiser mündlich dem Reichshofratspräsidenten die geforderte „Additionalpension" für Leibniz zu[96], so daß er sich jetzt eigentlich für den Fall seiner Rückkehr nach Wien finanziell gesichert wissen mußte. Doch da trat ein umwälzendes Ereignis im Hause Braunschweig-Lüneburg ein – die Thronfolge Hannovers in England –, das ihn endlich bewog, die Heimreise anzutreten.

Leibniz konnte im Sommer 1714 von einem endgültigen Erfolg in der lauenburgischen Sache nach Hannover berichten. Durch die Vermittlung Fräulein v. Klencks war der

---

[87] Leibniz an Bernstorff, 13. Juni 1714 (ebd. S. 285 f.).

[88] Leibniz an Imbsen, 2. Mai 1714 (Konzept vom 1. Mai LH XLI 9 Bl. 115).

[89] Imbsen an Leibniz, 3. Mai 1714 (LBr. 448 Bl. 10).

[90] Leibniz für Starhemberg, 16. Mai 1714, an Kaiser Karl VI., 17. und 29. Mai 1714, für Kaiserin Amalie, 4. Juni 1714 (LH XLI 9 Bl. 116; Bergmann: Leibniz als Reichshofrath, S. 20 f.: LH XLI 9 Bl. 117; 118).

[91] Leibniz an Bernstorff, 11. November 1713 (Doebner: Nachträge, S. 233 f.).

[92] Leibniz an Windischgrätz, 23. und 26. Juli 1714 (LH XLI 9 Bl. 121-122; Bl. 124).

[93] Leibniz an Starhemberg, 5. und 26. Juli 1714, an Kaiser Karl VI., 16. Juni, 26. Juni 1714 (Bergmann: Leibniz als Reichshofrath, S. 202; LH XLI 9 Bl. 124; Bergmann, ebd.; LH XLI 9 Bl. 124).

[94] Die kaiserliche Hofkammer (gez. Georg Sigmund v. Seewiß) an Leibniz, 3. August 1714 (Konzept (?) bei Bergmann, ebd., S. 203, Abschrift von Joseph Schöttel LBr. 826 Bl. 7).

[95] Leibniz für Schreyvogel, 14. August 1714 (LBr. 836 Bl. 1).

[96] Leibniz an Kaiser Karl VI., 24. August 1714 (Foucher de Careil: *Oeuvres*, 7, S. 350-357).

Reichshofratspräsident für die braunschweig-lüneburgische Partei gewonnen worden.[97] Der hannoversche Gesandte Huldenberg übernahm daraufhin die geschäftlichen Dinge, die hauptsächlich die Erstattung der hohen Kanzleitaxe und Laudemiengelder betrafen, und im April 1716 – wenige Monate vor Leibniz' Tod – erfolgte die Belehnung in aller Form.[98] Doch gerade im Augenblick dieses Erfolges im Jahre 1714 unterrichtet ein Brief seines Gehilfen Eckhart Leibniz, daß der Kurfürst und Bernstorff inzwischen aufgehört hätten, an seine Rückkehr zu glauben. Leibniz ist über diese Zumutung der Fahnenflucht einigermaßen böse. Er sendet ein langes Rechtfertigungsschreiben an Bernstorff, in dem er auf seine während einer vierzigjährigen Dienstzeit für das Haus Hannover geleisteten wissenschaftlichen Arbeiten und Entdeckungen hinweist.[99] Bernstorff antwortet diesmal viel milder gestimmt. Während er sonst Leibniz stets ungeduldig zur Rückkehr aufgefordert hatte, entschuldigt er jetzt das längere Ausbleiben seiner Antworten damit, daß man Leibniz ständig auf der Heimreise geglaubt habe, wozu Leibniz' Andeutungen allerdings auch Anlaß gegeben hatten. Über Fräulein v. Klencks gute Dienste will er dem Kurfürsten berichten, und besonders erfreut ist er über die Einstellung des kaiserlichen Hofes gegenüber der zu erwartenden Thronfolge Hannovers in England.

In Wien hatte man allen Grund, auf einen derartigen Thronwechsel zu hoffen, der eine erhebliche Verbesserung der Beziehungen zu England mit sich bringen mußte. Bekanntlich war der Utrechter Frieden zwischen Frankreich und den verbündeten Mächten durch den Abfall Englands vom Bündnis mit dem Kaiser zustandegekommen. Dann war im März 1714 auch zwischen Frankreich und dem Kaiser der Frieden von Rastatt abgeschlossen worden, der vorteilhaft genug für Österreich ausfiel. Nun war man gerade dabei, in Baden in der Schweiz das Reich miteinzubeziehen, als im August zwei Kuriere aus Hannover zuerst die Agonie und dann den Tod der Königin Anna meldeten.[100] Gleichzeitig erhält der hannoversche Gesandte Huldenberg den Auftrag, dem Kaiser offiziell die Berufung Georg Ludwigs auf den Thron von England anzuzeigen. Wie froh man in Wien über die Nachricht war, und wieviel man davon für das Friedensgeschäft erwartete, zeigten Leibniz' Meldungen nach Hannover.[101] Prinz Eugen hat Leibniz in der Unterhaltung gesagt, daß er seine Abreise zu den Badener Verhandlungen um eine Woche verschieben werde, Leibniz vermutet, um den nächsten Kurier aus Hannover abzuwarten, der die Nachricht von der Abreise König Georg Ludwigs nach England bringen konnte. (Auch Leibniz wird überredet, darauf zu warten, um seine Reisepläne mit der Erwartung, den König noch diesseits oder schon jenseits des Meeres zu wissen, in Einklang bringen zu können.) Beim Eintreffen des ersten Kuriers hat der Hofkanzler Sinzendorf Leibniz in seiner Karosse zur Kaiserin Amalie nach Schönbrunn mit hinausgenommen, und auf die Nachricht vom Tod der Köni-

---

[97] Leibniz an Bernstorff, 27. Juni 1 714 (Bodemann: Nachträge, S. 158 f.).

[98] Vgl. unten, das Kapitel über Lauenburg (S. 123-124).

[99] Leibniz an Bernstorff, 4. Juli 1714 (Doebner: Leibnizens Briefwechsel, S. 290-292).

[100] Leibniz an Gebrandt, [nach 16. August 1714] (LBr, 343 Bl. 319-320), an Bernstorff, 22. August 1714 (Doebner, ebd., S. 293 f.).

[101] Leibniz an Bernstorff, 24. August 1714 (Doebner, ebd., S. 294 f.).

gin hat Leibniz einen ganzen Abend bei Sinzendorf verbracht, der ihm seine Freude über die Veränderung bezeigte.

Leibniz hätte diese Gelegenheit gern genutzt, um nun doch zum offiziösen Träger geheimer politischer Nachrichten zwischen dem Kaiser und dem jetzigen König von England zu werden. In den Tagen, in denen man auf einen neuen Kurier aus Hannover wartete, verfaßte er ein Memoire, in dem er sich dazu erbietet. Es war für Prinz Eugen oder Sinzendorf bestimmt.[102] Er macht gleich von sich aus einige Vorschläge für eine veränderte Richtung in der englischen Politik. Sie betrafen eine Unterstützung des habsburgisch gesinnten und daher von Spaniern und Franzosen belagerten Barcelonas durch englische Schiffe und eine Einmischung Englands in den Friedensschluß zwischen Portugal und dem französisch regierten Spanien. Ferner zählt er eine Reihe von Gründen auf, die zu einem neuerlichen Mißverständnis zwischen England und Frankreich führen könnten, die sich früher oder später auch als stichhaltig erwiesen. Dazu gehörte die Nichtanerkennung Georg Ludwigs auf dem englischen Thron und als Folge davon die Unterstützung des Sohnes des abgesetzten Stuart Jakobs II., des sogenannten Prätendenten, durch Frankreich. Dem Kaiser schlägt Leibniz vor, den Badener Friedensartikeln jetzt, da Frankreich zum Frieden dränge, eine Klausel hinzuzufügen: unter Wahrung der kaiserlichen und Reichsgerichtsbarkeit gemäß den Gesetzen des Reiches. Leibniz glaubt, daß man die Kurfürsten dazu bringen könne, den Kaiser öffentlich dazu aufzufordern. Besonders der englische König als Kurfürst von Hannover müsse daran interessiert sein, da er durch seine Verbindung mit dem Herzog von Modena – hier ist wieder eine von Leibniz' Lieblingsideen dieser Jahre im Spiel – an der Wahrung der Reichsrechte in Italien interessiert sein werde. Auch glaubt er, daß man jetzt Geldanleihen zu besseren Bedingungen als früher aus England erhalten könne. – Er entschuldigt die Freiheit, die er sich genommen hat, so offen über diese Dinge zu reden damit, daß er gut informiert sei und im Fall des Verschweigens ein schlechtes Gewissen gehabt hätte. Ob er die Denkschrift überreicht hat, ist fraglich. Im Gespräch mit Prinz Eugen sind diese Dinge jedoch zur Sprache gekommen.[103]

Am 7. September wurde der Frieden von Baden unterzeichnet. Leibniz reiste am 3. September aus Wien ab in der Meinung, er werde den König nicht mehr in Hannover antreffen.[104] Er gab sich daher keine Mühe, besonders zu eilen, sondern reiste „wie ein alter Mann"[105], indem er seine Gesundheit schonte und sich in Dresden, Leipzig, Zeitz und Wolfenbüttel einige Tage aufhielt, um Bekannte zu besuchen.[106] Am 14. September 1714 kam er – kurz nachdem der König die Stadt verlassen hatte – nach fast zweijähriger Abwesenheit in Hannover an.

---

[102] Leibniz für Prinz Eugen (?), [um Ende August 1714], Anrede: „Monseigneur" und „Votre Altesse Serenissime" (Foucher de Careil: *Oeuvres*, 4, S. 248-254).

[103] Siehe unten, S. 78.

[104] Leibniz an General Joh. Matthias v. d. Schulenburg, 16. September 1714 (Berlin, Deutsche Staatsbibliothek: Bibl. Savigny 38, Bl. 114-115 (Nr 50)).

[105] Leibniz an Bernstorff, 20. September 1714 (Klopp: *Werke*, Bd. 11, 1884, S. 12-14).

[106] Leibniz an Fräulein v. Klenck, 16. September 1714 (LBr. F 24 Bl. 20).

(6) Leibniz' Besoldung als Reichshofrat in Hannover (1714-1716)

(a) Auseinandersetzung mit dem hannoverschen Hof

Als Leibniz am 14. September in Hannover eintrifft, muß er zu seinem Erstaunen erfahren, daß der König erst vor zwei Tagen, am 11. September abgereist ist. In Wien hatte man ihm dagegen versichert, der König werde schon Anfang des Monats aufbrechen. Der erste, dem er dies mitteilt, ist der durch die Eroberung von Korfu berühmt gewordene General Johann Matthias v. d. Schulenburg.[1] Leibniz erklärt ihm, daß er sich mehr beeilt hätte, wenn er sicher gewesen wäre, den König noch anzutreffen. Doch bedauert er die Verzögerung insofern nicht, als er gehört hat, Georg Ludwig sei bei seiner Abreise sehr beschäftigt und in Eile gewesen. Sicher hätte er keine Muße gehabt, anzuhören, was Leibniz zu sagen hatte. Leibniz könnte ihm nach Holland nachreisen, da der starke Wind einer Seereise hinderlich sein muß[2], doch sieht er nicht, warum er so laufen soll.

Mit Recht wird Leibniz eine Auseinandersetzung mit dem König gefürchtet haben, der er jedoch durch eine Unterstützung aus Wien erfolgreich zu begegnen gehofft hatte. Er hatte zu diesem Zweck den Hofkanzler Sinzendorf um einen oder zwei Briefe an die hannoverschen Minister gebeten, die ihn – so wird er in Wien angedeutet haben – zur Übermittlung eines Meinungsaustausches zwischen dem Kaiser und dem König wenigstens in einigen politischen Fragen bevollmächtigen sollten. In Wien wurden ihm derartige Briefe nicht mehr ausgehändigt, doch versprach ihm Sinzendorf, sie nach Hannover nachzuschicken. Einen Tag nach Leibniz' Abreise schrieb Sinzendorf an den hannoverschen Minister Johann Kaspar v. Bothmer, der die Verhandlungen um die Sukzession in England geführt hatte, und an den hannoverschen Kammerpräsidenten Friedrich Wilhelm v. Goertz.[3] Goertz, den

---

[1] Leibniz an J. M. v. d. Schulenburg, 16. September 1714 (Berlin, Deutsche Staatsbibliothek: Bibl. Savigny 38, Bl. 114-115 (Nr 50)).

[2] Leibniz an Fräulein v. Klenck, 16. September 1714 (LBr. F 24 Bl. 20).

[3] Sinzendorf an Bothmer, 4. September 1714, an Goertz, 4. September 1714 (LBr. 867 Bl. 8 und 9).

© Springer-Verlag Berlin Heidelberg 2016
W. Li (Hrsg.), *Leibniz als Reichshofrat*, DOI 10.1007/978-3-662-48390-9_7

Sinzendorf von der Frankfurter Krönung 1711 her kannte, und Bothmer bezeugt er in allgemeinen Worten seine freudige Anteilnahme an der Gewinnung des englischen Throns. Von Leibniz sagt er, daß der Kaiser ihn mit Bedauern habe abreisen sehen und seine Rückkehr sehr wünsche. Beide Briefe sendet er Leibniz, damit dieser erkennen möge, daß er ein Mann ist, der sein Wort hält.[4] Von einer politischen Mission ist nicht die Rede. Leibniz kann daher nichts damit anfangen; die Briefe sind jedoch wieder ein Grund für ihn, seine Rückkehr nach Wien möglichst beschleunigen zu wollen.[5] Für die Zwischenzeit bittet er Sinzendorf, sich der Sozietät anzunehmen.

Er muß nun allein versuchen, den König davon zu überzeugen, daß er auch in Wien für das Haus Braunschweig-Lüneburg nicht untätig bleiben würde. In Hannover und Wien hat man seit der Nachricht von der hannoverschen Thronfolge in Großbritannien allgemein angenommen, Leibniz werde nun nach England gehen[6], und Leibniz hat dies auch vor. Er schreibt dies dem Reichshofratspräsidenten mit dem Bedauern, dadurch die Rückreise nach Wien um vieles verzögern zu müssen.[7] Der kaiserlichen Gesandtschaft, falls er sie in London antreffen sollte, bietet er seine Unterstützung an; falls er jedoch schon vorher abreisen müsse, will er den Boden für sie vorbereiten. Von einem harmonischen Verhältnis zwischen dem Kaiser und dem König von England erhofft Leibniz, daß es die Ordnung in Europa aufrechterhalten, die Verfassung des Reiches bewahren, die Unterdrückung der Kleinen durch die Großen verhindern und die Rechte des Reiches, besonders in Italien, erhalten oder neu befestigen werde. Auch dem Reichsvizekanzler entwickelt Leibniz seine Gedanken zur europäischen Politik.[8] Besonders hoffte er auf eine Unterstützung Barcelonas durch England. Prinz Eugen hatte ihm gegenüber geäußert, er fürchte, der Arzt werde hier erst nach eingetretenem Tod kommen.[9] Diese Befürchtung bewahrheitete sich. Im Oktober erfährt Leibniz von Fräulein v. Klenck die Einnahme Barcelonas durch Spanier und Franzosen.[10]

An Fräulein v. Klenck und die Kaiserin Amalie hat Leibniz auch sofort nach seiner Ankunft in Hannover geschrieben.[11] Er berichtet von der Gemahlin des ältesten Sohnes Georg Ludwigs, nun Kronprinzessin von England bzw. Prinzessin von Wales, Wilhelmina Caroline. Sie will erst später dem Hof nach England folgen und ist das erste Mitglied des hannoverschen Hofes, das Leibniz zu sehen bekommt. In Wilhelmina Caroline hat er wie in der Kurfürstin Sophie und deren Tochter Sophie Charlotte noch einmal eine braunschweigische Prinzessin gefunden, die Verständnis für seine philosophischen Gedankengänge besaß. Mit ihr zusammen geht er jetzt seine *Theodicee* durch, und sie ist dann später in

---

[4] Sinzendorf an Leibniz, 8. September 1714 (Klopp: *Werke*, Bd. 11, 1884, S. XX).

[5] Leibniz an Sinzendorf, 20. September 1714 (LBr. 1005 Bl. 10).

[6] Vgl. Reck an Leibniz, 12. September 1714 (LBr. 758 Bl. 7-8).

[7] Leibniz an Windischgrätz, 20. September 1714 (LBr. 1005 Bl. 10).

[8] Leibniz an Schönborn, 10. Oktober 1714 (LBr. 822 Bl. 1).

[9] Leibniz an J. M. v. d. Schulenburg, 16. September 1714 (Berlin, Deutsche Staatsbibliothek: Bibl. Savigny 38, Bl. 114-115 (Nr 50)).

[10] Fräulein v. Klenck an Leibniz, 3. Oktober 1714 (LBr. F 24 Bl. 34).

[11] Leibniz an Fräulein v. Klenck, an Kaiserin Amalie, 16. September 1714 (ebd. Bl. 20).

England die einzige, der er volles Vertrauen entgegenbringen kann. Ihr muß er auch die Glückwünsche der Kaiserin Amalie für den Thronwechsel übermitteln, da er den König nicht mehr angetroffen hat. Sehr interessiert ist Leibniz daran, wer nun alles nach England mitgehen darf. Fräulein v. Klenck wird seiner Meinung nach vom hannoverschen Gesandten Huldenberg eine Liste der Auserwählten erhalten haben. Leibniz hat gehört, daß erst im nächsten Sommer, zu welchem Zeitpunkt der König aufs Festland zurückkehren will, entschieden wird, wer von den Hannoveranern endgültig in England bleiben soll. Fräulein v. Klenck antwortet für sich und die Kaiserin, sehr erfreut darüber, daß Leibniz sein Wort, aus Hannover zu schreiben, gehalten hat.[12] Für Leibniz' Wiener Angelegenheiten bietet sie ihre Dienste an.

Vom Minister Bernstorff erfährt Leibniz dann, daß der Kurfürst nicht die Absicht hat, Leibniz in England zu empfangen. Leibniz hatte Bernstorff sofort seine Anwesenheit in Hannover mitgeteilt und muß sich gleichzeitig über die Weigerung beschweren, ihm sein Gehalt auszuzahlen.[13] Er rechtfertigt sich wieder mit dem Auftrag des Kurfürsten Lauenburg betreffend, mit der in Wien ausgebrochenen Pest, mit seiner Krankheit und den im Dienst des Kaisers verrichteten Arbeiten. Er glaubt, daß es nötig war zu erweisen, daß man anderswo besser über ihn denke als in Hannover. Im übrigen weist er darauf hin, daß man das Verhältnis zum Kaiser durch eine Nichtanerkennung des savoyischen Gesandten verbessern könne. In einem weiteren Schreiben macht er Bemerkungen über die Gemeinsamkeiten der anglikanischen Kirche mit der augsburgischen Konfession.[14] Bernstorff antwortet spät, da man in London gemeldet hatte, Leibniz werde sich nach England begeben.[15] Leibniz' Gehilfe Eckhart, der nicht recht schlau daraus wurde, ob Leibniz nun eigentlich in Hannover bleiben oder die Stadt verlassen wollte, hatte dem Minister über Leibniz ausführlichen Bericht erstattet.[16] Bernstorff schreibt Leibniz mit dürren Worten, er werde gut daran tun, seine Arbeiten – die Welfengeschichte – zu vollenden. Leibniz möge etwas über den Stand seiner Annalen mitteilen und ob diese bald veröffentlicht werden könnten. Im übrigen teile man in London Leibniz' Ansichten über die Religion, der sizilianische bzw. savoyische Gesandte habe bisher – vielleicht auf Leibniz' Rat – auch noch keine Audienz gehabt.

Leibniz' Arbeit an den Annalen hatte Eckhart sehr bemängelt. Es machte ihm den Eindruck, als wollte Leibniz „in kurtzem die gantze Historie hervorstürtzen, einen braven recompens deswegen nebst der ehre davon ziehen und alsdann nach Wien gehen; welches" er „im Vertrauen melden" müsse. Er war unzufrieden, daß Leibniz den ersten Teil des Werkes bis auf Kaiser Heinrich II. fortsetzen wollte. Damit, so glaubte er, könnte Leibniz in

---

[12] Fräulein v. Klenck an Leibniz, 3. Oktober 1714 (LBr. F 24 Bl. 34).

[13] Leibniz an Bernstorff, 20. September 1714 (LBr. 59 Bl. 115).

[14] Leibniz an Bernstorff, 14. Oktober 1714 (LBr. 59 Bl. 122).

[15] Bernstorff an Leibniz, 1. und 24. November 1714 (Doebner: Leibnizens Briefwechsel, S. 295 f.; S. 296). Dies meldeten sogar zu einem späteren Zeitpunkt die gedruckten Zeitungen, wie der hannoversche Gesandte Huldenberg Leibniz am 23. Januar 1715 (LBr. 431 Bl. 45-46) schreibt.

[16] Eckhart an Bernstorff, 8. Oktober, 19. November 1714 (Bodemann: Nachträge, S. 161 f., S. 162 f.).

einem Jahr nicht fertig werden. Außerdem muß er melden, daß Leibniz nach dem Weggang der Prinzessin Wilhelmina Caroline schon wieder abgereist ist, angeblich zum General v.d. Schulenburg, in Wirklichkeit jedoch zum Herzog Moritz von Sachsen-Zeitz. Leibniz ist genötigt, sich in mehreren Briefen an Bernstorff und den König zu rechtfertigen.[17] Er muß dabei über seine bisher im Dienst und zum Nutzen des Hauses Braunschweig-Lüneburg geleisteten Arbeiten sprechen, die man offenbar über der Tatsache, daß die in Auftrag gegebene Welfengeschichte noch nicht veröffentlicht war, vergessen hatte. Auch daß Leibniz durch seine philosophischen Arbeiten und mathematischen Entdeckungen bekannt geworden ist und dies dem Hause Braunschweig keinen Schaden gebracht hat, bedarf der Erwähnung. Was die Welfengeschichte betraf, so hatte Leibniz sie nicht, wie es in Hannover willkommener gewesen wäre, in der neueren Zeit beginnen lassen, sondern er hatte mit den Hilfsmitteln der neuesten Geschichtsforschung die Ursprünge des Hauses untersucht. Dabei hatte er einen dynastischen Zusammenhang mit den Herzögen und Markgrafen der Toskana über das mit Braunschweig verwandte Haus Este entdeckt, von dem er sich politische Auswirkungen noch für seine Zeit versprach. Nun wollte er auch noch die englischen Verbindungen Braunschweigs auf Grund der letzten Veränderung mit aufnehmen. Am liebsten wäre er gleich englischer Hofhistoriograph geworden.[18] Große Teile seiner Arbeit, die Leibniz in Form von Annalen zu einer Reichsgeschichte erweitert hatte, lagen ausgearbeitet vor. Doch seine Methode, die immer wieder neu auftauchenden Quellenveröffentlichungen und Darstellungen heranzuziehen, hatten ihn bisher zu keinem Abschluß kommen lassen. In der nun folgenden Zeit jedoch, da ihm daran lag, nach Wien zurückzukommen, sobald die Annalen dem Druck übergeben worden waren, arbeitete er fast pausenlos an ihrer Vollendung.

Zunächst aber dauerte es wieder eine geraume Weile, bis auf der einen Seite König Georg I. günstiger gestimmt war und erst drei Monate des in Leibniz' Abwesenheit fällig gewordenen Gehalts – soviel räumte er wegen des lauenburgischen Auftrags ein[19] – später das übrige zubilligte und Leibniz auf der anderen Seite seinen Ärger überwand und nun konsequent bemüht war, die Annalen zu beenden.

(b)   Leibniz' Gewährsmann in Wien Johann Philipp Schmid, die Sozietät und Prinz Eugen

Mit der Weiterführung seiner noch nicht zu Ende gebrachten Unternehmungen in Wien hatte Leibniz verschiedene Leute beauftragt, die die geschäftlichen Dinge bei Hof, bei Ministern und Behörden so weit bringen sollten, daß Leibniz nach seiner Rückkehr sofort mit der Arbeit beginnen konnte. Da ist zunächst der hannoversche Legationssekretär Reck,

---

[17] Leibniz an Bernstorff, [Anfang Dezember 1714] (Doebner: Leibnizens Briefwechsel, S. 298–300); an König Georg I, 18. Dezember 1714 (ebd., S. 301–304).

[18] Vgl. dazu Doebner: Nachträge, S. 206.

[19] Leibniz an Goertz, 28. Dezember 1714 (Klopp: *Werke*, Bd. 11, 1884, S. 26 f.).

dessen Gast Leibniz in Wien häufig war, der nun für die portofreie Beförderung seines umfangreichen Briefwechsels im Postpaket des hannoverschen Gesandten Huldenberg sorgt und ihm gelegentlichen Ärger deswegen fernzuhalten sucht. Leibniz ist Reck dafür später bei einer Beförderung behilflich.[20]

Sein Hauptgewährsmann ist der ehemals gräflich-leiningensche Hofrat Johann Philipp Schmid. Seine zahlreichen Briefe an Leibniz – er schrieb ein- bis zweimal wöchentlich, gegen Ende des Jahres 1716 alle drei Tage – machen allmählich seine Lebensgeschichte bekannt. Er hatte jahrelang im Dienst des Grafen Philipp Ludwig v. Leiningen-Westerburg gestanden, bis dieser im August 1705 als General der kaiserlichen Kavallerie in der Schlacht bei Cassano fiel.[21] Seitdem lebte Schmid in Wien, immer auf der Suche nach einer neuen, ihm angemessenen Beschäftigung. Die Bekanntschaft mit Leibniz wurde ihm dabei eine wesentliche Hilfe, wie er selbst mehrmals betont hat. Sie schuf ihm unvermutetes Ansehen und freundliches Entgegenkommen der höchsten Würdenträger des Staates. So wußte er z.B. Leibniz für die von der gelehrten Welt damals sehnlichst erwartete Otfrid-Ausgabe aus dem Nachlaß Professor Schilters' in Straßburg zu interessieren.[22] Schmid, der aus Straßburg gebürtig war, war selbst mit der Abschrift der Wiener Handschrift beschäftigt gewesen.[23]

Leibniz leitete die Angelegenheit über Henry Sully, den bekannten Uhrmacher des Herzogs von Orléans, an Prinz Eugen weiter.[24] Dieser konnte sich mit seinem französischen Gegenspieler Claude de Villars, mit dem er eben (am 7. September) den Badener Friedensvertrag unterzeichnet hatte, verständigen. Der französische Intendant des Elsaß, Félix de la Houssaye, war auch bemüht, den Besitzer des Schilterschen Thesaurus, einen Schüler Schilters und späteren Syndicus von Kempten Johann Christian Simon, für die Ausgabe zu gewinnen.[25] Dieser war mit einer Ausgabe des ganzen Thesaurus der althochdeutschen Sprachdenkmäler einverstanden, die Verhandlungen scheinen sich dann jedoch an seinen Forderungen nach Handschriften anderer Herkunft zerschlagen zu haben.[26] Erst 1726–28 erschien der Schiltersche Thesaurus mit Anmerkungen von Dr. Johann Georg Schertz, der schon 1714 mit dem Plan bekannt gemacht war und ihn gutgeheißen hatte.[27] Schmids

---

[20] Nach dem Tode des Kurfürsten Karl (Joseph Ignaz) von Trier (4. Dezember 1715) wurde wieder ein Braunschweiger, Ernst August, Bruder König Georgs I. von England, Bischof von Osnabrück. Durch die von Leibniz erbetene Empfehlung scheint Reck des Bischofs Agent beim Reichshofrat geworden zu sein (vgl. Reck an Leibniz, 11. Febr. 18. März, 15. u. 25. April 1716 (LBr: 758 Bl. 56–57, 85; 74–75; 76–77; 58–61). In einem Brief an C. Widou vom 8. Mai 1716 nennt Leibniz Reck „Conseiller et Agent au Conseil aulique de nôtre cour" (Dutens: *Opera omnia*, Bd. 5, 1768, S. 473).

[21] Schmid an Leibniz, 4. Januar 1716 (LBr. 815 Bl. 145–146, 148).

[22] Schmid an Leibniz, 22., 29. September 1714 (ebd. Bl. 5–7).

[23] Vgl., Kelle, Johann: *Otfrieds von Weißenburg Evangelienbuch*, Bd. 1, Regensburg 1856, S. 111–120.

[24] H. Sully an Leibniz, 17. September 1714 (LBr. 911 Bl. 1–2, 2a).

[25] Schmid an Leibniz, 20. Oktober 1714, 23. November 1715 (LBr. 815 Bl. 12–13; 136–137), J. Chr. Simon an Bartenstein (den späteren österreichischen Staatsmann), 8. Oktober 1714 (ebd. Bl. 14).

[26] Schmid an Leibniz, 12. Januar, 4. Mai, 23. November 1715 (ebd. Bl. 43–44; 83–84; 136–137).

[27] Schmid an Leibniz, 29. September 1714 (ebd. Bl. 7).

Bemühungen um die ältere deutsche Literatur bleiben immerhin anerkennenswert. Selbst Prinz Eugen ließ sich einmal von ihm zum besseren Verständnis Otfrieds einen Vierzeiler der Evangelienharmonie übersetzen. Schmid teilt Leibniz erleichtert mit, daß er alle Worte darin gewußt habe. Irgendein Entgelt erwuchs Schmid nicht aus der Sache, obwohl er bei seiner völligen Mittellosigkeit immer auch darauf bedacht war. Auch seine intime Freundschaft mit Männern, die ihr Glück bei Hof mit Vorschlägen zur Verbesserung der kaiserlichen Finanzen machen wollten, brachten Schmid nichts ein. Nur die ihm durch Leibniz vermittelte Bekanntschaft v. d. Schulenburgs, des berühmten Eroberers von Korfu, wurde einigermaßen gewinnbringend. Schmids Klagen über Geldnot und seine Beflissenheit, dem General zu Diensten zu sein, veranlaßten diesen zu dem Auftrag, ihn mit literarischen Nachrichten zu versorgen, wofür er Schmid im voraus 100 Gulden auszahlen ließ.[28] Mit einem Amt dagegen wurde er, soweit es der Leibniz-Briefwechsel zeigt, wohl wegen seiner umständlichen und einfallslosen Art niemals betraut. So hungerte er meistens und machte Schulden, da er sich zu einfacher Arbeit nicht herablassen wollte. Der Tod seines Bruders – der Bruder hatte Schmids verfallender Gesundheit gelegentlich mit Medikamenten aufgeholfen – beraubte ihn dann auch einer wesentlichen Geldquelle.[29]

Es ist nicht ersichtlich, wo und durch wen Leibniz ihn kennengelernt hat, doch wird er erst in Hannover von Schmids näheren und sich immer verschlechternden Lebensumständen erfahren haben. Mit Begeisterung nahm Schmid Leibniz' Angebot, für seine Geschäfte in Wien zu sorgen, an. Von Anfang an bestand aber ein Mißverständnis zwischen beiden. Während Leibniz glaubte, es werde keine sonderliche Mühe für Schmid bedeuten, der sich ohnehin viel in der Umgebung des Hofes aufhielt, gelegentlich auch für ihn das Wort zu ergreifen, machte Schmid sofort einen förmlichen Beruf daraus, ohne sich im klaren darüber zu sein, wie provisorisch Leibniz' Angelegenheiten in Wien noch waren. Schmid lief unentwegt, mitunter Tag für Tag zu den Behörden, um an Leibniz' Forderungen zu mahnen, er übergab Leibniz' Eingaben und Briefe den Ministern, er brachte es später bis zu einer Audienz beim Kaiser[30] und schrieb Leibniz wöchentlich lange und umständliche Briefe darüber, deren Lektüre durch die ständigen Wiederholungen im Bezug auf schon unternommenes und noch zu unternehmendes ermüdend wirkt. Nichtsdestoweniger bieten sie auch manches Interessante zur Geschichte des Wiener Hofes jener Zeit. Er nummeriert pedantisch seine Briefe und kam bis zu Leibniz' Tod auf 116 Nummern bei über 300 Blättern bzw. 600 Briefseiten. Verständlicherweise erwartete er eine Entlohnung von Leibniz dafür, ja er hat wohl zu Anfang auf eine Art fester Gehaltszahlung gehofft. Da Leibniz jedoch nur an eine gelegentliche Nachfrage oder Mahnung wegen seiner Angelegenheiten gedacht haben kann, muß ihm Schmids Tatendrang einigermaßen überraschend gewesen sein. Er ermahnt ihn hin und wieder, die Sachen fürs nächste auf sich beruhen zu lassen, da er durch Schmids Übereifer auch für seinen Ruf in Wien fürchten muß, doch dieser ist von seiner übernommenen Aufgabe nicht so leicht abzubringen. Als Leibniz ihm dann Ende

---

[28] Schmid an Leibniz, 4. Januar, 22. Februar 1716 (ebd. Bl. 145–146, 148; Bl. 159–160).

[29] Schmid an Leibniz, 29. Juni 1715 (ebd. Bl. 100–101).

[30] Schmid an Leibniz, 25. April 1716 (ebd. Bl. 204–206).

1715 jedes weitere Vorgehen in seinen Angelegenheiten ernsthaft untersagt,[31] schickt ihm Schmid laufend von befreundeten Beamten erworbene Berichte vom Kriegsschauplatz in Ungarn[32] und versorgt ihn auch sonst mit Lokalnachrichten aus Wien. So berichtet er von Reisen des Hofes, fremden Gesandtschaften, Meinungen und Zwistigkeiten der Politiker, Neubesetzung von Ämtern, von Gerüchten und staubaufwirbelnden Ereignissen, wie der Verhaftung Philippe de Langalleries, der mit den Türken gemeinsam den Papst bekämpfen wollte, oder dem Tod des nur wenige Wochen alten Erzherzogs Leopold. Ständig übermittelt Schmid Grüße aus Leibniz' Bekanntenkreis. Da Leibniz von einer Bezahlung seiner Tätigkeit niemals etwas erwähnt, wendet sich Schmid selbst ein paarmal an ihn in besonderen Schwierigkeiten. Er bittet, ihm 100 Gulden zu leihen, die er bestimmt zurückzahlen werde, sobald ein bestimmter Gläubiger ihn befriedigt habe. Für den Fall, daß er das Geld nicht sollte zurückerstatten können, glaubt er, Leibniz werde ihn sicher gern als seinen valet d'honeur ansehen, der eine Gratifikation erhalten habe. Das Ehrenamtliche seiner Stellung wollte Schmid trotz allem gewahrt wissen (er führte bei offiziellen Schreiben den Adelstitel Heppen auf Dreyenfels[33]), auch wenn er es mitunter nötig hatte, an das leidige Geld zu denken. Leibniz, der wußte, daß Schmid zahlungsunfähig war, machte ihm einige Male ein kleineres Geldgeschenk.

Drei Dinge sind es, die Leibniz bei seinem Weggang aus Wien Schmid empfohlen hat: das erste ist seine Besoldung als Reichshofrat; doch kann er sie nur nebenbei erwähnt haben, denn es ist hauptsächlich der kaiserliche Türhüter Theobaldt Schöttel, der sich als Hofbeamter mit Erfolg dafür einsetzt. Das zweite ist die Bewilligung einer Zulage, für die Leibniz die Ausstellung eines Eventualdekrets erhoffte, das dritte die Gründung der Sozietät, für die noch ein Fonds ausfindig gemacht werden mußte. Um alles bemüht sich Schmid gleichzeitig und ununterbrochen, ohne auch nur das Geringste zu erreichen.

Die Versicherungen Starhembergs und des Kaisers berechtigten Leibniz zu der Annahme, man werde demnächst ein Dekret über die ihm bewilligte Zulage – in Wien ist dafür der italienische Ausdruck Ajuto üblich – expedieren. Gleich nach Leibniz' Abreise begibt sich daher Schmid in die Hofkammer,[34] wo er es mit den verschiedensten Beamten zu tun bekommt. Einige davon kennt er schon, mit andern schließt er eine weitläufige Freundschaft, um sich so besser über den Geschäftsgang unterrichten zu können. Hofkammerrat Peyer und Rechnungsrat Wimmer wissen von einem neuen Referat, das der Hofkammerpräsident dem Kaiser zugestellt habe.[35] Damit wird Schmid bis Mitte Oktober hingehalten; dann begleiten die Kanzleien den Kaiser zur Krönung der Kaiserin nach Preßburg.[36] Nach der Rückkehr des Hofes erfährt Schmid von Wimmer, daß in Preßburg viele Angelegenhei-

---

[31] Leibniz an Th. Schöttel, [nach 17. Dezember 1715] (Wien, Österreichische Nationalbibliothek: Ser. Nov. 11.992, Sammlung Schöttel Nr 48).

[32] Vgl. dazu unten, S. 104, Anm. 204.

[33] Vgl. Schmid an Leibniz, 25. April 1716 (LBr. 815 Bl. 204-206).

[34] Schmid an Leibniz, 12. September 1714 (ebd. Bl. 2-4).

[35] Schmid an Leibniz, 6. Oktober 1714 (ebd. Bl. 8-9).

[36] Schmid an Leibniz, 13. Oktober 1714 (ebd. Bl. 10-11).

ten entschieden worden seien.[37] Wimmer rät ihm, sich beim Sekretär des Kaisers Imbsen oder einem Konzipisten der Hofkammer namens Gaun danach zu erkundigen. Gaun glaubt sich zu erinnern, daß er die Expedition des Dekrets auf dem Tisch des Präsidenten habe liegen sehen. Er lädt Schmid in seine Wohnung ein, wo er ihm nach kurzer Zeit in Ruhe über alles Auskunft geben will. Schmid macht täglich Gebrauch von der Einladung, muß aber schließlich von Gaun erfahren, er habe vergeblich im Auftrag des Präsidenten unter dessen Papieren nach dem Referat gesucht.[38] So bleibt Schmid endlich in der Hofkammer auf die unteren Instanzen angewiesen und ist entsprechend erfolglos. Leibniz verfaßt selbst einige neue Memoriale,[39] deren Weg bis zum Kaiser Schmid dann, von einem Beamten zum andern laufend, zu verfolgen sucht, oder Leibniz erwähnt den Ajuto in den seine Besoldung betreffenden Briefen nach Wien. Auf diese Weise wird die Angelegenheit allmählich von Theobaldt Schöttel mit übernommen, der für Leibniz' Besoldung sorgt. Ende 1715 erhält man über Fräulein v. Klenck und die Kaiserin Amalie auch wieder eine positive Zusage des Kaisers,[40] doch hat diese keine praktische Wirkung gehabt, da Leibniz nicht mehr nach Wien zurückgekehrt ist. Schmid hält sie immerhin für das Äußerste dessen, was zu erreichen ist, und betrachtet damit seine Mission für erfolgreich beendet, zumal Leibniz ihn auch bittet, vorläufig nichts mehr für ihn zu unternehmen.

Die Gehaltszulage glaubte Leibniz hauptsächlich als zukünftiger Direktor der Sozietät der Wissenschaften beanspruchen zu dürfen. Welche lebhafte Anteilnahme er in Wien für diese Gründung gefunden hat, wird erst aus dem von Hannover aus stattfindenden Briefwechsel ganz deutlich. Schmid rief ein förmliches Comité zu diesem Zweck ins Leben, dem außer ihm der Abbate Spedazzi, ein Kaufmann namens Smiel (Spedazzi nannte sie einmal scherzhaft das Triumvirat der drei S)[41], Regentschaftsrat Gerbrandt und zeitweise auch der kaiserliche Antiquar Heraeus angehörten. Sie trafen sich anfangs turnusmäßig, um über einzuleitende Maßnahmen zu beraten. Schmid hatte auf Grund der Empfehlung Leibniz' in den höchsten Kreisen Zutritt, bei Sinzendorf, Graf Oedt, Fräulein v. Klenck, auch bei Prinz Eugen und dessen Freund Bonneval. Während er bei Sinzendorf jedoch fast nur zur Überreichung von Briefen Leibniz' vorgelassen wurde – dieser ließ sich nur selten in ein Gespräch mit ihm ein[42] – und während Fräulein v. Klenck Leibniz einmal resigniert erklärt, Schmid habe sehr die Gabe, sie zu langweilen,[43] wurde er von Prinz Eugen freundlich, wenn auch kurz empfangen, und Bonneval lud ihn bisweilen zum Diner, wo man auf Leibniz' Gesundheit trank.

---

[37] Schmid an Leibniz, 27. Oktober, 3. November 1714 (ebd. Bl. 15-16; Bl. 18-21).

[38] Schmid an Leibniz, 10. u. 24. November, 1. Dezember 1714 (ebd. Bl. 22-24; 27-30).

[39] Schmid an Leibniz, 19. Januar 1715, Leibniz an Hofkammervizepräsident Graf Mollarth, 16. Mai 1715, für die Hofkammer, 16. Mai 1715 (ebd. Bl. 45-46; LH XLI 9 Bl. 143).

[40] Fräulein v. Klenck an Leibniz, 13. November [1715] (LBr. F 24 Bl. 28-29).

[41] Spedazzi an Leibniz, 16. Januar 1715 (LBr. 879 Bl. 18-19).

[42] Eine juristische Arbeit, mit der er Schmid einmal betraute, scheint dieser nicht bewältigt zu haben, da er zunächst selbst Bedenken hat und später nichts mehr davon erwähnt (vgl. Schmid an Leibniz, 2. Februar 1715 (LBr. 815 Bl. 49-50).

[43] Fräulein v. Klenck an Leibniz, 14. Dezember [1715] (LBr. F 24 Bl. 52-53).

Es ging Leibniz darum, einen Fonds für die Akademie zu finden, der die Hofkammer möglichst wenig belastete. Die Sozietät sollte sich durch sich selbst und ihre Arbeiten bezahlt machen. Er wollte daher etwas dem Kalenderprivileg entsprechendes finden, das in Berlin der Finanzierung der Akademie diente. Er hatte zuerst an die Stempelsteuer gedacht, eine Erhebung auf einen Papierstempel für Amtspapiere, die man in Österreich erst hätte einführen müssen.[44] Außerdem hoffte er, daß die Stände der österreichischen Erbländer, zu deren Ruhm und Nutzen die Akademie ebenfalls beigetragen hätte, sich mit einem laufenden Zuschuß beteiligen würden. Dazu hätte es eines Reskriptes der Hofkanzlei an die niederösterreichische Regentschaft bedurft. Leibniz hatte schon im August 1713 zwei Denkschriften in französischer und deutscher Sprache zu diesem Punkt entworfen, die wohl für die niederösterreichische Regierung bestimmt waren.[45] Um dieses Reskript bemüht sich nun Schmid mit der gleichen Erfolglosigkeit wie um das Dekret für den Ajuto.[46] Leibniz selbst erinnert Sinzendorf anläßlich einer Neujahrsgratulation daran.[47] Indessen erhält er von anderer Seite einen Hinweis darauf, wie man die Akademie finanzieren könne. Ein österreichischer Beamter namens Wilson hatte Schmid erzählt, daß im Dezember 1714 der zehnjährige Vertrag des Kaisers mit den Ständen von Österreich über die Papiersteuer abliefe.[48] Falls der Vertrag erneuert würde, könne man sich darum bemühen, die Steuer der Sozietät zuzuführen. Sowohl Schmid wie Leibniz greifen den Gedanken begeistert auf. Lange Zeit versuchen sie, ihn in die Tat umzusetzen, jedoch auch ohne Erfolg.[49] Die Steuer wurde sequestriert und sollte, wie alle Einkünfte des Kaisers der neuen Bank in Wien zugeführt werden, mit deren Gründung und Einrichtung man in den Jahren 1715 und 1716 beschäftigt war. Gelegentlich hörte Schmid auch, daß Sinzendorf beabsichtige, die Steuer für den Bau eines neuen Bankgebäudes oder einer neuen Kanzlei zu verwenden.[50] Auf jeden Fall ließen die Neugründung der Bank und der 1716 beginnende Türkenkrieg alles andere in den Hintergrund treten, besonders ein Unternehmen wie die Akademie, deren Direktor noch nicht einmal anwesend war. Sinzendorf gab Schmid mehrmals deutlich zu verstehen, Leibniz möge nach Wien zurückkehren, dann könne er am besten sehen, in welchem Stand sich die Dinge befänden.[51] Ein andermal ließ er sich vernehmen, er würde Leibniz altershalber eigentlich von einem so mühseligen Unternehmen abraten.[52] So ist wohl doch

---

[44] Prinz Eugen hatte sie kraft eines Edikts vom 26. November 1711 in Mailand eingeführt (Abschrift im Leibniz-Nachlaß LH XIII Bl. 70-71).

[45] Leibniz für die niederösterreichische Regierung [August 1713] (Klopp: Leibniz' Plan, S. 242-246; LH XIII Bl. 116-117).

[46] Schmid an Leibniz, 1. Dezember 1714 (LBr. 815 Bl. 29-30).

[47] Leibniz an Sinzendorf, 27. Dezember 1714 (LH XIII Bl. 125-126).

[48] Schmid an Leibniz, 24. November 1714 (LBr. 815 Bl. 27-28).

[49] Schmid an und für Prinz Eugen, an und für Kaiser Karl VI.; 22. März 1715 (LBr. F 31 Bl. 8-10).

[50] Vgl. Schmid an Leibniz, 13. April, 8. Juni 1715 (LBr. 815 Bl. 76-78; 92-94).

[51] Schmid an Leibniz, 22. September 1714 (ebd., Bl. 5-6).

[52] Schmid an Leibniz, 2. Februar 1715 (ebd., Bl. 49-50). Vgl. Sinzendorfs Charakterschilderung bei Braubach, Max: *Geschichte u. Abenteuer. Gestalten um den Prinzen Eugen*, München 1950, S. 185, 192.

eher in Sinzendorf als in der schwunglosen Professoren- und Beamtenschaft – wie kürzlich gesagt wurde – eines der Hindernisse für die Verwirklichung der Akademiepläne zu sehen; es sei denn, daß hier an Sinzendorf als an den höchsten Staatsbeamten gedacht worden ist.[53]

Leibniz mußte später bei der Kaiserin Amalie anfragen, ob man den Plan der Sozietätsgründung nicht schon fallengelassen habe; er erhielt darauf aber immer beruhigende und zustimmende Antworten. Außer dem Kaiser und der Kaiserin Amalie hätten auch andere Persönlichkeiten des Hofes ganz gern gesehen, wenn Wien durch die Gründung einer Akademie den europäischen Hauptstädten Paris, London, Bologna und schließlich auch Berlin gleichgekommen wäre. Dazu gehörten der Obersthofmeister Fürst Liechtenstein, Alois Thomas Raimund Graf v. Harrach, kaiserlicher Botschafter in Spanien und seit September 1715 niederösterreichischer Landmarschall, zu dem der Abbate Spedazzi Zutritt hatte, der Geheime Rat Johann Christof Heinrich Graf v. Oedt, nach Aufzählung Leibniz' in einer Denkschrift die Italiener bzw. Spanier Graf Oropesa,, Graf Stella, Marquis Perlas[54] und schließlich der berühmte General Alexander Graf v. Bonneval und Prinz Eugen. Zwischen Bonneval und Leibniz begann nach Leibniz' Abreise aus Wien ein ausgedehnter, freundschaftlicher Briefwechsel,[55] der eine der wenigen Quellen darstellt, die über Leibniz' philosophische Arbeiten in Wien Auskunft geben, besonders über die für Prinz Eugen geschriebenen *Principes de la nature et de la grâce*, die Leibniz' Gedanken zur Monadologie enthalten.[56] Von Prinz Eugen, dessen militäramtliche Korrespondenz in insgesamt 21 Bänden erfaßt worden ist,[57] ist kein privater Briefnachlaß vorhanden. Daher können die vier Briefe, die er Leibniz 1715 und 1716 geschrieben hat, als Rarität gelten, wenn man sie als Privatbriefe ansprechen will.[58] Sie sind dem Sekretär diktiert und vom Prinzen selbst unterschrieben worden. Nur in wenigen knappen Sätzen nimmt er zu den in Leibniz' Briefen an ihn angeschnittenen Themen Stellung. Das erste betrifft die Akademie. Hier scheinen die Briefe zu erweisen, daß der vielbewunderte Einsatz des Prinzen für sie wohl doch etwas überschätzt worden, in Wahrheit aber über eine wohlwollende Anteilnahme kaum hinausgegangen ist. Die von Leibniz und Schmid gemachten Vorschläge zu

---

[53] Hamann: Prinz Eugen und die Wissenschaften, S. 34.

[54] Leibniz für Prinz Eugen (?), [August 1714] (LH XIII Bl. 131-132).

[55] Nicht ganz vollständig gedruckt von Feller, Joachim Friedrich: *Otium Hanoveranum ... G. G. Leibnitii*, Leipzig 1718, 2. Ausg. ebd. 1737.

[56] Vgl. Strack, Clara: *Ursprung und sachliches Verhältnis von Leibnizens sog. Monadologie u. den Principes de la nature et de la grâce*. Tl. 1: *Die Entstehungsgeschichte der beiden Abhandlungen*. Phil. Diss. Berlin 1915.

[57] *Die Feldzüge des Prinzen Eugen v. Savoyen*, hrsg. Von der Abtheilung für Kriegsgeschichte des k. k. Kriegsarchives, 1876-93. Die im Leibniz-Nachlaß (LBr. 840 Bl. 182) in der Abschrift vorhandenen zwei Briefe Eugens vom 4. Februar 1714, wohl an den kaiserlichen Prinzipalkommissar in Regensburg, Graf Löwenstein, gerichtet, sind nicht darunter.

[58] Prinz Eugen an Leibniz, 30. Januar, 23. März, 11. Mai 1715, 8. Januar 1716 (LBr. F 31 Bl. 6-7; 11; 13-14; 16).

ihrer Finanzierung[59] quittiert er mit Bedenken oder überhört sie sogar. So entgegnet er auf den mühsam ausgearbeiteten Vorschlag Schmids zur Übernahme der Papiersteuer[60] nur: er erwarte Leibniz' Anregungen und werde seinerseits alles in seiner Macht stehende dafür tun.[61] Das zweite betrifft den Abbé de Saint Pierre, der damals mit einem Plan hervortrat, zwischen den europäischen Großmächten ewigen Frieden zu stiften.[62] Er machte die Häupter der Christenheit einzeln damit bekannt, wobei Leibniz vor Prinz Eugen den Vorrang erhielt. Saint Pierre schrieb am 20. Januar 1714 an Leibniz[63], und Leibniz, der seinen Ideen, gemessen an den Machtkämpfen der Zeit, skeptisch gegenüberstand, antwortete ein Jahr darauf, am 7. Februar 1715.[64] Diese seine Antwort, Saint-Pierres Entgegnung und seine eigene Erwiderung schickte Leibniz dem Prinzen, der bekennen muß, bisher weder von dem Abbé noch von seinem Vorschlag gehört zu haben.[65]

Das dritte Thema des kurzen Briefwechsels ist Leibniz' Reichshofratsbesoldung. Leibniz' erstes Antwortschreiben an Prinz Eugen zeigt deutlich seine Freude, daß auch der Prinz ihn eines Briefes gewürdigt hat, die sich zugleich mit der Hoffnung verbindet, nun auch mit seinen geschäftlichen Affairen in Wien voranzukommen.[66] Er bedankt sich für Prinz Eugens Brief, der „mich mehr erfreut, als wenn man mir die restanten meiner besoldung, und die außfertigung des von Kayserl. M.[t] verwilligten ajuto zugeschickt hätte". Der Prinz ist sehr erstaunt, daß Leibniz in Wien noch Rückstände hat, und sagt ihm hier wie bei der Sozietät Unterstützung zu.[67] Auch für eine Neujahrsgratulation Leibniz' spricht er Anfang 1716 seinen höflichen Dank aus.[68] Den vielleicht erwarteten philosophischen Gedanken-

---

[59] Schmid an und für Prinz Eugen, 22. März 1715 (LBr. F 31 Bl. 8). (frühere Vorschläge Leibniz': 17. August [August], 27. Dezember 1714 (Klopp: Leibniz' Plan, S. 246 f.; LH XIII Bl. 131-132; 125-126).

[60] Siehe auch Schmid an und für Prinz Eugen, an und für Kaiser Karl VI.; 22. März 1715 (LBr. F 31 Bl. 8-10).

[61] Prinz Eugen an Leibniz, 23. März 1715.

[62] Abbé de Saint-Pierre, Charles Irénée Castel de: *Projet pour rendre la paix perpetuelle en Europe*, 2 Bde., Utrecht 1713.

[63] Saint-Pierre an Leibniz, 20. Januar 1714 (LBr. 797 Bl. 1).

[64] Leibniz an Saint-Pierre, 7. Februar 1715 (Foucher de Careil: *Oeuvres*, 4, S. 325-327). Zu Leibniz' Einstellung vgl. Majkova, K.A.: Neizdannoe pis'mo Lejbnica abbatu Sen-P'eru, in: Voprosy filosofii, XVIII god izdanija, N° 5, 1964, S. 120-127.

[65] Zu Leibniz an Prinz Eugen siehe Anm. 395. Prinz Eugen an Leibniz, 23. März 1715 (LBr. F 31 Bl. 11). Dies sei ergänzend zu Braubachs *Geschichte u. Abenteuer*, S. 389-404 gesagt, der diesen ersten negativen Hinweis auf das Verhältnis Prinz Eugen – Saint-Pierre nicht erwähnt.

[66] Leibniz an Prinz Eugen, 26. Februar [1715] LBr. F 31 Bl. 2, 3-4) (nicht 1714, wie Leibniz im Konzept (ebd. Bl. 1+5) irrtümlich schreibt. Im Februar 1714 hätte er noch nicht von seiner Rückkehr nach Wien sprechen können, wie er es hier tut), 11. April 1715 (ebd. Bl. 12, 13-14).

[67] Prinz Eugen an Leibniz, 23. März, 11. Mai 1715 (ebd. Bl. 11, 13-14), Leibniz an Prinz Eugen, 11. April 1715 (ebd. Bl. 12).

[68] Leibniz an Prinz Eugen, 22. Dezember 1715, Prinz Eugen an Leibniz, 8. Januar 1716 (ebd. Bl. 15, 16).

austausch zwischen diesen beiden Großen ihrer Zeit findet man in Briefen indessen nicht; seine schriftliche Fixierung lag wohl auch nicht in der Art Eugens, und so hatte Leibniz keine Veranlassung mehr, auf diesen letzten lapidaren Brief zu antworten. Die Verbindung zwischen ihnen riß jedoch nicht ganz ab. Nach einigen Monaten wandte sich Bonneval mit Einverständnis des Prinzen an Leibniz, um den Stand seiner Forschungen in der toskanischen Nachfolgefrage in Erfahrung zu bringen.[69]

Welchen Eindruck die Briefe Prinz Eugens an Leibniz in Hannover hervorriefen, zeigt ein Schreiben von Leibniz' Mitarbeiter Eckhart an den Minister Bernstorff vom Dezember 1715: „Daß Herrn von Leibnitz besoldung zu Wien reguliert und er dahin will, ist gewiß: wie er denn mit des Printzen Eugen Durchl. darüber bißhero fleißig correspondiret".[70]

(c)   Die Gründung der Wiener Universalbankalität und Leibniz' Besoldung

Die Auszahlung der Reichshofratsgehälter läßt nach Leibniz' Weggang aus Wien auf sich warten. Als es endlich Ende November 1714 soweit ist, müssen Schmid und Theobaldt Schöttel mit leeren Händen wieder abziehen.[71] Leibniz' Name steht nicht auf der Liste derer, die ihr Gehalt empfangen sollen. Der Leibniz schon bekannte Beamte des Hofzahlamtes Schreyvogel gibt als Grund dafür die Unzulänglichkeit der Summe an, die die Kasse erhalten hat. Es hätten erst diejenigen ausgezahlt werden müssen, die beim vorigen Quartal übergangen worden seien, wozu auch wirklich diensttuende Reichshofräte gehörten. Schreyvogel selbst ist nicht glücklich über diese Zustände und hat höheren Orts schon Verbesserungsvorschläge gemacht.[72] Er will Schmid den Ausgang der Sache mitteilen. Nach Schreyvogels Angaben wurden jährlich 48000 Gulden bzw. 12000 Gulden vierteljährlich für die Reichshofratsgehälter geliefert. Diese Summe reichte niemals für alle Reichshofräte, deren Zahl zur Zeit Josefs I. und Karls VI. zwischen 30 und 24 schwankte[73] und von denen die auf der Grafen- und Herrenbank jährlich 1300, die auf der Ritter. und Gelehrtenbank 2000 Gulden einschließlich weiterer Zulagen erhielten.[74]

Diesen Übelständen wird dann für die nächste Zeit durch die Einrichtung eines zusätzlichen Bankinstituts in Wien – der Universalbancalität – abgeholfen. Leibniz hofft, als er davon erfährt, daß hier wenigstens die Zinsen der gesperrten Gehälter angewiesen

---

[69] Bonneval an Leibniz, 1. April, 2. Mai 1716 (LBr. 89 Bl. 23-24, 28-29). Vgl. auch das Kapitel über Toskana (S. 148 ff.).

[70] Eckhart an Bernstorff, 18. Dezember 1715 (Hannover, Niedersächs. Staatsarchiv, Hannover Bes. 92 III A Nr11a).

[71] Schmid an Leibniz, 3. November 1714 (LBr. 815 Bl. 18-21).

[72] Schmid an Leibniz, 17. November 1714 (ebd. Bl. 25-26).

[73] Gschließer: *Der Reichshofrat*, S. 69.

[74] Gschließer, ebd., S. 83.

würden.[75] Von dem Verlauf der Gründung wird Leibniz durch Abbate Spedazzi unterrichtet, mit dem er schon in Wien häufigen Umgang gehabt haben muß. Sehr zu Unrecht hat Fräulein v. Klenck ihn später als wenig vertrauenswürdig bezeichnet.[76] Er war literarisch gebildet und politisch sehr interessiert; besonders ereiferte er sich für sein italienisches Vaterland.[77] In der Adresse nennt Leibniz ihn „Secretaire des Chif[f]res de l'Empereur",[78] und Leibniz muß ihn in seinem Beruf für sehr tüchtig angesehen haben, da er ihn dem Sohn Theobaldt Schöttele als Lehrmeister in der Dechiffrierkunst empfiehlt.[79] Spedazzis Hauptinteresse galt jedoch der Finanz- und Volkswirtschaft. Aus dem Jahre 1713 finden sich zahlreiche Projekte zu diesem Thema im Leibniz-Nachlaß, teilweise von Spedazzi verfaßt und geschrieben, teilweise von Leibniz abgeschrieben, teilweise auch von anderer Hand und unbekanntem Verfasser.[80] Da gibt es eine Tabelle über von Januar bis August 1713 in Wien an der Pest oder andern Krankheiten erkrankten oder verstorbenen Personen, wobei für die letzten die Zahl 10296 genannt wird.[81] Ferner sind Betrachtungen vorhanden über die Seefahrt,[82] italienische Reichslehen,[83] über das Herzogtum Mailand,[84] eine Statistik aller Städte, Burgen, Schlösser und Dörfer in den österreichischen Erbländern,[85] über eine Quartierssteuer, die verbunden mit einer amtlichen Meldepflicht aller neu ankommenden ortsfremden und ausländischen Gäste in Gasthäusern, Klöstern oder Privathäusern gleichzeitig der Vermehrung der Einkünfte wie der Sicherheit im Lande dienen soll,[86] oder über die Aufhebung der Leibeigenschaft in Böhmen, die der Vergrößerung der Armee und Be-

---

[75] Leibniz an Schmid, 30. Dezember 1714 (Dutens: *Opera Omnia*, Bd. 5, 1768, S. 528).

[76] Fräulein v. Klenck an Leibniz, 30. September 1716 (Klopp: *Werke*, Bd. 11, 1884, S 195 f.).

[77] LBr. 879, 4 Briefe von Leibniz an Spedazzi, 38 von Spedazzi an Leibniz. Spedazzi schreibt italienisch, Leibniz antwortet französisch.

[78] Leibniz an Spedazzi, [1715] (LBr. 879 Bl. 74).

[79] Leibniz an Joseph Schöttel, 30. Januar 1716, an Theobaldt Schöttel, 6. Februar, 19. April 1716 (Wien, Österreichische Nationalbibliothek: Ser: nov. 11. 992, Sammlung Schöttel Nr 53, 55, 21).

[80] LH XIII Bl. 40-79.

[81] Tabella, oder Summarischer Extract aller derjenigen, welche von Anfang dieses instehenden 1713ten Jahrs von 1. Januarii biß den letzten Augusti innerhalb 8. Monathe … in der Stadt, denen vorstädten, auch Contumaz, (Verfasser?, LH XIII Bl. 78-79). Nach Aumüller, Hildegard Pauline: *Der Finanzhaushalt der Stadt Wien im Zeitalter Karls VI. (1710-1740)*, Diss. Wien 1950 [Maschinenschr.], S. 88 starben an der Pest allein in der Zeit von Februar 1713 bis Februar 1714 8644 Menschen.

[82] Spedazzi (?) für Kaiser Karl VI.: Per Nautica (LH XIII Bl. 40, Abschrift von Leibniz' Hand).

[83] Spedazzi (?) für Kaiser Karl VI.: Per i feudi Imperiali d'Italia (LH XIII Bl. 69, Abschrift von Leibniz' Hand).

[84] Spedazzi (?) für Kaiser Karl VI.: Per ingradire il stato di Milano (LH XIII Bl. 69, Abschrift von Leibniz' Hand).

[85] Spedazzi (?), Vera e sincera relazione … di tutte le Città, Terre Murate, Borghi, Castelli, Villaggi, che sono nelle Prove, e Regni evditarij di Cesare, Non comprese li Regni vasti di Ungheria, Transilvania, Schiavonia, Croazia … (LH XIII Bl. 56).

[86] Spedazzi für Kaiser Karl VI.: Progretto utilissimo (LH XIII Bl. 65-66).

legung des Handels zugute kommen kann.[87] Die meisten Reformvorschläge beziehen sich dabei auf die Vermehrung der kaiserlichen Einkünfte, wofür vor allem die Gründung einer Girobank empfohlen wird.[88] Schon 1708 hatte Spedazzi mit Kaiser Josef I. über Finanzfragen verhandelt – er schlug vor, den Adel mit einer Art Wappensteuer zu belasten –, wozu ihn ein von der Hofkammer ausgestelltes Dekret bevollmächtigte.[89] Mit Leibniz' Hilfe ließ er dann 1713 an Kaiser Karl VI. verschiedene seiner Projekte, darunter vermutlich auch das zur Gründung einer Girobank in Wien gelangen, wobei er auf den leeren Ruhm der Urheberschaft großzügig Verzicht leisten wollte.[90] Leibniz fragt auch im Dezember 1713 beim Kaiser an, mit wem er über „das große werk von E.M^t dispositions Cassae" beraten soll.[91] Ob Spedazzis Projekte etwa irgend welchen Zusammenhang haben mit einem noch unveröffentlichten Patent über Gründung einer Girobank von 24. März 1713, das in den Akten des österreichischen Finanzarchivs enthalten ist, ließe sich vielleicht durch Vergleich feststellen.[92] Erst nach Abschluß des Rastatter Friedens jedoch wurde die Reorganisation der kaiserlichen Finanzen ernsthaft in Angriff genommen. Zur Beratung wurde eine Deputation ernannt, der Prinz Eugen, Johann Fürst v. Trautson, Graf Sinzendorf, Graf, Schlick, Graf Harrach, Feldmarschall Johann v. Gschwind und Hofkammerrat Bernhard v. Mikosch angehörten. Von Anfang an waren die Minister geteilter Meinung über den Nutzen der Neugründung einer Bank neben der schon vorhandenen angesehenen Wiener Stadtbank, wovon Spedazzi auch Leibniz benachrichtigt.[93] Besonders der Finanzminister Starhemberg machte Einwendungen, die jedoch überhört wurden. Dennoch sollten sie sich später bewahrheiten. Im Dezember 1714 ist es dann soweit, daß Aufgabenbereich und Zuständigkeit der neuen Bank durch ein kaiserliches Bankedikt festgelegt werden.[94] Spedazzi schickt ein gedrucktes Exemplar davon im Januar 1715 an Leibniz.[95]

---

[87] Project, wie man in KönigReich Böhmen ohne Einige beschwernuß des Landtes auch ohne einigen oder wenigen Unkhos ten in friedtenszeithen funfzehen biß Sechs-zehen Tausendt Mann Infanterie … auf den Beünen halten khann. Imc Müste man die LeibEigenschaft durchgehendts aufheben … (Verfasser?, LH XIII Bl. 72-73).

[88] Estratto del Memoriale del Sig^r Guiseppe Spedazzi à la Maesta Cesare e Catholica (Auszug von Leibniz, LH XIII Bl. 40). Spedazzi (?), Tabellen betr. die Rentabilität einer Bank (LH XIII Bl. 41-42, 43). Leibniz, Aufzeichnungen betr. die Rentabilität einer Bank (LH XIII Bl. 44, 45). Del Banco di Giro die Vienna (von Leibniz' Hand; nach Spedazzi (?), LH XIII Bl. 51-52; 53 oder 54).

[89] Spedazzi an und für Kaiser Josef I., 15. Oktober 1708 (Abschrift, LH XIII Bl. 59-63).

[90] Spedazzi an Leibniz (?), 19. Juni 1713 (LH XIII Bl. 64); Spedazzi an Kaiser Karl VI., [1713] (Konzept mit Korrekturen von Leibniz, LH XIII Bl. 47; Konzept von Leibniz' Hand, ebd. Bl. 46; Reinschrift Spedazzis, ebd. Bl. 80).

[91] Leibniz an Kaiser Karl VI., [Dezember 1713] (LH VIII Bl. 80).

[92] Vgl. Mensi: *Die Finanzen Österreichs*, S. 431 f. Spedazzis Name erscheint in diesem Buch nirgends.

[93] Spedazzi an Leibniz, 8. September, 31. Oktober, 17., 24., 28. November 1714, 16. Januar 1715 (LBr. 879 Bl. 4-5; 8-9; 10; 11-12; 14-15; 18-19).

[94] Kaiser Karl VI., Bankedikt vom 14. Dezember 1714, abgedruckt bei Zedler: *Universal-Lexicon*, Bd. 56, 1748, Sp. 314-327.

[95] Spedazzi an Leibniz, 16. Januar 1715 (LBR. 879 Bl. 18-19). Beilage: Bankedikt (ebd. Bl. 21-29).

Das Edikt verspricht, dem durch Krieg geschwächten Land durch die Neuordnung der Finanzen wieder zu blühender Wirtschaft und Handel zu verhelfen. Der verminderte kaiserliche Kredit soll wiederhergestellt, die Steuern „zu ihrer Zeit" wieder verringert und die gewerbetreibenden Untertanen am wenigsten beschwert werden. An der Spitze des neuen Instituts soll ein „Bankal-Governo" stehen, das keiner andern, auch keiner gerichtlichen Instanz unterworfen sein soll als dem Kaiser. Es ist dazu gehalten, auf eine positive Bilanz zu achten und auch für unvorhergesehene und unvermeidliche Staatsausgaben nur gegen ausreichende Sicherheit aufzukommen. Die Ausgabe von Kapitalien soll gegen drei Prozent Zinsen stattfinden, womit man dem jüdischen Wucherzins entgegensteuern wollte. Den Hauptteil des Edikts bildet die Aufzählung der Mittel, die nötig sind, um zu einem hinlänglichen Fundus zu gelangen. Dazu gehören Eintreibung von Zahlungsrückständen der Erbländer, Gerichtssteuern und die Abzüge von den künftig durch die Bank zu zahlenden Beamtengehältern: genannt Legitimationsarrha[96], Dienstarrha, Assignationsarrha, Reservationsarrha, Beitragsarrha der Juden (die laut Matrikel für in Wien berufstätige oder verheiratete Juden 800 Gulden betrug, gegenüber 200 Gulden der höchsten Beamtengehälter). Zu diesem „perpetuierlichen" Fundus sollte ein „secundierender" aus den Militär- und Kameralsteuern, ein „garantierender" dadurch geschaffen werden, daß nur Bankbeamter werden konnte, wer eine Kaution gegen fünf Prozent jährlicher Zinsen hinterlegte. Beamten, die sich weigern sollten, ihr Gehalt von der Bank zu empfangen,[97] drohte der Verlust ihres Amtes.

Dagegen wurden denen, die Kapital einlegen wollten (dies geschah dann jedoch nur selten, da der Zinssatz von drei Prozent gegenüber sechs Prozent der Wiener Stadtbank nicht verlockend war, wodurch sich die neue Gründung als wenig erfolgreich erwies) zahlreiche Sicherheiten geboten: Befreiung von der Vermögenssteuer, weitgehende Sperrung des Kapitals für Gläubiger, keine Konfiskation außer bei Majestätsverbrechen und Betrug, gleiche Rechte für Ausländer, ein Bankgericht bei Streitigkeiten, halbjährige Kündigung. Für das Einlegen von Kapital wird eine Gebühr von drei Prozent gefordert, d.h. bei 100 Gulden 3, bei 6666 Gulden 40 Kreuzer und 200 Gulden. Zur bloßen Beaufsichtigung soll man Summen über 1000 Gulden ohne Gebühr, aber dann auch ohne Zinsen bei der Bank deponieren können. Außer dem Hauptinstitut in Wien sollen Bankfilialen in allen größeren Städten der Monarchie eingerichtet werden.[98] Für die personelle Besetzung der Bank und das Aufbringen des Fundus wird eine Frist von drei Monaten gesetzt.[99] Wirklich wird sie erst Ende März 1715 eröffnet.[100]

Leibniz ist der Ansicht, daß Gehalts- und Pensionsempfänger nun sehr zufrieden sein könnten, vorausgesetzt, daß die Bank die versprochenen Zahlungen auch leiste.[101] Für

---

[96] Arrha aus italienisch „arra" war der in Wien übliche Ausdruck für Taxen oder Beiträge.

[97] Faak notiert am Rande mit Fragezeichen „Statt von der Hofkammer" (Hrsg.).

[98] Nach den Ausführungen Mensis, *Die Finanzen Österreichs*, S. 442, 451, 461 ff., 472 ff., konnte die Bank dann bei weitem nicht alle Versprechungen einhalten. Dies lag daran, daß bei dem niedrigen Zinssatz nicht viel Kapital von Privatleuten eingelegt wurde, wie Starhemberg richtig vorausgesehen hatte, zum andern an der jetzt durch die Bank und Kammer zweigeteilten Finanzverwaltung.

[99] Spedazzi an Leibniz, 16. Januar 1715 (LBr. 879 Bl. 18-19).

[100] Spedazzi an Leibniz, 30. März 1715 (ebd. Bl. 30-31).

[101] Leibniz an Spedazzi, 7. Februar 1715 (LBr. 879 Bl. 20).

bemerkenswert an dem Edikt hält er folgende Punkte bzw. Fragen: 1) daß die Bezahlung der Staatsschulden und die Auslösung der verpfändeten Domänen nicht besonders erwähnt worden sind,[102] 2) wie sich das Verhältnis von Hofkammer und Bank gestalten wird, für die er einen Kompetenzstreit befürchtet, 3) wer an der Spitze der neuen Institution stehen soll. Von der Beantwortung besonders der letzten Frage hängt es ab, welchen Weg er einschlagen muß, um weiterhin im Besitz der Reichshofratsbesoldung zu bleiben. Er hält es für zwecklos, daß Schmid länger dem Reichshofratspräsidenten v. Windischgrätz hinterherläuft,[103] glaubt aber, daß der Kammerpräsident noch helfen könne. Der kaiserliche Türhüter Theobaldt Schöttel muß ihm außerdem vorgeschlagen haben, sich an den Reichshofratstürhüter zu wenden.[104] Leibniz erklärt sich damit einverstanden.[105] Doch dieser Weg erweist sich als ungangbar, wie Leibniz richtig vorausgesehen hat. Joseph Schöttel, Theobaldt Schöttels Sohn, bittet den Reichshofratstürhüter vergeblich, beim Reichshofratspräsidenten zu bewirken, daß Leibniz' Name wieder auf die Liste der zu besoldenden Reichshofräte kommt. Er bekommt zur Antwort, es könnten nur die schon introduzierten berücksichtigt werden.[106] Auch nach einem für Leibniz ausgestellten Dekret im Obersthofmeisteramt fragt Joseph Schöttel auf Anraten des Reichshofratstürhüters vergeblich. Leibniz besitzt auch kein derartiges Dekret, wie er J. Schöttel nach Verlauf von zwei Monaten mitteilt.[107] Er verspricht aber, sich darum zu bemühen, wenn er es gleichzeitig auch für den noch zu bewilligenden Ajuto tun kann. Inzwischen erfährt er von Schmid,[108] daß die zur Gründung der Bank eingesetzte Ministerialdeputation auch deren Leitung künftig übernehmen soll, allerdings ohne Prinz Eugen und Starhemberg, der im April 1715 von seinem zwölf Jahre lang versehenen Posten als Hofkammerpräsident zurücktritt.[109] Aus der Ministerialdeputation erweist sich Alois Thomas Raimund Graf v. Harrach, der 1698 bis 1700 als kaiserlicher Botschafter in Madrid geweilt hatte, ohne verhindern zu können, daß die Franzosen die spanische Erbschaft antraten, als der Mann, zu dem Leibniz die besten Beziehungen hat. Er bittet den Abbate Spedazzi, der bei Harrach häufig zur Audienz erscheint, diesem seine Angelegenheit

---

[102] Für die Rückzahlung der Staatsschulden wurde eine Schuldenkommission und Schuldenkonferenz eingesetzt; vgl. Mensi: *Die Finanzen Österreichs*, S. 478 ff.

[103] Leibniz an Schmid, [28. Januar 1715] (LBr. 815 Bl. 42); Leibniz an Th. Schöttel, 28. Januar 1715 (Wien, Österreichische Nationalbibliothek: Ser. nov. 11.992, Slg Schöttel Nr 32).

[104] Die Briefe Th. Schöttels an Leibniz sind größtenteils nicht mehr vorhanden, dagegen hat Schöttel alle Briefe Leibniz' sorgfältig aufbewahrt. Sie waren bis 1960 im Besitz der Gräfl. Wilczek'schen Bibliothek in Wien (Sammlung Schöttel Nr 1-72). Heute ist die Sammlung Eigentum der Österreichischen Nationalbibliothek: Ser. nov. 11.992.

[105] Leibniz an Th. Schöttel, 28. Januar 1715 (ebd. Nr 32).

[106] Jos. Schöttel an Leibniz, 13. Februar 1715 (LBr. 826 Bl. 1-2).

[107] Leibniz an Jos. Schöttel, 25. April 1715 (Wien, a. a. O., Slg Schöttel Nr 19).

[108] Schmid an Leibniz, 9. Februar 1715 (LBr. 815 Bl. 53-54).

[109] Starhemberg erhielt für seine Verdienste 100 000 rheinische Gulden, zahlbar bei der Stadtbank, deren Leitung er hatte, ein neues Jahresgehalt von 30 000 rhein. Gulden für weitere Dienste beim Kaiser und andere Vergünstigungen (Mensi, a. a. O., S. 459 f.).

zu empfehlen.[110] Als Gegenleistung bietet er ein von ihm erfundenes Punktationsverfahren für die schnelle und einwandfreie Kontrolle von Subtraktionen und Multiplikationen an, von dem er glaubt, daß es bei der neu gegründeten Bank von Nutzen sein könne. Den Türhüter und Mathematiker Schöttel hatte er noch in Wien mit seiner Methode vertraut gemacht, und an ihn verweist er Spedazzi wegen näherer Erklärungen. Schöttel ist aber von niemand zu einer Erläuterung des Verfahrens aufgefordert worden; er befürchtete auch mit Recht, daß die Beamten sich weigern würden, von ihrer gewohnten Methode abzulassen.[111]

(d)   Leibniz' Gehalt, Besoldung oder Pension? – Schmids Plan zur Finanzierung der Sozietät durch eine Handelsgesellschaft

Dennoch erweist nun die neue Bank ihre Daseinsberechtigung. Die Auszahlung der Reichshofratsgehälter kommt wieder in Gang. Und auch Leibniz ist berücksichtigt. Aber es entsteht sofort ein neues Problem. Joseph Schöttel, dem sein Vater oft die Erledigung der Leibnizschen Geschäfte übertragen muß, wenn er von Amts wegen mit dem Kaiser in dessen Residenz Laxenburg oder in den Bädern von Baden weilt, muß in der Bank hören, daß dem Reichshofrat Leibniz die einmalig zu entrichtende Dienstarrha (sechs Prozent vom Jahresgehalt) und die vierteljährlich zu entrichtende Assignationsarrha (drei Prozent vom Quartal) abgezogen werden sollen, insgesamt also 135 Gulden.[112] Diesen Abzug müssen nach den neuen Verfügungen alle kaiserlichen Beamten dulden, die eine Besoldung, Pension oder Ajuto über 500 Gulden erhalten; nur die wirklichen Reichshofräte wehren sich erfolgreich dagegen. Die beiden Schöttels wollen sich für Leibniz nicht mit dem Abzug zufrieden geben; sie sehen Leibniz für einen wirklichen Reichshofrat an, der nur aus besonderen Gründen vorläufig von der Introduzierung dispensiert ist, wie es auch Leibniz selbst immer wieder betont. Da die Dinge noch im Anfangsstadium sind, möchten sie auch durch eine voreilige Kapitulation nicht etwa andern Reichshofräten schaden. Mit der Zeit hören sie zwar, daß der eine und andere Reichshofrat sein Geld mit Abzug entgegengenommen hat,[113] doch bemühen sie sich energisch um eine Klärung des Falles Leibniz.

---

[110] Leibniz an Spedazzi, 25. April 1715 (LBr. 879 Bl. 3); Leibniz an Th. Schöttel, 26. Mai 1715 (Wien, a. a. O., Slg Schöttel Nr 20).

[111] Th. Schöttel an Leibniz, 29. Mai 1715 (LBr. 827 Bl. 14-15), Leibniz an Th. Schöttel, 4. Juni 1715 (Wien, a. a. O., Slg Schöttel Nr 34). Näheres über Theobaldt Schöttel und seinen Sohn Joseph s. bei Ilg, Albert: Eine bisher unbekannte Correspondenz Gottfr. Wilh. Leibniz, in: *Monatsblätter des Wissenschaftl. Club in Wien*, 9, 1888, S. 40-58.

[112] Th. Schöttel an Leibniz, 7. Mai 1715; Jos. Schöttel an Leibniz, 8. Mai 1715 (LBr. 827 Bl. 8-9; LBr. 826 Bl. 3-4).

[113] Dazu gehörten Peter Philipp Graf v. Berlepsch, der nur mit Unterbrechungen im Reichshofrat tätig war, Christoph Ernst Frhr. v. Fuchs, der von 1709-15 im Reichshofrat amtierte und dann mit andern Aufgaben betraut wurde, und der Italiener Giulio Cesare Frhr. V. Pallazuolo, der 1713 von neuem introduziert wurde, sich aber der lateinischen Sprache bedienen mußte, da er zwar Deutsch verstand, aber es nicht sprechen konnte.

Mitte Mai 1715 ist Th. Schöttel mit dem Kaiser in Laxenburg, dem nach altem Brauch auch die Reichskanzlei folgen muß. Hier will Schöttel versuchen, eine Abschrift von Leibniz' Ernennungsdekret zu bekommen, um bei der Bank ein amtliches Zeugnis für Leibniz' berechtigte Forderungen vorweisen zu können.[114] Da die Reichskanzlei jedoch nicht ihr ganzes Archiv mit sich führt, stellt ihm der Konzipist Pein ein Attestatum aus und versieht es auch schon mit einem Siegel.[115] Doch der Reichvizekanzler v. Schönborn weigert sich, es zu unterschreiben, da Leibniz darin als wirklicher Reichshofrat bezeichnet wird. So scheint es ohne die Unterschrift ausgehändigt worden zu sein.[116] Erhalten geblieben ist allerdings nur das Konzept mit dem Vermerk „Expeditur" im Archiv der Reichskanzlei.[117]

Schöttel muß sich also doch in Wien um die Abschrift des Dekrets bemühen, wofür er die Auslagen von Leibniz' Gehalt abziehen soll.[118]

Auf Schöttels Anfrage, wieviel Quartale Leibniz schon bekommen und wieviele er noch zu fordern habe, damit er sich auch für Leibniz' Rückstände einsetzen könne, nennt Leibniz zwei, obwohl früher auch einmal von drei Quartalen die Rede war.[119] Leibniz wendet sich selbst an den Vizepräsidenten der Kammer, Ferdinand Ernst Graf v. Mollarth, der anstelle Starhembergs deren Leitung übernommen hat, und an die Kammer selbst, um ihr trotz des Wechsels in der Leitung in Erinnerung zu bleiben.[120] Mollarth antwortet höflich, aber ausweichend, daß die Kammer die Zahlungen an die Bank abgetreten habe, die jetzt allein dafür zuständig sei.[121] Nur wegen des Ajuto, der eine Kammersache blieb, wendet sich Leibniz daher noch an Mollarth.[122]

Obwohl Leibniz fest überzeugt ist, daß gegen den Abzug von seinem Gehalt nichts mehr zu machen ist, da er schon früher vergeblich gegen den Ausdruck der Hofkammer „Besoldung per modum pensionis" protestiert hat, setzt er doch eine letzte Hoffnung auf die Abschrift des ersten Ernennungsdekrets, wo sein Gehalt nur als Besoldung bezeichnet ist.[123] Er glaubt, daß Schmid schon eine solche Abschrift besitzt,[124] doch Schmid berichtigt ihn, nicht dieses Dekret hat ihm Leibniz bei seiner Abreise übergeben, das er in den schon gepackten

---

[114] Th. Schöttel an Leibniz, 15. Mai 1715 (LBr. 827 Bl. 10-11).

[115] Th. Schöttel an Leibniz, 29. Mai 1715 (ebd. Bl. 14-15).

[116] Vgl. Schmid an Leibniz, 8. Juni 1715 (LBr. 815 Bl. 92-93).

[117] Die Reichskanzlei für Leibniz, 20. Mai 1715 (Wien, Haus-, Hof- und Staatsarchiv, Reichshofrat Verfassungsakten 29).

[118] Leibniz an Schöttel, 26. Mai 1715 (Wien, a.a.O., Slg Schöttel Nr 20).

[119] Siehe oben, S. 67, 73.

[120] Leibniz an Mollarth, 16. März 1715 (LH XLI 9 Bl. 143) (der einzige erhaltene Brief Leibniz' an Mollarth); Leibniz an die Hofkammer, 16. März 1715 (ebd.).

[121] Vgl. Jos. Schöttel, 29. Juni 1715 (LBr. 826 Bl. 5; Wien, a.a.O., Slg Schöttel Nr. 37). Mollarths Brief ist nicht erhalten.

[122] Vgl. Leibniz an Th. Schöttel, 29. Juni 1715, Th Schöttel an Leibniz, 10. Juli 1715 (ebd. Nr. 37; LBr. 827 Bl. 21-22).

[123] Siehe oben, S. 54, 66 f. und Leibniz an Th. Schöttel, 4. und 16. Juni 1715 (Wien, a.a.O., Slg Schöttel Nr. 34; Nr 35).

[124] Leibniz an Th. Schöttel, 26. Mai 1715 (ebd. Nr 20).

Koffern nicht mehr finden konnte, sondern ein Dekret über die Auszahlung von Leibniz'
Rückständen durch das Hofzahlamt.[125] Dabei kann es sich nur um das oben schon erwähnte
Schreiben der Hofkammer an Leibniz vom 3. August 1714 handeln, das Leibniz kurz vor
seiner Abreise die Auszahlung seines rückständigen Gehalts in Aussicht stellte.[126] Schmid
muß es damals auf Leibniz' Erwähnung oder Geheiß hin Theobaldt Schöttel überlassen
haben.[127] Schöttel sendet es zusammen mit einer indessen in der Reichskanzlei verfertigten
Kopie von Leibniz' Ernennungsdekret und dem Auszug aus einem Brief Leibniz' an ihn
vom 19. Mai 1715 mit einem Begleitschreiben an die Hofkammer, um ihr vorzustellen,
daß es sich bei Leibniz' Gehalt nicht um eine Pension, sondern eine Besoldung handele,
die von allen Abzügen frei sein müsse. Eine Abschrift dieses Briefes – die Beilagen werden
dabei nur durch ihre Überschrift angedeutet,[128] das Schreiben der Hofkammer in extenso
wiedergegeben – sendet Jos. Schöttel an Leibniz.[129]

Auf die Reaktion der Kammer muß Schöttel nun warten. Zu der Eingabe an sie hatte
man ihm in der Bank geraten, wo man ebenfalls alle Verantwortung von sich wies, nur auf
Anweisung der Kammer handeln zu können behauptete und Schöttel die bis zu einer Neure-
gelung gültige Liste der Reichshofräte zeigte, die ihr Gehalt mit Abzug empfangen sollten.
Dies sind außer Leibniz Dr. Joh. Lorenz v. Adelmann, Giulio Cesare Frhr v. Pallazuolo,
Peter Philipp Graf v. Berlepsch, Christoph Ernst Graf v. Fuchs, Josef Wilhelm v. Bertram,
Franz Joh. Frhr v. Wetzel und Ernst Franz v. Glandorff, der Sekretär der Reichskanzlei.[130]
Für alle waren die Gehälter mit Abzug auf der Bank auch schon verrechnet. Man empfahl
Schöttel daher, das Geld für Leibniz abzuholen, da er sonst wieder sehr lange warten müßte.
So empfing Joseph Schöttel am 18. Juni 1715 nachmittags statt 500 Gulden 365 Gulden
für Leibniz, über den Abzug stelle man ihm eine Quittung aus und erklärte sich bereit, auf
einen neuen Befehl von der Kammer auch den Rest zu zahlen. Theobaldt Schöttel fragt
nun bei Leibniz an, ob er das Geld bei sich behalten oder nach Hannover schicken solle.
Leibniz bedankt sich für Schöttels Bemühungen und bittet ihn, das Geld vorläufig bei sich
aufzubewahren.[131] Es stellt sich auch sogleich ein Interessent dafür ein: der ständig unter

---

[125] Schmid an Leibniz, 8. Juni 1715 (LBr. 815 Bl. 92-93).

[126] Siehe oben, S. 73.

[127] Th. Schöttel an Leibniz, 18. Juni 1715 (LBr. 827 Bl. 16-17).

[128] Faak notiert am Rande: „L an Schöttel Auszug" (Hrsg.).

[129] Th. Schöttel an Graf Mollarth, Entwurf von Jos. Schöttel, [22. Juni 1715] und Jos. Schöttel an
Leibniz, 22. Juni 1715 (LBr. 826 Bl. 6-7). Obwohl Schmid mit dem Dekret nichts anderes als das
Schreiben der Hofkammer vom 3. August 1714 gemeint haben kann, da nirgends von einem andern
amtlichen Schreiben gleichen Inhalts die Rede ist, und die Schöttels auch dieses für die Eingabe an die
Hofkammer und für ihren Bericht an Leibniz benutzten, macht Schmid doch eine widerspruchsvolle
Angabe über seinen Inhalt. Er behauptet, es sei darin von einer Pension die Rede, was alle Übelwol-
lenden in der Meinung bestärken werde, Leibniz' Besoldung sei eine Pension. Eine Erklärung dafür
ist nach dem gegebenen Material nicht möglich.

[130] Theobaldt Schöttel an Leibniz, 18. Juni 1715 (LBr. 827 Bl. 16-19).

[131] Leibniz an Theobaldt Schöttel, 29. Juni 1715 (Wien, Österreichische Nationalbibliothek: Ser. nov.
11.992, Slg Schöttel Nr 37).

Geldnot leidende Hofrat Schmid. Obgleich Schöttel schon längst Leibniz' finanzielle Angelegenheiten allein in die Hand genommen hatte, lief doch Schmid ebenfalls fortgesetzt zu Kammer und Bank, um sich nach dem Stand der Dinge zu erkundigen, und machte Leibniz eifrig Mitteilung davon wie über Schöttels Maßnahmen, soweit er informiert worden war. Absichtlich ließen ihn aber die Schöttels immer im Dunkeln über das, was sie wirklich erreicht hatten, da sie von Anfang an fürchteten, er werde sich Geld leihen wollen und es nicht zurückzahlen können. Wenn er aber die Wahrheit auf der Bank erfuhr und um eine Anleihe bat, beschieden sie ihn dennoch abschlägig als von Leibniz nicht bevollmächtigt, über das Geld zu disponieren, so daß Schmid ärgerlich und ohne etwas ausgerichtet zu haben, wieder davongehen mußte.[132] Leibniz tröstete ihn dafür gelegentlich mit einem Geschenk von zwölf bis achtzehn Gulden.

Von Reck und Spedazzi hört Leibniz auch über die Fortschritte der Bank im allgemeinen. Reck sendet ihm eine Aufstellung aller neuen Ämter mit den dazugehörigen Gehaltssätzen, die recht umfangreich sind, so daß später neue Schwierigkeiten entstehen.[133] Spedazzi schwört auf die Bank, die seiner Meinung nach viel einnimmt und wenig ausgibt, so daß es vorwärts gehe. Von der Kammer hält er dagegen wenig, doch sieht er ein, daß beide zusammen arbeiten müssen, wenn überhaupt etwas Vernünftiges zustande kommen soll. Da die Kammer nur einen Vizepräsidenten hat, die Bank einen Präsidenten oder Gubernator (Fürst Trautson) und einen Vizegubernator (General Gschwind), meint er, beide zusammen müßten wenigstens nach Art einiger Insekten laufen können, zwei Füße am kleinen Bruststück, vier am größeren Hinterleib.[134] Leibniz antwortet mit dem Bild einer Ehe zwischen Bank und Kammer, wobei einer Verteiler, der andere Empfänger des Geldes sein müsse. Spedazzi meint dazu, dann wolle aber die Kammer – in ihr sieht er also die Ehefrau – gegen den Ehebrauch über dem Mann stehen.[135] In der Tat waren die Befugnisse der Kammer sehr eingeschränkt worden und die Tatsache, daß es jetzt zwei Finanzbehörden gab, deren Kompetenzbereich nicht klar abgegrenzt war, wirkte hemmend auf die Entwicklung des neuen Instituts, so daß man hier im kommenden Jahr eine Reorganisation vornehmen mußte.[136]

In der Kammer ist Leibniz wegen des geforderten Ajuto oder der Zulage an das Departement des Grafen Volckra verwiesen worden.[137] Leibniz schreibt auch an ihn und betraut Schöttel mit der Beförderung des Briefes.[138] Volckra jedoch übernimmt eine Gesandtschaft nach England und überläßt die Geschäfte der Kammer Freiherrn v. Petschowitz, so daß

---

[132] Schmid an Leibniz, 29. Juni 1715 (LBr. 815 Bl. 100-101), Th. Schöttel an Leibniz, 24. Juli, 28. August 1715 (LBr. 827 Bl. 23-24; 29-30), J. Schöttel an Leibniz, 24. August 1715 (LBr. 826 Bl. 13-14).

[133] Reck an und für Leibniz, 29. Juni 1715 (LBr. 758 Bl. 36-37).

[134] Spedazzi an Leibniz, 1., 28. Juni, [Juni] 1715 (LBr. 879 Bl. 37-38; 39-40; 48-49).

[135] Spedazzi an Leibniz, 19. Oktober 1715 (ebd. Bl. 45-46).

[136] Vgl. Mensi: *Die Finanzen Österreichs*, S. 460 ff.

[137] Schmid an Leibniz, 22. Juni 1715 (LBr. 815 Bl. 98-99).

[138] Leibniz an Th. Schöttel, 7. Juli 1715 (Wien, a. a. O., Slg Schöttel Nr. 38), Leibniz an Volckra, 7. Juli 1715 (LH XLI 9 Bl. 145).

Schöttel Leibniz' Brief auf dessen Wunsch zurückhält.[139] Vor Volckras Abreise muß sich Schöttel auch wegen des Abzugs von Leibniz' Gehalt an diesen wenden, der ihm in einem Gespräch bei Hof erklärt, es müsse über Schöttels Eingabe mit ihren Beilagen ein gutachtlicher „Bericht" verfaßt werden.[140] Dafür ist die Buchhalterei der Kammer zuständig und Buchhalter Wimmer, der die Eingabe von Joseph Schöttel entgegengenommen hatte, erinnert sich freundlich, daß noch zur Zeit Starhembergs ein Bericht wegen Leibniz an den Kaiser ergangen sei.[141] Leibniz ist der Meinung, daß es sich dabei nur um ein altes und überholtes Referat handeln kann, da ein neues Referat über seine an Windischgrätz gerichteten Memoriale eine Wirkung gezeigt haben müßte.[142] Theobaldt Schöttel weist in der Buchhalterei nochmals auf die Worte des Ernennungsdekrets hin, die von Leibniz' Besoldung sprechen,[143] und Joseph Schöttel besorgt sich eine Abschrift der Anweisung der Reichskanzlei an die Hofkammer vom Juni bzw. Juli 1713, die den Wortlaut des Ernennungsdekrets beibehalten und nur die Schlußworte im Sinne einer Zahlungsanweisung verändert hatte.[144] Daher ist hier wie im Ernennungsdekret nur von Besoldung die Rede und noch nichts von „per modum pensionis". Leibniz ist nun aber trotz des Abzuges ganz zufrieden,[145] denn inzwischen hat Schöttel das zweite Quartal 1715 von 485 Gulden auf der Bank erhoben unter Entrichtung der Assignationsarrha,[146] so daß er jetzt insgesamt 850 Gul-

---

[139] Leibniz an Th. Schöttel, 11. Juli 1715 (Wien, a. a. O., Slg Schöttel Nr 39), Th. Schöttel an Leibniz, 24. Juli 1715 (LBr. 827 Bl. 23-24). Hofkammerrat Otto Christoph Graf v. Volckras war von November 1715 bis September 1717 außerordentlicher Gesandter des Kaisers in England (Repertorium der diplomatischen Vertreter aller Länder, Bd. 1, 1936, S. 140); Hofkammerrat Anton Ehrenreich Graf v. Petschowitz wurde 1718 Vizepräsident der Hofkammer.

[140] Th. Schöttel an Leibniz, 10. und 24. Juli 1715, Jos. Schöttel an Leibniz, 17. Juli 1715 (LBr. 827 Bl. 21-22; Bl. 23-24; LBr. 826 Bl. 8-9).

[141] Jos. Schöttel an Leibniz, 17. Juli 1715 (ebd.), Th. Schöttel an Leibniz, 24. Juli 1715 (LBr. 827 Bl. 23-24).

[142] Leibniz an Jos. Schöttel, 28. Juli [1715] (Wien, a. a. O., Slg Schöttel Nr 40).

[143] Th. Schöttel an Leibniz, 31. Juli 1715 (LBr. 827 Bl. 27-28).

[144] Jos. Schöttel an Leibniz, 10. August 1715 (LBr. 826 Bl. 10 bis 12). Beilage: Zweite Abschrift von der Anweisung der Reichskanzlei an die Hofkammer, 2. Januar 1712 (d. i. Juli 1713) (LBr. 826 Bl. 11); vgl. oben, S. 60.

[145] Leibniz an Th. Schöttel, 11. August 1715 (Wien, a. a. O., Slg. Schöttel Nr 41).

[146] Th. Schöttel an Leibniz, 31. Juli 1715 (LBr. 827 Bl. 27-28). Statt von der Assignationsarrha spricht Schöttel allerdings hier wie an andern Stellen (Schöttel an Leibniz, 10. Juli, 25. September 1715, ebd. Bl. 21-22; ebd. Bl. 40-41, LH XXXV 11 Nr 5 Bl. 3) immer von der Dienstarrha und der Legitimationsarrha, die er für Leibniz erstatten müsse. Möglicherweise liegt hier von seiner Seite eine Verwechslung vor, denn die Dienstarrha war einmalig und betrug laut Bankedikt 6 % vom Jahresgehalt; das waren für Leibniz 120 Gulden und soviel hat Schöttel auch bei Abhebung des ersten Quartals 1715 erlegt. Die Legitimationsarrha hatte nach Klassen gestufte Sätze, bei denen 120 Gulden gar nicht vorkamen. Sie galt auch nur für solche, die sich mit Kapitaleinlagen an der Bank beteiligen wollten. Dagegen war es die Assignationsarrha, die mit 3 % vom Vierteljahrsgehalt laufend zu entrichten war und die Schöttel auch immer bei Empfang von nur 485 statt 500 Gulden entrichtete.

den für Leibniz in Verwahrung hat. Wegen der rückständigen Quartale ist man in Wien weniger hoffnungsvoll. Viele glauben sogar, daß bald neue Rückstände entstehen werden.[147]

Mit Leibniz' Resignation hinsichtlich des Abzugs für den Fall, daß die Zahlungen nun laufend erfolgen, sind die Schöttels nicht einverstanden. Da sie schon so weit gegangen sind, wollen sie die Sache nun auch zu Ende bringen. Der alte Schöttel will nicht nur erreichen, daß Leibniz künftighin nichts mehr abgezogen wird, er will auch die bereits geleisteten Abzüge zurückerstattet sehen.[148] Dem Raitrat in der Kammerbuchhalterei Obenauß, dem die Abfassung des Berichts übertragen worden war und der nun auch die eingereichten Unterlagen dazu in den Händen hatte, hat er auf den in den Dekreten mehrmals vorhandenen Ausdruck „Besoldung" hingewiesen und erklärt, wenn man die Absicht des Kaisers so mißverstehen wolle, so müsse er sich eben erneut an den Kaiser wenden. Dieses und das freundliche Versprechen, wenn Obenauß den Bericht günstig abfasse, werde sein Herr seiner „mit einem Paar Handschuh" gedenken, verfehlt seine Wirkung nicht. Obenauß verfaßt den Bericht und übergibt ihn dem Vizepräsidenten Mollarth. Schöttel wird bedeutet, sich nach einer Woche bei Freiherrn von Petschowitz deswegen zu melden.[149]

Leibniz ist nun doch wieder ganz einverstanden mit diesen Maßnahmen, denn er hört jetzt von Schmid, man spreche in Wien wegen des drohenden Türkenkrieges von der Aufhebung aller Pensionen.[150] Dieser Gefahr kann er nur entgehen, wenn Schöttel für ihn erreicht, daß sein Gehalt doch als Besoldung anerkannt wird, und er weist ihn darum darauf hin, daß er wie ein wirklicher Reichshofrat eine doppelte Taxe in Reichskanzlei und Kammer erlegt habe.[151] Auch einem andern Unternehmen, von dem man Leibniz laufend die ausführlichsten Berichte aus Wien zukommen ließ,[152] schien der sich anzeigende Türkenkrieg seiner Meinung nach nicht günstig zu sein. Dies war die in Verbindung mit einer Lotterie geplante Gründung einer Handelsgesellschaft durch einen Freund Schmids, den Breslauer Kaufmann Martin Matthias v. König. Schmid, der über alle Schritte Königs Leibniz auf dem Laufenden hielt, machte ihm gleichzeitig Hoffnung, daß die Handelsgesellschaft auch einen Fonds für die Sozietät der Wissenschaften abwerfen werde. Leibniz war im Prinzip einverstanden damit, hatte jedoch am Gelingen des Projektes seine Zweifel wegen der politischen Lage. Das Lotterieprojekt schien ihm der Anlage nach verfehlt zu sein,[153] und Schöttel hielt aus technischen Gründen die Aussichten auf eine neue Handelsgesellschaft für gering.[154] König erreichte immerhin soviel, daß ihm das „Bankalgubernium", die oberste

---

[147] Th. Schöttel an Leibniz, 10. und 31. Juli 1715 (LBr. 827 Bl. 21-22; 27-28).

[148] Jos. Schöttel an Leibniz, 24. August 1715 (LBr. 826 Bl. 13-14).

[149] Th. Schöttel an Leibniz, 25. September 1715 (LBr. 827 Bl. 40-41, LH XXXV 11 Nr 5 Bl. 3).

[150] Leibniz an Th. Schöttel, 11. September 1715 (Wien, a. a. O., Slg Schöttel Nr 42).

[151] Leibniz an Th. Schöttel, 11. September, 13. Oktober 1715 (ebd.; ebd. Nr 23).

[152] Schmid an Leibniz, 23. Februar 1715 bis 21. November 1716 (LBr. 815 Nr 24-116).

[153] Königs Lotterieprojekt war Beilage zu Schmid an Leibniz, 6. November (ebd. Bl. 132 bis 133, 134, 135) und 28. Dezember 1715 (ebd. Bl. 136-137, 140 bis 141). Faak notiert am Rande der Fußnote: „23. November " (das ist LBr 815 Bl. 136-137) (Hrsg.).

[154] Leibniz an Th. Schöttel, 11. September 1715 (Wien, a. a. O., Slg Schöttel Nr 42), Th. Schöttel an Leibniz, 25. September 1715 (LBr. 827 Bl. 40-41, LH XXXV 11 Nr 5 Bl. 3).

Leitung der Bank, ein Dekret ausstellte, das ihn zu Verhandlungen mit Kaufleuten über deren Beitritt zur Handelsgesellschaft bevollmächtigte.[155] Auch eine Ministerialdeputation zur Überprüfung der Angelegenheit wurde eingesetzt, der unter andern Bankrat Grad Oedt und der Oberzahlmeister der Bank Graf Rosenberg angehörten.[156] Es bildete sich in der Bank jedoch schnell eine Gegenpartei, an deren Spitze der spätere Hofkammerpräsident Graf Walsegg stand.[157] Außerdem zogen sich die Kaufleute, deren Wort König schon hatte, ängstlich von dem Unternehmen zurück.[158] König selbst machte sich durch unsteten Lebenswandel unbeliebt, wozu man die Mitgliedschaft in einem Tabakskollegium zählte, Trunksucht und Ehebruch. Gläubiger brachten ihn ins Gefängnis und Graf Oedt gestand Schmid schließlich verzweifelt, all das fände er nicht so schlimm, wenn nur nicht sein Name in diesem Zusammenhang erwähnt worden wäre.[159] Später gelang es König jedoch, sich einigermaßen zu rehabilitieren; der Ausgang der Sache geht aus den mit Leibniz' Tod im November 1716 abgebrochenen Berichten Schmids nicht mehr hervor.

Nach dem siegreich beendeten Türkenkrieg wird 1719 jedoch tatsächlich eine „Kaiserlich privilegierte orientalische Kompagnie" gegründet,[160] die eine längere Lebensdauer hat als die 1667 von Johann Joachim Becher ins Leben gerufene. Mindestens eine Anregung hierzu wird man M. M. v. König nicht absprechen können, besonders da die Kompagnie nach zwei Jahren zur Vermehrung ihres Fonds eine Verbindung mit einem Lotterie-Unternehmen einging, als deren Urheber allerdings ein anderer, Johann Christoph v. Sprögl, genannt wird. Gerade die Lotterie führte aber den finanziellen Ruin der Handelsgesellschaft herbei, deren Auflösung nach zunächst gewinnbringender Tätigkeit 1731 durch kaiserliches Patent bekanntgemacht wurde. Der finanzielle Schaden, der durch die Lotterie sowohl dem Staat wie den beteiligten Privatleuten entstanden war, wurde erst viel später endgültig behoben.[161]

Mehrmals hatte Schöttel versichert, daß er gedenke, nun auch das dritte Quartal 1715 in der neuen Bank für Leibniz abzuholen.[162] Daß er es wirklich getan hat, erfahren wir nur indirekt aus einem Brief Recks an Leibniz und aus Leibniz' Briefen an Schöttel. Von Schöttels Briefen sind aus der folgenden Zeit nur noch fünf erhalten und von Leibniz' Briefen kennen wir (im Gegensatz zu Leibniz' Gepflogenheit) keine Konzepte, sondern nur die von Schöttel aufbewahrten Abfertigungen. Reck hatte von Schöttel verstanden, daß er

---

[155] Schmid an Leibniz, 28. September 1715 (LBr. 815 Bl. 125-126).

[156] Schmid an Leibniz, 20. Juli 1715 (ebd. Bl. 108-110).

[157] Schmid an Leibniz, 9. und 26. Oktober 1715 (ebd. Bl. 127-129; 130-131).

[158] Schmid an Leibniz, 9. Oktober 1715 (ebd. Bl. 127-129).

[159] Schmid an Leibniz, 22. Februar 1716 (LBr. 815 Bl. 159-60).

[160] Das kaiserliche Gründungspatent und die der Gesellschaft 1722 verliehenen Privilegien sind gedruckt bei Zedler: *Universal-Lexicon*, Bd. 56, 1748, Sp. 414-458.

[161] Vgl. Dullinger, Josef: Die Handelskompagnien Österreichs nach dem Oriente und nach Ostindien in der ersten Hälfte des 18. Jhs, in: *Zeitschr. f. Sozial- und Wirtschaftsgeschichte*, Bd. 7, 1900, S. 44-83.

[162] Th. Schöttel an Leibniz, 28. August, 25. September 1715 (LBr. 827 Bl. 29-30; ebd. Bl. 40-41, LH XXXV 11 Nr 5 Bl. 3).

jetzt 1500 Gulden von Leibniz' Gehalt in der Tasche habe und sie mit Leibniz' Erlaubnis in der Stadtbank deponieren wolle gegen sechs Prozent Zinsen.[163] Hinsichtlich der Höhe der Summe muß sich Reck verhört oder das Soll an die Stelle des Habens gesetzt haben. Die schon vorhandenen 850 Gulden zusammen mit 485 Gulden des neuen Quartals ergaben nur 1335 Gulden. Demgemäß schreibt Leibniz auch an Schöttel,[164] er billige seinen Rat und bitte ihn, 1200 Gulden in der Wiener Stadtbank zu deponieren, den Rest von 134 Gulden dagegen für eventuelle Auslagen[165] zurückzubehalten. Hier zeigt sich wieder die höhere Kreditwürdigkeit der Wiener Stadtbank, die sie auf Grund ihres größeren Zinsfußes gegenüber der neubegründeten kaiserlichen Bank besaß.

Mit Schöttels Vorschlag, durch ein Geldgeschenk an den referierenden Beamten der Kammer einen günstig lautenden Bericht zu erhalten über die Frage, ob es sich bei Leibniz um eine Besoldung oder eine Pension handle, ist Leibniz ebenfalls einverstanden.[166] Er schreibt sogar noch einen Brief pro forma an Schöttel, den dieser in der Kammer vorweisen kann.[167] Er scheint doch der Ansicht gewesen zu sein, daß die Schwierigkeiten hauptsächlich von den unteren Beamten der Hofkammer gemacht wurden, dafür spricht jedenfalls die Schöttel gegenüber ausgesprochene Befürchtung, den Leuten ginge es vielleicht nur darum, Geld zu erpressen.[168] Er selbst verfaßt noch einmal ein Promemoria für den Reichshofratspräsidenten Windischgrätz, in dem er hervorhebt, daß nur die Arbeit an den Reichsannalen ihn bisher verhindert habe, sich in den Reichshofrat einführen zu lassen.[169] General Schulenburg, mit dem Leibniz seit 1698 in Briefwechsel steht, soll es überreichen.[170] Doch Schulenburg ist eben nach Venedig abgereist,[171] und Leibniz ist es zufrieden, daß Schöttel das Schreiben an Schulenburg und das Promemoria für Windischgrätz zurückbehalten hat, da sie seiner Ansicht nach nicht mehr nötig sein werden.[172] Er hat nämlich indessen von Fräulein v. Klenck, die für Leibniz' Gehaltszulage mit zu sorgen übernommen hatte, erfahren, daß der Kaiser sich im Gespräch mit der Kaiserin Amalie Leibniz' Plänen wiederum günstig gezeigt hat.[173] Er ist nach wie vor zur Errichtung der Sozietät der Wissenschaften entschlossen und auch für Leibniz' Ajuto besteht keine Gefahr. Allerdings hatte man am Hofe mit allem keine so große Eile wie Leibniz. Fräulein v. Klenck schreibt Leibniz ganz offen, daß sie nicht viel erwarte, bevor Leibniz nicht nach Wien zurückgekehrt sei. Leibniz

---

[163] Reck an Leibniz, 28. Oktober 1715 (LBr. 758 Bl. 51-52).

[164] Leibniz an Schöttel, 3., 7., 24. November 1715 (Wien, a.a.O., Slg Schöttel Nr 44; 24; 72).

[165] Dazu gehörten die Gebühren für beglaubigte Abschriften aus den Kanzleien und die Geldgeschenke an Schmid.

[166] Leibniz an Th. Schöttel, 7. November 1715 (Wien, a.a.O., Slg Schöttel Nr 24).

[167] Leibniz an Th. Schöttel, 7. November 1715 (ebd. Nr 25).

[168] Leibniz an Schöttel, 3. November 1715 (ebd. Nr 44).

[169] Leibniz an Windischgrätz, [vor 24. November 1715] (LBr. 1005 Bl. 11).

[170] Leibniz an Th. Schöttel, 3. November 1715 (Wien, a.a.O., Slg Schöttel Nr 25).

[171] Leibniz an Th. Schöttel, 7. November 1715 (ebd. Nr 24).

[172] Leibniz an Th. Schöttel, 24. November 1715 (ebd. Nr 72).

[173] Fräulein v. Klenck an Leibniz, 13. November [1715] (LBr. F 24 Bl. 28-29).

ist dennoch erfreut über des Kaisers günstige Erklärung und bittet Schöttel, doch mit dem Fräulein in Verbindung zu treten, um die näheren Umstände davon zu erfahren.[174]

Auf seine Vorstellungen an Fräulein v. Klenck über den Gehaltsbezug mußte sich Leibniz dagegen einen negativen Bescheid des Kaisers gefallen lassen.[175] Die Kaiserin Amalie hatte Leibniz' Schreiben an die Hofdame gelesen und hatte daher auch über diesen Punkt mit dem Kaiser gesprochen, der sich wie die Minister darauf berief, daß nur die Anzahl von 18 Reichshofräten eine regelrechte Besoldung erhalten könnte. Erst wenn Leibniz introduziert sei, könne er die Dekrete prüfen und dahin wirken, daß Leibniz den nach seiner Ernennung Introduzierten gegenüber nicht benachteiligt werde. Die Kammer reagierte im gleichen Sinne auf das Referat des Raitrates Obenauß.[176] So günstig es auch gelautet haben mag, die Kammer bezog sich auf ihr Referat an den Kaiser [vom 31. Juli 1713, das Leibniz vermutlich nicht im Wortlaut kannte[177]] und auf ihre Anweisung an das Hofzahlamt [vom 3. Juli 1713, von dem Leibniz eine Abschrift am 25. September 1713 erhielt[178]], worin Leibniz' Gehalt als Besoldung bezeichnet wird, die bis zum Freiwerden einer Reichshofratsstelle in Form einer Pension gereicht werden solle. Leibniz hatte diese Formulierungen vielleicht so verstanden, daß er bei der nächsten Vakanz in der Art berücksichtigt werden würde, daß seine Pension in eine regelrechte Besoldung umgewandelt würde. Stattdessen waren bis Ende 1715 sieben neue Reichshofräte ernannt und besoldet worden, die aber wirklich Dienst taten und introduziert waren.[179] Leibniz glaubt dagegen, der Grund, weshalb er von der Anwesenheit im Reichshofrat entbunden worden ist – die Abfassung von Reichsannalen – ‚reiche aus, ihn andern Reichshofräten ebenbürtig an die Seite zu stellen, und um nicht benachteiligt zu werden, weist er wiederum darauf hin. Einmal betont er Fräulein v. Klenck gegenüber, daß der Kurfürst ihm nicht erlaubt habe, Hannover vor Beendigung der Annalen zu verlassen, und er habe doch nach so viel Arbeit und so viel Dienstjahren nicht im Bösen weggehen wollen, zum andern ist er der Meinung, daß die Arbeit an den Annalen an Bedeutung dem gleichkommt, was im Reichshofrat geschieht.[180] Er entwirft daher verschiedene Memorialen für den Kaiser, die von seiner Arbeit reden und den Dispens von der Introduzierung rechtfertigen sollen. Aus zwei derselben wird wieder deutlich, daß es ihm gar nicht so sehr um eine Befreiung vom Abzug zu tun ist als vielmehr um die Klassifizierung seines Gehalts als Besoldung, selbst wenn er dabei nicht eximiert vom Abzug

---

[174] Leibniz an Th. Schöttel, 28. November, 5. Dezember 1715 (Wien, a. a. O., Slg Schöttel Nr 45; 46).

[175] Fräulein v. Klenck an Leibniz, 8. Dezember [1715] (LBr. F 24 Bl. 22).

[176] Die kaiserliche Hofkammer an Leibniz, 3. Dezember 1715 (LH XLI 9 Bl. 149).

[177] Siehe oben, S. 60.

[178] Siehe Kaiser Karl VI., gez. Starhemberg, Mollarth, Schmerzling, an das Hofzahlamt, 3. Juli 1713 (spätere Abschrift für Leibniz LH XLI 9 Bl. 65-66; Bl. 67-68: Zahlungsanweisung vom 31. Juli).

[179] Johann Heinrich von Berger, Hermann Jodok v. Blümegen, Giulio Cesare Pallazuolo, Franz Georg Graf v. Schönborn-Buchhaim, Johann Christoph Steininger, Justus Vollrath v. Bode, Johann Christoph Pentenrieder; vgl. Gschließer: *Der Reichshofrat*, S. 379 ff.

[180] Leibniz an Fräulein v. Klenck, 24. Dezember 1715 (LH XLI 9 Bl. 154).

sein sollte.[181] Er möchte nur nicht, daß sein Gehalt in Gestalt einer Pension eines Tages ganz gestrichen werden könnte und er dann für Wien keine Existenzgrundlage mehr hätte. Die Entwürfe sendet er, zum Teil zusammen mit Blanquetten, die seine Unterschrift tragen, an Fräulein v. Klenck und Theobaldt Schöttel mit der Bitte, sie im Stil dem Wiener Gebrauch anzugleichen, und als sie dementsprechend mißbilligt werden und Joseph Schöttel neue aufgesetzt hat, sendet er diesen Forderungen gemäß veränderte.[182] Auf das Argument, daß die festgesetzte Anzahl von 18 Reichshofräten mit Besoldung nicht überschritten werden dürfe, appelliert er an die Möglichkeit des Gnadenerweises des Kaisers, wie ihn ja Kaiser Leopold I. tatsächlich häufig geübt hatte.[183]

Eine Reaktion des Wiener Hofes auf diese letzten Memoriale Leibniz' ist nicht mehr erkennbar. Als reine Besoldung ist seine Pension niemals offiziell anerkannt worden. Dagegen sind die Zahlungen der Bank nun laufend weitergegangen, wie wir aus dem Briefwechsel mit Schöttel erfahren. Da es jetzt nicht mehr um das Durchsetzen einer bestimmten Forderung geht, werden die Geldfragen darin nur noch selten berührt. Der Briefwechsel bewegt sich in der Hauptsache schon anfangs und jetzt erst recht um mathematische Probleme und die Verständigung mit Wiener Gelehrten, wie dem Mathematiker Pater Augustin oder dem Historiker Pater Steyerer.[184] Anfang 1716 bedankt sich Leibniz bei Schöttel, wohl für die Erhebung des letzten Quartals 1715[185] und bittet ihn, wenn die Summe des Geldes angewachsen sei, sie wieder der Wiener Stadtbank zu übergeben. Später schickt er eine Vollmacht zur Hebung der Zinsen bei der Wiener Stadtbank.[186] Ob Schöttel diese Zinsen behalten oder wieder bei der Bank einzahlen sollte, ist nicht ersichtlich. Leibniz' ernsthafte Absicht, sich so bald wie möglich in Wien niederzulassen, geht aus seinem nun auftauchenden Wunsch hervor, weitere 1000 bis 1200 Gulden auf

---

[181] Leibniz macht in einem undatierten Brief an Th. Schöttel (Wien, a.a.O. Slg. Schöttel Nr. 54; siehe unten, Anm. 512) den Vorschlag, eine Unterscheidung zwischen eximierten und nicht eximierten Besoldungen einzuführen. Vgl. auch Leibniz an Th. Schöttel, 6. Februar 1716 (Wien, a.a.O., Slg Schöttel Nr 55). In ähnlicher Weise handhabe die Kammer die Sache tatsächlich später, siehe unten, S. 105 f.

[182] Leibniz an Th. Schöttel, 17. Dezember, [nach 17. Dezember] 1715 (ebd. Nr. 49; 48), an Kaiser Karl VI., 17. Dezember 1715 (LH XLI 9 Bl. 152). – Fräulein v. Klenck an Leibniz, 14. Dezember [1715] (LBr. F24 Bl. 52-53), Leibniz an Fräulein v. Klenck, 24. Dezember 1715 (LH XLI 9 Bl. 154), Leibniz an Th. Schöttel, 24. Dezember 1715 (Wien a.a.O., Slg Schöttel Nr. 50), Leibniz an Kaiser Karl VI., Dezember 1715 (LH XLI 9 Bl. 150-151). – Leibniz an Kaiser Karl VI., [Dezember 1715] (LH XLI 9 Bl. 92).

[183] Außer in den Memorialen für den Kaiser auch in einem undatierten Brief an Th. Schötel, den dieser nach seinem Vermerk auf dem Brief am 1. Februar 1716 empfing (Wien, a.a.O. Slg. Schöttel Nr. 54).

[184] Vgl. über Pater Augustinus Thomas a. S. Josepho aus dem Piaristenkloster in Horn und Pater Anton Steyerer auch Ilg: Eine bisher unbekannte Correspondenz, S. 41-43.

[185] Leibniz an Th. Schöttel, 6. Februar 1716 (Wien, a.a.O., Slg Schöttel Nr 55) schreibt: „bedancke mich dienstlich wegen," vergißt aber hinzuzufügen wofür.

[186] Leibniz an Th. Schöttel, 14. Mai 1716, an Jos. Schöttel, 18. Mai 1716 (ebd. Nr 57; 58).

die Wiener Stadtbank gegen Zinsen anzuweisen.[187] Schöttel ist auch bereit, dies in Wien zu regeln;[188] im September läßt Leibniz einen Wechsel über 1000 Albertustaler, die für ihn in Hamburg ausgezahlt worden sind, nach Wien schicken.[189] Der Wechsel wird den Bankiers Palm, Nachfolgern des Manfred Zuana, überwiesen, bei ihnen hebt Schöttel den Gegenwert in kaiserlichem Geld ab und deponiert es gegen Ausfolgung einer Obligation auf der Stadtbank.[190]

Sogar für eine Wohnung hat Leibniz von Anfang seines Wiener Aufenthaltes an zu sorgen versucht.[191] Im Jahre 1713 bedeutete man ihn jedoch, zur Zeit sei keines der den Reichshofräten zustehenden Hofquartiere frei.[192] Der ihn sehr verehrende Abbate Spedazzi drang dann nach seiner Rückkehr nach Hannover heftig in Leibniz, ihm doch ja rechtzeitig Wünsche und Befehle eine Wohnung betreffend mitzuteilen, da in Wien nur in jedem Februar die Wohnungsfragen neu geregelt würden und man bei der Wohnungsknappheit und der Menge der zureisenden Spanier sonst nichts erhalten könnte.[193] Notfalls möchte er sein eigenes Mobiliar mit Leibniz teilen.[194] Auch Schöttel ist mit Leibniz' Quartierwünschen vertraut, glaubt jedoch nicht, daß während Leibniz' Abwesenheit der Quartiermeister, Obersthofmarschall Fürst v. Schwarzenberg, vom Reichhofratspräsidenten veranlaßt wird, dafür zu sorgen.[195] Die Absicht, in Ungarn für einige tausend Gulden ein kleines Gut zu kaufen für die preiswerte Beschaffung von Holz, Heu und Hafer zur Fütterung der Pferde läßt Leibniz wieder fallen, als Schöttel von einem Juden erfährt, man könne nur durch starkes Überzahlen dazu gelangen.[196] Die im Herbst 1716 aus Wien eintreffenden Nachrichten lassen ihm die Sorge um ein Hofquartier dann völlig überflüssig erscheinen.[197]

---

[187] Leibniz an Th. Schöttel, 2. Juli, 2. August, [20. August] 1716 (ebd. Nr. 57; 58).

[188] Th. Schöttel an Leibniz, 18. August 1716 (LBr. 827 Bl. 42-43).

[189] Leibniz an Th. Schöttel, 10., 20., 24., 27. September 1716 (Wien, a.a.O., Slg Schöttel Nr 65; 66; 68; 69).

[190] Th. Schöttel an Leibniz, 10. Oktober 1716 (LBr. 827 Bl. 46-47).

[191] Leibniz an Glandorff, 14. Mai 1713 (Wien, Haus-, Hof- u. Staatsarchiv, Große Korrespondenz Fasz. 25).

[192] Schönborn an Leibniz, 26. Mai 1713 (LH XLI 9 Bl. 49); Leibniz an Imbsen, 9. September 1713, Imbsen an Leibniz, 9. September 1713 (LBr. 448 Bl. 2; 3), Leibniz an ? (wohl Obersthofmarschall Fürst Schwarzenberg), 8. August 1713 (LH XLI 9 Bl. 61); Leibniz an Schönborn, 24. Oktober 1713 (LH XLI 9 Bl. 82).

[193] Spedazzi an Leibniz, 31. Oktober, 24., 28. November, 29. Dezember 1714, 30. März 1715 (LBr. 879 Bl. 8-9; 11-12; 14-15; 16-17; 30-31).

[194] Spedazzi an Leibniz, 12. Februar 1716 (ebd. Bl. 56).

[195] Leibniz an Th. Schöttel, 28. Januar, 5. Dezember 1715 (Wien, Österreich. Nationalbibliothek, Slg Schöttel Nr 32; 46); Reck an Leibniz, 9. November 1715 (LBr. 758 Bl. 53-54); Leibniz an Windischgrätz, November 1715 (LBr. 1005 Bl. 11).

[196] Leibniz an Th. Schöttel, [vor 27.] Dezember 1715; [vor 1. Februar 1715] (Wien, a.a.O., Slg Schöttel Nr 51; 54); Judanitsch an Schöttel, 5. Januar 1716 (LBr. 827 Bl. 38-39).

[197] Leibniz an Th. Schöttel, 27. September 1716 (Slg Schöttel, Nr 69).

(e)   Neuregelung der Reichshofratsgehälter

Aus Wien, wo man den Feldzug gegen die Türken eröffnet hatte, erreichen Leibniz im Herbst 1716 Nachrichten vom wachsenden Kriegsruhm seiner Freunde, aber auch von ihn selbst betreffenden Veränderungen. Zunächst war es die Botschaft von der siegreichen Schlacht Prinz Eugens gegen die Türken bei Peterwardein, die in Hannover große Aufregung hervorrief. Eine Stafette aus Wien überbrachte sie der Schwester der regierenden Kaiserin, und so erfuhr sie auch der König von Großbritannien, der gerade den Besuch seines Kurfürstentums mit einer Kur in Bad Pyrmont verband.[198] Die freudige Nachricht wurde Leibniz durch die Verwundung General Bonnevals etwas getrübt.[199] Von Schmid erhielt er eine Abschrift des Briefes, den Joseph Schöttel, der mit ins Feld gezogen war, am Tag des Sieges aus dem Zelt des Großwesirs an seinen Vater gerichtet hatte.[200] Der Brief, auf türkischem Papier geschrieben, machte in Wien die Runde und Theobaldt Schöttel berichtet, daß die Leute sich Stückchen davon abgerissen hätten, um sie zu verschicken.[201] Von Schmid erfuhr Leibniz auch die ruhmreiche Einnahme Korfus durch Schulenburg.[202] Schulenburg selbst hatte Leibniz – in seinem letzten Brief an ihn vom 12. September – den Kriegsschauplatz ausführlich geschildert.[203] Auch die Nachricht von der Einnahme Temisvars durch Prinz Eugen (1. Oktober 1716) erreichte Leibniz noch.[204] Nur die Eroberung

---

[198] Leibniz an Th. Schöttel, 20. August 1716 (Wien, a. a. O., Slg Schöttel Nr 64).

[199] Leibniz an Th. Schöttel, [20. August 1716], 10. September 1716 (ebd. Nr 63; 65).

[200] Jos. Schöttel an Theobaldt Schöttel, 5. August 1716 (LBr. 815 Bl. 254-255).

[201] Th. Schöttel an Leibniz, 29. August 1716 (LBr. 827 Bl. 44-45).

[202] Schmid an Leibniz, 30. September 1716 (LBr. 815 Bl. 286-287). Faak notiert am Rande: „Schlacht von Korfu am 19. VIII. 1716". Tatsächlich hat Schulenburg Korfu gegen die Türken in dieser Schlacht verteidigt (Hrsg.).

[203] Schulenburg an Leibniz, 12. September 1716 (Kemble, John M.: *State papers and correspondence illustrative of the social and political state of Europe*, London 1857, S. 539 bis 541).

[204] Schmid an Leibniz, 7. Oktober 1716 (LBr. 815 Bl. 288). Beilage: Kriegsbericht aus Wien vom 7. Oktober 1716 (ebd. Bl. 290). Leibniz hatte Schmid früher mehrmals gebeten, ihm doch gelegentlich mitzuteilen, was sich auf der politischen Bühne Wiens ereigne. Schmid fühlte sich einer solchen ihm schwierig erscheinenden Aufgabe nicht gewachsen (Schmid an Leibniz, 19. Februar 1716 (ebd. Bl. 155-156)). Er stellte Leibniz vor, daß seine pekuniäre Lage ihm den fortgesetzten Verkehr in Hofkreisen nicht gestatte, und daß es sich ja nicht nur um die Sammlung von Tatsachenmaterial, sondern auch um dessen Bewertung handle. Er schätzte sich aber glücklich, daß er dann von einem Freund namens Isenflamm fertige Berichte vom Kriegsschauplatz erhielt. Isenflamm, den Schmid als Agenten des Kriegsrates bezeichnet, erhielt diese Berichte von dem mit ihm befreundeten Sekretär Huldenbergs (Schmid an Leibniz, 29. Februar 1716 (ebd. Bl. 166-167)), wie Schmid selbst erst nachträglich erfuhr. Er bat Leibniz daher auch um Stillschweigen, da er weder sich noch dem andern damit schaden wollte. So gelangte Leibniz durch Zufall in den Besitz offizieller hannoverscher Gesandtschaftsberichte, allerdings immer um einige Tage später als der Hof. Die Formulierung Emil Roesslers (Beiträge zur Staatsgeschichte Österreichs aus dem G.W. von Leibniz'schen Nachlasse in Hannover, in: *Sitzungsber. der kaiserl. Akademie d. Wiss.*, phil.-hist. Cl., Bd. 20, Jg. 1856, S. 267-289), Leibniz habe sich die Gesandtschaftsberichte Huldenbergs zu beschaffen gewußt, muß daher als nicht ganz zutreffend bezeichnet werden.

Belgrads im August 1717, die Prinz Eugen dem „edlen Ritter" ein volkstümliches Ansehen verschaffte, hat auch Leibniz nicht mehr erlebt.

Auch auf dem Gebiet der Verwaltung sind 1716 Neuerungen zu verzeichnen. Eine betrifft die Neuorganisation des Finanzwesens.[205] Hofkammer und Bank werden einer einheitlichen Leitung unterstellt, der Fürst Trautson, Graf Starhemberg, Graf Harrach und Graf Stürgkh angehören. Anstelle des Vizepräsidenten der Kammer Graf Mollarth, der Anfang August verstorben ist, wird Graf Walsegg zum neuen Hofkammerpräsidenten ernannt. Man glaubt, durch diese Vereinheitlichung der zweigeteilten Finanzverwaltung die finanzielle Misere steuern zu können.[206] Eine andere Veränderung erhält für Leibniz einschneidende Bedeutung. Sie betrifft die Neuregelung der Reichshofratsgehälter. Diese war vom Kaiser schon im April des Jahres beschlossen und vom Reichshofrat der Hofkammer im Mai angezeigt worden; die neuen Bestimmungen sollten aber erst am 1. Oktober in Kraft treten.[207] Danach wurde das Jahresgehalt des Präsidenten auf 8000 Gulden erhöht, das des Reichshofratsvizepräsidenten und Reichskanzlers auf je 4000 Gulden, der Präsident Graf Windischgrätz erhielt für seine Person eine Zulage von 5400 Gulden, Vizepräsident und Reichsvizekanzler eine niedrigere Zulage. Das Gehalt der wirklichen Reichshofräte wurde verdoppelt, so daß denen auf der Grafen- und Herrenbank jetzt 2600 Gulden, denen auf der Ritter- und Gelehrtenbank 4000 Gulden jährlich zustanden. Alle Zulagen wurden den wirklichen Reichshofräten jedoch gestrichen. Außerdem wurde hinzugesetzt, daß allen nicht referierenden und saumseligen Reichshofräten nichts mehr oder doch nicht mehr als 1300 Gulden gezahlt werden sollten. Soweit die kaiserliche Verfügung.

Vor ihrer Veröffentlichung kamen in Wien allerlei Gerüchte darüber in Umlauf. Leibniz hatte ihre Bestimmungen im einzelnen gar nicht mehr erfahren. Noch weniger aber wußten weder er noch seine Berichterstatter aus Wien davon, daß in der Kammer eine Liste derjenigen Reichshofräte zusammengestellt worden war, die „ihre extraordinären Besoldungen … in modum pensionis" erhalten sollten.[208] Auf ihr steht an erster Stelle „Herr Gottfried v. Leibniz mit 2000 Gulden". Auch nach einem andern tabellarischen Verzeichnis sind „Gottfried von Leibniz" die jährlichen 2000 Gulden vom Kaiser nicht restringiert worden.[209] Auf der ersten Liste sind außer Leibniz der Freiherr v. Pallazuolo, Graf Fuchs, Glandorff, Pentenrieder und fünf weitere Reichshofräte genannt. Leibniz' Besorgnisse wegen des Ausdrucks Pension und ihrer eventuellen Aufhebung erweisen sich hierdurch also als überflüssig. Es wird hier von einer außerordentlichen Besoldung in Form einer Pension gesprochen wie in der Zahlungsanweisung der Hofkammer von seiner Besoldung in Form einer Pension bis zum Freiwerden einer Reichshofratsstelle. Die Hofkammer und

---

[205] Schmid an Leibniz, 15., 26., 29. August 1716 (LBr. 815 Bl. 260-261; 272; 273-274), Th. Schöttel an Leibniz, 29. August 1716 (LBr. 827 Bl. 44-45).

[206] Vgl. Mensi: *Die Finanzen Österreichs*, S. 462 ff.

[207] Vgl. Bergmann: Leibniz als Reichshofrath, S. 209 ff. und Gschließer: *Der Reichshofrat*, S. 83 f.

[208] Bergmann: Leibniz als Reichshofrath, S. 213. Bergmann hat nach den Akten des Hofkammerarchivs gearbeitet.

[209] Bergmann, ebd., S. 214.

auch der Kaiser hatten nur deswegen mehr Gewicht auf das Wort Pension gelegt, um einmal dem althergebrachten Numerus clausus von 18 besoldeten Reichshofräten treu zu bleiben, zum andern den neu eingeführten Abzug zu rechtfertigen. Mit diesem wiederum war Leibniz ganz einverstanden und seinem Wunsch, doch seine Pension ruhig Besoldung zu nennen und dann zwischen vom Abzug eximierten und nicht eximierten Besoldungen zu unterscheiden,[210] brauchte man schon deshalb nicht nachzukommen, weil man eine eigene Lösung dieses Problems gefunden und nicht im mindesten die Absicht hatte, Leibniz und andern Reichshofräten in ähnlicher Lage die Pension zu streichen. So hätte sich Leibniz sicher in kurzem mit dem Hof geeinigt, und er war ohnehin entschlossen, in absehbarer Zeit nach Wien aufzubrechen, wie sein Brief an die Kaiserin Amalie zeigt.[211]

Stattdessen erreichen ihn nur falsche Gerüchte, die seinen Hoffnungen einen schweren Schlag versetzen. Die Hiobsbotschaft erhält er vor allem durch den flämischen Edelmann Joseph Graf de Corswarem, der sich in Wien um Leibniz' Bekanntschaft beworben hatte.[212] Leibniz notierte sich auf einem Brief Corswarems den Titel, den der Graf sich gab: Envoyé des Etats de Liège.[213] Er soll sich schriftstellerisch am Kampf zwischen Kaiser und Papst um Comacchio beteiligt haben[214] und war in Hofkreisen vertrauter als Schmid. Von Leibniz war er wenigstens teilweise in manche seiner wissenschaftlichen Arbeiten und Pläne[215] oder diplomatischen Aufgaben[216] eingeweiht worden. Den nach Hannover zurückgekehrten Leibniz unterrichtet er nicht nur über die Wiener Verhältnisse, sondern er sendet ihm auch wie Schmid politische Nachrichtenblätter aus den verschiedensten Quellen.[217] Persönlich führt auch er einen harten Kampf ums Dasein; er klagte die Stände vom Limburg (!) der Verweigerung der Gehaltszahlung an, war selbst schwer verschuldet und

[210] Vgl. oben, Anm. 510 sowie 512.

[211] Leibniz an Kaiserin Amalie, 20. September 1716 (Klopp: *Werke*, Bd. 11, S. 192-195).

[212] Leibniz erkundigt sich in einem nichtadressierten Billet (LBr. 177 Bl. 1) „wegen des Nahmens und der Wohnung des Cavalliers aus dem Lütticher Land welcher bey mir gewesen und sich auf des H. abgesandten Kundschafft bezogen". Die Antwort auf dem gleichen Blatt weist den „abgesandten" auf Grund der Handschrift als den hannoverschen Gesandten Huldenberg aus.

[213] Corswarem an Leibniz, 21. März 1714 (LBr. 177 Bl. 31). Joseph de Corswarem war Oberjäger-meister der Festung Lüttich. Er starb am 16. April 1741 (vgl. Genealogisches Handbuch des Adels, Bd. 3, Glücksburg 1953, S. 140). Aus den Prozeßakten des Reichshofrats geht hervor, daß er während Leibniz' Wiener Aufenthalt die Stände des Fürstbistums Lüttich in einem Prozeß gegen den Lütticher Offizial vor dem Reichshofrat vertrat (nach Mitteilung des Archivdirektors von Koblenz, Graf v. Looz-Corswarem).

[214] Vgl. Schmid an Leibniz, 8. Und 15. August, 30. September, 14. November 1716 (LBr. 815 Bl. 254-255; 260-261; 286-287; 299-302).

[215] Vgl. unten, S. 171.

[216] Leibniz an Corswarem, 30. Juni 1713. Dies ist Leibniz' frühester Brief an Corswarem. (Daher muß das Billet an Huldenberg (oben, Anm. 541) noch vor diesem Zeitpunkt datiert werden.) Der Brief, der keinen Adressaten nennt, ist von Guerrier: *Leibniz in seinen Beziehungen zu Rußland*, S. 305 f. gedruckt worden. Daß der Adressat Corswarem ist, ergibt sich aus dem Konzept des Briefes in LH XI 6 Bl. 31-32, wo am Rand von Leibniz vermerkt ist: M. le Conte de Corswarem.

[217] LBr. 177 Bl. 1-64.

entrann nach Schmids Aussage nur mit Mühe dem Gefängnis.[218] Es scheint so, als ob auch er seine Hoffnung ein wenig auf Leibniz gesetzt hatte; jedenfalls macht die eindringliche Schilderung, die Schmid Leibniz von seiner Lage gibt, den Eindruck einer indirekten Bitte um Hilfe. Die Nachricht von einer neuen Handhabung der Reichshofratsgehälter muß daher etwas alarmierend auf die beiden gewirkt haben. Corswarem hat nichts Eiligeres zu tun, als Leibniz zu melden, der Kaiser habe die Gehälter der Titularreichshofräte gestrichen oder vermindert.[219] Er habe sich aus Interesse für Leibniz sofort erkundigt und zu seinem Kummer erfahren, daß Leibniz' Pension ebenfalls aufgehoben worden sei. Von sich aus macht er jedoch gleich eine Reihe von Vorschlägen, was Leibniz dem Kaiser deswegen entgegnen könne. Schmid, bei dem Corswarem seinen Brief geschrieben hatte, tröstet Leibniz ebenfalls mit der Vorstellung, daß der Kaiser hundert andere Wege wissen werde, um ihn zu bezahlen.[220]

Leibniz ist sehr bestürzt und hat das Gefühl, daß ihm ein Strich durch alle seine Pläne gemacht wird. An einen der Minister will er sich nun aber nicht mehr wenden; er gibt seinem Kummer nur in einem langen, die Mühseligkeiten der Erwerbung der Reichhofratswürde schildernden Brief an die Kaiserin Amalie Ausdruck, den Fräulein v. Klenck überreichen soll.[221] Auch Schöttel bittet er, soweit die Dinge nicht ohnehin bekannt werden, nicht viel davon verlauten zu lassen, da er sich degradiert fühlt.[222] Er wünscht sich nun, wie er der Kaiserin schreibt, er hätte sich nie um die Reichshofratsstelle beworben. Wenn die Einschränkung wegen der vermehrten Kriegsausgaben gemacht worden wäre, hielte er die Sache für nicht so schlimm. So aber sieht er darin eine Schande für sich, die imstande ist, seinen Kredit zu zerstören. Des Kredits aber bedarf er vor allem bei seinen schon begonnenen Bemühungen, fähige Leute wegen ihrer Aufnahme in die Sozietät der Wissenschaften zu sondieren. Da er in kurzem nach Wien zurückkehren wollte, bittet er die Kaiserin, mit dem Kaiser nochmals seinetwegen zu sprechen – er hat auch noch eine schwache Hoffnung, daß die Nachricht falsch sein könnte –, um dann seine Maßnahmen danach zu treffen.[223]

Bei Leibniz' Freunden in Wien lösen seine Erklärungen Erstaunen und Empörung aus. Zwar sind auch sie von amtlicher Seite noch nicht informiert, doch halten alle aus eigener Überzeugung das Ansinnen für falsch. Fräulein v. Klenck ist die erste, die Leibniz über diesen Punkt beruhigt.[224] Sie ist sich so sicher, daß hier eine Falschmeldung vorliegt, daß sie mit Theobaldt Schöttel zusammen beschließt, Leibniz' Brief oder Memoire an

---

[218] Schmid an Leibniz, 29. August 1716 (LBr. 815 Bl. 273-274).

[219] Corswarem an Leibniz, 9. September 1716 (LBr. 177 Bl. 49, 51).

[220] Schmid an Leibniz, 9. September 1716 (LBr. 815 Bl. 280 bis 281).

[221] Leibniz an Kaiserin Amalie, 20. September 1716 (Klopp: *Werke*, Bd. 11, S. 192-195), an Fräulein v. Klenck, 20. September 1716 (ebd., S. 191 f.).

[222] Leibniz an Th. Schöttel, 20. Und 27. September 1716 (Wien, a. a. O., Slg Schöttel, Nr. 66; 69).

[223] Leibniz' gänzliche Hoffnungslosigkeit zeigt sich auch in seiner Annahme, daß er von Schöttel keine neuen Quittungsformulare, die wohl mit der Neuregelung der Bank nötig wurden, mehr anzufordern brauche (Leibniz an Schöttel, 3. Mai, 10. und 20. September 1716 (ebd. Nr 56; 65; 66).

[224] Fräulein v. Klenck an Leibniz, 30. September 1716 (Klopp: *Werke*, Bd. 11, S. 195 f.).

die Kaiserin Amalie nicht auszuliefern. Beide wollen sich auf die Tatsachen verlassen und daher erst die nächste Gehaltszahlung abwarten, die die Wahrheit ans Licht bringen muß. Ihren heftigen Tadel gegen die Leute, die Leibniz so verkehrt unterrichten konnten, verbindet Fräulein v. Klenck mit einer allgemeinen Kritik an diesen. Sie fürchtet, daß sie Leibniz' Vertrauen mißbrauchen, das sie ihrer Meinung nach überhaupt nicht verdient hätten. Besonders warnt sie Leibniz vor Corswarem, dem der Kaiser keine Audienz mehr erteile, und vor Spedazzi. Beide sind in ihren Augen Abenteurer. Da Schöttel gezögert hatte, Leibniz diesen freundschaftlichen Rat zu erteilen, tut sie es, bittet Leibniz aber, keinen ihr nachteiligen Gebrauch davon zu machen. Leibniz dankt ihr für den Rat, nimmt aber die Angegriffenen in Schutz.[225] Zwar mischt er sich nicht in ihre Angelegenheiten, doch da sie sich ihm in Wien genähert hatten und bemüht waren, ihm ihren guten Willen zu zeigen, möchte er sie nicht zurückweisen, auch wenn ihre Dienste nur von geringem Nutzen waren. Falls die Nachricht nicht stimmt – die er übrigens auch von zuverlässigerer Seite erfahren zu haben behauptet –, möge Fräulein v. Klenck den Brief an die Kaiserin noch zurückhalten. Sollten jedoch die Kaiserin Amalie und der Kaiser schon davon wissen, wie auch von Leibniz' Bemühungen, Leute für die Sozietät zu gewinnen und seiner Absicht, nach der Rückreise des Königs nach Großbritannien ebenfalls nach Wien zurückzukehren, so bittet er darum, so viel wie möglich Vorbereitungen für die Einrichtung der Sozietät zu treffen.

Theobaldt Schöttel beantwortet Leibniz' Brief vom 27. September.[226] Er schreibt im gleichen Sinn wie Fräulein v. Klenck. Im übrigen hebt er hervor, daß Leibniz' Gehalt ja nicht „Pension" sondern „per modum pensionis" betitelt worden sei und schildert nun die Gepflogenheiten des Gehaltsempfangs, wobei die Pensionsempfänger immer ganz zuletzt befriedigt worden seien. Einige von ihnen haben sogar seit 1715 überhaupt nichts mehr erhalten, da der Kaiser ihre Spezifikation nach Hof verlangt habe. Erst vom dritten Quartal 1716 an sollen sie wieder bezahlt werden. Leibniz[227] Gehalt dagegen hat Schöttel immer zugleich mit den wirklichen Reichshofräten bekommen, während er mit seinem eigenen Gehalt stets erst drei bis vier Wochen später an der Reihe war. Leibniz beantwortet indessen einen noch früher geschriebenen Brief Schöttels zu dem gleichen Thema.[228] Er gibt hier seiner Freude Ausdruck, daß die Nachricht unrichtig zu sein scheint und betont ebenfalls, daß er sie nicht nur aus Wien habe, sondern daß sie von jemandem, mit dem er sonst gut stehe, in Hannover bekannt gemacht worden sei. Leider sei sie aber an Orten weitergegeben worden, wo es ihm nicht angenehm war. Wie bei Fräulein v. Klenck verteidigt er seine Wiener Freunde, die er zwar für unglücklich, aber ehrlich hält. Er weiß jedoch, daß ihm

---

[225] Leibniz an Fräulein v. Klenck, 11. Oktober 1716 (LBr. F 24 Bl. 44).

[226] Leibniz an Th. Schöttel, 27. September 1716 (Wien, a. a. O., Slg Schöttel Nr 69), Th. Schöttel an Leibniz, 10. Oktober 1716 (LBr. 827 Bl. 46-47).

[227] Leibniz an Th. Schöttel, 27. September 1716 (Wien, a. a. O., Slg Schöttel Nr 69), Th. Schöttel an Leibniz, 10. Oktober 1716 (LBr. 827 Bl. 46-47).

[228] Th. Schöttel an Leibniz (nicht gefunden), Leibniz an Th. Schöttel, 11. Oktober 1716 (Wien, a. a. O., Slg Schöttel Nr 71).

diese Bekanntschaften vor der Welt keine Ehre machen, da man die Unglücklichen mehr als die Boshaften meide. Daher bittet er Schöttel, anderswo nichts von seiner Verbindung mit ihnen zu sagen. Aus Leibniz' letztem Brief an Schöttel geht nicht hervor, daß er dessen Brief vom 10. Oktober mit dem Bericht über den Gehaltsempfang erhalten hatte.[229] Er schreibt darin nur unter anderem, daß er sehr gespannt sei zu erfahren, ob seine Besoldung weiterlaufe und bittet Schöttel, ihm „dießfals aus dem traume zu helffen".[230]

Auch der kaiserliche Antiquar und Hofdichter Heraeus, mit dem Leibniz hauptsächlich über Münzen und Medaillen korrespondiert[231] und der für die Sozietät lebhaftes Interesse zeigt, jedoch das Handeln dem Zerreden der Sache vorzieht, fühlt sich gedrängt, Leibniz die Augen zu öffnen über seine Wiener Vertrauensleute.[232] Er hat sich bei einem Minister ersten Ranges – dies war vermutlich Schlick, bei dem Leibniz ihn eingeführt hatte und mit dem Heraeus von da an in Verbindung blieb – erkundigt, und dieser hat ihm versichert, daß Leibniz nichts zu fürchten habe. Heraeus warnt Leibniz vor Schmid, der sehr zur Unzeit das Gerücht verbreite, Leibniz habe gar nicht mehr die Absicht, nach Wien zu kommen. Leibniz dankt Heraeus für seine Zuneigung, nun wohl doch beruhigt über die ganze Sache und kommt dann auf die Sozietät zu sprechen.[233] Heraeus' nächster Brief, der noch einen weiteren, uns unbekannten von Leibniz voraussetzt, ist vier Tage nach Leibniz' Tode geschrieben.[234] (Aus ihm geht hervor, daß Heraeus von Leibniz' Arbeit an den Annalen keine Kenntnis hatte.) Er kann ihn nun vollständig beruhigen wegen seiner Besoldung, da ihm sogar der Reichsvizekanzler versichert hat, er glaube nicht, daß der Kaiser je daran gedacht habe, Leibniz' Besoldung aufzuheben. Wenn Prinz Eugen sich nicht eingemischt habe, so könne es nur deswegen geschehen sein, weil es nicht mehr nötig war. Außer der Wertschätzung, die er bei den Ministern für Leibniz gefunden hat, rühmt Heraeus den starken Anteil und die Hilfsbereitschaft, die die Kaiserin Amalie, Fräulein v. Klenck und Theobaldt Schöttel für ihn bewiesen haben. Ihrer Initiative scheint er die Weiterführung von Leibniz' Besoldung zuzuschreiben, wohl doch nicht ganz mit Recht. Von der für den Kaiser und die Hofkammer – nach Ausweis der Akten des Hofkammerarchivs[235] – sicher selbstverständlichen Weiterführung seiner Besoldung hat Leibniz leider nichts mehr erfahren.

Den ersten der langen Rechtfertigungsbriefe, die Schmid an ihn geschrieben hat, kann Leibniz möglicherweise noch erhalten haben.[236] Er stammt vom 28. Oktober und zeigt,

---

[229] Leibniz an Th. Schöttel, 22. Oktober 1716 (ebd. Nr 70).

[230] Redewendung des 17. Jahrhunderts.

[231] Der Briefwechsel ist teilweise gedruckt von Bergmann, Joseph: Über die Historica metallica … u. Heraeus' zehn Briefe an Leibniz, in: *Sitzungsber. d. kaiserl. Akademie d. Wissenschaften*, Bd. 16, Wien 1855, S. 132-168.

[232] Heraeus an Leibniz, 10. Oktober 1716 (Bergmann, ebd., S. 153 f.).

[233] Leibniz an Heraeus, 1. November 1716 (Dutens: *Opera omnia*, Bd. 5, 1768, S. 536).

[234] Heraeus an Leibniz, 18. November 1716 (Klopp: *Werke*, Bd. 11, S. 233-235).

[235] Siehe oben, S. 105 f.

[236] Schmid an Leibniz, 28. Oktober 1716 (LBr. 815 Bl. 295-296).

daß Schmid über die Maßnahmen des Hofes völlig im Dunkeln war. Der nächste ist an
Leibniz' Todestag geschrieben.[237] Er hat sich den scharfen Tadel des Fräulein v. Klenck
gefallen lassen müssen auf ihre Frage, wer Leibniz mit einer solchen Nachricht beunruhigt habe, ist aber doch sehr stolz darauf, freiwillig die Schuld auf sich genommen zu haben, während der eigentliche Sünder Corswarem war. Er findet die Sache überhaupt nicht
so schlimm, da sie ja die günstige Gesinnung der Kaiserin und des Fräulein v. Klenck
für Leibniz deutlich ans Tageslicht gebracht habe. Erst am 21. November – Leibniz lag
zu dieser Zeit aufgebahrt in der Neustädter Kirche in Hannover[238] – kann er melden, daß
Schöttel wieder ein Quartal für Leibniz in Empfang genommen hat.[239] Obwohl Leibniz
von der tatsächlichen Weiterführung seines Gehalts nichts mehr erfahren haben kann,
ergibt sich doch aus dem genauen Verfolg der zuletzt gewechselten Briefe, daß er im großen und ganzen noch Klarheit über die Sache gewann. Auch wenn er nicht – aus welchen
Gründen auch immer – ausdrücklich auf die Mitteilungen Th. Schöttels und Heraeus' jeweils vom 10. Oktober 1716 in seinen Briefen vom 22. Oktober und 1. November 1716[240]
eingeht, so ergibt sich daraus doch nicht, daß sie nicht als Antwortschreiben auf eben
diese Briefe anzusehen sind. So kann die noch immer verbreitete Ansicht,[241] Leibniz sei
in schwerem Verdruß auch hinsichtlich seiner Angelegenheiten in Wien gestorben, doch
revidiert werden.

Der Verbleib der kleinen Leibnizschen Barschaft ist aus dem mehrfach zitierten Vortrag Dr. Albert Ilgs zu entnehmen, den er 1888 im Wissenschaftlichen Club in Wien
gehalten hat.[242] Die ganze Summe hat Leibniz' Universalerbe, sein Neffe Friedrich Simon Löffler, Pfarrer in Probstheide bei Leipzig, erhalten. Am 23. Februar 1717 schickt
dieser Schöttel ein Attestat der Justizkanzlei in Hannover vom 22. Januar 1717, das ihn
als nächsten Verwandten Leibniz' ausweist, der vor andern Bewerbern in Hannover den
Vorzug erhalten hatte. Er hat gehört, daß Leibniz in Wien Gelder deponiert hat und bittet
Schöttel um Auskunft. Am 21. März 1717 dankt er für gütiges Entgegenkommen und
Vorschläge, am 30. März 1717 bedankt er sich für die Ordnung der ganzen Angelegenheit. Nur der Tod seiner Frau und die weite Reise hindern ihn daran, selbst nach Wien zu
kommen. Die Aushändigung des Geldes hat sich dann noch etwas verzögert, da in der
Hofkammer gemäß der neuen Bankordnung ein gewisses Abfahrtgeld darauf gefordert
wird. Diese Bestimmung wird jedoch am 14. Februar 1718 aufgehoben, und so kann

---

[237] Schmid an Leibniz, 14. November 1716 (ebd. Bl. 299-302).

[238] Vgl. Ritter, Paul: Wie Leibniz gestorben und begraben ist, in: *Zeitschr. d. hist. Vereins f. Niedersachsen*, 1916, S. 247 bis 252.

[239] Schmid an Leibniz, 21. November 1716 (LBr. 815 Bl. 303-304).

[240] Siehe oben, S. 109.

[241] Vgl. Fischer, Kuno: *G.W. Leibniz. Leben, Werke und Lehre*, Heidelberg 1920, S. 242; Hamann:
Prinz Eugen und die Wissenschaften, S. 37.

[242] Ilg: Eine bisher unbekannte Correspondenz, S. 57f. Die Briefe Löfflers und seiner Mandatare M. E.
v. Hilleprandt und D. F. Bergau sowie die übrigen auf die Erbschaft bezüglichen Aktenstücke bilden
den Beschluß des Faszikels Schöttel (vgl. oben, Anm. 433).

Löfflers Mandatar in Wien, M. E. Hilleprandt, mit einer Vollmacht vom 21. März 1718 ausgestattet, von Schöttel in Obligationen[243] und Bargeld 5210 Gulden und 20 Kreuzer in Empfang nehmen. Er bestätigt die richtige Ausfolgung auf der Rückseite der Vollmacht am 6. Mai 1718.

Theobaldt Schöttel hat also das für Leibniz verwaltete Geld auf Heller und Pfennig dessen Erben übergeben, ohne sich selbst für seine Mühe belohnen zu können. Die Summe von 5210 Gulden ergibt sich, wenn man annimmt, daß Schöttel außer den 1200 Gulden für drei Quartale des Jahres 1715[244] noch weitere vier Quartale bis zum Herbst 1716 (1940 Gulden) abgeholt und auf der Stadtbank eingezahlt hat. Die von Leibniz geforderten Rückstände von Januar 1712 an sind demnach niemals berücksichtigt worden. Der Rest der Summe, über die 3140 Gulden hinaus, ist durch die Überweisung der 1000 Albertustaler aus Hamburg zu erklären, die etwas mehr als doppelt so viel wert waren wie 1000 kaiserliche Gulden.[245] Schöttel, dessen Hilfsbereitschaft auch von anderen, wie dem Mathematiker Pater Augustin, gerühmt wurde, war ein sehr selbstloser Mensch. Er bezog nur ein Jahresgehalt von 120 Gulden, denen 1713 noch 150 Gulden Adjuta hinzugefügt wurden. Seinen Kindern, darunter drei unversorgten Töchtern, konnte er nach vierzigjähriger Dienstzeit nur so wenig hinterlassen, daß diese um die Gnade des Kaisers bitten mußten, worauf ihnen ein einmaliges Geschenk von 1000 Gulden und eine jährliche Gnadenpension von 100 Gulden bewilligt wurden.[246]

Leibniz hat den zeit seines Lebens gehegten und nun schon fast verwirklichten Plan, in Wien im Range eines Reichshofrates ein fruchtbares Feld für seine alles umfassenden Ideen zu finden, nicht mehr durchführen können. Die für sein Alter und seinen Gesundheitszustand nicht sehr zuträgliche, angestrengte tägliche Arbeit an den Annalen fand in Hannover keine Anerkennung, obwohl sie dem König zum Beweis hätte dienen müssen, daß Leibniz seinen Zielen treu blieb. Einmal waren es die mißgünstigen Berichte Eckharts über den seiner Meinung nach zu langsamen Fortgang des Werkes,[247] die die Unzufriedenheit des Königs hervorriefen, zum andern hatte man kein Verständnis für den Nutzen einer Reichsgeschichte, während man eine Geschichte zum Ruhme des

---

[243] Schöttel schreibt am 10. Oktober 1716 (LBr 827 Bl. 46-47) an Leibniz, daß er im vorigen Brief (dieser ist verloren) bereits die Deponierung der aus Hamburg überwiesenen 1000 Albertustaler auf der Wiener Stadtbank gemeldet und einer Kopie der Obligation übersandt habe.

[244] Vgl. oben, S. 99 f.

[245] Nach Bergmann: Leibniz als Reichshofrath, S. 189, galt ein Albertustaler im 24-Gulden-Fuß 2 Gulden 30 Kreuzer (d. h. 2,5 Gulden). Danach hätte Leibniz für 1000 Albertustaler 2500 Gulden erhalten müssen. Doch scheint der Kurs um diese Zeit nicht ganz so günstig gewesen zu sein, was auch Leibniz immer befürchtet (vgl. Leibniz an Schöttel, 10., 20., 24. September 1716 (Wien, a. a. O., Slg Schöttel Nr. 65; 66; 68)).

[246] Vgl. Ilg: Eine bisher unbekannte Correspondenz, S. 41.

[247] So klagte er z. B. einem nicht benannten Geheimen Justizrat am 5. März 1715 (Bodemann: Nachträge, S. 163): Leibniz hat „entweder das podagra oder reiset und weis wie die Ziffern, also auch dieses werck in infinitum zu extendiren".

braunschweigischen Hauses erwartet hatte.[248] Leibniz selbst scheint sich über die ihm gesteckten physischen Grenzen nicht ganz im klaren gewesen zu sein. Gegen Ende des Jahres 1715 hätte er bereits – wie er dem hannoverschen Minister Goertz schrieb – mit der Drucklegung des ersten Bandes seiner Annalen beginnen können.[249] Dieser erste Band sollte bis zum Ende der Regierungszeit Kaiser Heinrichs II., also bis zum Jahre 1024, gehen.[250] Leibniz ist dann aber nur noch bis zum Jahre 1005 gekommen. Dennoch hat er das Ziel noch einmal in die Ferne gerückt. Gemäß seinem Brief an Goertz wollte er sich nun durch die zusätzlichen Arbeiten, die die Drucklegung ergeben hätten, nicht daran hindern lassen, dem ersten Band noch einen zweiten hinzuzufügen, der in zeitlich nähergelegenes Gebiet der Geschichte vordringen mußte. Nach beendeter Arbeit hoffte er den Rest seiner Tage im Genuß der königlichen Gnade zubringen zu können, die er auch ohne diese unausgesetzte Tätigkeit verdient zu haben glaubte, wie er es in einem Rechtfertigungsschreiben an den König ausdrückte.[251] Der Gedanke, sich einen ruhigen Lebensabend zu gönnen, lag ihm jedoch fern.

Seinen letzten Plan, die Annalen noch um einen weiteren Band vermehren zu wollen, scheint Leibniz allerdings doch bald als undurchführbar aufgegeben zu haben. Ebenso wird er die Drucklegung des ersten Bandes jüngeren Kräften, vor allem seinem Gehilfen und Mitarbeiter Eckhart, haben überlassen wollen. Denn aus seinem schon erwähnten Brief an Fräulein v. Klenck vom 11. Oktober 1716 geht doch recht eindeutig hervor, wie sehr es ihn drängte, bald nach Wien zu kommen.[252] In Wien war alles soweit vorbereitet, daß man ohne große Schwierigkeiten an die Einrichtung einer Sozietät der Wissenschaften hätte gehen können. Hier, wo Angehörige jeden Standes, angefangen von Prinz Eugen und General Bonneval über die Gelehrten[253] bis zu den weniger vom Glück begünstigten Freunden

---

[248] So äußerte sich u. a. der Gesandte Huldenberg Schmid gegenüber (vgl. Schmid an Leibniz, 8. Juni 1715 (LBr. 815 Bl. 92-93)).

[249] Leibniz an Goertz, 23. Dezember 1715 (Murr, Christoph Gottlieb von: *Journal zur Kunstgeschichte u. zur allgem. Litteratur*, Tl. 7, 1779, S. 194 f.).

[250] Leibniz an Bernstorff, 8. Dezember 1714 (Klopp: *Werke*, Bd. 11, S. 22-25).

[251] Leibniz an König Georg I [Januar 1716] (Doebner: Leibnizens Briefwechsel, S. 356 f.). Dabei macht Leibniz kein Hehl daraus, daß er nach Abschluß seines Werkes nach Wien zu gehen beabsichtigt.

[252] Siehe oben, S. 108.

[253] So schreibt der Mathematiker Pater Augustin anläßlich Leibniz' Tod einen Klagebrief an Th. Schöttel, in dem er sich erinnert, „wie der Gelehrte vor seiner Abreise in der Wienerischen Akademie vor dem Kern der gelehrtesten Männer Aller ihre Sentenzen und sentiments in eine lateinische Extempore-Rede gefasst und einen so scharfsinnigen Ausspruch gemacht habe, dass Niemand hat widerstreben können" (Ilg: Eine bisher unbekannte Correspondenz, S. 42). Mit der Wienerischen Akademie könnte die eines Italieners Cini (von Herkunft wohl Florentiner) gemeint sein, in der Leibniz eben im Juli und August 1714 zu verschiedenen ethischen Problemen, von einem Graf Rabatta gestellt, in dichterischer Form eine Lösung geboten hatte (Pertz: *Werke*, Bd. 1,4, Hannover 1847, S. 350-352). Über sie konnte bisher nichts Näheres festgestellt werden; auch Richard Meister (*Geschichte der Akademie der Wissenschaften in Wien*) erwähnt sie nicht. Vgl. (21546), Leibniz, über die Griechen als Begründer einer philosophia sacra. Rezitata in Academia quadam Viennae i. Juli 1714 (LH XXXIX BL. 58-61).

Leibniz' Rückkehr sehr begrüßt hätten oder dringend erwarteten, müssen Bestürzung und Trauer über Leibniz' Tod erheblich größer gewesen sein als in Hannover, wo er nach dem Weggang des Hofes nach London vereinsamt und ohne Anerkennung seiner Arbeit und Verständnis für seine Bedeutung zurückgeblieben war.

Teil II
Leibniz' Tätigkeit als Reichshofrat

(1) Die Wahrung der Reichsrechte durch Vergrößerung der Reichsarchive

Aus dem im ersten Teil der Arbeit Gesagten ergibt sich für die Betrachtung der Tätigkeit Leibniz' als Reichshofrat deutlich eine Wandlung seiner eigenen Auffassung.

Nach dem Beispiel der noch nicht lange zurückliegenden Zeiten Kaiser Leopolds, in denen Titel und Besoldung häufiger auch nichtamtierenden Personen für ihre Verdienste um Kaiser und Reich verliehen worden waren, hatte Leibniz mit Recht geglaubt, daß ihm für seine immer das ganze deutsche Reich einbegreifenden Arbeiten der Titel eines Reichsbeamten nicht weniger zustehe als anderen. Er betrachtete ihn als eine Art Prämie und ermunternde Anerkennung, die dem damit Begünstigten das Sinnvolle seines Tuns bestätigen konnte. Leibniz' philosophisches System und seine mathematischen Entdeckungen, die das Reich kulturell auf eine Stufe mit den andern europäischen Nationen zu stellen suchten,[1] seine im Laufe der Jahre sich mehrenden Quellenpublikationen zur braunschweigischen und zur Reichsgeschichte und besonders sein letztes, kurz vor dem Abschluß stehendes Werk der Annalen, die mit der Darstellung der noch im Dunkeln liegenden Ursprünge des Welfenhauses sich zwangsläufig zu einer Geschichte des ganzen Reiches erweitert hatten, ließen ihn auf eine derartige Anerkennung hoffen.

Daher hielt er es zunächst für selbstverständlich, daß er – mit der Würde eines Reichshofrates bekleidet – sich auch in Hannover ungestört der Vollendung seines Geschichtswerkes widmen konnte,[2] das mit der Neugestaltung des deutschen Geschichtsbildes auch nach bisher unbekannten oder falsch interpretierten Dokumenten eine große Bedeutung hätte bekommen müssen für die ebensogut nach gedruckten Codices wie den in der Reichskanzlei vorhandenen Urkunden zu treffenden Entscheidungen des Reichshofrates. Wiederholt hat er daher auch betont, daß er seine Arbeit als der eines Reichshofrates

---

[1] Ritter, Paul: Leibniz und die deutsche Kultur, in: *Zeitschr. des historischen Vereins für Niedersachsen*, Jg. 81, 1916, S. 165-201.

[2] Leibniz an Imhoff, 27. November 1712 (Klopp: *Werke*, Bd. 9, 1873, S. 365-372).

© Springer-Verlag Berlin Heidelberg 2016
W. Li (Hrsg.), *Leibniz als Reichshofrat*, DOI 10.1007/978-3-662-48390-9_8

gleichwertig ansehe.[3] Verständnis für seine Arbeit fand er in Hannover nicht; in Wien konnte er es erwarten, und es wurde ihm auch entgegengebracht. So schrieb er nach seiner Rückkehr nach Hannover einmal an den Minister Bernstorff, er habe erst nach auswärts gehen müssen, um in Hannover zu zeigen, wie man anderswo über ihn denke.[4]

In Wien hatte jedoch unter den Söhnen Kaiser Leopolds, erst unter Josef I., dann unter Karl VI., eine strengere Wirtschaftsführung begonnen, und so sah Leibniz an Ort und Stelle allmählich ein, daß er für seine Ziele, sowohl die das öffentliche wie die das eigene Wohl betreffenden, nur etwas erreichen konnte, wenn er ganz und gar in kaiserliche Dienste trat. Es entstand so ein Zwiespalt der Pflichten, den zu überwinden ihn viele Anstrengungen und Mühe kostete, über die er dann gestorben ist, der jedoch bei der Lage der Dinge nicht zu umgehen gewesen ist. Jedenfalls hatte in seinem Jahrhundert sicher niemand so wie Leibniz eine Anerkennung von Reichs wegen verdient, der von Anfang an immer mehr gesamtdeutsche als einzelstaatliche Interessen beachtet hatte, wenn er auch seine Arbeiten weitgehend in den Dienst des deutschen Territorialfürstentums hat stellen müssen.[5] Daher rührt auch sein Bemühen, statt einem einzelnen deutschen Fürsten zu dienen, in Wien beim Kaiser eine umfassendere Wirkungsstätte für seine Pläne zu finden. Dieses universal gerichtete politische Denken wurde entscheidend beeinflußt durch seine erste öffentliche Wirksamkeit im Dienst des Kurfürsten von Mainz, der als Erzkanzler an der Spitze des die deutsche Einheit allerdings immer weniger verkörpernden Reichstages stand, sowie aus dem Verkehr mit dem Staatsmann und Gelehrten Johann Christian v. Boineburg und dessen Freund Hermann Conring, dem Begründer der deutschen Rechtsgeschichte.[6] Über den Reichsgedanken bei Leibniz ist sehr viel geschrieben worden, im Rahmen größerer Arbeiten oder in Monographien.[7] Wie Leibniz auf ideologischer Basis durch eine Wiedervereinigung der gespaltenen Kirche den Gedanken der Reichseinheit der Verwirklichung näherbringen wollte, so auf juristischer durch eine umfassende Sammlung der Reichsrechte. Die wertvolle Bibliothek des verstorbenen Herzogs August von Wolfenbüttel, deren leitender Bibliothekar er von 1691 bis zu seinem Tode war, bot ihm eine beachtliche Sammlung von Handschriften zu diesem Themenkreis, und Leibniz selbst war nie müde, Urkunden dieser Art auch unter erschwerenden Umständen habhaft zu werden. Der Sammlung folgte die Veröffentlichung; doch traf er dabei eine ihm nützlich erscheinende Auswahl und hielt manche Dokumente, die ein gerade aktuell werdendes heikles Problem betrafen, vorsich-

---

[3] Leibniz an Kaiserin Amalie, [nach September 1715],20. September 1716 (LH XIII Bl. 127-128; Klopp: *Werke*, Bd. 11, S. 192-195); an Kaiser Karl VI., 17. Dezember 1715 (LH XLI 9 Bl. 152); für Windischgrätz, November 1715 (LBr. 1005 Bl. 11); an Fräulein v. Klenck, 24. Dezember 1715 (LH XLI 9 Bl. 154).

[4] Leibniz an Bernstorff, 20. September 1714 (Klopp: *Werke*, Bd. 11, S. 12-14).

[5] Vgl. Streisand, *Geschichtliches Denken*, S. 36 f.

[6] Vgl. Wiedeburg, Paul: *Der junge Leibniz, das Reich und Europa*, Tl. 1, Mainz, Wiesbanden 1962 (= *Hist. Forschungen im Auftrag der Hist. Kommission der Akademie d. Wissenschaften u. der Literatur*, Bd. IV).

[7] Stehle, Hansjakob: *Der Reichsgedanke im politischen Weltbild von Leibniz*. Phil. Diss. Frankfurt a.M. 1950.

tig zurück. Auf diese Weise erschienen 1693 der *Codex juris gentium diplomaticus* und 1700 dazu die Ergänzung *Mantissa Codicis juris gentium diplomatici*. Leibniz plante einen dritten Band, für den er sich um weitere Urkunden bemühte. Wie er dem Kaiser bei seiner Einführung in Wien 1712 in einer Denkschrift mitteilte, besaß er nun bereits soviel Material, daß er neun Bände damit hätte füllen können.[8]

Den Gedanken eines vervollständigten Reichsarchivs, das der Benutzung unter bestimmten Umständen zugänglich und zugleich politisch wirksam werden konnte, hat Leibniz nicht erst bei seinem letzten Wiener Aufenthalt gefaßt. Schon 1708 findet sich ein derartiger Vorschlag in einer Aufzeichnung, die vermutlich für eine Audienz bei dem Obersthofmarschall Fürst Salm bestimmt war, mit dem Leibniz auf Empfehlung der Kaiserin Amalie über seine Aufnahme in den Reichshofrat sprach[9], und 1710 richtet er den gleichen Vorschlag an die damals noch regierende Kaiserin selbst.[10]

In den Jahren 1712 bis 1714 sucht er hauptsächlich Kaiser Karl VI. für die Idee zu gewinnen.[11] Seine ständige Mahnung, es den Franzosen gleichzutun, die das Werk der Brüder Dupuy[12] über die Rechte der französischen Krone geschickt für ihre territorialen Ansprüche verwendeten, oder den Engländern, bei denen Thomas Rymer – angeregt durch Leibniz' *Codex juris gentium*[13] – Quellen zur englischen Geschichte mit dem Einverständnis der Regierung veröffentlichte,[14] fand in der Idee eines umfassenden Reichsarchivs ihren Höhepunkt. Leibniz dachte an ein Sichten und Registrieren der Archivbestände aller kleinstaatlichen, reichsstädtischen und kirchlichen Archive, wozu die Erlaubnis einzelner Fürsten natürlich erst hätte erwirkt werden müssen. Die dort vorhandenen Urkunden, die für die deutsche Geschichte in Vergangenheit und Zukunft von Bedeutung waren, sollten nicht von ihrem Standort entfernt werden, doch mittels chronologischer und sachlicher Inventare sollten sie im Bedarfsfall zu finden sein.[15] Für die Publikation empfahl Leibniz wiederum nur die unverfänglichen Sachen.[16] Welche Archive dabei besonders zu berücksichtigen gewesen wären, erbot er sich anzugeben, der ein solches Unternehmen natürlich

---

[8] Leibniz für Kaiser Karl VI., Denkschrift betr. die Förderung der deutschen Kultur- und Reichshistorie, 23. Dezember 1712 (Klopp: Leibniz' Plan, S. 217-222).

[9] Leibniz, Aufzeichnung für eine Audienz bei Fürst Salm (?), [Anfang November 1708] (LBr. F 1 Bl. 102). Faak notiert später auf dem unteren Seitenrand: „Vgl. auch Leibniz: *Considerationes pro Archivo Imperii redintegrando*. Oktober 1700. 48143, 48142, 48051." Das Stück findet sich in A IV,8 Nr. 106 (Hrsg.).

[10] Leibniz für die Kaiserin Amalie, 22. September 1710 (LH XI 6 Bl. 13-14).

[11] Leibniz an und für Kaiser Karl VI., 11. Dezember 1713, [Dezember 1713], 18. Februar 1714 (LH XXXIV Bl. 187-190; LH XIII Bl. 80; Guhrauer: *Deutsche Schriften*, Bd. 2, S. 477 f.; LH XL Bl. 28).

[12] Dupuy: *Traitez touchant les droits du roy très chrestien* [hrsg. v. J. Dupuy], Paris 1665.

[13] Vgl. Leibniz: *Mantissa Codicis juris gentium diplomatici*, 1700, *Praefatio* Bl. b$_3$ v° und Davillé, *Leibniz historien*, S. 137 f.

[14] Rymer, Thomas: *Foedera Conventiones ... inter Reges Angliae et alios Principes ab A. 1101 ad nostra usque tempora*, 17 Bde. London 1704-1718.

[15] Leibniz an Schlick, November 1713 (LH XL Bl. 26-27).

[16] Leibniz an Windischgrätz, 23. Juli 1714 (LH XLI 9 Bl. 121-122).

nur mit einem Stab von Mitarbeitern hätte durchführen können.[17] In diesem Sinne legte er dem Reichsvizekanzler nahe, die Archive der Kurfürsten von Bayern und Köln – beide waren im Spanischen Erbfolgekrieg wegen Abtrünnigkeit von Kaiser und Reich in die Acht erklärt worden – bevor sie nach erfolgtem Friedensschluß zurückgegeben werden müßten, durchzusehen und von wichtigen Urkunden Abschriften zu machen.[18] Vor allem wünscht er, daß man das kaiserliche Reichsarchiv wenigstens in Form eines hinweisenden Verzeichnisses aus den unter Rudolf II. nach Prag verlagerten Stücken ergänze. Dafür suchte er den Kanzler von Böhmen Schlick zu gewinnen, von dessen Beispiel er hoffte, daß es Schule machen würde.[19] Diesem empfahl er auch die Sammlung der unter Karl V. zerstreuten Kanzleibestände, wenigstens soweit sie unter Ferdinand I. unter die Austriaca geraten waren.[20] Aus dem Teil des Archivs Karls V., der hauptsächlich die Amtstätigkeit des Ministers Granvelle betraf und den der Abt des Klosters St. Vincent in Besançon Boisot gekauft hatte, besaß Leibniz selbst einige Stücke, die er von Boisot erworben hatte. Er hatte schon 1697 dem damals als ostfriesischer Gesandter in Wien weilenden Genealogen Greiffencrantz angezeigt, daß er dem Wiener Hof weitere Urkunden von dort zu vermitteln bereit sei, die man unter dem Vorwand der Ausgabe seines „Codex juris gentium" ohne Verdacht zu erregen kaufen könne.[21]

Seit Leibniz Aussicht darauf hatte, daß es in Wien zur Gründung einer Sozietät der Wissenschaften kommen würde, hoffte er hier die Mittel zur Durchführung seiner reichsrechtlichen Pläne zu erlangen.[22] Doch als nach seiner provisorischen Ernennung zu ihrem Direktor die Frage der Finanzierung akut wurde, und diese nicht so ohne weiteres zu lösen war, der Kaiser sich auch nicht gewillt zeigte, Leibniz als Kanzler von Siebenbürgen unter die führenden Staatsmänner aufzunehmen, versuchte er die separate Durchführung seiner Idee eines erweiterten Reichsarchivs. Er richtete einige Denkschriften hierüber an Karl VI.[23] und entwarf auch schon ein Dekret, das ihn mit der Aufsicht des Unternehmens betrauen sollte. Er dachte sich dabei außer der Einleitung der Arbeiten die Rolle eines mit der besonderen Beachtung der Reichsrechte Beauftragten bei allen neuentstehenden

---

[17] Leibniz an Bonneval, 14. Mai 1716 (LBr. 89 Bl. 30-31).

[18] Leibniz, Aufzeichnung für eine Audienz bei Schönborn, 14. Dezember 1713 (LH XLI 9 Bl. 88).

[19] Leibniz an Schlick, November 1713 (LH XL Bl. 26-27).

[20] Ebd.

[21] Leibniz an Greiffencrantz, [8. Februar] 1697 (Klopp: *Werke*, Bd. 6, 1872, S. 448-453). Die Sammlung wurde in 9 Bänden 1840-52 unter dem Titel „Papiers d'état du Cardinal de Granvelle" in Frankreich herausgegeben. Vgl. weiteres über deren Schicksal bei Gross, *Die Reichshofkanzlei*, S. 283 f. Im Jahre 1701 wurde der Leibniz befreundete Tübinger Professor J.U. Pregitzer von Leopold I. beauftragt, in Besançon nach Material zu suchen, das in der Spanischen Erbfolgefrage von Nutzen sein konnte. Über dessen erste Archivreise 1689 berichtete Wilhlem Ernst Tentzel in den *Monatl. Unterredungen*, 1689, Tl. 1, S. 535 ff.

[22] Vgl. Leibniz an Kaiserin Amalie, [nach September 1715] (LH XIII Bl. 127-128).

[23] Vgl. oben, S. 67.

Streitigkeiten auf privater oder Landesebene zu.[24] Leibniz vergleicht die Aufgabe mit der eines Geheimen Justizrates an den deutschen Fürstenhöfen. Ein neu errichtetes Amt zur Wahrung der Reichsrechte sollte seine Stellung und Aufgaben legalisieren.[25] Doch fand er, wenn vielleicht auch Zustimmung, so doch kein weiteres Entgegenkommen.[26] Außer dem Kaiser und der Kaiserin Amalie hat Leibniz natürlich dem Reichshofratspräsidenten seine Bemühungen um die Reichsrechte und seine Archivpläne vorgestellt.[27] Aber es gab in Wien eigentlich keine Instanz, die imstande gewesen wäre, die Wünsche und Vorstellungen zu konkretisieren. Der Kaiser dachte mehr österreichisch als reichisch, eine Bitte bei den einzelnen Fürsten, aus reichsrechtlichen und politischen Gründen ihre Archive zu öffnen, hätte seinem Ansehen vielleicht geschadet, wenn ihr überhaupt stattgegeben worden wäre; ein Befehl erübrigte sich bei Mächten wie beispielsweise dem König in Preußen. Wenn der Reichsvizekanzler v. Schönborn – wie Hugo Hantsch ausführt[28] – der letzte seines Amtes war, der seine Politik in den Dienst des Reiches stellte, so trieb ihn gerade diese Einstellung den Österreichern gegenüber in die Opposition, und auch hier konnte Leibniz daher nicht auf Unterstützung rechnen. So blieb er allein mit seiner Idee, die wenn sie verwirklicht worden wäre, zweifellos zum Zusammengehörigkeitsgefühl der deutschen Staaten einen bescheidenen Beitrag geleistet hätte. Leibniz, der sich bewußt war, daß ihm sein Alter nicht mehr erlaubte, an die Ausführung weitreichender Pläne zu denken, hoffte doch, daß diese über seinen Tod hinaus Leben behalten würden.[29] Diese Hoffnung ist erst durch die im 19. Jahrhundert beginnenden zahlreichen Urkundenpublikationen, im 20. Jahrhundert durch die Veröffentlichungen sowohl des Gesamtinventars des Wiener Haus-, Hof- und Staatsarchivs wie einer Reihe von Archiven in der Deutschen Demokratischen Republik und Westdeutschland erfüllt worden, allerdings mit veränderter Zielstellung.

---

[24] Leibniz an Kaiser Karl VI., 18. Dezember 1712 (*Leibniz-Album*, hrsg. v. Grotefend, Hannover 1846, S. 18-20), bes. an Kaiserin Amalie, 22. September 1719 (LH XI 6 B Bl. 13-14).

[25] Leibniz für Kaiser Karl VI., [1713] (Guhrauer: *Deutsche Schriften*, Bd. 2, S. 477 f.).

[26] Leibniz an Bonneval, 14. Mai 1716 (LBr. 89 Bl. 30-31).

[27] Leibniz an Windischgrätz, 23. Juli 1714 (LH XLI 9 Bl. 121-122).

[28] Hantsch: *Reichsvizekanzler Friedrich Karl Graf v. Schönborn*, passim.

[29] Leibniz an Bonneval, 5. April 1716 (Feder, Georg Heinrich: *Commercium epistolicum*, Hannover 1805, S. 452-454).

(2) Vertretung braunschweigisch-lüneburgischer Ansprüche

(a) Belehnung Braunschweig-Lüneburgs mit Lauenburg und Hadeln

Die einzige Aufgabe, der sich Leibniz in Wien im offiziellen Auftrag seines Landesherrn Kurfürst Georg Ludwig unterzog, war – abgesehen von der Erledigung von Bücherwünschen des Ministers v. Bernstorff, das Reichsvikariat betreffend – die endgültige Klärung der lauenburgischen Frage vor dem Kaiser und dem Reichshofrat.

Wie Georg Schnath so fesselnd in seiner *Geschichte Hannovers* dargestellt hat,[1] war die Erwerbung Lauenburgs durch Braunschweig-Lüneburg mit Hilfe sowohl militärischer Schlagfertigkeit wie diplomatischer Geschicklichkeit ein Meisterstück der welfischen Politik. Nicht weniger als acht Bewerber meldeten sich außer den Braunschweigern, als der letzte Herzog des askanischen Hauses in Sachsen-Lauenburg, Julius Franz, ohne männliche Erben im Jahre 1689 ganz plötzlich und für alle Teile unerwartet starb. Er hatte keine Bedenken getragen, sein Land mehrmals in Erbverbrüderungen der einen und der andern Partei zu versprechen. Als er starb, hatte reichsrechtlich Kursachsen als Erbe der Wittenberger Askanier und durch mehrmalige kaiserliche Anerkennung seiner Lehensnachfolge die am besten begründeten Ansprüche auf die Erbschaft. Das Haus Anhalt berief sich auf seine Abstammung vom Sohne Albrechts des Bären und auf eine Erbverbrüderung von 1404. Durch einen Erbvertrag von 1671, 1681 und 1688 gewann es das Versprechen der Unterstützung durch Kurbrandenburg, zu dem sich eine Erbverbrüderung mit Herzog Julius Franz von 1678 gesellte. Die fürstlich-sächsischen Häuser nahmen die Lehensanwartschaften Kursachsens natürlich auch für sich in Anspruch. Zu diesen mit dynastisch begründeten Forderungen auftretenden Kandidaten kamen andere mit staatsrechtlichen Ansprüchen, wie Schweden, das das zu Lauenburg gehörige Land

---

[1] Schnath, Georg: *Geschichte Hannovers im Zeitalter der neunten Kur und der englischen Sukzession 1674-1714*, Hildesheim 1938, S. 447 ff. (= Veröffentlichungen der Histor. Kommission für Hannover, Oldenburg, Braunschweig usw., Bd. 18).

© Springer-Verlag Berlin Heidelberg 2016
W. Li (Hrsg.), *Leibniz als Reichshofrat*, DOI 10.1007/978-3-662-48390-9_9

Hadeln als dem Erzbistum Bremen zugehörig betrachtete, Dänemark für Holstein und die Mecklenburger Herzöge. Braunschweig-Lüneburg holte seine Rechte aus alter und neuer Zeit her. Man mußte dabei bis auf die Zeit Heinrichs des Löwen zurückgehen. Da Herzog Heinrich das rechtselbische Land von den Wenden erobert habe, sei es ein Allod gewesen und ihm daher 1181 bei Entziehung seiner Reichslehen zu Unrecht aberkannt und den Askaniern gegeben worden. Aber auch Erbverbrüderungen älteren und neueren Datums hatte man aufzuweisen: zwei aus dem 14. Jahrhundert und eine vom Jahre 1661. Diese war 1683 für Herzog Ernst August erneuert und die Abmachungen mit Kursachsen als ungültig erklärt worden, da Julius Franz bei ihrem Abschluß die Erbeinung von 1661 nicht gekannt habe.

Trotz des unvermutet eintretenden Todes des erst achtundvierzigjährigen Herzogs waren doch Kursachsen und Anhalt kurz darauf zur Stelle, um durch einige in diesem Fall übliche Amtshandlungen die Inbesitznahme des Herzogtums zu demonstrieren. Lauenburg, an der Elbmündung gelegen, war nicht nur durch landschaftliche Schönheit und landwirtschaftliche Ergiebigkeit ein sehr begehrtes Objekt, sondern auch durch die Einnahmen des Elbzolls und seine verkehrsgünstige Lage zwischen den Küstenstädten von Ost- und Nordsee. So parierten auch die Welfen auf den plötzlich eintretenden Erbfall sehr schnell. Es gelang dem Herzog Georg Wilhelm der braunschweig-lüneburgischen Nebenlinie von Celle, dessen Länder Lauenburg unmittelbar benachbart waren, durch Einsatz einer handfesten Zahl Soldaten seine Mitbewerber zu übertrumpfen. Man protestierte natürlich von allen Seiten. Sogar im Hause Braunschweig-Lüneburg selbst bestand in der folgenden Zeit keine Einmütigkeit in dieser Sache. Dem Chef des Hauses, Herzog Ernst August, war mehr an der Gewinnung der neunten Kur gelegen als an diesem territorialen Zuwachs, auf den verzichten zu wollen er sich mehrmals in Hauskonferenzen bereit erklärte. Nicht so seinem Bruder Georg Wilhelm von Celle, dem es dann auch gelang, den Besitz festzuhalten, und der Linie Braunschweig-Wolfenbüttel, die auf einer Mitbeteiligung bestand und erst 1706 offiziell verzichtete. Selbst der Kaiser, der in Ungarn, am Rhein und in den Niederlanden von hannoverschen Truppen unterstützt wurde, mußte sich zufriedengeben, obwohl es ihn ärgerte, daß die Braunschweiger der vorschriftsmäßigen Sequestration zuvorgekommen waren. Diese gelang jedoch bei dem Land Hadeln, das bis 1731 sequestriert blieb. Schweden erkannte Braunschweigs Besitz an Lauenburg in einem Schutzbündnis von 1690 indirekt an. Kursachsen wurde mit diplomatischem Geschick hingehalten; man erklärte die Besetzung des Landes nur für vorläufig, bis man in einer ausführlichen Deduktion sein Recht allen deutlich gemacht habe. So einigte man sich schließlich durch eine geldliche Abfindung von 1 100 000 Gulden an Kursachsen und Überlassung der Lehensanwartschaft für den Fall des Aussterbens der Welfen. Die ernestinische Linie behielt sich ihre Rechte noch vor, bis sie 1728 gegen eine Abfindung von 60 000 Talern ebenfalls verzichtete. Anhalt vermochte seine Ansprüche nicht geltend zu machen, da der junge Kurfürst von Brandenburg beim Erbfall 1689 nicht gut gegen seinen eigenen Schwiegervater ins Feld ziehen konnte. Er war seit 1684 mit Herzog Ernst Augusts Tochter Sophie Charlotte vermählt. Noch 1728 wurde Anhalt auf das Petitorium verwiesen, und es hat nie ausdrücklich Verzicht geleistet.[2] Dänemark

---

[2] Vgl. hierzu Kobbe, Peter von: *Geschichte und Landesbeschreibung des Herzogthums Lauenburg*, Bd. III, Altona 1837, S. 106 f.

belagerte 1693 vergeblich die Hauptstadt Lauenburgs, Ratzeburg. Herzog Georg Wilhelm von Celle wußte sie tapfer zu verteidigen und hierin lag überhaupt das, wenn auch aus eigennützigen Motiven entstammende Verdienst der Welfen bei ihrem etwas gewalttätigen Vorgehen – im Schutz der Reichsgrenze nach Norden, besonders gegen Dänemark. 1705 starb Georg Wilhelm von Celle; die lauenburgischen Lande kamen an das Haus Hannover. Nur reichsrechtlich war die Sache noch nicht zur Gänze entschieden.

Die Ausgabe der Politischen Schriften Leibniz' der Deutschen Akademie der Wissenschaften zu Berlin (Reihe IV) wird den Anteil zeigen, den Leibniz an dem vom hannoverschen Vizekanzler Ludolf Hugo verfaßten „Bericht von dem Rechte des Hauses Braunschweig und Lüneburg an denen Lauenburgischen Landen" genommen hat.[3] Leibniz befand sich zu Beginn der Affaire, genauer bis zum Sommer 1690 noch auf seiner Forschungsreise, die ihn über Süddeutschland und Wien nach Italien führte, und die er zum Zweck der quellenkundlichen Fundierung der Welfengeschichte unternommen hatte. Als im Jahre 1693 der Angriff der Dänen auf Ratzeburg drohte, veröffentlichte er die Schrift „Lettre d'un Gentilhomme du Lauenbourg à son cousin de Holstein servant de response aux raisons que les Danois alleguent pour obtenir la demolation de Razebourg".[4] Wie schon im ersten Teil der Arbeit ausgeführt wurde, erhielt er dann von Kurfürst Georg Ludwig im April 1713 die Weisung, den mit der endgültigen Anerkennung der braunschweigischen Besitzergreifung beschäftigten hannoverschen Gesandten Daniel Erasmus v. Huldenberg zu unterstützen. Es mangelte noch an der kaiserlichen Belehnung und der Verleihung von Sitz und Stimme im Reichstag für die lauenburgischen Lande, die durch Dekret des Reichshofrates von 1699 suspensiert worden waren.[5] So übersandte Georg Ludwig an Huldenberg „einen Aufsatz einer Kurzen Demonstration Unserer Jurium an Lauenburg und Hadeln".[6] Dieser sollte Leibniz als Unterlage dienen für die wiederholten Audienzen, die ihm der Kaiser gewährte. Wenn der Kaiser schon nicht zu einer Investitur zu bewegen war, so sollte Leibniz es doch wenigstens dahin bringen, daß er Braunschweigs rechtmäßiger Behauptung des Landes gegen andere nicht entgegen zu sein

---

[3] Einige Hinweise darauf sind bereits in der Briefreihe I,5 und I,6 erhalten. Leibniz' Beschäftigung mit dem „Bericht" ist außerdem schon von Georg Schnath dargelegt worden in seinem Aufsatz „Eine Denkschrift von Leibniz zum Erbfolgestreit um Sachsen-Lauenburg (1690)", in: *Forschungen aus mitteldeutschen Archiven. Zum 60. Geburtstag von Hellmut Kretzschmar*, 1953, S. 328-338. Danach beschäftigte man sich damals noch angelegentlich mit der Widerlegung der Behauptung des Hauses Anhalt. Der Anlaß dafür entfiel, als Brandenburg sich nicht bereit zeigte, die anhaltischen Forderungen zu unterstützen. – Hugos „Bericht" wurde als Folioband von 902 Seiten gedruckt [Hannover 1692], jedoch ohne Titelblatt. Der Band wurde trotz häufiger Berufung darauf von hannoverscher Seite sekretiert, sogar bis zum Ende des 18. Jhs, so daß nur wenige Exemplare erhalten sind. Vgl. Schnath, ebd., S. 330 ff. [Vgl. die zahlreichen Stücke in A IV,4 zu Sachsen-Lauenburg, Hrsg.].

[4] Vgl. Bodemann, Eduard: *Die Leibniz-Handschriften der königl. öffentl. Bibliothek zu Hannover*, Hannover 1867, S. 567. – Faak notiert auf dem unteren Seitenrand: „von L[eibniz]? Vgl. Walter Junge, Leibniz und der Sachsen-Lauenburgische Erbfolgestreit, Hildesheim 1965, S. 124; französische Übersetzung von Leibniz, in Müller/Krönert, *Leibniz-Chronik*, S. 124." (Hrsg.).

[5] Vgl. Zwantzig, Zacharias: *Theatrum praecedentiae*, Bd. II, Franckfurt 1709, S. 158 und *Electa juris publici*, Bd. 11, 1717, S. 114.

[6] Kurf. Georg Ludwig an Huldenberg, 6. April 1713 (Doebner: Nachträge, S. 227 f.) Zu Leibniz' Vorlage siehe unten, S. 128 f.

verspreche. Huldenberg richtete den Auftrag aus und meldete Georg Ludwig, daß Leibniz ihm nachkommen wolle.[7] Leibniz verfaßte nach dem aus Hannover überkommenen Aufsatz eine kurze Denkschrift, aus der deutlich wird, was für ein mühsames Geschäft es war, die eindeutigen Rechte des Hauses Braunschweig-Lüneburg an Lauenburg darzulegen.[8]

Der Kronzeuge ist natürlich wieder Heinrich der Löwe, der das Gebiet zwischen der Niederelbe und Ostsee für Christentum und deutsches Reich von den Wenden erobert habe und es mit Einverständnis Kaiser Friedrichs I. als sein Eigentum beanspruchen konnte. Friedrich I. gestattete ihm sogar, dort Bistümer zu gründen und sie auf eigene Kosten auszustatten, und Heinrich tat dies auch in Lübeck, in Ratzeburg und in Schwerin.[9] Es sei sogar eine Goldene Bulle darüber vorhanden.[10] Nachdem man Heinrich in die Reichsacht erklärt hatte,[11] seien ihm seine Reichslehen aberkannt worden, seinen Allodialbesitz – wozu die Welfen und Leibniz das spätere Lauenburg rechnen – habe er aber behalten dürfen. Lauenburg sei dann von Bernhard Herzog von Sachsen erobert worden, Heinrich der Löwe habe es hingegen wiedererobert und seinen Kindern überlassen. Durch neue Gewaltakte sei es auch diesen wieder genommen worden.[12] Adolf Graf von Holstein eroberte es, Waldemar

---

[7] Huldenberg an Kurfürst Georg Ludwig, 26. April 1713 (Doebner: Nachträge, S. 229).

[8] Leibniz, Denkschrift über das Anrecht des Hauses Braunschweig-Lüneburg an Lauenburg, [April bis Mai 1713] (Doebner: Nachträge, S. 229-232).

[9] Die Stadt Lübeck wurde 1158 von Heinrich dem Löwen neu gegründet, die Bistümer Ratzeburg und Schwerin 1154 und 1161. Die Neugründung betont auch Leibniz an anderer Stelle (Hannover, Niedersächs. Landesbibl.: Ms XXIII 1017,5 Bl. 1).

[10] Monumenta Germaniae Historica, Constitutiones, 1, Nr 147.

[11] 1179.

[12] Auf dem Reichstag zu Gelnhausen 1180 nahm Kaiser Friedrich I. Barbarossa eine Neuverteilung der Reichslehen Heinrichs des Löwen vor. Dabei erhielt der Sohn Albrechts des Bären, Bernhard Graf von Anhalt, das östliche Sachsen und damit auch den Titel eines Herzogs von Sachsen (Bernhard III.). In der bekannten Gelnhäuser Urkunde, die darüber ausgefertigt wurde (Rosendahl, Erich: *Geschichte Niedersachsens im Spiegel der Reichsgeschichte*, Hannover 1927, S. 915-917), wird aber das Territorium, das Bernhard erhielt, nicht näher umgrenzt. Ebenso wird der Allodialbesitz, der Heinrich belassen wurde, nicht erwähnt, so daß es fraglich blieb, wem das rechtselbische Gebiet gehören sollte. Heinrich, der gegen die Privation protestierte, mußte sich 1181 der Übermacht des Kaisers und der gegen ihn verschworenen Fürsten unterwerfen, kehrte aber zweimal aus der ihm auferlegten Verbannung zurück, wobei er im Kampf gegen Kaiser Friedrich und Herzog Bernhard die Festungen Lauenburg und Ratzeburg verlor (vgl. Pfeffinger, Johann Friedrich: *Historie des braunschweig-lüneburgischen Hauses*, Tl. I, Hamburg 1731, S. 57 f.) Die Lauenburg hat er wiedergewonnen; als er 1190 in Erfurt mit Kaiser Friedrich I. Frieden schloß, wurde er mit der Schleifung der Festung Lauenburg beauftragt (vgl. Rosendahl: *Geschichte Niedersachsens*, S. 113), führte diese jedoch nicht aus (vgl. Kobbe, *Geschicht des Herzogthums Lauenburg* (Tl. II, Altona 1816, S. 220). In weiteren Kämpfen gegen Herzog Bernhard von Sachsen konnte er die Festung siegreich behaupten (Kobbe, ebd., S. 227); seine Söhne (Heinrich starb 1195) schlossen mit Adolf III. von Holstein, der sie dann eroberte, Frieden (Kobbe, ebd., S. 240 f.). Den Anspruch auf Nordalbingien hielten sie dennoch aufrecht, das geht aus der braunschweigischen Erbteilung von 1203 hervor (Rehtmeier, Philipp Julius: *Braunschweig-Lüneburgische Chronica*, Bd. 1, Braunschweig 1722, S. 421-423), bei der dem jüngsten Sohn Wilhelm die nördlichen Teile des braunschweigischen Allodialbesitzes zugesprochen wurden, sowie aus dem Testament des zweiten Sohnes, Kaiser Otto IV. (Rehtmeier, ebd., S. 458).

König von Dänemark brachte es im Kampf mit diesem an sich, aber er wurde schließlich gezwungen, es dem Sohn Herzog Bernhards von Sachsen, Herzog Albert von Sachsen, abzutreten, dessen Sohn Johann dann der Stammvater der Herzöge von Lauenburg wurde.[13]

Aber Otto, Enkel Heinrichs des Löwen und Sohn Herzog Wilhelms, der seine Länder dem Reich zu Lehen auftrug[14] und der erste Herzog von Braunschweig und Lüneburg wurde, erhob Anspruch auf Lauenburg als sein Erbe, und seine Nachkommen hielten diesen Anspruch aufrecht, ja bemächtigten sich sogar des Landes. Der Krieg wurde beendet durch ein Abkommen mit Erich, Herzog von Sachsen-Lauenburg, das dem Herzog und seinen männlichen Erben das Land Lauenburg überließ unter der Bedingung, daß es bei deren Aussterben an Braunschweig-Lüneburg zurückfallen solle. Es gibt Urkunden darüber vom Jahre 1369, und die Stände von Lauenburg haben den Herzögen Wilhelm und Magnus deswegen sogar eine Eventualhuldigung geleistet. Von Herzog Magnus aber stammt in gerader Linie das ganze heutige Haus Braunschweig. Da Lauenburg um diese Zeit noch kein Reichslehen gewesen sei, sei auch das Einverständnis des Kaisers nicht notwendig gewesen.[15] Erst lange

---

[13] Adolf III. von Holstein verlor die Lauenburg 1202 an König Waldemar II. von Dänemark (vgl. Duve, Adolf E.: *Mittheilungen zu näheren Kunde … der Staatsgeschichte … des Herzogthums Lauenburg*, Ratzeburg 1857, S. 64). Nach dem Tode Herzog Bernhards III. von Sachsen 1212 bemühte sich sein Sohn Albrecht von Sachsen unausgesetzt um Lauenburg, bis es in der Schlacht von Bornhövet 1227 gelang, die nordalbingischen Gebiete endgültig von Dänemark zu lösen (Duve, ebd., S. 67 f.) Dies ist auch der eigentliche Zeitpunkt der Entstehung eines Herzogtums Lauenburg, das Albrecht und seine Nachfolger als Lehen des deutschen Reiches innehatten. Albrechts Sohn Johann wurde als Johann I. der Stammvater der Herzöge von Sachsen-Lauenburg. – Leibniz' Darstellung dieser Vorgänge an anderer Stelle vgl. in seinen mehrmals bearbeiteten und 1750-1780 in 5 Bänden von Christian Ludwig Scheid herausgegebenen *Origines Guelficae* (5. Band herausgegeben von Johann Heinrich Jung).

[14] Auf dem Reichstag zu Mainz 1235 beendete Otto das Kind den Streit zwischen den Welfen und Staufern, indem er seine Länder Braunschweig und Lüneburg von Kaiser Friedrich II. zu Lehen empfing.

[15] Die Urkunden der Erbverbrüderung vom 18. Februar 1369 sind gedruckt im *Urkundenbuch zur Geschichte der Herzöge von Braunschweig und Lüneburg und ihrer Lande*, hrsg. v. Hans Sudendorf, Tl. III, Hannover 1862, Nr. 401 und 402. Nr. 401 ist eine Erklärung Herzog Erichs IV., daß seine Länder beim Aussterben seiner männlichen Nachkommenschaft den Braunschweigern zufallen sollten, wobei er auch die zu diesem Zweck von seinen Mannen den braunschweigischen Herzögen geleistete Eventualhuldigung erwähnt. Diese Urkunde hat Ludolf Hugo nicht in seinen „*Bericht von dem Rechte … an den Lauenburg. Landen*" mit aufgenommen wie Nr. 402 (Hugo, *Bericht*, S. 41 f.), die ein Verteidigungsbündnis der Herzöge Wilhelm und Magnus und des Herzogs Erich darstellt, wobei von der Erbverbrüderung ebenfalls die Rede ist. (Von einer gegenseitigen Erbhuldigung, wie Duve: *Mittheilungen zu näheren Kunde*, S. 384 f. schreibt, enthalten die Urkunden nichts.) Ganz abgesehen davon, daß Herzog Erich schon 1374 eine neue Erbverbrüderung mit der verwandten und indessen versöhnten Linie Sachsen-Wittenberg einging, die Kaiser Karl IV. bestätigte, kann auch der welfische Standpunkt, Lauenburg sei 1369 noch kein Reichslehen gewesen, nicht als bewiesen gelten. In der von anhaltischer Seite 1689 publizierten Deduktion seiner Rechte an Sachsen-Lauenburg wird ein Lehensindult Kaiser Karls IV. von 1350 für Herzog Erich IV. von Lauenburg mit abgedruckt (Lundorp, Michael Caspar: *Acta publica*, Bd. 16, Frankfurt 1718, S. 385), den auch J. Chr. Lünig in das Teutsche Reichsarchiv aufgenommen hat (Pars. spec., Cont. II, Abt. IV, Abs. 11, 1712, S. 342). Auch aus der Geschichte Lauenburgs von Duve (*Mittheilungen zu näheren Kunde*, S. 384 f.) und P. v. Kobbe (*Geschicht des Herzogthums Lauenburg*, Tl. II, S. 46, 114) geht hervor, daß Lauenburg schon vor Herzog Erich IV. Lehensqualität besessen hat.

Zeit danach hätten die Herren (seigneurs) von Lauenburg das Land vom Kaiser zu Lehen empfangen, aber diese Tatsache wie die Verleihung der Lehensexpektanz an den Kurfürsten von Sachsen durch Kaiser Maximilian I. habe „dem ursprünglichen Recht des Hauses Braunschweig-Lüneburg nicht schaden können". Dann macht die Darstellung einen Sprung und ist bereits bei den Ereignissen des Jahres 1689 und der Folgezeit, ohne daß noch auf die jüngsten Erbverbrüderungen mit Braunschweig-Lüneburg von 1661 und 1683 eingegangen würde. Diese Dinge waren ja auch bekannt. Vom Reichshofrat heißt es, daß er nicht genügend informiert gewesen und daher geneigt gewesen sei, Kursachsen die Investitur zuzuerkennen. Alle Rechte, sowohl des Anspruchs (petitorium) wie des Besitzes (possessorium), die Kursachsen hätte geltend machen können, habe es außerdem an Braunschweig abgetreten, so daß auch nicht mehr der Schatten eines Zweifels an Braunschweigs Rechten bestehen könne. Es stehe also dem nichts im Wege, daß der Kurfürst von Hannover das Land als sein freies Allod oder Eigentum besitze, aber er sei doch gesonnen, es wie die letzten Herzöge von Lauenburg vom Kaiser zu Lehen zu nehmen. Der Kurfürst zweifle nicht daran, daß er die Investitur empfangen werde, unbeschadet derjenigen, die wie es Brauch sei, ihren Anspruch weiterverfolgen könnten. Außerdem sei es rechtens, daß ein auf legitime Weise erlangter Besitz genüge, um den Lehensherren zur Vornahme der Investitur zu veranlassen. Schließlich beruft man sich sogar auf das eben noch kritisierte Reichshofratsurteil, das Lauenburg Kursachsen zugesprochen hatte, da Braunschweig ja durch das Abkommen jetzt Kursachsens Erbe geworden sei. So sei das, was der Kurfürst fordert, in Übereinstimmung mit dem öffentlichen Recht, der Verfassung des Reiches, der Wahlkapitulation des Kaisers und der Reichshofratspraxis.

Damit ist im wesentlichen die Auffassung charakterisiert, die das Haus Braunschweig-Lüneburg in dieser Sache vertrat. Doch wenn auch die angeführten Tatsachen fast alle der historischen Wahrheit entsprachen, so begnügte man sich immerhin damit, die Ereignisse und Verträge anzuführen, die das Haus Braunschweig betrafen, ohne gleichwertige andere auch nur anzudeuten. Man beschränkte sich auch auf die Darstellung der Rechtslage in den älteren Zeiten; die der neueren war bekannt genug und zur Genüge diskutiert worden. Ohnehin war die Besitzfrage längst geklärt, Braunschweig-Lüneburg übte seit 23 Jahren die Oberhoheit in Lauenburg aus und nur zur Erreichung der rechtlichen Anerkennung waren Leibniz' Ausführungen gedacht. Dabei ist aber eines der Hauptargumente, Lauenburg sei zwei Jahrhunderte kein Reichslehen gewesen, mindestens zweifelhaft. Aber auch wenn Lauenburg schon längst kein Allod mehr war – die Braunschweiger handelten nicht besser und nicht schlechter als alle übrigen Bewerber, wenn sie sich auf die Taten ihrer Vorfahren beriefen und ihrerseits Heinrichs des Löwen Verdienst um die erstmalige Gewinnung des Gebietes für das deutsche Reich ins Feld führten. – Aus jüngerer Zeit hielt Leibniz besonders die bei der Erbverbrüderung von 1369 erwähnte Eventualhuldigung der lauenburgischen Stände an die Herzöge von Braunschweig-Lüneburg für zugkräftig. Er bat daher Bernstorff noch zusätzlich um die in dem ihm übergebenen Aufsatz in Nr 7 angeführte Beilage, da es nun „auf das possessorium ankomme".[16]

---

[16] Leibniz an Bernstorff, 19. April 1713 (Doebner: Leibnizens Briefwechsel, S. 271).

Der Aufsatz, dessen Artikel 7 auf die Erbverbrüderung von 1369 hinwies, war eine Arbeit des cellischen Hof- und Justizrates Chilian Schrader[17] mit dem Titel: *Des Chur- und Fürstl. Haußes Braunschweig und Lüneburg Recht an dem Herzogthumb Sachsen Lauenburg, und alda notoriè habende Possession, ...*[18] Doch wenn auch diese weit umfangreichere Schrift das gleiche Schema und die gleiche Reihenfolge historischer Fakten aufweist wie die Leibnizsche, so hat sie sich Leibniz doch ganz offensichtlich nicht als Vorlage gewählt. Vielmehr ist das Muster nach Ausweis teilweise wörtlicher Übereinstimmungen und noch größerer Gleichförmigkeit im Gedankengang ein Abrégé Huldenbergs zu dem Thema gewesen: „Abregé du Droit de la Serenissime Maison de Brounsvic et Lunebourg sur la Principauté de Lauenbourg, et le petit pays y appartenant nommé Hadelen".[19] Die Konformität der drei Denkschriften beweist nur, daß feste Richtlinien dafür gegeben waren. Huldenberg hat offenbar bei Übernahme des Auftrags Leibniz nicht nur den hannoverschen Aufsatz ausgehändigt, sondern ihm auch seinen eigenen geliehen, den zur Geltung zu bringen er nicht versäumt haben wird. Er hatte ihn nach eigenen Angaben im März 1712 auf Wunsch der Kaiserin Amalie verfaßt.[20] In der in Rede stehenden Zeit hat Huldenberg seinen Aufsatz dann, scheinbar am gleichen Tag vor und nach einem Besuch Leibniz', dringend zurückgefordert.[21] Mit Leibniz' Verfahrensweise ist er wohl nicht ganz einverstanden gewesen, denn er schrieb später auf den oberen Rand von Leibniz' Denkschrift: „So hat der damahls [in] Wien gegenwärtige H. Leibnitz meinen abregé noch mehr abregiret, aber der Kaiserin Amalie Maj., welcher ich meinen abregé gemacht, hat des H. Leibnitz wieder zurückgegeben und meinen approbiret".[22] Es lassen sich immerhin verschiedentlich auch Ergänzungen und Korrekturen Leibniz' zum Text aufzeigen, etwa wenn er die Goldene Bulle erwähnt, die Heinrich den Löwen zur Bistumgründung ermächtigte oder statt Karl V. schon Maximilian I. die Anwartschaft auf Lauenburg an Kursachsen verleihen läßt. Soviel geht jedoch aus Huldenbergs Äußerungen auch hervor, daß Leibniz sich mit seinem Anliegen wohl ebenfalls zunächst an die Kaiserin Amalie wenden konnte.

Schon am 19. April 1713 meldet Leibniz nach Hannover, daß er gemäß dem Auftrag, also über Lauenburg, gesprochen habe. Er ist der Ansicht, daß man in der Sache, wenn sie gleichzeitig auch offiziell beschrieben würde, vielleicht zum Ziel kommen könnte.[23] Anläßlich seiner nächsten Audienz beim Kaiser in Laxenburg, die während der Geburts-

---

[17] Den Verfasser ermittelte das Niedersächsische Staatsarchiv.

[18] Hannover, Niedersächs. Staatsarchiv, Cal.Br.Arch.Des. 24 Österreich III Nr 40 Bl. 132-162. Leibniz fertigte sich einen Auszug aus dieser Schrift an (Hannover, Niedersächs. Landesbibl.: Ms XXIII 1017,5 Bl. 1-2), auf der er allerdings eine in der Zeitangabe widersprüchliche Bemerkung macht: „Von Hannover nach Wien geschickt im Winter 1713". Dabei kann nur Schraders Denkschrift, nicht der Auszug gemeint sein, denn der letzte ist auf Wiener Papier geschrieben nach Ausweis des Wasserzeichens.

[19] Hannover, Niedersächs. Staatsarchiv, Cal.Br.Arch.Des. 24 Österreich IV Nr 102 Bl. 159-168.

[20] Ebd. Bl. 159.

[21] Huldenberg an Leibniz, [nach 17. April 1713], (LBr. 431 Bl. 47; Bl. 4).

[22] Doebner: Nachträge, S. 229.

[23] Leibniz an Bernstorff, 19. April 1713 (Doebner: Leibnizens Briefwechsel, S. 270 f.).

tagsvisite bei dessen Schwägerin, der Kaiserin Amalie verabredet worden war, brachte Leibniz die Angelegenheit wiederum zur Sprache.[24] Er verknüpfte sie geschickt mit seinen Bemühungen um die Reichsrechte. Bei dieser Gelegenheit muß er bekennen, daß ihm nicht nur die Pflege und Wahrung der Reichsrechte im allgemeinen durch möglichst vielseitige Veröffentlichungen am Herzen liegt, sondern sein Amt und seine Lebensarbeit nötigten ihn, Partei zu nehmen für eins der mächtigsten deutschen Fürstenhäuser, Braunschweig-Lüneburg. Dies war insofern kein so schwieriges Unterfangen, als dieses Haus den Kaiser in der neuesten Zeit häufig genug für sich zu gewinnen gewußt hatte. Im Fall der lauenburgischen Erbfolgefrage hatte Braunschweig-Lüneburg die Verteidigung der – oder besser seiner – Reichsrechte in die eigene Hand genommen (zweifellos von seinem guten Recht überzeugt[25]), und Leibniz darf daher daran erinnern, daß auch er einen Anteil daran gehabt hat und die Rechte des Hauses gut fundiert gefunden habe. Er zählt im Gespräch mit dem Kaiser die wichtig erscheinenden Fakten in wenigen Worten auf, und der Kaiser scheint ihm mit Aufmerksamkeit und einer Art Zustimmung zuzuhören. So kann er Bernstorff versichern, daß er hoffe, wenn die Angelegenheit auch auf dem Weg der Instanzen bis zum Kaiser gelangt sei, man die Investitur erhalten werde.

Leider muß Leibniz gleichzeitig auch weniger Erfreuliches nach Hannover berichten. Er hat mit dem Reichsvizekanzler gesprochen – nicht über Lauenburg –, aber dieser hatte eine Klage gegen den Kurfürsten vorzubringen, der sich immer beschwert habe, daß andere auf dem Reichstag eingegangenen Verpflichtungen nicht nachkämen und nun selbst die dort gegebenen Versprechungen nicht einhalte. Als Leibniz sein Erstaunen darüber bekundete, da der Kurfürst doch stets seine Pflicht erfüllt habe, trat als Beschwerdepunkt schließlich die Behauptung des hannoverschen Gesandten in Regensburg zutage, nicht genügend informiert zu sein. Schönborn dagegen war der Meinung, bei einer so wichtigen Angelegenheit hätte man sich doch soviel Zeit nehmen können, um gründlich über die zu erteilende Instruktion nachzudenken. Leibniz fiel es wiederum zu, die guten Absichten des Hauses Braunschweig zu verteidigen. Gegenstand des Gesprächs wird die von allen Seiten sehr mangelhaft erfolgende Stellung der Reichskontingente gewesen sein, nachdem der Kaiser beschlossen hatte, den Krieg trotz des Friedensschlusses zu Utrecht (11. April 1713) allein gegen Frankreich weiterzuführen. Der Herzog von Württemberg hatte sich in Regensburg im März über den Herzog von Mecklenburg-Schwerin beschwert[26] und über den Kurfürsten von Braunschweig-Lüneburg, der ein darmstädtisches Kavallerieregiment vom Oberrhein zurückgezogen hatte mit dem Hinweis auf die noch von ihm in den Niederlanden unterhal-

---

[24] Leibniz an Bernstorff, 17. Mai 1713 (Doebner, ebd., S. 273-275).

[25] Der hannoversche Minister Grote schrieb 1690 über diesen Fall: „In puncto possessionis würde man wohl der Meinung sein, daß die Sache nicht so klar, daß nicht materia disputandi für einen guten Advokaten auf etliche Jahre vorhanden" (Schnath: *Geschichte Hannovers*, 1938, S. 448). Von dem Verfasser der Deduktion der braunschweigischen Rechte, Ludolf Hugo, schreibt Schnath (ebd., S. 453): „Er soll anfangs die welfischen Ansprüche für unausreichend erklärt, dann aber in dem sofort beschlagnahmten Ratzeburger Archiv solche Urkunden gefunden haben, daß er sich des Hauses jura gegen jedermann zu behaupten getraute.".

[26] *Europäische Staatscantzley*, hrsg. v. A. Faber, Tl. 21, 1713, S. 568 ff.

tenen Truppen.[27] Nach dem Ausscheiden Englands aus dem Krieg mußte der Kurfürst für ihren Unterhalt selbst aufkommen. Prinz Eugen war dagegen der Ansicht, daß die deutschen Fürsten ihre Truppen gern außerhalb des eigenen Landes stehen und ernähren ließen, diese aber im Ernstfall unter dem Vorwand mangelnder Befehle von seiten ihres Landesherrn in Untätigkeit verharrten.[28] Schönborn hat seine Klage doch umgehend zurückgenommen, wie Leibniz sofort wieder nach Hannover berichtet.[29] Graf Hamilton[30] hatte Schönborn hinsichtlich des Kurfürsten von Hannover besser unterrichtet, so daß er nun sogar von dem guten Beispiel überzeugt war, das dieser den andern Reichsfürsten zu geben vermöchte.

Als Leibniz dann im Frühjahr 1714 immer noch nicht nach Hannover zurückgekehrt ist, dagegen sich wieder erboten hat, für die Dauer seiner Anwesenheit in Wien eventuelle Befehle des Kurfürsten erledigen zu wollen, schreibt Bernstorff im Auftrag des schon sehr verstimmten Landesherrn, dieser habe keine besonderen Wünsche außer der baldigen Beendigung der lauenburgischen Frage.[31] Und diesmal hat Leibniz' Unterredung mit dem Kaiser ein positives Ergebnis. Nicht nur der Kaiser ist geneigt, dem Kurfürsten die Investitur zuzugestehen, Leibniz hat auch mit dem seit drei Monaten zum Reichshofratspräsidenten ernannten Grafen Windischgrätz gesprochen, der nur verlangt, daß der Kurfürst „la confirmation des cessions faites" vorweise, d. h. eine förmliche Verzichterklärung der übrigen Prätendenten auf die lauenburgische Sukzession. (Vom Haus Anhalt und den sächsischen Herzogtümern lagen diese noch nicht vor.) Der Kaiser hat auch sonst seine Gewogenheit gegenüber dem Kurfürsten zu erkennen gegeben, und Leibniz ist nicht abgeneigt, eine persönliche Vermittlung zwischen dem Kurfürsten und dem Kaiser zu übernehmen. Da er es im Fall Lauenburg nun soweit gebracht hat, tritt auch der hannoversche Gesandte Huldenberg wieder in Aktion. Er betreibt die Sache nun „auf dem gewöhnlichen Wege" („par les voyes ordinaires"), wie Leibniz es schon bei Übernahme des Auftrags im Frühjahr 1713 Bernstorff angedeutet hatte.[32] Aus Huldenbergs Schreiben an den Kurfürsten vom 3. Juli 1714 geht hervor, daß er Kanzleitexte und Laudemiengelder für die Investitur, außer einem reichlichen Gratial für die Unterbeamten des Reichshofrates, auf mindestens 40 000 Gulden veranschlagt.[33] Aber auch schon vorher hatte man mit Geld nicht gespart. 1709 wurde Huldenberg vom Kurfürsten beauftragt, dem Reichsvizekanzler ein Geschenk von 20 000 Talern auszuhändigen. 1710 sollte er dem Kaiser 100 000 Taler, dem Reichshofrat 50 000 Taler wegen der lauenburgischen Affaire überweisen.[34] Einen Monat bevor

---

[27] Ebd., S. 572 f.

[28] Klopp, Onno: *Der Fall des Hauses Stuart*, Bd. 14, Wien 1888, S. 501.

[29] Leibniz an Bernstorff, 20. Mai 1713 (Doebner: Leibnizens Briefwechsel, S. 275).

[30] Vielleicht Johann Andreas Graf Hamilton, der sich 1710 in der Schlacht bei Villaviciosa auszeichnete und später General und 1735 Hofkriegsratspräsident wurde.

[31] Bernstorff an Leibniz, 1. März 1714 (LBr. 59 Bl. 94-95).

[32] Siehe Leibniz an Bernstorff, 19. April 1713 (Doebner: Leibnizens Briefwechsel, S. 270 f.).

[33] Havemann, Wilhelm: *Geschichte der Lande Braunschweig und Lüneburg*, Bd. 3, Göttingen 1857, S. 384, Anm.

[34] Havemann, ebd.

Huldenberg die Kostenberechnung wegen der Investitur schickt, schreibt Leibniz nach Hannover, der Gesandte habe sich mit Erfolg verwandt. Dagegen habe der Reichshofrats-präsident – dem man ja neue Verzichtserklärungen nicht vorzuweisen hatte – nichts mehr von der Sache hören wollen, und nur Fräulein v. Klenck habe durch Freunde, die viel über ihn vermögen, bewirkt, daß die Sache so gut wie privilegiert sei. Dabei sei die Erklärung nicht bedeutungslos gewesen, die der Kurfürst im Fall Eckhart abgegeben habe.[35] (Es scheint dabei um den jüngsten Sohn des Grafen C.A. di Giannini zu gehen, der zusammen mit seinem Bruder an der braunschweigischen Landesuniversität Helmstedt studierte, unerwartet zur lutherischen Konfession übergetreten und anläßlich eines Aufenthaltes in Hannover, während dessen er bei Eckhart wohnte, plötzlich entflohen war. Der Vater war modenesischer Gesandter in Wien.) Der Minister Bernstorff, an den Leibniz' Schreiben gerichtet ist, antwortet mit wenigen Sätzen, in denen er verspricht, dem Kurfürsten, wenn dieser aus Pyrmont zurückgekehrt sei, von den guten Diensten des Fräulein v. Klenck Bericht zu erstatten.[36] Der Dank des Kurfürsten an Leibniz für den vollzogenen Auftrag war das Zugeständnis von drei Monatsraten seines seit der Abreise nach Wien sistierten Gehalts.[37] Am 28. April 1716, wenige Monate vor Leibniz' Tod, konnte der Gesandte Huldenberg für seinen Kurfürsten, der inzwischen König von Großbritannien geworden war, die Investitur mit Lauenburg in Empfang nehmen.[38] Vorbehalten wurden der Rechtsstreit im Petitorium und die Rechte aller Dritten. Außerdem erhielt Hannover Sitz und Stimme im Reichstag für Lauenburg.[39] Erst 1728 erkannte der Reichshofrat dem Kurhaus Hannover den Besitz auf Lauenburg zu, die übrigen Prätendenten wurden auf das Petitorium verwiesen.[40]

In der oben beschriebenen kurzen Denkschrift Leibniz' über die braunschweigischen Rechte an Lauenburg wird auch das Land Hadeln erwähnt, ein 300 Quadratkilometer großes Marschland, an der verbreiterten Mündung der Elbe in die Nordsee gelegen. Es hat während des größten Teils seiner Geschichte staatsrechtlich zum Herzogtum Lauenburg gehört. Beim Erbfall 1689 erhob jedoch Schweden Anspruch auf das Land mit der Begründung, Hadeln habe früher zum Erzbistum Bremen gehört, das Schweden im Westfälischen Frieden 1648 zugesprochen worden sei. Dies war nur bedingt richtig. Im 13. Jahrhundert, nach der Schlacht von Bornhöved 1227, entzog sich Hadeln der Oberherrschaft des benachbarten Bremer Erzbischofs, indem es dem Herzog von Lauenburg huldigte.[41] Die Zugehörigkeit zu Lauenburg wurde dann allerdings hier und da durch eine Verpfändung des Landes an Hamburg oder Bremen unterbrochen. So hatte

---

[35] Leibniz an Bernstorff, 27. Juni 1714 (Bodemann: Nachträge, S. 158 f.).

[36] Bernstorff an Leibniz, 8. Juli 1714 (Doebner: Leibnizens Briefwechsel, S. 293).

[37] Vgl. oben, S. 80.

[38] *Electa juris publici*, Bd. 10, S. 959 ff. Näheres über das Zeremoniell und Huldenbergs Ansprache s. bei Pfeffinger: *Corpus juris publici*, Bd. 2, S. 956-960.

[39] *Electa juris publici*, Bd. 11, 1717, S. 112-122.

[40] Heinrich, Christoph Gottlob: *Teutsche Reichsgeschichte*, Bd. 7, Leipzig 1797, S. 358 f.

[41] Duve: *Mittheilungen zur näheren Kunde*, S. 189-191; Überhorst, Gustav: *Der Sachsen-Lauenburg. Erbfolgestreit*, (Eberings Histor. Studien, Bd. 126), Berlin 1915, S. 16.

Herzog Franz I. von Lauenburg kraft eines Vertrages mit seinem Sohne, dem Bremer Erzbischof Heinrich, Hadeln seinem dritten Sohn überlassen, 1585 wurde es jedoch im Lübecker Abschied durch kaiserliche Kommission dem Herzogtum Lauenburg wieder einverleibt.[42] Schweden hatte mit seinem Rechtsanspruch jedoch noch weiter ausgeholt als Braunschweig-Lüneburg. Es ging über die Zeit Heinrichs des Löwen hinaus bis zu Kaiser Heinrich III. im 11. Jahrhundert. Damals habe Erzbischof Adalbert von Bremen Hadeln von der Gemahlin Heinrichs III. Agnes für neun Pfund Gold (novem auri libris) gekauft. Es wurde ihm dagegen gehalten, daß einmal im Westfälischen Frieden Schweden nichts abgetreten worden sei, was ehemals zum Erzbistum Bremen gehört habe, zum andern der Kauf durch Erzbischof Adalbert nicht bewiesen werden könne und dieser Bischof außerdem dafür bekannt sei, daß er manches widerrechtlich an sich gebracht habe.[43] Der auf dem Reichstag angekündigten kaiserlichen Sequestration Hadelns widersprachen die Schweden mit dem Vorgehen, daß sie diese „für eine den fürstlichen Rechten höchst präjudicierliche Sache" hielten.[44] Es gelang ihnen auch im Wettstreit mit den lüneburgischen und sächsischen Bewerbern, der Sequestrierung durch die Besetzung des Schlosses in Otterndorf, der Hauptstadt Hadelns, mit eigenen Truppen im Oktober 1689 zuvorzukommen.[45] Doch nachdem die kaiserlichen Sequestratoren und Reichshofräte Hans Burchard Fridag Freiherr v. Gödens und Christian Ernst v. Reichenbach Anfang November einige Truppen aus dem benachbarten Ostfriesland zusammengezogen hatten,[46] wichen die Schweden Ende Dezember gänzlich aus dem Land.[47] Braunschweig-Lüneburg, das den Kaiser nicht noch mehr verärgern wollte, schloß mit den kaiserlichen Kommissaren einen Vergleich, die demzufolge in Hamburg am 7./17. November 1689 einen Revers ausstellten, des Inhalts: wenn Braunschweig-Lüneburg Hadeln nicht mit Truppen besetzen ließe, sollte es dagegen versichert sein, daß die kaiserliche Sequestrierung seinem Besitzrecht keinen Abbruch tun würde.[48]

Dies war der Stand der Dinge, als Kurfürst Georg Ludwig Leibniz durch Huldenberg im Frühjahr 1713 zugleich mit der Sorge um Lauenburg auch mit der Befürwortung der

---

[42] Duve: *Mittheilungen zur näheren Kunde*, S. 342.

[43] Pfeffinger: *Corpus juris publici*, Bd. 2, 1754, S. 76. Der Chronist Adam von Bremen berichtet in der Hamburger Kirchengeschichte die Erwerbung Bremens durch Erzbischof Adalbert von der Kaiserinwitwe Agnes 1063 gegen Zahlung von 9 Pfund Gold mit der Begründung, das Land habe zum Leibgedinge der Kaiserin gehört (May, Otto Heinrich: *Die Regesten der Erzbischöfe von Bremen*, Bd. 1, Hannover 1937, S. 65).

[44] Heinrich: *Teutsche Reichsgeschichte*, Bd. 7, S. 356.

[45] Überhorst: *Der Sachsen-Lauenburg. Erbfolgestreit*, S. 103 ff.

[46] Überhorst, ebd., S. 119.

[47] Überhorst, ebd., S. 135.

[48] Der Revers wird von Duve: *Mittheilungen zur näheren Kunde*, S. 772 z. T. wörtlich zitiert. Auch Leibniz kannte ihn (Vgl. Doebner: *Nachträge*, S. 203 ff.). Überhorst: *Der Sachsen-Lauenburg. Erbfolgestreit*, S. 116 f. dagegen berichtet nur, daß Reichenbach (nach einem Bericht im Wolfenbütteler Landeshauptarchiv) sich geweigert habe, Braunschweig-Lüneburg einen Besitz zu garantieren, von dem gar nicht die Rede sein könne.

braunschweigischen Rechte auf Hadeln beauftragte.[49] Von Hadeln sagt Leibniz daher in der Denkschrift gemäß seiner Anweisung, daß es sowohl in der Erbverbrüderung zwischen Braunschweig-Lüneburg und Lauenburg von 1369 wie in den kaiserlichen Lehensinvestituren einbegriffen gewesen sei und erinnert an das kaiserliche Versprechen von 1689, daß die Sequestration die braunschweigischen Rechte in keiner Weise beeinträchtigen solle.[50] Noch im Sommer desselben Jahres macht Leibniz dem Kaiser anläßlich eines Vortrages das Angebot – es ist nicht ersichtlich ob auf eigene Initiative oder auf einen Wink des Kurfürsten hin – der Kaiser könne von Kurfürst Georg Ludwig bequem große Summen Geldes erhalten, wenn er ihm gewisse Orte im Reich dafür als Pfand lassen wolle, und als geeignetes Objekt schlägt er Hadeln vor. Dabei betont er nochmals, daß er die braunschweigischen Rechte auf Lauenburg selbst untersucht und völlig begründet gefunden habe.[51] Darauf scheint man nicht eingegangen zu sein. Im Januar 1715 erfährt Leibniz von Huldenberg, man habe im Reichshofrat behauptet, Hadeln sei erst durch Heirat von den Herzögen von Sachsen-Lauenburg erworben worden, was er aber für falsch halte. Die Gründe für die Schwierigkeiten, die man Hannover noch wegen der Erwerbung des Landes mache, wolle man nicht nennen, außer wenn der „ordre judiciaire" es erlauben werde. Dies sei jedoch Hannover nicht angemessen.[52] So entschieden dann auch hier wieder die Waffen den Streit. Im Verlauf des Nordischen Krieges verlor Schweden die Bistümer Bremen und Verden an die verbündeten Dänen und Hannoveraner. Am 15. Juli 1715 schlossen Dänemark und Braunschweig-Lüneburg einen Vertrag, in dem Dänemark gegen 6 Tonnen Gold (39 000 Reichstaler) Bremen und Verden an den Kurfürsten von Braunschweig und König von Großbritannien abtrat.[53] Und nun machte König Georg Ludwig I. als Herzog von Bremen eben die Rechte auf Hadeln geltend, die man Schweden vorher bestritten hatte, indem er sich zum Mitbesitzer des Hadeler-Landes machte.[54] Im Jahre 1732 wurde dann die kaiserliche Sequestration über Hadeln aufgehoben, und das Land fiel endgültig Braunschweig-Lüneburg zu.

---

[49] Siehe oben, S. 125.

[50] Vgl. Doebner: Nachträge, S. 203 ff.

[51] Leibniz, Aufzeichnung, 13. Mai 1713 (Foucher de Careil: *Oeuvres*, 7, S. 332-336), Leibniz an Kaiser Karl VI., [Juni 1713] (LH XLI 9 Bl. 138-139).

[52] Huldenberg an Leibniz, 23. Januar 1715 (LBr. 431 Bl. 45-46). Die beiden Töchter Herzog Julius Franz', denen der Vater seinen Allodialbesitz hinterließ, hatten Hadeln ebenfalls als Allod des Hauses Lauenburg in Anspruch genommen.

[53] Rehtmeier: *Braunschweig-Lüneburgische Chronica*, Bd. III, S. 1765.

[54] Zedler: *Universal-Lexicon*, Bd. 12, 1735, Sp. 98.

(b)   Versuch zur Gewinnung Hildesheims für Braunschweig-Lüneburg

Das Bistum Hildesheim bildete seit 1680 die Verbindungsbrücke zwischen den östlichen und westlichen preußischen Landesteilen, daher wurde es zur Reibungsfläche zwischen Preußen und Hannover, von dessen Ländern es ganz umschlossen war. Diese Kämpfe führten am Anfang des 19. Jahrhunderts zu einem Sieg Hannovers und zur Eingliederung Hildesheims in den hannoverschen Staatsverband, die innenpolitisch auch noch durch eine Angleichung der behördlichen Einrichtungen gefördert wurde.[55] Die Kämpfe zwischen den braunschweigischen Herzogtümern und dem Bistum Hildesheim hatten jedoch schon im 16. Jahrhundert mit der sogenannten Hildesheimer Stiftsfehde begonnen. Zur Zeit des beginnenden Protestantismus war Bischof Johann IV. (1503–1527) vom Kaiser in die Acht erklärt worden. Die braunschweigischen Herzöge waren mit der Vollziehung der Acht beauftragt worden und hatten bei dieser Gelegenheit eine große Anzahl von Ortschaften, Schlössern, und Gütern erobert. Deren Besitz mußte Karl V. den Herzögen Erich und Heinrich dem Jüngeren sowie deren männlichen Lehenserben durch einen Lehensbrief vom 28. September 1530 im Quedlinburger Vertrag bestätigen, da er ihre Hilfe in den politischen Verwicklungen der Zeit nicht entbehren konnte. Der Quedlinburger Vertrag wurde 1537 vom Papst bestätigt, 1559, 1566, 1590 und 1615 der Lehensbrief für die Braunschweiger erneuert.[56] Während des Dreißigjährigen Krieges starb mit dem Tode des Herzogs Friedrich Ulrich (1634) das mittlere Haus Braunschweig aus. Die jüngere Linie teilte die braunschweigischen Länder durch einen Erbvergleich von 1635 unter sich auf, wobei Herzog Georg Hildesheim zugestanden wurde. Der neue vom Kaiser erteilte Belehnungsbrief schloß die hildesheimischen Güter jedoch auf Betreiben des Kurfürsten von Bayern und seines Bruders, des Erzbischofs von Köln, ausdrücklich aus mit der Begründung, der braunschweigische Anspruch sei durch den Tod Friedrich Ulrichs erloschen.[57]

Herzog Georg hatte im Lauf der Kriegsereignisse nach 1630 auch die Stadt Hildesheim durch das Eingreifen eines schwedischen Generals besetzen und die katholische Geistlichkeit zugunsten der protestantischen daraus verdrängen können.[58] Dann geriet er jedoch 1635 in ein Zerwürfnis mit der schwedischen Partei, 1639 befahl ihm ein kaiserliches Mandat, Stadt und Bistum Hildesheim unverzüglich dem Kurfursten von Köln einzuräumen, 1640 wandte er sich wieder der schwedischen Partei zu, 1641 starb er. Da seine Nachfolger weniger kriegerisch gesinnt waren, kam es 1642, 1643 und 1644 zu Rezessen zwischen den Herzögen von Braunschweig, dem Kaiser und dem Kurfürsten von Köln, denen zu-

---

[55] Vgl. Lohmann, Walter: *Die Überführung des Fürstentums Hildesheim in den hannoverschen Staatsverband* 1813 ff. Diss. Auszug in: Jahrbuch der philos. Fakultät der Universität Göttingen, Göttingen 1923, S. 11-13.

[56] Bertram, Adolf: *Geschichte des Bistums Hildesheim*, Bd. 2, Hildesheim und Leipzig 1916, S. 24 ff., 59.

[57] Bertram: *Geschichte des Bistums Hildesheim*, Bd. 3, 1925, S. 40 f.

[58] Ebd., S. 38 f.

folge die Herzöge auf den hildesheimischen Besitz verzichteten. Der Westfälische Frieden
hob dann die Bestimmungen dieser Verträge indirekt auf, indem er für den Besitzstand
das Normaljahr 1624 annahm (Vertrag zu Osnabrück, Artikel V § 2). Das Bistum Hildesheim wurde aber in diesem Zusammenhang nirgends im Friedensinstrument erwähnt,
auch später konnte keine Spezialerklärung deswegen oder die Anwendung der allgemeinen
Bestimmung auf Hildesheim erreicht werden. (Nur die freie Ausübung der augsburgischen
Konfession wurde den Untertanen des Bistums ausdrücklich im Westfälischen Frieden (Artikel V § 12) garantiert und in dieser Hinsicht die zwischen Braunschweig und Hildesheim
1641–1644 geschlossenen Verträge, die die Religionsfreiheit nur noch für 40 bis 70 Jahre
gewährten, annulliert.) So konnte man im Lauf der Jahrzehnte in Hildesheim sogar darauf
verfallen, für das Bistum gälten die Bestimmungen des Westfälischen Friedens hinsichtlich
des Normaljahres nicht, was die Braunschweiger natürlich verletzen mußte.[59]

Auf diese Vorgänge geht Leibniz in einer Denkschrift ein, die er 1708 der Kaiserin
Amalie überreicht[60] im Auftrag Herzog Anton Ulrichs von Wolfenbüttel. Er steht selbstredend auf dem Standpunkt der braunschweigischen Partei, die der bayerischen – von
1573 bis 1761 waren die aus dem Hause Bayern stammenden Kurfürsten von Köln fast
ununterbrochen auch Bischöfe von Hildesheim – als der stärkeren hätte weichen müssen. Daran schließt sich nun ein Plan, für den Herzog Anton Ulrich und Leibniz in Wien
Freunde gewinnen wollen. Der Kurfürst von Bayern und der Kurfürst von Köln sind 1706
wegen ihrer Verbindung mit Frankreich während des Spanischen Erbfolgekrieges in die
Reichsacht erklärt worden. Der Kaiser hat also das freie Verfügungsrecht über das Bistum,
und es würde nur der Gerechtigkeit ein Dienst erwiesen werden, wenn der Kaiser, der jetzt
sogar die Okkupation dieses Gebietes anordnen könnte, den Braunschweigern von Hildesheim das wiedergeben würde, was sie zur Zeit Karls V. während der über Bischof Johann
verhängten Acht erhalten hatten. Es bestehen keine Anzeichen dafür, daß in Rom oder
in Deutschland irgendwelche Einwände dagegen zu erwarten wären. Der Kaiser könnte
beweisen, welche Klugheit in dieser Handlungsweise liegt, wenn er als Ausgleich dafür
vom Haus Braunschweig eine beträchtliche Truppenhilfe gegen Frankreich erhalten würde.
Würde man dabei den Plan noch geheimhalten, so könnte man durch Überraschungstaktik
vielleicht eine völlige Wendung der Kriegslage in Spanien zugunsten des Kaisers herbeiführen. Herzog Anton Ulrich denkt schon deshalb an Spanien, weil seine Enkelin Elisabeth
Christine die Gemahlin König Karls III. von Spanien ist.

Dies war der Kern des Plans. Er sieht etwas anders aus, wenn man Leibniz' Verhandlungen darüber in Wolfenbüttel mit Herzog Anton Ulrich betrachtet.[61] Das größte Hindernis, das ihm seitens Hannover selbst im Wege steht, ist die Tatsache, daß Kurfürst Georg
Ludwig noch gar nichts davon weiß. Er würde vielleicht zuerst Schwierigkeiten machen,
fürchtet Leibniz, aber wenn erst der Kaiser von Herzog Anton Ulrich gewonnen wäre,
würde dieser umgekehrt wohl den Kurfürsten zum Einverständnis bringen. Zur Zeit ist

---

[59] Vgl. ebd., S. 114.

[60] Leibniz für die Kaiserin Amalie, [vor 20. Dezember 1708] (LH XXI C Bl. 40-43).

[61] Leibniz für Herzog Anton Ulrich, 26. Oktober 1708 (LH XXI C Bl. 31-32).

der Kurfürst im Feld, und man kann nicht darauf warten, bis er zurückkehrt, währenddessen sich die jetzt so günstigen Konjunkturen – gemeint ist die Ächtung der bayerischen Kurfürsten – wieder verschlechtern könnten. So stellt Leibniz die Sache Herzog Anton Ulrich dar. Briefen an Georg Ludwig möchte er sie nicht anvertraut sehen, da er immerhin mutmaßt, daß ein Verrat des Geheimnisses Widerspruch auf Seiten der geistlichen Fürsten und selbst des Königs von Preußen hervorrufen könnte, von dem ein preußischer Minister ihm anvertraut hat, daß dem König von seinem kurfürstlichen Vater bedeutet worden sei, sich einer Vereinigung Hildesheims mit Braunschweig zu widersetzen. Dagegen glaubt er, daß Sachsen, Dänemark und Münster gewonnen werden könnten. Die als Gegengabe versprochenen Truppen will er nicht direkt in Spanien eingesetzt wissen, wo solche katholischer Konvenienz besser am Platze seien; die braunschweigischen Truppen sollen lieber statt ihrer am Rhein kämpfen. Diese abwägenden Betrachtungen lassen erkennen, daß wenn auch nicht der Wunsch, Hildesheim oder Teile davon zurückzugewinnen, so doch die Einzelheiten des Plans Leibniz zugeschrieben werden müssen. Im Eingang seines Bedenkens für Herzog Anton Ulrich hat er aufgezählt, wer alles in Wien als Mitwisser in Betracht komme: die Kaiserinwitwe, der Kardinal von Zeitz, Fürst Salm und der böhmische Kanzler Graf Wratislav und natürlich die regierende Kaiserin Amalie.

Es wurde schon oben dargestellt, in welcher Weise sich Leibniz dann mit den Wienern ins Benehmen setzte.[62] Herzog Anton Ulrich hatte Leibniz einen Brief für den Obersthofmeister Fürst Salm mitgegeben, den Leibniz aushändigte.[63] Gleichzeitig überreichte er ihm eine Denkschrift in deutscher Sprache, die im wesentlichen eine Übersetzung der französisch abgefaßten Denkschrift für die Kaiserin Amalie ist.[64] Die Entgegnung des Fürsten Salm, erst noch den Rat dritter Personen – darunter des Baron Seilern[65] – einholen zu wollen, schockierte Leibniz zunächst.[66] Er war willens, jeder unerwünschten Mitwisserschaft heftig zu widerstreben, da Herzog Anton Ulrich dies als Indiskretion empfinden mußte. Dann besann er sich jedoch,[67] fand es auch besser, daß noch ein weiterer Minister mit der Sache bekanntgemacht wurde, um so eine kleine Konferenz vor dem Kaiser zustande zu bringen. Er ging auf das Angebot der Kaiserin[68] ein, den Obersthofmeister Sinzendorf ins Vertrauen zu ziehen, dessen Meinung schon wegen der Truppenfrage ausschlaggebend war. Dennoch unterließ er nicht, die Kaiserin Amalie inständig daran zu erinnern, daß der Plan nicht vor einer definitiven Entscheidung des Kaisers bekannt werden dürfe. Dies war auch wegen der Eigenmächtigkeit gegenüber dem Kurfürsten geboten. Sinzendorf wurde dann von der Kaiserin eingeweiht, ohne daß Salm etwas davon erfuhr.[69] Aber in den Brie-

---

[62] Siehe oben, S. 35–39.

[63] Vgl. Leibniz an Kaiserin Amalie, 22. Dezember 1708 (LH XXI C Bl. 43 + 40).

[64] Leibniz für Fürst Salm, 20. Dezember 1708 (ebd.).

[65] Vgl. Leibniz an Herzog Anton Ulrich, 20. Dezember 1708 (LBr. F 1 Bl. 111).

[66] Leibniz an Kaiserin Amalie, 22. Dezember 1708 (gestrichenes Konzept LH XXI C Bl. 43v°).

[67] Ebd., Konzept.

[68] Leibniz an Herzog Anton Ulrich, 20. Dezember 1708 (LBr. F 1 Bl. 111).

[69] Ebd.

fen, die Leibniz schließlich von ihr und Fürst Salm für Herzog Anton Ulrich erhielt, wird nur ganz allgemein Unterstützung zugesagt. Auch Leibniz bekennt Herzog Anton Ulrich, daß er nicht mit großem Nachdruck habe verhandeln können, da er selbst die juristischen Grundlagen noch nicht genügend untersucht gehabt hätte.[70]

Trotz aller Bemühungen Leibniz', das Geheimnis zu wahren, scheint dieses dennoch oder jedenfalls ein Teil davon bekannt geworden zu sein. Wie Adolf Bertram in seiner Geschichte des Bistums Hildesheim ausführt,[71] hat der geächtete Kurfürst von Köln 1707 (hier könnte möglicherweise ein Irrtum vorliegen und 1708 gemeint sein) das ihn vertretende Domkapitel darauf aufmerksam gemacht, daß der Kurfürst von Hannover die Säkularisation des Stiftes Hildesheim und seine Vereinigung mit dem Hause Braunschweig anstrebe. Nun scheint zwar der Kurfürst anfangs von Anton Ulrichs Absichten gar nicht unterrichtet gewesen zu sein,[72] doch die militärischen Eingriffe des Hauses Braunschweig zugunsten der Protestanten im Bistum Hildesheim geben genügend Anlaß zu diesen Verdächtigungen. Bertram berichtet, daß das Kabinett in Wien, aber auch das in Berlin das Vorgehen von Hannover und Wolfenbüttel im Bistum mit mißtrauischen Augen angesehen haben. Vor dem Reichstag führte nicht nur Hildesheim Beschwerde, sondern sogar andere protestantische Reichsstände zeigten sich unzufrieden. König Friedrich I. von Preußen – mit dessen Widerstand auch Leibniz gerechnet hatte – erklärte, sich in bewaffnete Verfassung setzen zu müssen. Da man den Verdacht hegte, die Braunschweiger könnten als Parallele zu den Zeiten der Ächtung Bischof Johanns IV. auch aus der Ächtung des Kurfürsten von Köln Joseph Clemens Vorteil ziehen wollen, ist anzunehmen, daß Leibniz' Vorschläge durch Fürst Salm und Graf Sinzendorf Kaiser Josef I. unterbreitet worden sind. Leibniz hatte dies ja auch gewünscht. Die Reaktion des Kaisers darauf muß jedoch Leibniz' Plänen völlig entgegengesetzt ausgefallen sein, wie sein Ausspruch zeigt: er wolle lieber die Ansprüche seines Hauses auf Spanien aufgeben, als einen katholischen Reichsstand in einer solchen Lage ohne Schutz lassen. Diese Einstellung der Habsburger wird noch verständlicher, wenn man bedenkt, daß für die Dauer der Vakanz des Bistums der Kaiser die Kammerintraden bezog, die im Laufe der Jahre auf über 10000 Gulden erhöht wurden, und daß die Alliierten England und Holland zur Deckung der Kriegskosten ebenfalls hohe Geldforderungen an das Bistum stellten.[73]

Das Ausbleiben des Erfolgs bei den mit Herzog Anton Ulrich gemeinsam geschmiedeten Plänen scheint Leibniz nicht allzu sehr erschüttert zu haben. Kaiser Josef I. starb 1711 und Kaiser Karl VI. ernannte Leibniz zum Reichshofrat. Als er im Jahre 1713 zum vierten Mal in Wien weilt, macht er dem Kaiser neue Vorschläge in Sachen Hildesheim, aber diesmal, wie es den Anschein hat, völlig auf eigene Faust. Im Mai 1713 beabsichtigt er, dem Kaiser eine Kreditbeschaffung seitens des Kurfürsten von Hannover und als Gegengabe

---

[70] Leibniz an Herzog Anton Ulrich, 9. Januar 1709 (Bodemann: Leibnizens Briefwechsel, S. 187 f.).

[71] Bertram: *Geschichte des Bistums Hildesheim*, Bd. 3, S. 115.

[72] Vgl. 54953, Leibniz für Georg Ludwig, 1700 (MS 21, 1242 Bl. 5), incipit: „Nachdem aniezo wegen des Stiftes Hildesheim gehandelt wird …".

[73] Bertram: *Geschichte des Bistums Hildesheim*, Bd. 3, S. 109.

die Überlassung einiger Ämter im Bistum Hildesheim oder auch des ganzen Bistums an den Kurfürsten vorzuschlagen.[74] Dann ist ihm ein Tausch eingefallen.[75] Der Kaiser soll Hildesheim dem Kurfürsten von Köln – der wegen Abtrünnigkeit vom Reich eine Strafe erhalten muß, wie sie sein Bruder, Kurfürst Maximilian Emanuel von Bayern durch Abtretung der Oberpfalz erlitten hat – wegnehmen und dem Kurfürsten von Trier geben. Der Kurfürst von Trier stammt aus dem Hause Lothringen und ist ein Verwandter des Kaisers. Als Entschädigung an Braunschweig – dem Hildesheim doch rechtlich zukäme – soll der Kurfürst von Trier den Braunschweigern Osnabrück gänzlich überlassen, für das Trier und Braunschweig bisher abwechselnd die Bischöfe gestellt hatten. Der Papst soll durch den Neuabschluß von deutschen Konkordaten zum Einverständnis gebracht werden.

Ganz geheim scheint die Sache auch diesmal nicht geblieben zu sein. Herzog Anton Ulrich hat gewisse Gerüchte vernommen und teilt Leibniz mit, es gehe die Rede, Leibniz werde ein säkularisiertes Stift mitbringen.[76] Leibniz stellt sich jedoch unwissend: von einem säkularisierten Stift habe er nichts gehört, und er glaube auch nicht, daß man zu dieser ancora sacra greifen werde. Besonders hat man in geistlichen Kreisen aus Leibniz' Anwesenheit in Wien Verdacht geschöpft.[77] Der Kurfürst von Mainz, Lothar Philipp v. Schönborn, will seinem Neffen, dem Reichsvizekanzler v. Schönborn, deswegen einen Wink geben. Der wahre Grund dafür, so schreibt er ihm, sei der Wunsch Hannovers, Hildesheim zu erkaufen.[78] Der Reichsvizekanzler belehrt den Kurfürsten jedoch eines besseren. Eine solche Kommission sei nicht bekannt. Leibniz werde aus besonderen Absichten aufgehalten, obwohl er bereits wiederholt um seine Abberufung gebeten habe.[79]

Für die nächste Zukunft wurden dann Leibniz' Vorschläge illusorisch durch die Tatsache, daß Kaiser und Reich die beiden Kurfürsten von Bayern und Köln auf Wunsch Frankreichs in den Friedensschlüssen von Rastatt und Baden (März und September 1714) in ihre alten Würden wieder einsetzen mußten. Die französische Parteinahme hatte Leibniz allerdings in seinen Berechnungen auch als einen zu erwartenden Faktor gebucht.[80] Dennoch waren für Hannover bald viele Erfolge zu verzeichnen. Der Kurfürst von Braunschweig wurde im August 1714 König von England. Noch 1715 erhielt das Haus Braunschweig im Verlauf

---

[74] Leibniz, Aufzeichnung für eine Audienz in Laxenburg, 13. Mai 1713 (Foucher de Careil: *Oeuvres*, 7, S. 332 bis 336), Leibniz an Kaiser Karl VI., [Juni? 1713] (LH XLI 9 Bl. 138-139).

[75] Leibniz an Kaiser Karl VI., [nach 15. September 1713] (LH XLI 9 Bl. 129-132), für Karl VI., [Oktober 1713] (LH XIII Bl. 81-82); an Karl VI., 11. Dezember 1713, 17. Dezember 1713 (LH XXXIV Bl. 187-190; 193-196), [Dezember 1713] (Bodemann: *Die Leibniz-Handschriften*, S. 208).

[76] Herzog Anton Ulrich an Leibniz, 28. September 1713 (Bodemann: Leibnizens Briefwechsel, S. 235).

[77] Leibniz an Herzog Anton Ulrich, 7. Oktober 1713 (ebd., S. 235 f.).

[78] Am 2. Dezember 1713; zitiert nach Hantsch: *Reichsvizekanzler Friedrich Karl. v. Schönborn*, S. 435 f.

[79] Am 9. Dezember 1713; ebd.

[80] Vgl. Leibniz an Kaiser Karl VI., [Juni? 1713] (LH XLI 9 Bl. 138-139). Über die Gründe, die die Zumutung der Aufgabe des Bistums durch Kurfürst Joseph Clemens rechtfertigten, vgl. unten, S. 146 f.

des Nordischen Krieges Bremen und Osnabrück. Leibniz gratuliert dem hannoverschen Minister Goertz dazu mit dem Bemerken, daß das Glück von allen Seiten auf das Haus Hannover regne.[81] Wenn man überlege, wieviel günstige Konjunkturen Gott auf einmal habe entstehen lassen, könne man zum König nur sagen: Tibi militat aether.

---

[81] Leibniz an Goertz, 23. Dezember 1715 (Murr: *Journal zur Kunstgeschichte*, Tl. 7, S. 194 f.).

(3)   Die Wahrung der Reichsrechte in Italien

(a)   Die Verbesserung der deutschen Konkordate

Die Sammlung aller Reichsrechte in Italien ist für Leibniz ein ständig wiederholtes Anliegen, das in fast jeder der Denkschriften, die sich mit der Sammlung der Reichsrechte
überhaupt beschäftigen, zum Ausdruck kommt. Eine erste Anregung dazu muß wohl wieder
dem Wegbereiter seiner Jugendjahre, Johann Christian v. Boineburg, zugeschrieben werden.[1] Wenn Leibniz sich für den Neuabschluß von Konkordaten der römischen Kurie mit
dem Deutschen Reich einsetzt, die zugunsten Deutschlands umgestaltet werden sollen, so
steht dabei für ihn selbstverständlich auch ein gesamtdeutsches Interesse im Vordergrund.
Nur die reale Basis, auf der er diesen Reformvorschlägen Gestalt zu geben sucht, gewinnt
er wieder aus den Belangen eines einzigen Fürstentums, der welfischen Dynastie, in deren
Diensten er steht. Das gilt ebenso für seine Anregung, die Konkordate zu verbessern wie für
seine Bestrebungen im italienischen Raum, Toskana für das Deutsche Reich zu gewinnen.
   Papst Clemens XI. (1700–1721), der mit einundfünfzig Jahren den römischen Stuhl
bestiegen hatte, hatte zu Beginn des Spanischen Erbfolgekrieges insgeheim die Partei
Frankreichs ergriffen. Die Anwesenheit kaiserlicher Truppen in Italien nötigte ihn jedoch
am 15. Januar 1709 zu einem Vertrag mit Kaiser Josef I., in dem er Karl III. als König von
Spanien anerkennen und auf Comacchio verzichten mußte. Für diese zu erwartende Verständigung mit dem Papst hatte Leibniz schon 1708 einige Vorschläge parat gehabt, die er
dem russischen Gesandten in Wien, Urbich, mitteilte.[2] Als erstes ist darunter die Mahnung,
die günstige Gelegenheit für eine Verbesserung der Konkordate auszunutzen, deren Mängel
Leibniz wiederholt kritisiert hat. Auch an die Reichsrechte in Italien im allgemeinen zu erinnern, vergißt er nicht, und er gibt Urbich zu verstehen, daß er nichts dagegen hätte, wenn
dieser seine Anregungen an Stellen weitergäbe, die genügend Autorität besäßen, um etwas

---

[1] Vgl. oben, S. 118 und unten, S. 183 f.

[2] Leibniz an Urbich, [1708] (LBr. 947 Bl. 138).

© Springer-Verlag Berlin Heidelberg 2016
W. Li (Hrsg.), *Leibniz als Reichshofrat*, DOI 10.1007/978-3-662-48390-9_10

davon in die Tat umzusetzen. In dem genannten Zeitraum – 1708 – beschäftigte Leibniz gleichzeitig die Idee, Teile des Bistums Hildesheim für die Braunschweiger zurückzuge- winnen, wofür die Zustimmung des Papstes notwendig gewesen wäre, und so können sich möglicherweise schon in dieser Zeit beide Pläne zu einem verbunden haben. In dieser Form treffen wir sie mehrere Jahre später wieder bei ihm an.

Wie im vorigen Kapitel dargestellt wurde, macht Leibniz dem Kaiser im Herbst 1713 den Vorschlag, den Kurfürsten von Köln, Joseph Clemens, der noch nicht von der Reichs- acht gelöst ist, durch Entzug des Bistums Hildesheim zu strafen und dieses dem Kurfürsten von Trier, einem Verwandten des Kaisers zu geben. Der Kurfürst von Trier soll dafür Osna- brück dem Kurfürsten von Hannover überlassen, mit dem er es bisher abwechselnd regiert hat. Da jedoch zu befürchten ist, daß der Papst dem Hindernisse in den Weg legen könnte, rät Leibniz, diesen Tausch zum Verhandlungspunkt neu abzuschließender Konkordate mit dem Deutschen Reich zu machen.[3] Diese sollen bei der Gelegenheit überhaupt von Grund auf zugunsten des Reiches erneuert werden, wozu Leibniz dem Kaiser seine Gedanken unterbreiten möchte, wenn er ihn „zu dieser materi ziehen wolte, welche zumahl eines Reichshofrahts werck" sei.

So findet sich unter der Fülle volkswirtschaftlicher, finanzwissenschaftlicher, verwal- tungstechnischer und kulturpolitischer Vorschläge Leibniz' für den Kaiser auch ein kurzes „Bedencken betr. die jura Caesaris et imperii zumahl circa conordata Nationis Germanicae cum Curia Romana".[4] Auch hier ist – als Abschluß – der hildesheimische Plan, wenn auch nur verhüllt, enthalten, wieder mit dem Hinweis darauf, daß die Zustimmung des Papstes dazu erreicht werden müsse. Im übrigen führt Leibniz darin aus, daß er die Regierungs- zeit gerade dieses Papstes für günstig halte, um die Reichsrechte in eine bessere Verfas- sung zu bringen. Da Clemens XI. politisch mehr zur französischen Partei hinneigte, wird Leibniz hauptsächlich an seine allgemeinen kulturpolitischen Tendenzen gedacht haben. Clemens XI. versuchte, eine Verbesserung der Disziplin unter den römischen Geistlichen herbeizuführen, er förderte Kunst und Wissenschaft und bereicherte die vatikanische Bi- bliothek.[5] Leibniz fährt mit einigen Betrachtungen über das Alter und die Auslegung der deutschen Konkordate fort. Er beschwert sich, daß katholische Pragmatiker in Deutschland – dem Papst manchmal mehr zugetan als dem Kaiser – die zur Zeit Kaiser Friedrich III. ab- geschlossenen Konkordate [die Wiener Konkordate für Österreich (1445) und für Deutsch- land (1448), deren Ergebnis mit Einschränkungen die Anerkennung der Oberhoheit der römischen Kurie war] immer zugunsten der Kurie auslegten. Die 100 Beschwerden der deutschen Reichsstände (Gravamina nationis Germanicae), die bereits unter Kaiser Karl V. (1523) gegen die Behandlung auch weltlicher Prozesse vor geistlichen Tribunalen zusam- mengestellt wurden, seien größtenteils noch immer nicht behoben. Ältere Konkordate, die dem Kaiser mehr Rechte einräumten, seien noch vorhanden und durch jene nicht aufgeho- ben, aber sie seien nicht bekannt oder übergangen worden. Sie müßten erneuert und dem

---

[3] Leibniz an Kaiser Karl VI., [nach 15. September 1713] (LH XLI 9 Bl. 129-132).

[4] Leibniz an und für Kaiser Karl VI., [Oktober 1713] (LH XIII Bl. 81-82).

[5] *Realencyklopädie für protestantische Theologie und Kirche*, Bd. 4, 1898, S. 151.

Gebrauch zurückgegeben werden, um nicht ganz in Vergessenheit zu geraten. Dabei wird Leibniz besonders an das deutsche Konkordat denken, das 1418 auf dem Konzil zu Konstanz zustande kam, durch das eine allgemeine Reform der Kirche versucht, aber nicht erreicht wurde. Um doch noch zu einer Verbesserung zu kommen, entschloß man sich daher, neue kirchliche Vereinbarungen mit den in einzelnen Delegationen gesondert vertretenen Nationen – der deutschen, französischen, englischen, spanischen und italienischen – in besonderen Konkordaten zu treffen. Das deutsche beinhaltete die Einschränkung der Zahl der Kardinäle, der päpstlichen Reservate, der Abgaben nach Rom, der kurialen Dispensationen, der Erteilung von Indulgenzen u. a. mehr. Da sämtliche Konkordate jedoch nur provisorisch für fünf Jahre abgeschlossen waren, wurden neue Abmachungen notwendig, die dann auf dem Konzil zu Basel (1431–1449) ausgefochten und für Deutschland in den Wiener Konkordaten festgelegt wurden. Das Konstanzer Konkordat wurde darin nicht ausdrücklich aufgehoben, es wurden aber nur wenige der Reformbestimmungen gerettet. An die Stelle von Konkordaten traten dann nach der Reformation der Augsburger Religionsfrieden und der Westfälische Frieden. Erst das 18. und vor allem das 19. Jahrhundert brachten eine Fülle von neuen Abschlüssen mit der Kurie, die Leibniz bereits für seine Zeit fordert.

Leibniz bemängelt, daß die Deutschen in dieser Hinsicht bisher unter allen Nationen am ungünstigsten abgeschnitten hätten und der Kaiser unter allen Fürsten von der Kurie am schlechtesten behandelt würde. Deshalb regt er an, daß gleichgesinnte Staatsmänner und Gelehrte in den dafür zuständigen Gremien, in der Geheimen Konferenz, im Reichshofrat und im Reichskammergericht sobald wie möglich diese Fragen besprechen und das Ergebnis ihrer Beratungen dem Kaiser zur Beschlußfassung vorlegen sollten.

Auch auf einzelne Mißstände auf dem Gebiet der weltlichen Gerichtsbarkeit kommt Leibniz zu sprechen. Hier gab es jahrhundertealte Kompetenzstreitigkeiten. So erwähnt Leibniz kurz die italienischen Städte Parma und Piacenza, für die Papst Clemens XI. am 27. Juli 1707 eine Bulle zur Wahrung der päpstlichen Rechte erlassen hatte. Kaiser Josef I. protestierte dagegen in einem Dekret von 1708, worin er die in der Bulle ausgesprochenen Zensuren für nichtig erklärte.[6] Schwerwiegender noch für das deutsche Reich waren die Streitigkeiten um das Hochstift Lüttich, von denen Leibniz sagt, daß sie gezeigt hätten, wie sehr die Nuntien von Köln versuchten, die Fäden der kurialen Rechtsprechung über Gebühr auszuspinnen, zum Schaden sowohl der kaiserlichen als auch der episkopalen Jurisdiktion. Der bildhafte Vergleich für die Anmaßung der päpstlichen Gerichtsbarkeit läßt an das Privilegium Kaiser Karls V. von 1521 denken, das dem Hochstift Lüttich den Anspruch auf weltliche Rechtsprechung und deren Schutz durch den Kaiser gegenüber der kurialen zusicherte.[7] Hier ist der Ausdruck enthalten, den auch Leibniz gebrauchte: fimbrias suae [der Kurie] jurisdictiones ultra terminos … extendere. Leibniz berief sich ja gern auf die Entscheidungen Kaiser Karls V. Dieses Privilegium war notwendig geworden durch den gewohnheitsrechtlichen Gebrauch, im Fall einer Appellation wegen eines vom Lütticher

---

[6] Vgl. Friedberg, Emil: *Die Gränzen zwischen Staat und Kirche und die Garantien gegen deren Verletzung*, Abt. 2, Tübingen 1872, S. 90.

[7] Moser, Johann Jacob: *Teutsches Staats=Recht*, Tl. 4, 2. Aufl., 1748, Kap. 45, § 9.

Offizial gefällten Urteils sich nicht an das Reichskammergericht in zweiter Instanz zu wenden, sondern an den Kölner Offizial, den Kölner Nuntius oder gar an den römischen Stuhl. Offiziale (geistliche Richter) gab es nur vier in Deutschland, in Köln, Lüttich, Münster und Paderborn. Unter den deutschen Nuntiaren spielte die in Köln eine Hauptrolle, da sie auch für den Bereich weiterer Diözesen (Mainz, Trier) zuständig war. Die Offiziale in Lüttich bestritten nun einfach, daß man in einer Gerichtssache geistlichen Charakters sich an ein weltliches Gericht wenden dürfe, und so kam es häufig zur Appellation oder zum Rekurs, wie man es nannte, nach Köln. Man behauptete sogar, daß ein weltlicher Streit seinen weltlichen Charakter verliere durch die Behandlung vor einem geistlichen Gericht. Dies bestätigt, daß auch Streitfälle profaner Natur vor die geistlichen Gerichte gebracht wurden. Die Entscheidung darüber, welchen Charakter eine Streitsache habe und vor welches Forum sie gehöre, wird nicht immer leicht gewesen sein. Seit dem Privileg Karls V. und ähnlichen des Reichskammergerichts (1529, 1571, 1643) hat dann der Fall Lüttich immer wieder Erwähnung gefunden, im Reichsabschied von 1654 und in den Wahlkapitulationen der deutschen Kaiser, von der des römischen Königs Ferdinand IV. an.[8]

Kurfürst Maximilian Heinrich von Köln verbot 1670 den Rekurs in weltlichen Sachen an den päpstlichen Nuntius zu Köln oder nach Rom, 1672 befahl er seinen Justizbeamten, den Reichsgerichten (Reichskammergericht und Reichshofrat) zu gehorchen. Später ließ er sich jedoch vom Kölner Nuntius Opizius Pallavicini bewegen, diese Verordnung aufzuheben.[9] Wohl an diese Versuche wie überhaupt an die episkopale Gegenbewegung gegen die Nuntiatur in Deutschland, die soviel Vollmachten wie nur möglich an sich zu ziehen suchte,[10] denkt Leibniz, wenn er sagt, daß die Nuntien auch zum Schaden der bischöflichen Gewalt ihre Gerichtsbarkeit auszudehnen suchten.

In den kurz vor Leibniz' Denkschrift liegenden Jahren sind für Lüttich die Patente und Reskripte Kaiser Josefs I. von 1707 an den Offizial, das Consilium intimum und ordinarum und den Schöppenstuhl zu verzeichnen, sowie eine Revisionsordnung für das Hochstift vom 5. Mai 1710, die im Gegensatz zu früheren Auffassungen bestimmte, ein geistlicher Richter solle wie ein weltlicher urteilen, wenn eine weltliche Sache vor ihn gebracht würde, d. h. er dürfe dann keine geistlichen Strafen verhängen.[11] Am 19. Februar annullierte Kaiser Josef eine Entscheidung des Lütticher Offizials, die gegen diese Ordnung verstoßen hatte, wobei er sich auch auf das Urteil des Reichshofrats berief.[12]

Über das Vorgehen des zu Leibniz' Zeit amtierenden Kölner Nuntius Giambattista Bussi gegen Lüttich sind wir genau durch die von seinem Auditor Alessandro Borgia verfaßte

---

[8] Moser, ebd. §§ 11-17.

[9] Ebd., § 18.

[10] Vgl. Müller, Karl: *Kirchengeschichte*, Bd. II,2, Tübingen 1923, § 281: Die Römische Kirche in Deutschland und den nordischen Ländern – und Feine, Hans Erich: *Kirchliche Rechtsgeschichte, I. Die katholische Kirche*, Weimar 1954, § 44: Episkopalische Strömungen, II. Die „Reichskirche" und der Febronianismus.

[11] Moser: *Teutsches Staats=Recht*, §§ 28-35.

[12] Moser, ebd., § 36.

Finalrelation nach Rom informiert.[13] Sie zeigt, mit welchen Augen man die Sache von dort aus ansah. Bussi war in Rom sehr angesehen, da er schon im Einsatz gegen die holländischen Calvinisten und Jansenisten seinen Eifer bewiesen hatte. Aus diesem Grunde wurde ihm die wichtige Aufgabe der Verwaltung der Nuntiatur zu Köln übertragen. Er war hier von 1706 bis 1712 tätig. Borgia weiß ebenfalls von seiner Tüchtigkeit zu berichten. Er umgrenzt kurz den Zuständigkeitsbereich des Kölner Nuntius und beginnt dann beim Bistum Lüttich mit einer ausführlichen Darstellung. Als seine Besonderheit kennzeichnet er, daß hier viele Laien sich an das geistliche Gericht wendeten und daraus die häufige Appellation nach Köln resultiere. Dann schildert er den Prozeßgang im allgemeinen, wobei er zunächst die Rührigkeit Bussis rühmt, die sich auf die Einnahme von Gerichtsportalen auswirken mußte. Für das Lesen der Prozeßakten wurde für je sechs Blätter ein Gulden erhoben, für den Urteilsspruch wurde die Erkenntlichkeit von der siegreichen Partei verlangt, die die Bezeichnung „le grazie" hatte: der Gewinner des Prozesses sagte Dank für die gewährte Rechtsprechung.

Einer der bedeutendsten Vorfälle der vergangenen Jahre sei der [erst 1714 zugunsten des Kaisers entschiedene] Streit um die Ausübung des Rechts der ersten Bitten (jus primariarum precum) gewesen. Dieses Recht ermächtigte den Kaiser, aus Anlaß seiner Krönung einmal in jedem Stift oder Kloster des Reiches und der Erbländer die Vergabe von vakanten oder vakant werdenden Benefizien und Pfründen an eine ihm erwünschte Person gelangen zu lassen. Auch Leibniz erwähnt es in seiner Denkschrift und hat dabei wohl ebenfalls an die Vorgänge in Lüttich gedacht. Er weist ausdrücklich darauf hin, daß dieses Recht dem Kaiser nicht aus päpstlicher Gnade zugestanden worden sei, sondern auf ein altes Königsrecht zurückgehe. Borgia vertritt in der Finalrelation die erste Version und berichtet anschließend von kaiserlichen Bevollmächtigten, die sich eigens zu dem Zweck der Wahrung dieses Rechts in Köln und Lüttich aufhielten.[14] Er behauptet, daß sie es auch in den dem Papst reservierten Monaten [den sechs ungeraden nach dem Wiener Konkordat von 1448] in Anspruch genommen hätten, worauf der Nuntius mit Ermahnungen an das Kapitel erfolgreich eingeschritten sei. Nach dem Tod Kaiser Josefs I. hätten Reichsvikare, die Kurfürsten von der Pfalz und Sachsen, die gleichen Schwierigkeiten gemacht. Dagegen lobt er das Lütticher Domkapitel, das trotz der Drohung der kaiserlichen Bevollmächtigten, die Vergabe der betroffenen Benefizien zu sequestrieren, sich durch Schließung des Gottesdienstes und andere Maßnahmen auf die Seite der Kurie gestellt habe.

Eine weitere Mißhelligkeit entstand durch Subsidienforderungen der Lütticher Stände an die Geistlichkeit während des Krieges. Als man mit Gewalt vorging, schritt der Auditor in Rom zur Exkommunizierung. Man erreichte darauf aber Absolution vom Generalvikar

---

[13] Veröffentlicht von Meister, Alois: Die Finalrelation des Kölner Nuntius Johann Baptista Bussi. In: *Römische Quartalschrift*, Bd. XIII, 1899, S. 347-364. Biographische Notizen über Bussi geben Gaetano Moroni im *Dizionario di erudizione storico-ecclesiastica*, Venezia 1840 ff. (Bd. VI, S. 172 f.); Just, Leo: Die Quellen zur Geschichte der Kölner Nuntiatur in Archiv u. Bibliothek des Vatikans, in: *Quellen u. Forschungen aus italien. Archiven u. Bibliotheken*, Bd. 29, 1938/39, S. 276 f.; Karttunen, Liisi: Les noncia-scientiarum Fennicae, Ser. B, Bd. V/3), S. 235 f.

[14] Meister: Die Finalrelation des Kölner Nuntius, S. 355.

und fuhr in dem Unternehmen „ohne Gewissensskrupel"[15] fort. Als auch der Wiener Hof seine Hand dazu bot, wurde eine Nichtigkeitserklärung der Absolution durch den Papst nötig, die vom Nuntius jedoch nicht so schnell publiziert werden konnte. Es fanden sich aber immerhin einige, die reumütig ein päpstliches Indult begehrten für ihre Handlungen. Soweit der Bericht des Alessandro Borgia.[16]

Im September 1712 mußte der Kölner Nuntius Giambattista Bussi die Nuntiatur nach einem heftigen Streit mit den weltlichen Doktoren der juristischen Fakultät der Kölner Universität verlassen. Es ging den nur kanonisches Recht Lehrenden um ihre Gleichberechtigung und Ernennung des Dekans. Bussi war dabei bis zur Absetzung des gewählten Dekans und seiner Exkommunizierung gegangen. Aber auch Borgia, Auditor und nach Bussis Entfernung Administrator der Nuntiatur, wurde laut Reichshofratsprotokoll vom 26. März 1714 aufgefordert, das Land zu verlassen.[17] Er blieb noch bis zum November 1714 im Amt.

Für Leibniz bildet ein weiteres Anliegen die Wahl der Bischöfe – die laut Konkordat frei war –, der Äbte und anderer Geistlicher. Er bringt zum Ausdruck, wie wichtig es sei, daß sie nicht auf dem Kaiser und Reich verdächtige Personen falle, wie dies häufig geschehen sei. Er wünschte sich daher in einem neuen Konkordat einen besonderen Artikel, der festsetzen sollte, daß der Papst erst nach erklärtem Einverständnis des Kaisers dem Gewählten die Ernennungsbulle zukommen lassen dürfe. Das treffendste Beispiel für die Wahl von Geistlichen, die zu personis ingratis im Reich wurden, war wohl in jüngster Vergangenheit das der frankophilen Fürstenbergs, die nacheinander Bischöfe von Straßburg wurden. Vor allem aber waren es die Kurfürsten von Köln, seit einem Jahrhundert aus dem Hause Bayern stammend, so daß Max Braubach das Erzbistum eine Sekundogenitur Bayerns genannt hat,[18] die nicht immer im Sinne des Kaisers handelten. Und vor allem Joseph Clemens, der nur mit Hilfe von Kaiser und Reich im Verlauf des Pfälzischen Krieges sein Frankreich abgejagtes Kurfürstentum hatte in Besitz nehmen können, wandte sich im Spanischen Erbfolgekrieg auf die Seite Frankreichs, so daß er in die Reichsacht erklärt worden war. Erst durch die Verträge von Rastatt und Baden (1714) wurden ihm seine Besitzungen restituiert, am 25. Februar 1715 kehrte er nach Köln zurück und erst 1717 wurde er vom Kaiser in alle seine Würden wieder eingesetzt.

Mit dem Kurfürstentum Köln war ebenfalls schon seit einem Jahrhundert das Bistum Hildesheim in Personalunion verbunden. Nach Kurfürst Maximilian Heinrich (gest. 1688) regierte ein Statthalter, zu dessen Koadjutor Joseph Clemens 1694 ernannt wurde. Er selbst war noch nicht im Besitz der geistlichen Weihen. Als der Statthalter (Jodocus Freiherr v. Brabeck) 1702 starb, war Joseph Clemens bereits in Frankreich. Erst nach dem Friedens-

---

[15] Ebd., S. 356 („con questo empiastro credono d'aver saldate le piaghe delle loro coscienze").

[16] Nicht zuletzt hat Leibniz von den jüngsten Vorfällen in Lüttich von seinem Wiener Bekannten Graf Corswarem erfahren, der die Lütticher Stände vor dem Reichshofrat zu vertreten hatte (vgl. oben, S. 106, Anm. 213).

[17] Moser: *Teutsches Staats=Recht*, §§ 39-41.

[18] Braubach, Max: *Kurkölnische Gestalten und Ereignisse aus zwei Jahrhunderten rheinischer Geschichte*, Münster 1949, S. 158.

schluß wurde er wirklich Bischof von Hildesheim. So scheint Leibniz' Vorschlag, ihn mit dem Entzug des Bistums zu strafen – wie er es hier wieder andeutet – doch nicht ganz außer dem Bereich des Möglichen zu liegen. Er kannte außerdem aus persönlicher Anschauung Joseph Clemens' Abneigung gegen den geistlichen Stand. Als Siebzehnjährigen hatte er ihn in München kennengelernt und beobachtet, daß er sich überaus erboste, wenn man ihn als Bischof behandelte oder bezeichnete.[19] Erst kurz vor Beendigung des Krieges hatte er in Frankreich die Bischofsweihe empfangen.

Kurze Zeit nach Abfassung der Denkschrift stellt Leibniz Hildesheim einen neuen Verhandlungspunkt mit der Kurie an die Seite: das italienische Comacchio.[20] Comacchio, zum Herzogtum Modena gehörig, wurde vom deutschen Kaiser als Reichslehen, vom Papst als päpstliches Lehen in Anspruch genommen. Clemens VIII. zog es 1598 als erledigtes Lehen ein. Als im Verlauf des Spanischen Erbfolgekrieges Papst Clemens XI. Schwierigkeiten machte, den Habsburger Karl als König von Spanien anzuerkennen und sich auf die Seite Frankreichs stellte, drangen die in Italien stationierten kaiserlichen Truppen in päpstliches Gebiet vor, wobei Comacchio 1708 besetzt wurde. Eine neu angebrachte Inschrift verkündete: „Josepho imperatori antiqua Italiiae jura repetenti"[21]. Am 15. Januar 1709 mußte die Stadt förmlich abgetreten werden. Leibniz denkt nun daran, falls der Kaiser beabsichtigen sollte, es dem Papst wieder zu überlassen, als Gegengabe eine Verbesserung der deutschen Konkordate zu verlangen. So setzt er den Plan dann ausführlicher dem Reichshofratspräsidenten auseinander.[22] Vor allem müsse man auf ihre bessere Auslegung – zum Vorteil des Reiches – bedacht sein. Außerdem müsse man einiges mehr dabei zu gewinnen suchen, was auch andern Nationen schon zugestanden worden sei. Die Gelegenheit scheint Leibniz günstig, da es dem Papst ein Ehrenpunkt sein werde, den Platz, der unter seinem Pontifikat verlorengegangen sei, wiederzugewinnen. So glaubt er, daß Clemens XI. mehr als jeder spätere Papst bereit sein werde, Zugeständnisse dafür zu machen.

Auf diese Weise wollte Leibniz den Streit um Comacchio entscheiden, der die Geheime Konferenz kurz vor Josefs I. Tod lebhaft beschäftigt hatte. Hier hegte man mit Ausnahme des Reichshofratspräsidenten starke Zweifel an der Gerechtigkeit der kaiserlichen Sache.[23] Diese Auffassung drang aber nicht in die Öffentlichkeit, wie die für den Kaiser eintretende schriftstellerische Polemik beweist. Sie bestritt auf das heftigste, daß Josef I. an eine Rückgabe Comacchios gedacht habe,[24] Leibniz' Ausführungen jedoch lassen erkennen, daß er über die Meinung der Minister informiert war. Noch Kaiser Karl VI. restituierte Comacchio

---

[19] Braubach, Max: *Die vier letzten Kurfürsten von Köln. Ein Bild rheinischer Kultur im 18. Jahrhundert*, Bonn und Köln 1931, S. 14.

[20] Leibniz an Kaiser Karl VI., 17. Dezember 1713 (LH XXXIV Bl. 193-196).

[21] Erdmannsdörffer, Bernhard: *Deutsche Geschichte vom Westfälischen Frieden bis zum Regierungsantritt Friedrich's des Großen*, Bd. 2, Berlin 1893, S. 233.

[22] Leibniz an Windischgrätz, 26. Juli 1714 (LH XLI 9 Bl. 124).

[23] Vgl. Hantsch: *Reichsvizekanzler Friedrich Karl v. Schönborn*, S. 229 f.

[24] *Lettre de S. S. le pape Clement XI. à ... l'imperatrice regente, du 3 Mai 1711. Avec les Réflexions qu'une personne de qualité a faites là-dessus*. La Haye 1711. – *Remarques nouvelles sur le bref de Sa Sainteté à S. M. l'imperatrice Mere et sur l'explication qu'on y a donnée à Rome*. Cologne [1713].

der römischen Kurie. Am 20. Februar 1725 kam nach einer Verständigung der katholischen Mächte Habsburg und Spanien (im Wiener Frieden 1725) ein Vertrag darüber zustande. Wenn er auf italienischer Seite auch nicht mehr von Clemens XI. geschlossen wurde, so war dessen zweitem Nachfolger, Papst Benedikt XIII., die Wiedergewinnung Comacchios nicht weniger eine Herzensangelegenheit. Sie garantierte doch einigermaßen die Unverletzlichkeit des Kirchenstaates.[25] Dem Kaiser wurden dafür zwar keine neuen Konkordate bewilligt, doch erließ ihm Benedikt XIII. eine Schuld von 80 000 Talern und bewilligte ihm die Erhebung neuer Steuern von den kirchlichen Korporationen – zur Sicherung der Grenze gegen die Türken.[26] Leibniz wäre damit wohl auch zufrieden gewesen. Hatte er doch selbst einmal den König von Frankreich durch sein „Consilium Aegyptiacum" zum Kampf gegen die Ungläubigen aufrufen wollen.

(b)   Der toskanische Erbfolgestreit (1713–1735)

(α)   Leibniz als Neuentdecker der Urkunden Karls V. über die Einsetzung der Medici in Florenz

Im Fall Lauenburg und Hildesheim war es um Reichsrechte gegangen, die ein Glied des Reiches gegen das andere vertreten hatte, also nicht um ein gesamtdeutsches Interesse; in den Fragen, die um die Erbfolge im Großherzogtum Toskana mit seiner Hauptstadt Florenz entstanden, ging es dagegen um Rechte, die das Reich oder besser die deutschen Kaiser seit dem Mittelalter in außerdeutschen Gebieten zu behaupten gesucht hatten. Leibniz hat sich daher auch nicht erst beim Akutwerden der Nachfolgefrage in Florenz, sondern schon viel früher für dieses Thema interessiert und Material gesammelt, das er im dafür geeignetsten Moment dem Hof in Wien unterbreiten konnte. Dieser machte nicht sofort Gebrauch davon, doch hat man nach Leibniz' Tod – wie noch zu beweisen sein wird – die von Leibniz aufgefundenen Kaiserurkunden, die den habsburgischen Anspruch auf Toskana legitimieren sollten, wiederholt gedruckt. Leibniz hatte allerdings wieder versucht, auf die Entscheidung der Frage im Interesse der welfischen Dynastie einzuwirken – doch vergeblich.

Während Leibniz noch in Wien weilte, trat gegen Ende des Jahres 1713 die Nachfolgefrage in Florenz in ein kritisches Stadium ein. Am 31. Oktober 1713 starb der Erbprinz Ferdinand von Toskana aus dem Hause Medici infolge eines leichtsinnig geführten Lebens. Er hinterließ keine männlichen Erben. Da auch von seinem Bruder, Johann Gaston, der getrennt von seiner Gemahlin lebte, keine Nachkommenschaft zu erwarten war, stand das Aussterben des Hauses Medici in nicht allzu ferner Zeit bevor. Der noch regierende Vater der Prinzen, Großherzog Cosimo III., hatte aus Sorge um die Erbfolge seinen Bruder, Kar-

---

[25] Pastor, Ludwig von: *Geschichte der Päpste im Zeitalter des fürstlichen Absolutismus*, Bd. 15, Freiburg 1930, S. 413 f., 501.

[26] Zwiedineck-Südenhorst, Hans von: Deutsche Geschichte im Zeitraum der Gründung des preußischen Königtums, Bd. 2, Stuttgart 1894, S. 626.

dinal Franz Maria 1709 bewogen zu heiraten; dieser starb jedoch kurze Zeit darauf (1711).
Nun versuchte er, unterstützt durch einen Senatsbeschluß, dem Prinzip der weiblichen
Erbfolge in Florenz Geltung zu verschaffen. Dies sollte die Herrschaft der Medici ver-
längern, da Cosimo III. noch eine Tochter hatte, die seit 1691 mit dem Kurfürsten Johann
Wilhelm von der Pfalz vermählt war und die nun für den Fall des Ablebens des letzten
Prinzen zur Nachfolgerin erklärt wurde. Das erregte jedoch am Hof Kaiser Karls VI. – und
nicht nur hier – heftigen Widerspruch. Die Einbeziehung des Senats in den Regierungsakt
bewies, daß für die Medici, obwohl sie seit fast 200 Jahren die Alleinherrschaft in Florenz
ausübten, die republikanische Verfassung wenigstens noch de jure bestand. Annehmbarer
als die Unterwerfung unter Österreich blieb immer noch das Zurückgreifen auf die alte
städtische Freiheit Florenz'. In Wien dagegen erklärte man Cosimos III. Handlungsweise
für unerlaubt und eigenmächtig. Ein über Jahre sich hinziehender Streit der Juristen auf
beiden Seiten entspann sich, der jedoch keine unmittelbaren praktischen Folgen hatte, da
Cosimo III. selbst erst 1723 starb, sein zweiter Sohn Johann Gaston 1737 und dann die
Frage auf anderem Wege doch zugunsten Habsburgs entschieden wurde. Der Polnische
Erbfolgekrieg (Frieden von Wien 1735 und 1738) sicherte Habsburg-Lothringen den Besitz der Toskana.

Das Recht des Hauses Habsburg auf Florenz mußte historisch begründet werden, und
hier war Leibniz der erste, der dafür seine umfangreichen, seit längerer Zeit erworbenen
Kenntnisse anbieten konnte, wenn auch sein leitender Gedanke dabei die Erwerbung Toskanas für das mit Braunschweig verschwägerte Haus Este in Modena und letztlich für
Braunschweig-Lüneburg selbst war. Die für beide Teile, Habsburg und Florenz entscheidende Frage war, ob Florenz als Reichslehen anzusprechen sei und damit bei Aussterben
des Hauses Medici dem Reich anheimfallen mußte, oder als eine unabhängige Republik,
die beim Erlöschen der herrschenden Familie gemäß ihrer Verfassung selbst über die zu-
künftige Form der Regierung entscheiden konnte. Man mußte dabei auf das Jahr 1530
zurückgehen, in dem Karl V. um des guten Einvernehmens mit Papst Clemens VII. willen
– der selbst ein Medici war und vor seiner Papstwahl die Geschicke der Stadt Florenz eine
Zeitlang gelenkt hatte – nach zehnmonatiger Belagerung der Stadt die Medici dort wieder
eingesetzt hatte. Florenz war während des Mittelalters als Stadtstaat eine der freien italienischen Republiken, wie z. B. auch Mailand oder Siena, hatte jedoch wie diese sich hin und
wieder der Oberherrschaft des Heiligen Römischen Reiches deutscher Nation unterwerfen
müssen. Die Regierung wurde in Florenz vom „Großen Rat" der Bürger ausgeübt, in dem
bald eine Reihe der wohlhabendsten Patrizier die Oberhand gewannen. Unter diesen erwarb
die Kaufmannsfamilie der Medici das größte Ansehen und gelangte allmählich, besonders
unter Lorenzo il Magnifico, dem bedeutendsten unter ihnen, zur Alleinherrschaft. Diese
wurde am Ende des 15. Jahrhunderts auf kurze Zeit durch das religiöse Regiment Savona-
rolas unterbrochen; am Anfang des 16. Jahrhunderts, 1527, wurden die Medici zum zweiten Mal vertrieben. Um diese Zeit standen sich in Florenz vier Gruppen der Bevölkerung
gegenüber: die Plebs, die ohne politische Vertretung war, der „popolo", die Bürgerschaft,
vertreten im Großen Rat der Zweihundert, die Optimaten oder die Aristokratie der reichen
Kaufleute und Bankiers, vertreten durch den Rat der Achtundvierzig bzw. die Signorie und

schließlich die Medici.[27] Nach der Vertreibung der Medici war die Aristokratie diejenige Schicht, die die meisten Machtmittel besaß, jedoch keineswegs einig in der Frage der zukünftigen Regierungsform war. Die Medici wurden bald Herr der Lage. Kardinal Guilio de' Medici, der 1523 Papst Clemens VII. wurde, verständigte sich mit Kaiser Karl V., der den Papst im Kampf gegen Frankreich und die Türken auf seiner Seite wissen wollte. Im Vertrag von Barcelona 1529 versprach Karl V., die Medici in Florenz wieder einzuführen. Unter dem General Ferrando de Gonzaga belagerten dementsprechend kaiserliche Truppen elf Monate lang die Stadt, bis deren Bürger, durch Hunger gezwungen, die Verteidigung ihrer Freiheit aufgeben mußten. Von einer Vernichtung und Plünderung der Stadt wurde bewußt Abstand genommen. Die Kapitulationsurkunde[28] bürdete die finanziellen Kosten der Belagerung den Florentinern auf, bis zu deren Leistung sie Geiseln zu stellen hatten; allen aus politischen Gründen Verbannten wurde bei ihrer Rückkehr Wiedereinsetzung in ihren Besitz versprochen. Die Regierungsform sollte Kaiser Karl V. innerhalb von vier Monaten bestimmen, jedoch unter Wahrung der Klausel: salva libertate Florentiae.[29] Im Sommer 1531 wurde der neue modus vivendi in Florenz feierlich verkündet. Laut einer Urkunde, die auf den 28. Oktober 1530 rückdatiert war,[30] ernannte Karl V. Alexander de' Medici zum Präfekten der Stadt Florenz, da – wie es dort heißt – die vorangegangenen Ereignisse bewiesen hätten, daß die Form der Alleinherrschaft Florenz zuträglicher sei als die einer Republik. Im Fall seines Todes wurden Alexanders legitime männliche Nachkommen zu seinen Nachfolgern bestimmt; falls keine solche vorhanden wären, sollten die nächsten männlichen Verwandten aus der Familie Medici die Nachfolge antreten. Bei Zuwiderhandlung wurde der Stadt der Entzug aller kaiserlichen Privilegien angedroht. Diese Urkunde wurde im Juli 1531 im Saal des Großen Rates in Anwesenheit des kaiserlichen Gesandten J. A. Muscettola verlesen und von den Magistraten der Stadt im Namen der zahlreich versammelten Bürgerschaft mit Dank angenommen.[31] Alexander wurde mit Karls V. natürlicher Tochter Margarete verlobt. Die Eheschließung fand 1536 statt. Im April 1532 kam auf die Initiative und unter Mitwirkung Papst Clemens VII. eine neue Verfassungsordnung für Florenz zustande, die dem äußeren Anschein nach die bisherige blieb, in Wirklichkeit jedoch die Befugnisse des Magistrats weiter einschränkte und statt dessen Alexander als erblichen Herzog an die Spitze eines erblichen Herzogtums stellte. Damit war die Republik in Florenz praktisch beseitigt.

Zahlreiche angesehene Florentiner Bürger, darunter der vornehmste Filippo Strozzi, zu dessen Geschäftspartnern König Franz I. von Frankreich zählte, hatten Florenz verlassen

---

[27] Vgl. Albertini, Rudolf von: *Das florentinische Staatsbewusstsein im Übergang von der Republik zum Prinzipat*, Bern 1955, S. 20 ff.

[28] Gedr. bei Lünig, Johann Christoph: *Codex Italiae diplomaticus*, Bd. 1, 1725, Sp. 1155-1160.

[29] Ebd., Sp. 1157 („che sia conservata la libertà").

[30] Ebd., Sp. 1163-1168. Zur Datierung vgl. Reumont, Alfred von: *Geschichte Toskanas*, Tl. 1, 1876, S. 34.

[31] Vgl. ebd., S. 34 ff. Auch diese Vorgänge werden in einer Urkunde dargestellt (Lünig: *Codex Italiae diplomaticus*, Bd. 1, Sp. 1167-1172), die in fast allen Handschriften mit dem 6. April datiert wird.

und lebten in andern italienischen Städten wie Rom und Venedig. Alexander hat dem Kaiser
– angeblich auf den Rat des durch seine Geschichte Florenz' bekannt gewordenen florentinischen Senators Francesco Guicciardini – erfolgreich widerstanden, als dieser ihm anläßlich ihrer Zusammenkunft in Neapel 1536 Florenz als kaiserliches Lehen auftragen wollte.[32]
Unter seiner Herrschaft wurde auch die durch den Krieg daniederliegende Wirtschaft wieder in Gang gebracht. Doch im übrigen hat er sich bald von den Geschäften zurückgezogen
und machte sich durch ein ausschweifendes Leben verhaßt. Am 5. Januar 1537 wurde er
von seinem Vetter Lorenzino aus persönlichen Motiven ermordet.

Der Kardinal Innocenzo Cibo aus dem Hause Medici, der als Vertrauter des Kaisers galt,
reagierte geistesgegenwärtig. Er verheimlichte den Tod Alexanders zunächst, da er einen
Volksaufstand befürchtete. Dagegen rief er den abwesenden Kommandanten der Festung,
Alessandro Vitelli, in die Stadt zurück. Am Abend des nächsten Tages hatte sich das Gerücht vom Tode Herzog Alexanders jedoch überall verbreitet. Kardinal Cibo versuchte nun
im Rat der Achtundvierzig einen illegitimen Sohn des Herzogs, Guilio, an dessen Stelle
zu setzen, stieß dabei aber auf Ablehnung. Es war deutlich, daß er an Guilios Stelle die
Macht an sich bringen wollte; zudem entsprach die Einsetzung eines illegitimen Nachfol-
gers nicht den Bestimmungen der Kaiserurkunde. So schlug der Senat Cosimo de' Medici
vor, den Sohn des berühmten Condottiere Giovanni delle Bande Nere. Da dieser bisher
am Hof Alexanders nur wenig in Erscheinung getreten war, erlaubte man, die Regierung
statt seiner führen zu können. Auch die mit Vitelli in die Stadt zurückkehrenden Truppen
akklamierten die Medici. So berief man kraft Senatbeschluss vom 9. Januar 1537 Cosimo
zum Präfekten der Stadt und Ersten des Magistrats, dem alle Rechte zustehen sollten, die
Alexander gehabt hatte.[33] An eine Wiederherstellung der Republik war angesichts der in
Italien weilenden kaiserlichen Truppen nicht zu denken. Kaiser Karl V. seinerseits hoffte,
den den Medici 1532 vom Papst verliehenen Herzogstitel bei dieser Gelegenheit wieder
abschaffen zu können. Er sandte eine dahingehende Instruktion an seinen Gesandten in
Rom, den Grafen Cifuentes. Dieser sollte nach Florenz gehen, dort jedoch in abwartender
Haltung mit Geschick vorgehen, um Cosimo nicht in Karls Feinden, den Franzosen, in die
Arme zu treiben.[34] Cifuentes ging mit einer Vollmacht[35] Karls versehen nach Florenz und
unter dem Datum des 21. Juni und 30. September 1537 wurde wiederum eine kaiserliche
Urkunde ausgestellt,[36] die ebenso wie der florentinische Senatsbeschluß Cosimo als Haupt
der Republik Florenz mit den gleichen Rechten, die Alexander gehabt hatte, anerkannte.
Ein Angriff auf die Stadt durch die in freiwilliger Verbannung lebenden reichen Floren-

---

[32] Reumont, *Geschichte Toskanas*, Tl. 1, S. 63.

[33] Gedr. bei Lünig: *Codex Italiae diplomaticus*, Bd. 1, Sp. 1171-1172 (dort ist 1536 verdruckt für
1537).

[34] Instruktion für Cifuentes vom 1. März 1537, zitiert bei Spini, Giorgio: *Cosimo I de' Medici e la
indipendenza del principiato Mediceo*, Florenz 1945, S. 99.

[35] Gedr. in: *Notizia della vera libertà Fiorentina*, Tl. II, 1725, S. 572 f.

[36] Lünig: *Codex Italiae diplomaticus*, Bd. 1, Sp. 1171-1178 (hier der 12. Juni; vgl. dazu unten,
S. 167).

tiner Bürger – die fuorosciti – blieb vergeblich. Cosimo setzte sich schnell über die ihm auferlegten Schranken hinweg und regierte absolut. Filippo Strozzi kam wie viele andere Bürger ums Leben; die bedeutenderen Senatoren wie Guicciardini u. a., die Einfluß auf die Regierung der Stadt gehabt hatten, starben nach wenigen Jahren; die Bürger, die von nun an in Wirtschaft und Verwaltung bevormundet wurden, verloren ihr politisches Verantwortungsbewußtsein. Obgleich Florenz wieder zu äußerem Wohlstand gelangte, war es innerlich eine tote Stadt und ohne Seele.[37] Cosimo war zwar nur zum „Caput Reipublicae Florentinae" ernannt worden, zeichnete jedoch fortan als „Duca di Fiorenza", und über dem Kamin seines Zimmers im oberen Stockwerk des Palazzo Vecchio steht die Inschrift: „Cosimo Florie Dux II."[38] In seiner Außenpolitik gab Cosimo die alte Anhänglichkeit der Medici an Frankreich auf und hielt sich zu Kaiser Karl V. Die Abhängigkeit von Karl V. blieb die Grundlage seiner eigenen Macht. Mit Hilfe des Kaisers vertrieb er die Franzosen aus Siena. Karl V. trug 1554 Siena seinem Sohn, König Philipp II. von Spanien, zu Lehen auf,[39] 1557 empfing es Cosimo I. von Philipp II. als Afterlehen.[40] Außer Lucca gab es nun keine freie Republik in Italien mehr. Cosimo I. hatte sich ein stehendes Heer geschaffen. Mit dessen Hilfe erwarb er zahlreiche Gebiete in der Nachbarschaft Florenz' – diesmal größtenteils als Reichsdarlehen – und schuf damit den modernen Territorialstaat Toskana. Die Ernennung zum Großherzog von Florenz durch Papst Pius V. war die formelle Bestätigung dieser Machterweiterung.[41] Dennoch mußte er um ihre Anerkennung im Ausland und besonders beim deutschen Kaiser kämpfen. Kaiser Maximilian II., der Nachfolger Karls V., sandte ihm 1570 ein Reskript, in dem er der Verletzung der Reichsrechte durch diesen Akt Ausdruck gibt.[42] Cosimos I. Nachfolger Franz I. legte 1575 dagegen Verwahrung ein,[43] das deutsche Kurfürstenkollegium nahm dazu Stellung,[44] jedoch gegen ein Darlehen von 100 000 Gulden erkannte Maximilian II. 1576 wegen der „nützlichen Dienste" Franz' den Titel an.[45]

Dies sind in großen Zügen die historischen Grundlagen, um deren Anerkennung und Ausdeutung man sich Anfang des 18. Jahrhunderts in Florenz und Wien so heftig stritt. Vor allem waren es die Kaiserurkunden Karls V., auf die man sich nach Leibniz' Tod, als der literarische Krieg in Gang gekommen war, berief, und aus denen man den großen Umfang der Verfügungsgewalt Karls V. über Florenz herauslas. Leibniz hatte, schon bevor das Aussterben des Hauses Medici allen sichtbar wurde, mit dem Abschreiben und Sammeln

---

[37] Andrieux, Maurice: *Les Medicis*, Paris 1958, S. 389-402.

[38] Young, George Frederick: *Die Medici*, Coburg 1946, S. 415.

[39] Reumont: *Geschichte Toskanas*, Tl. 1, Sp. 1177-1186.

[40] Lehensurkunde bei Lünig, a. a. O., Sp. 1177-1186.

[41] Bulle vom 6. September 1569 bei Lünig, a. a. O., Sp. 1297 bis 1304.

[42] Lünig: *Codex Italiae diplomaticus*, Bd. 1, Sp. 1303-1306.

[43] Ebd., Sp. 1305-1308. Instrumentum vom 13. Februar 1575.

[44] Consilium vom 29. Oktober 1575, Lünig, a. a. O., Sp. 1307-1308.

[45] Dekret und Diplom Kaiser Maximilians bei Lünig: *Codex Italiae diplomaticus*, Bd. 1, Sp. 1307-1310 und 1309-1314; vgl. Reumont: *Geschichte Toskanas*, Tl. 1, S. 299.

dieser Urkunden begonnen. Er, der jede Gelegenheit nutzte, sein Wissen zu bereichern und Material für seine Ziele zusammenzutragen, hatte auch auf seiner Forschungsreise durch Italien (1689) in Florenz von der ihm willig entgegen gebrachten Freundschaft der Gelehrten Gebrauch gemacht. Er war dort mit dem Custos der großherzoglichen Bibliothek, Antonio Magliabechi, bekannt geworden und mit dem Historiker Cosimo della Rena, dem Verfasser der „Serie degli antichi Duchi e Marchesi di Toscana".[46] Della Rena wurde als Generalsuperintendent aller florentinischen öffentlichen und geheimen Archive bezeichnet.[47] Obwohl nur ein Brief Della Renas an Leibniz bekannt geworden ist,[48] geht doch aus Leibniz' späteren Rechenschaftsberichten an Herzog Ernst August von Hannover hervor, daß er Della Rena nicht nur den Hinweis auf die Erbbegräbnisse der Este im Kloster Vangadizza verdankte, die Leibniz einen neuen und entscheidenden Hinweis auf den dynastischen Zusammenhang zwischen den Häusern Braunschweig und Este geliefert haben, sondern auch, daß ihm Della Rena vieles mitgeteilt habe, „so er Manuscriptis eruiret gehabt".[49] Auch Magliabechi hat ihm nach diesem Bericht[50] auf Befehl des Großherzogs „etliche wochen über … fast täglich assistiret, und alle verlangte Communicationem verschaffet". Durch Magliabechi scheint Leibniz auch am Hof in Florenz eingeführt worden zu sein, da er in späteren Briefen diesen öfter bittet, ihn dem Großherzog zu empfehlen und Magliabechi wiederholt von der Wertschätzung des Großherzogs und der Prinzen Ferdinand und Johann Gaston für Leibniz berichtet. Die beiden Prinzen lernt Leibniz durch ihren Erzieher, den Mathematiker Rudolf Christian v. Bodenhausen kennen.[51] Mit Erbprinz Ferdinand, dessen Tod 1713 den offenen Streit über die Nachfolge heraufbeschwor, führte Leibniz 1692 und 1698 bis 1700 einen Briefwechsel über mathematische Probleme. Auch ein Brief Leibniz' an den 1723 als Großherzog folgenden Prinzen Johann Gaston von 1698 ist vorhanden,[52] in dem er sein Bedauern ausspricht, ihn auf der Durchreise in Hannover verpaßt zu haben. Johann Gaston antwortete kurz darauf, ebenfalls bedauernd.[53] Die Bekanntschaft Leibniz' mit dem Großherzog Cosimo III. selbst scheint nur sehr flüchtig gewesen zu sein.

Ob Leibniz im Verkehr mit den florentinischen Gelehrten Magliabechi und Della Rena Gelegenheit hatte, irgendwelche Abschriften von Urkunden zu machen, ist ungewiß. Sicher ist jedoch, daß er dort manches gesehen hat, das er für sich notiert haben wird. Einige Jahre später, nachdem 1693 sein „Codex juris gentium" erschienen war, erfahren wir aus einem Brief an Magliabechi,[54] daß er über Graf Francesco Palmieri, einen Kavalier am hannover-

---

[46] Erschienen in Florenz 1690.

[47] Vgl. A I,5 S. 692.

[48] A I,5 Nr. 386.

[49] Leibniz für Herzog Ernst August, Herbst 1690, A I,5 S. 666.

[50] Ebd., S. 665.

[51] A I,5 S. XLV.

[52] Leibniz an Johann Gaston, 30. September 1698 (LBr. F 55 Bl. 5-6).

[53] Johann Gaston an Leibniz, 20. November 1698 (ebd. Bl. 7).

[54] Leibniz an Magliabechi, 17. Januar 1698 (A I,15 Nr. 149, Dutens: *Opera omnia*, Bd. 5, 1768, S. 123-125).

schen Hof, und dessen in Florenz lebenden Bruder, den Kanonikus Pier Lorenzo Palmieri,
sich nach dem Verbleib von lange bestellten und ersehnten Urkunden aus dem großherzoglichen Archiv erkundigte. Doch erst nach dem Verlauf weiterer Jahre, 1704, kann er dem
toskanischen Minister Lorenzo Magalotti eine Liste mit den von ihm gewünschten Stücken
schicken, deren erste für Leibniz hergestellte Abschriften verlorengegangen waren.[55] Die
Liste enthält die Urkunden Kaiser Karls V. für Florenz nicht. Ende 1705 dankt Leibniz Magalotti, den er ebenfalls persönlich in Florenz kennengelernt hatte[56] – für die Übersendung
der Abschriften.[57] Er teilt seine Absicht mit, sie im nächsten Band seines Codex juris gentium – zu dem es dann jedoch nicht mehr gekommen ist[58] – abzudrucken. Wiederum ist hier
nicht von den Kaiserurkunden die Rede. Daß er diese dennoch während seines Florenzer
Aufenthalts gesehen haben muß, scheint aus einem viel später geschriebenen Brief an die
Herzoginwitwe Benedikte Henriette von Braunschweig-Lüneburg hervorzugehen.[59] Dort
sagt er, er habe ihren Wortlaut auf seiner Suche nach Urkunden während früherer Reisen
gefunden. Das kann sehr gut in Florenz gewesen sein, das die Originale besaß.[60]

Welchen großen Wert Leibniz gerade auf den Florentiner Bestand legte, geht auch
aus seinem Briefwechsel mit dem ostfriesischen Gesandten in Wien, Christoph Nicolaus
Greiffencrantz hervor. Er teilt ihm 1697 mit,[61] er hätte schon längst den zweiten Band
seines Codex juris gentium veröffentlicht, wenn er nicht noch auf einige Stücke wartete,
die ihm der Großherzog und der schwedische Kanzler Oxenstierna versprochen hätten.
Auch der Wiener Hof müsse eigentlich zu seinem Codex, der der Herausstellung und
Wahrung der Reichsrechte gewidmet sei, schon ehrenhalber etwas beisteuern. Er wünsche
sich z.B. sehr die Urkunde Karls V., in der dieser einen Herzog (!) von Florenz schaffe
und das, was Maximilian II. dem Großherzog zugestand. Als Zweck gibt er Greiffencrantz
an, durch Veröffentlichung dieser Urkunden der irrtümlichen Ansicht entgegensteuern
zu wollen, daß alles, was nicht Lehen sei, auch nicht abhängig sei vom Reich. Greiffencrantz – so hat es den Anschein – ist in der Lage gewesen, Leibniz' Bitte teilweise
zu erfüllen. Er schreibt ihm kurze Zeit später,[62] er habe nach einiger Verzögerung drei
Stücke erhalten, die er seinem Brief beifüge. Dazu werden die beiden Abschriften von
Urkunden zu rechnen sein, die zwar im Leibniz-Nachlaß nicht bei dem Brief, sondern
an anderer Stelle liegen,[63] die jedoch von dem lateinischen Registrator der Reichskanzlei
Raban Hermann v. Bertram am 3. und 23. April 1697 beglaubigt worden sind. Von den

---

[55] Leibniz an Magalotti, 13. März 1704 (A I.23 Nr. 122).

[56] Leibniz an Magalotti, 20. Dezember 1689 (A I,5 S. 490).

[57] Leibniz an Magalotti, 29. Dezember 1705 (LBr. 593 Bl. 20-24).

[58] Die 1700 erschienene *Mantissa* bezeichnete Leibniz als Ergänzung des ersten Bandes.

[59] Leibniz an Benedikte Henriette von Braunschweig-Lüneburg, [um 20. Dezember 1713] (LBr. F 22
Bl. 5).

[60] Siehe unten, S. 167.

[61] Leibniz an Greiffencrantz, [29. Januar] 1697 (A I,13 Nr. 316, Klopp: *Werke*, Bd. 6, S. 448-453).

[62] Greiffencrantz an Leibniz, 4. Mai 1697 (A I,14 Nr. 82).

[63] Ms XXVI 1566 Bl. 33-36, 37-38.

Abschriften ist die eine die Zustimmung Kaiser Maximilians II. zur Großherzogswürde vom 26. Januar 1576, überschrieben mit: „Erectio Magni Ducatus Hetruriae pro Duce Florentiae", die zweite eine kaiserliche Erklärung wegen der Präzedenz zwischen den Herzögen von Florenz und Ferrara vom Jahre 1560. Die Urkunden über die Einsetzung der Medici als Präfekten von Florenz sind jedoch nicht darunter, und sie konnten es auch nicht sein, da man in Wien von dem Vorhandensein solcher Urkunden nichts wußte, wie sich später herausstellte.

Leibniz war so erfreut über diese Vermehrung seiner Sammlung, daß er zu Greiffencrantz gleich von einem Geschenk an v. Bertram sprach in Verbindung mit der Anfrage, ob man von diesem nicht noch eine ausführlichere Liste von mitteilbaren Stücken erhalten könne, aus der er sich dann etwas Brauchbares aussuchen würde.[64] Auf ähnliche Weise hatte man Leibniz schon einige Jahre früher von anderer Seite Urkundenabschriften angeboten, und er hatte dabei das Pendant zu der eben erwähnten Urkunde Kaiser Maximilians II. von 1576 erhalten. Dies war die Bulle Papst Pius V., der 1569 als erster Cosimo III. die Großherzogswürde zugestand. Leibniz erhielt sie als Abschrift[65] von einem Druck: „Literae S.D.N. Pii Papae V. super creatione Cosmi Medices in Magnum Ducem Provinciae Ethruriae ei subjectae. Romae … 1570" von dem schlesischen Landrat und Hofgerichtsassessor Johann Albrecht v. Heugel im November 1694, der ihm nach Erscheinen des *Codex juris gentium* unaufgefordert eine Urkundenliste zur Auswahl übersandt hatte.[66] Leibniz erwähnt Heugel lobend in der Vorrede der 1700 erschienenen *Mantissa Codicis juris gentium*;[67] die von Heugel übersandte Urkunde druckt er jedoch hier nicht mit ab. Ebenso hat er die von v. Bertram beglaubigten Abschriften der Urkunden Kaiser Maximilians nicht in die *Mantissa* mit aufgenommen. Es ist möglich, daß er erst alle Urkunden vollständig beisammen haben wollte, die das Verhältnis zwischen den Medici und den deutschen Kaisern beleuchteten, ehe er sie der Veröffentlichung preisgab; andrerseits hat er selbst später betont, daß er sie für den politischen Bedarfsfall habe aufheben wollen.[68]

Greiffencrantz antwortet Leibniz auf das Angebot für v. Bertram, daß dieser ein zu guter Freund von ihm sei, um eine Belohnung zu fordern.[69] Er habe ihm schon gesagt, daß die Beglaubigung der Abschriften unnötig sei, doch dieser meinte, daß etwas Überflüssiges nie schaden könne. Es beginnt nun auch ein Briefwechsel zwischen Leibniz und einem v. Bertram, jedoch überraschenderweise nicht mit Raban Hermann, der die Abschriften beglaubigt hatte, sondern mit seinem Bruder, dem Reichshofratssekretär Joseph Wilhelm v. Bertram. Weder aus diesem Briefwechsel noch dem mit Greiffencrantz läßt sich der Wechsel zwischen Raban Hermann und Joseph Wilhelm erklären. Alle Äußerungen Greiffencrantz' über

---

[64] Leibniz an Greiffencrantz, [12. Juni 1697] (A I,14 Nr. 152).

[65] Ms XXVI 1566 Bl. 39-41.

[66] Johann Heugel an Leibniz, November 1694 (A I,10 Nr. 434).

[67] *Mantissa*, 1700, S. 2, (A IV,8 S. 48 f.).

[68] Leibniz an Imhoff, 23. September 1710 (LBr. F 24 Bl. 48).

[69] Greiffencrantz an Leibniz [wohl 13.] Juli 1697 (A I,14 Nr. 190).

den v. Bertram passen auf beide Brüder, aber für das Geldgeschenk bedankt sich nicht der Raban Hermann der Unterschrift, sondern Joseph Wilhelm, der durchaus bereit ist, Leibniz auch weiterhin zu dienen, soweit es in seinen Kräften steht.[70]

Von Joseph Wilhelm erhält Leibniz daher eine Reihe von Urkundenabschriften, und dieser übernimmt auch die Überreichung von Exemplaren des *Codex juris gentium* an den Reichsvizekanzler Franz Ulrich v. Kinsky und den Reichshofratspräsidenten von Öttingen. Während Bertram zuerst Leibniz bittet, die Übersendung der Urkundenabschriften geheim zu halten, wird er später ängstlich und will ohne Einverständnis des Reichsvizekanzlers Kinsky nichts mehr herausgeben, wogegen Leibniz nichts einzuwenden hat. Bald nach dem Erscheinen der Mantissa (1700) bricht der Briefwechsel wieder ab. In seinem letzten Schreiben von 1702 bedankt sich Bertram, der zum Reichshofrat ernannt worden ist, noch für Leibniz' Glückwunsch.[71]

Nachdem Leibniz auf diese Weise schon zwei Florenz betreffende Urkunden aus Wien erhalten hatte, ließ er auch seinen nächsten eigenen Aufenthalt in Wien im Jahre 1708 nicht vorübergehen, ohne wieder nach den die Einsetzung der Medici beurkundenden Dokumenten zu forschen. Aus einer Aufzeichnung für eine Audienz, die vermutlich bei Fürst Salm stattfinden sollte,[72] ist zu entnehmen, daß er auf die Verordnungen Kaiser Karls V. für Florenz aufmerksam machen wollte. Obersthofmeister Fürst Salm hat damals nach den Kaiserdiplomen suchen lassen, hat aber nichts gefunden. Dies erfahren wir einmal aus Leibniz' Briefen an Herzog Anton Ulrich vom 27. Dezember 1711[73] und an die Herzogin-witwe Benedikte Henriette von Braunschweig-Lüneburg, Schwiegermutter des Toskana benachbarten Herzogs von Modena, vom Dezember 1713.[74] Aber auch eine andere Quelle bestätigt, daß man schon damals in Wien Leibniz' Anregung ernst nahm und seinem Rat folgte. Denn es wird vermutlich auf seinen Rat geschehen sein, was die im Jahre 1721 in Pisa erschienene Flugschrift *Mémoire sur la liberté de l'état de Florence*, die für die Unabhängigkeit Florenz' eintrat, berichtet:[75] Die Minister des Wiener Hofes müssen mehr als irgendeiner von dieser alten florentinischen Freiheit überzeugt sein, da sie noch nicht vergessen haben werden, welche Mühe man sich zur Zeit des Kanzlers Seilern gegeben hat, besonders in den Jahren 1708 und 1715,[76] in den Archiven und Kanzleien in Wien, im Reich und im Herzogtum Mailand urkundliche Zeugnisse gegen die florentinische Freiheit zu entdecken, doch vergeblich. – Ob Leibniz von diesen Bemühungen in allen Einzelheiten erfuhr, ist unbekannt. Aber auch dem damals in Wien weilenden Johann Christoph Urbich

---

[70] J. W. v. Bertram an Leibniz, 12. Oktober 1697 (ebd. Nr. 327).

[71] J. W. v. Bertram an Leibniz, 24. Mai 1702 (A I,21 Nr. 195).

[72] Leibniz, Aufzeichnung über eine Audienz bei Fürst Salm (?), [Anfang November 1708] (LBr. F 1 Bl. 102).

[73] Leibniz an Herzog Anton Ulrich, 27. Dezember 1711 (ebd. Bl. 137-138).

[74] Leibniz an Herzogin Benedikte Henriette von Braunschweig-Lüneburg, [um 20. Dezember 1713] (LBr. F 22 Bl. 5).

[75] A.a.O., S. 7.

[76] Seilern starb am 8. Januar 1715.

hat er zu dieser Zeit über die Notwendigkeit der Wahrung der Reichsrechte in Italien geschrieben.[77]

Ein Jahr darauf, 1709, fand die Vermählung des Kardinals Francesco Maria de' Medici mit Eleonore Luise von Gonzaga statt, die jedem aufmerksamen Beobachter die gewaltsamen Bemühungen des Großherzogs zeigen mußte, dem Hause Medici die Nachfolge in Florenz doch noch zu erhalten. Der Großherzog war bereits sechsundsechzigjährig, der Kronprinz Ferdinand infolge eines ausschweifenden Lebens leidend, und zwischen seinem Bruder und dessen Gemahlin, Anna Maria Franziska von Sachsen-Lauenburg, die auf ihren Gütern in Böhmen lebte, war eine Versöhnung ausgeschlossen. Ein Erbfolgestreit – wie solche nicht selten zu europäischen Verwicklungen Anlaß gegeben haben – schien sich am Horizont abzuzeichnen. Leibniz versuchte daher auf Grund seiner historischen Forschungen, auf dem für ihn gangbaren Weg auf die politischen Geschicke einen indirekten Einfluß zu nehmen. Er schrieb im Sommer 1710 an die Witwe des verstorbenen Herzogs Johann Friedrich von Hannover, des Herzogs, der ihn vor vierunddreißig Jahren nach Hannover gerufen hatte. Die Herzogin Benedikte Henriette war 1696 die Schwiegermutter Herzog Rinaldos III. von Modena geworden.[78] Leibniz' Brief an sie ist nicht erhalten, doch aus ihrem Antwortschreiben[79] geht hervor, daß ihr Leibniz einen Plan entwickelt hatte, wonach der Herzog von Modena die Anwartschaft auf die Sukzession in Toskana erwerben sollte. Herzogin Benedikte Henriette bedankt sich bei Leibniz für den Eifer, den er für den Herzog gezeigt habe, hält die Konjunkturen jedoch nicht für günstig, da ja der Bruder des Großherzogs gerade geheiratet habe und in Toskana Nachkommenschaft zu erwarten sei. Gerade diese nun ein Jahr alte Heirat wird aber für Leibniz der Anlaß gewesen sein, seinen Plan der Herzogin anzuvertrauen. Da man nicht bereit ist, darauf einzugehen, gibt sich Leibniz zufrieden.[80] Er gibt zu, daß es unklug wäre, zur Unzeit an einen solchen Punkt zu rühren, da man vielleicht jetzt bezahlen müsse, was man später umsonst haben könne. Denn er ist der Ansicht, daß der Wiener Hof sich dem Herzog wegen der Comacchio-Affaire erkenntlich zeigen könnte.[81]

Einen Monat später hat Leibniz durch die Reise Baron Imhoffs von Hannover nach Wien Gelegenheit, sich erneut um die Ernennung zum Reichshofrat zu bemühen. Er gibt Imhoff einen Brief an die Kaiserin Amalie mit,[82] die eine Schwester der Herzogin von Modena war. Er erinnert die Kaiserin an seinen Besuch in Wien 1708, legt seine Pläne, die Reichsrechte betreffend vor, die besonders für die Wahrung der Reichsrechte in Italien wichtig seien. So

---

[77] Leibniz an Urbich, [1708] (LBr. 947 Bl. 138).

[78] Rinaldo III. heiratete am 11. Februar 1696 Charlotte, Tochter Herzog Johann Friedrichs von Braunschweig-Lüneburg.

[79] Herzogin Benedikte Henriette von Braunschweig-Lüneburg an Leibniz, 9. Juli 1710 (LBr. F 3 Bl. 21-22).

[80] Leibniz an Herzogin Benedikte Henriette von Braunschweig-Lüneburg, 4. August 1710 (ebd. Bl. 23-24).

[81] Über Comacchio vgl. oben, S. 147.

[82] Leibniz an Kaiserin Amalie, 22. September 1710 (LBr. F 24 Bl. 48).

könne er u. a. beweisen, daß Toskana, obgleich es kein Reichslehen sei, doch zum Reich gehöre. Von Modena spricht er jedoch nur im Zusammenhang mit Comacchio, seinen Plan der Verbindung Modenas mit Toskana erwähnt er nicht.

Erst als sich Herzog Anton Ulrich von Braunschweig-Wolfenbüttel Ende 1711 anschickt, zu den Krönungsfeierlichkeiten Kaiser Karls VI. nach Frankfurt zu gehen und Leibniz ihn ersucht, sich beim Kaiser für ihn um eine Reichshofratsstelle zu bemühen, weiht er Anton Ulrich in alle Einzelheiten seines Planes ein.[83] Obwohl Leibniz nicht direkt von einer Mitteilung an den Kaiser spricht, möchte er doch durch Anton Ulrich bekannt werden lassen, in welcher Weise er sich unaufgefordert um die Reichsrechte bemüht. Der Anlaß zur Wiederaufnahme seines Planes kam wiederum aus Florenz. Der frisch vermählte Kardinal war nach zweijähriger Ehe am 2. Februar 1711 gestorben, und dies zwang wiederum dazu, an die Regelung der Nachfolge zu denken. Liebe zur Heimat, vor allem aber auch egoistische Motive, sich das Gesetz des Handelns nicht aus der Hand nehmen zu lassen,[84] stellten den Großherzog vor die Alternative einer Rückkehr zum Freistaat Florenz oder der Einführung der weiblichen Erbfolge. Die Wiederherstellung der Republik hätte allerdings den Verlust der übrigen Reichslehen, darunter des bedeutendsten Siena, nach sich gezogen; die Anerkennung der weiblichen Erbfolge mußte den Habsburgern mißfallen, da dann Frankreich und Spanien Ansprüche gehabt hätten. Der Großherzog hatte außerdem eine Tochter, Anna Maria, seit 1691 mit Kurfürst Johann Wilhelm von der Pfalz vermählt, die dann für die Nachfolge in Frage gekommen wäre. Daran scheint Leibniz sogleich gedacht zu haben. Und nun erfahren wir aus seinem Brief an Herzog Anton Ulrich, daß er die lange gesuchten Urkunden Karls V. für Alexander und Cosimo de' Medici doch besitzt und dies sogar „in forma", d. h. nach Leibniz, mit allem urkundlichen Zubehör.[85] Da sonst kein briefliches Zeugnis dafür vorliegt, daß Leibniz Abschriften dieser Urkunden von irgendwoher erhalten hatte, bietet sich eine ganz einfache Erklärung an. Leibniz kannte die Ukrunden aus der Bibliothek des Herzogs Anton Ulrich selbst, nur war er der einzige, der den Codex, der sie enthielt, beachtet hatte. Dieser Codex, der in der Hauptsache Abschriften von Verträgen Frankreichs mit italienischen Republiken und Fürsten enthält, war auf Bestellung Herzog Augusts, des bekannten Begründers der Bibliothek, zusammen mit einer langen Reihe von andern in Paris nach dem Urkunden- und Abschriftenbestand der Bibliothek des Kardinals Mazarin angefertigt worden.[86] Leibniz scheint Herzog Anton Ulrich davon nichts gesagt zu haben. Ihm geht es um seinen Plan, und so macht er den Herzog nur auf einen ihm wichtig erscheinenden Passus in den Urkunden aufmerksam: die Beschränkung der Nachfolge

---

[83] Leibniz an Herzog Anton Ulrich , 27. Dezember 1711 (LBr. F 1 Bl. 137-138).

[84] Reumont: *Geschichte Toskanas*, Tl. 1, S. 463.

[85] Vgl. Leibniz an Kaiser Karl VI., 31. März 1714 (LH XLI 9 Bl. 111).

[86] Codex Guelferbytanus 3.1.78. 2 Aug. 2° (Traitez d'Italie avec la France Bl. 220-229, 230-251) nach einer Mitteilung der Herzog-August-Bibliothek in Wolfenbüttel. Im Katalog Heinemann, Otto von: *Die Handschriften der herzogl. Bibliothek zu Wolfenbüttel*, Abt. 2, Die Augusteischen Hss. I, 1890, S. 110, Nr 1738. Zu dem Mazarinschen Band, nach dem der wolfenbüttelsche Codex angefertigt wurde, vgl. unten, S. 168.

auf die legitime männliche Nachkommenschaft. Leibniz' Plan ging in die Richtung einer
Machterweiterung des braunschweig-lüneburgischen Hauses, in dessen Dienst er einen
großen Teil seiner wissenschaftlichen Forschungen auch außerhalb der übernommenen
Verpflichtungen stellte. Er hatte sehr viel Mühe darauf verwandt, über die Zeit Albert Az-
zos II., des gemeinsamen Stammvaters der Welfen jüngerer Linie wie die der Markgrafen
von Este hinaus zu kommen und festgestellt, daß die Markgrafen von Este in früherer Zeit
auch Teile der Toskana besessen hatten.[87] Das Endergebnis dieser Forschungen ist auf der
genealogischen Karte festgehalten, die Eckhart nach Leibniz' Tod 1717 herausgegeben
hat.[88] Dies scheint Leibniz ein ausreichender Grund zu sein, dem Kaiser die Verleihung der
Anwartschaft auf Toskana an Rinaldo d'Este, Herzog von Modena, nahelegen zu sollen.[89]
Da nun Leibniz die von ihm neu ergründete gemeinsame Abstammung und Verwandtschaft
der Häuser Braunschweig und Este, die 1696 durch die Heirat Herzog Rinaldos mit der
Tochter Johann Friedrichs von Braunschweig noch vertieft worden war, immer betont
hatte, glaubte er jetzt, eine Belehnung Modenas mit Toskana könne die Mitbelehnung
Braunschweigs ohne weiteres einschließen derart, daß die deutsche Linie eine Anwartschaft
für den Fall des Aussterbens der italienischen erhalten werde. Da die deutsche Linie aber
die ältere sei, werde sie möglicherweise mit einer Geldsumme abgefunden werden. Seiner
Meinung nach reichten die Verdienste der beiden Häuser und ihre Verwandtschaft mit
dem Erzhaus Österreich für eine solche Begünstigung aus. Herzog Anton Ulrich erfährt
nun auch, daß Leibniz schon der Herzogin Benedikte Henriette davon geschrieben hat.
Während damals aber die Sache wegen der Heirat des Kardinals noch nicht aktuell war,
sei sie jetzt nach dessen Ableben spruchreif geworden. Ein nicht unerhebliches Mittel für
die Gewinnung des Kaisers sieht Leibniz darin, daß er selbst es ist, der die die Rechtsgrundlage liefernden Kaiserurkunden gefunden hat, von denen man in Wien gar nichts
wisse. Er kann jetzt Anton Ulrich erzählen, daß Fürst Salm sie vergeblich im kaiserlichen
Archiv hat suchen lassen. Letztlich sollte der ganze Plan dazu dienen, Leibniz dem Kaiser
als Reichshofrat zu empfehlen. Daß Herzog Anton Ulrich darüber zum Kaiser gesprochen
hat, ist unwahrscheinlich, da er ja die Reichshofratsangelegenheit durch Graf Sinzendorf
bei Karl VI. vorbringen ließ. So macht Leibniz, als seine Erhebung zum Reichshofrat vom
Kaiser gebilligt worden ist und er sich entschlossen hat, in Wien dem Titel Wirklichkeit zu

---

[87] Krüger, Emil: *Der Ursprung des Welfenhauses u. seine Verzweigung in Süddeutschland*, Wolfenbüttel 1899, vertritt die gleiche Ansicht (S. 553), obgleich er die in den „Origines Guelficae" von
Scheid (herausgegeben nach Vorarbeiten von Leibniz) gezogenen Schlußfolgerungen ablehnt. Auch
die neuere Literatur (Simeoni, Luigi: *Ricerche sulle origine della signoria Estense*, in: *Atti e Memorie
della Deputazione di Storia Patria per le antiche Province Modenesi*, Bd. 5/12, 1919) scheint dem
nichts entgegenzusetzen.

[88] G.G. Leibniz u. J.G. Eckhart: *Tabula originum Brunsvicensium et Estensium*, 1717.

[89] An eine Belehnung der Este mit Toskana nach dem Prinzip der weiblichen Erbfolge (1586 hatte
Cosimos I. Tochter Virginia Caesar Este geheiratet), worüber später in Wien verhandelt wurde, dachte
Leibniz natürlich nicht. Das Projekt wurde auch wieder aufgegeben, da es so aussah, als wollte der
Wiener Hof in diesem Fall Modena für sich behalten (Reumont: *Geschichte Toskanas*, Tl. 1, S. 471);
vgl. unten, S. 178 f.

verschaffen, selbst in Briefen und Denkschriften dem Kaiser und auch dem Obersthofmeister Fürst v. Liechtenstein Andeutungen über seine Sammlung der Reichsrechte in Italien, worunter sich viele seltene Stücke, z. B. Toskana betreffend, befänden.[90]

Nach Verlauf eines weiteren Jahres, während dessen Leibniz in Wien weilte, kam dann der Augenblick, in dem er triumphierend darauf hinweisen konnte, wie recht er mit seinen Mahnungen gehabt hatte, eine systematische Ordnung der Reichsrechte zu veranstalten und nicht erst mit dem Suchen danach zu beginnen, wenn man durch die Aktionen anderer dazu gewungen wurde. Am 31. Oktober 1713 starb der Erbprinz Ferdinand von Toskana, und am 27. November des gleichen Jahres brachte der Großherzog den florentinischen Senat dazu, in einem Dekret für den Fall des Ablebens auch des letzten Prinzen, Johann Gaston, der Nachfolge seiner Tochter, der Kurfürstin von der Pfalz, und gleichzeitig dem Prinzip der weiblichen Erbfolge zuzustimmen.[91] Leibniz erlebte die Reaktion des Wiener Hofes darauf aus nächster Nähe, wenn natürlich auch kein Gedanke daran sein konnte, daß man ihm von seiten der Regierung aus offene Karten auf den Tisch legte. Am 12. Dezember schreibt Leibniz einen Brief an den Kaiser,[92] den er mit dem Hinweis auf seine Sammlung der Reichsrechte im *Codex juris gentium diplomaticus* beginnt. Der Kaiser wird den Codex vermutlich gekannt haben, da ihn Leibniz bei seiner Ankunft in Wien hatte überreichen lassen. Jetzt erfährt auch der Kaiser, daß Leibniz nicht alles veröffentlicht, sondern manches zurückbehalten hat, darunter auch Dokumente, die Toskana oder Florenz betreffen. Er muß Leibniz' Kritik am Reichsarchiv hinnehmen, das so unvollkommen sei, daß sich nicht einmal die Urkunde Karls V. für Cosimo I. de' Medici darin finde. Leibniz kann aber damit dienen. Er besitzt die Urkunde. Wenigstens hatte er Exzerpte aus der Wolfenbüttler Fassung mit nach Wien genommen.[93] Die Urkunde macht deutlich, daß die Erhebung Cosimos I. zum Haupt der Republik Florenz sich nur auf ihn und seine männlichen Nachfolger erstreckte. Außerdem zeigt sie nach Leibniz' Meinung, daß Karl V. über Toskana als über einen Bestandteil des Römischen Reichs verfügt habe. Damit bleibt Leibniz bei der historischen Wahrheit. Er hat niemals behauptet, wie es nachher am Wiener Hof geschehen ist, daß Florenz deswegen ein Lehen des Reichs gewesen sei. Andererseits stimmt er dennoch mit den Absichten des Kaisers überein, wenn er nun erklärt, daß es ein Mißbrauch und eine irrige Annahme sei, daß nur Lehen zum Reich gehörten.[94] Auch freie Fürstentümer und Allodiale könnten Bestandteile des Reiches sein, und dazu zählt Leibniz u. a. Florenz,

---

[90] Leibniz als Anton Ulrich an Kaiser Karl VI., [25. Oktober 1712] (Guerrier: *Leibniz in seinen Beziehungen zu Rußland*, S. 259 f.), als Anton Ulrich an Fürst Anton Florian v. Liechtenstein, [25. Oktober 1712] (LBr. F 1 Bl. 143-144), für Kaiserl Karl VI., 18. Dezember 1712 (Grotefend: *Leibniz-Album*, S. 18-20).

[91] Das Dekret ist gedruckt bei Conti, Giuseppe: *Firenze dai Medici ai Lorena*, Florenz 1909, S. 693-697.

[92] Leibniz an Kaiser Karl VI., 11. Dezember 1713 (LH XXXIV Bl. 187-190).

[93] Vgl. Leibniz an Kaiser Karl VI., 18. Februar 1714 (LH XL Bl. 28): „Die zu W[olfenbüttel] habe ich längst in hönden gehabt, alhier aber in meinen excerptis notirt gefunden".

[94] Gegen diesen Irrtum hatte sich Leibniz auch schon früher gewandt, als es sich um rein deutsche Territorien handelte; vgl. A IV,2 S. 751 Z. 3-5.

Genua, Pisa und Mailand. Darauf fußt dann sein Vorschlag, jemand mit der Durchsuchung der Archive und Sammlung und Registrierung reichsrechtlicher Urkunden zu betrauen, wozu er sich, da er dies ohnehin, soweit es in seiner Macht stand, schon getan hat, auch in seiner jetzt erworbenen Stellung eines Reichshofrats bereit erklärt.[95]

Auch mit dem Reichsvizekanzler über die Affaire Florenz zu sprechen, nimmt sich Leibniz vor, wie aus einer Aufzeichnung hervorgeht.[96] Ein weiterer Brief an den Kaiser, wenige Tage später geschrieben, geht auf die Ereignisse des 27. November 1713 sowie auf die historischen Begebenheiten der Zeit Karls V. noch näher ein.[97] Leibniz betont darin, daß die bisherige Geschichtsschreibung von den Urkunden wohl berichtet habe, jedoch die Texte selbst nicht geboten und die Frage der männlichen oder weiblichen Erbfolge bisher nicht eindeutig beantwortet habe. Zusätzlich arbeitet er für den Kaiser eine kurze Denkschrift gleichen Inhalts aus.[98] Brief und Denkschrift zeigen, daß der Öffentlichkeit gegenüber die Senatsentscheidung in Florenz sehr ins Gewicht fiel – Leibniz jedenfalls rückt sie an die erste Stelle und den Großherzog, der sie veranlaßt hatte, an die zweite. Er beruft sich auch in der Denkschrift auf die ihm bekannten Urkunden nicht zu verachtender Herkunft (non apernendae autoritatis) Karls V. für Alexander und Cosimo de' Medici, aus denen die Beschränkung auf die männlichen Nachfolger hervorgeht. Sein Amt als Reichshofrat, dem der Kaiser die Sorge um die Erhellung reichsrechtlicher Urkunden überlassen hat, verpflichtet ihn zu der erneuten Anfrage, ob nicht in den kaiserlichen Archiven Kopien der beiden Goldbullen vorhanden seien. Diesmal kann er auch auf einen besseren Erfolg hoffen als bei der Anfrage an Fürst Salm 1708, da der Kaiser selbst nun an der Sache interessiert sein muß. Und um das Vertrauen des Kaisers und seiner Minister zur Echtheit der genannten Urkunden scheint es Leibniz auch nur bei der beharrlich fortgesetzten Suche danach in Wien gegangen zu sein. Er selbst kannte ja die Dokumente und ihren Inhalt. Doch die andern scheinen der Sache zunächst nicht recht getraut zu haben.[99] Außer in diesen beiden Urkunden muß seiner Meinung nach auch in der Verleihung der Großherzogswürde durch Kaiser Maximilian II. (1576) und der Belehnung Cosimos I. mit Siena durch König Philipp II. von Spanien als Herzog von Mailand (1557) der Nachfolgeordnung gedacht worden sein. Er schlägt daher vor, in Mailand nach der Urkundenabschrift für Siena suchen zu lassen. Er selbst besaß nicht nur die Abschrift der Urkunde Maximilians II., sondern auch der Philipps II. über Siena, doch läßt sich von letzterer nicht mit Sicherheit sagen, wann und von wem er sie erhielt.[100] Ob Leibniz von den Nachforschungen des Wiener Hofes in Mailand 1708 erfahren hat, läßt sich auch aus dieser Briefstelle nicht eindeutig beantworten.

---

[95] Ebenso in seinem Brief an den Kaiser vom [Dezember 1713] (LH XIII Bl. 80).

[96] Leibniz, Aufzeichnung für eine Audienz bei Schönborn, 14. Dezember 1713 (LH XLI 9 Bl. 88).

[97] Leibniz an Kaiser Karl VI., [um 15. Dezember 1713] (Ms XXVI 1566 Bl. 132-132).

[98] Leibniz für Kaiser Karl VI,, 18. Dezember 1713 (zwei Fassungen in Ms XXVI 1566 Bl. 131-132; 128; eine in Niedersächs. Staatsarchiv gedr. v. Doebner: Leibnizens Briefwechsel, S. 277 f.).

[99] Leibniz an Schlick, 31. Januar 1714 (Ms XXVI 1566 Bl. 130).

[100] Ms XXVI 1566 Bl. 24-32.

Seine Denkschrift[101] sendet er dem Kurfürsten von Hannover,[102] indem er ihm zugleich seinen vor allem dem Kaiser noch unbekannten Plan entdeckt, auf eine Belehnung der Este mit Toskana hinwirken zu wollen. Wie er dem Kurfürsten mitteilt, hat er sich jetzt deswegen der Kaiserin Amalie anvertraut, die ihn ermuntert hat, diesen Gedanken weiter zu verfolgen. Die Denkschrift über die historisch berechtigte Verfügungsgewalt der deutschen Kaiser über Florenz habe er in lateinischer Sprache abfassen müssen, da er annehme, sie werde in der „gjonta", d.h. in der Geheimen Konferenz[103] vorgetragen werden. Herzog Anton Ulrich schreibt er nochmals[104] von seinem Braunschweig einbeziehenden Plan, der durch die veränderten Umstände eine neue Beleuchtung gewonnen hat. Ihn bittet er auch, ihn bei der regierenden Kaiserin – die als Enkelin Anton Ulrichs ebenfalls an einem Machtzuwachs des Hauses Braunschweig interessiert sein mußte – durch ein Schreiben zu unterstützen.

Dann wandte sich Leibniz erneut an die Witwe des Herzogs Johann Friedrich von Hannover, Herzogin Benedikte Henriette, Schwiegermutter des Herzogs von Modena.[105] Der Herzogin, die noch 1710 seinen Vorschlag ungläubig zurückgewiesen hatte, berichtet er jetzt von seinen Urkundenfunden, die er gelegentlich früherer Reisen gemacht habe. Nochmals rät er dem Herzog von Modena, sich im geheimen beim Kaiser die Anwartschaft auf Florenz zu verschaffen, auf Grund der von Leibniz entdeckten früheren Besitzungen der Este in der Toskana. Auch die deutsche Linie des Hauses Este, die Braunschweiger, zu erwähnen, vergißt er nicht. Eine Antwort aus Modena ist nicht überliefert.

Indessen versucht Leibniz wieder, Abschriften der beiden Kaiserurkunden auch von anderer Stelle zu erhalten, um den Beweis der Echtheit damit führen zu können. Noch kurz vor der in Florenz publizierten Senatserklärung muß er sich bereits um seinen privaten Bestand bemüht haben. Am 7. Dezember 1713 schreibt sein Sekretär in Hannover, Hodann, er habe auf Leibniz' Befehl dessen Räume öffnen lassen, um nach der Investitur des Großherzogs mit Siena zu suchen, habe aber nichts gefunden.[106] Der einfachste Weg scheint demnach für Leibniz gewesen zu sein, sich eine Beglaubigung dessen, was er vorzuweisen hatte, aus Wolfenbüttel zu beschaffen. Am 27. Januar des neuen Jahres geht ein dringender Brief an Herzog Anton Ulrich ein, obwohl Leibniz durch die Herzogin Sophie von der körperlichen Schwäche Anton Ulrichs gehört hat.[107] Jetzt offenbart er ihm, daß in des Herzogs eigener Bibliothek ein Codex vorhanden sei, von Herzog August aus Frankreich beschafft, der die beiden von ihm früher erwähnten Urkunden erhalte. Leibniz bekennt, daß er dies

---

[101] Siehe oben, Anm. 98.

[102] Leibniz an Kurfürst Georg Ludwig, 20. Dezember 1713 [Doebner: Leibnizens Briefwechsel, S. 278 f.).

[103] Vgl. Leibniz an Kaiser Karl VI., 2. Januar 1714 (LHXLI 9 Bl. 94, 95).

[104] Leibniz an Herzog Anton Ulrich, 20. Dezember 1713 (Ms XXXIII 1749 Bl. 115-116).

[105] Leibniz an Herzogin Benedikte Henriette von Braunschweig-Lüneburg [um 20. Dezember 1713] (LBr. F 22 Bl. 5).

[106] Hodann an Leibniz, 7. Dezember 1713 (LBr. 411 Bl. 460+462).

[107] Leibniz an Herzog Anton Ulrich, 27. Januar 1714 (Wolfenbüttel, Herzog-August-Bibl.: Leibniziania I Nr 52a (Bl. 114-115)).

dem Kaiser erzählt und dieser befohlen habe, Abschriften dieser Stücke kommen zu lassen. Er hofft, daß Anton Ulrich seine Erlaubnis nicht verweigern, sondern im Gegenteil Befehl dazu geben wird. Vom gleichen Datum erhalten auch der Leibniz unterstellte Wolfenbüttler Bibliothekar Lorenz Hertel und der Bibliothekssekretär J. Th. Reinerding eine Anweisung von Leibniz.[108] Leibniz bedauert, den Codex nicht näher bezeichnen zu können, der die Urkunden enthielte, doch müsse er leicht zu finden sein, da nur italienisch geschriebene Urkunden darin seien.

Als Leibniz im Dezember den Kaiser gebeten hatte, ihn mit der Inspektion aller Archive zu beauftragen, hatte er darauf hingewiesen, daß er besitze, was sogar E. Mt Minister in dem Reichs Archivo nicht zu finden < - > Caroli V. collationem Florentinae ditionis in Medicaeos."[109] Daraufhin muß der Kaiser einen oder mehrere Minister – nach Leibniz' Briefen zu urteilen Hofkanzler Johann Friedrich Graf v. Seilern und Graf Schlick – beauftragt haben, das Archiv nach den Urkunden zu durchsuchen. Und endlich findet man auch etwas, allerdings nicht unter den Handschriften des Archivs, sondern denen der Bibliothek. Die Veranlassung zu dieser Entdeckung scheint Leibniz selbst gegeben zu haben. Er erinnert sich jetzt daran, daß er in seinen Aufzeichnungen in der Bibliothek die Nummer eines Manuskripts notiert hatte, bei dem es sich um die Urkunde Karl V. handeln konnte. Er teilte die Signatur einem Bibliothekar mit und bat ihn, die Handschrift herauszusuchen.[110] Der Bibliothekar fand das Gewünschte, stellte jedoch fest, daß es dabei um die von den Ministern eben so eifrig gesuchte Urkunde für Florenz ging und händigte die Handschrift daher nicht Leibniz, sondern dem Obersthofmeister Graf Seilern aus. So jedenfalls muß man den Hergang aus Leibniz' Briefen an Graf Seilern und Graf Schlick rekonstruieren. Denn Leibniz ist gezwungen, sich nun ihnen gegenüber zu verteidigen, da sie es offensichtlich etwas übelgenommen hatten, daß er die Wiener Bestände so unzureichend fand. Triumphierend muß Seilern an Leibniz geschrieben haben, daß er sehr im Unrecht sei, denn bitte: zwar nicht das Archiv, aber die Bibliothek besaß das, wovon Leibniz Alleinbesitzer zu sein behauptete. Leibniz ist überrascht, und nicht überrascht. Er schreibt an Seilern folgendes:[111] „Dasjenige davon E. Exc. mir nachricht geben laßen, daß es sich in loco publico gefunden, wird dasselbige seyn, so ich selbst vor etlichen tagen aufsuchen laßen und das indicium dazu gegeben, umb es gegen das meinige zu halten. Ehe solches geschehen, hat niemand davon gewust. Es ist mir aber lieb, daß ich meine vor vielen monathen alhier gethane anzeige dadurch justificiren kann". So formuliert gefällt ihm die Sache aber noch nicht; er beginnt noch einmal von vorn: „Dasjenige wovon E. Excellenz mir nachricht gestern geben zu laßen belieben wollen, nicht zu finden daß es sich in loco publico gefunden, wird sich auf mein indicium gefunden haben, wie sich ergeben wird, wenn die Ehre haben werde aufzuwarten. Ich habe vor vielen Monathen

---

[108] Leibniz an Hertel, 27. Januar 1714 (ebd. Nr 52 Bl. 112-113), an Reinerding, 27. Januar 1714 (Nürnberg, Germanisches Nationalmuseum, Autographensammlung).

[109] Leibniz an Kaiser Karl VI., [Dezember 1713] (LH XIII Bl. 18), vgl. oben, S. 67, Anm. 43.

[110] Vgl. Leibniz an Fräulein v. Klenck (?), [1715] (LH XIII Bl. 38).

[111] Leibniz an Graf Seilern, 28. Januar 1714 (Ms XXVI 1566 Bl. 135).

von denen bey mir befindlichen Diplomatibus gesprochen, und noch leztens als gegen E. Excellenz bey hofe davon zu gedenken die Ehre gehabt, hat noch niemand etwas davon gewust. Hernach habe ich iemand die stelle ganz eigentlich gezeiget wo es anzutreffen [danach gestrichen: seyn möchte], und ist mir lieb daß dadurch meine asserta justificiret werden". Schließlich aber streicht er die zweite Formulierung und läßt es doch bei der ersten kürzeren Fassung. An Schlick schreibt er ähnlich.[112] Auch hier findet seine Freude Ausdruck, daß man nun seinen Angaben Vertrauen schenken werde, überzeugt von dem eigenen Handschriftenmaterial. Nach dem Tode Seilerns, der im Januar 1715 starb, hat Leibniz einem nichtgenannten Adressaten in Wien, in dem jedoch das Fräulein v. Klenck zu suchen ist,[113] den Hergang nochmals geschildert.[114] Es ist von der etwas übertriebenen Eifersucht Seilerns darin die Rede, die oft grundlos gewesen sei. Seilern habe damals gleich mehreren Leuten, darunter vielleicht auch dem Kaiser, erzählt, daß Leibniz Unrecht gehabt habe, auf seinen Urkundenbesitz zu pochen, da die kaiserliche Bibliothek ihm darin nicht nachstehe. Leibniz setzt dem gegenüber, daß das Diplom der kaiserlichen Bibliothek ja nur ein Fragment sei, dem die Hauptsache noch fehle. Er erzählt dies alles aber nur, um den Kaiser mit dieser Geschichte vielleicht ein wenig lachen zu machen. Das scheint darauf hinzudeuten, daß Leibniz selbst im Gespräch mit dem Kaiser auf die einzelnen Umstände beim Auffinden der Urkunde nicht näher eingegangen ist.

Um welches Fragment es sich nun dabei handelt, wird aus Leibniz' Briefen an den Kaiser und den in seinem Nachlaß befindlichen Urkunden deutlich. Zwei undatierte Schreiben an den Kaiser sind zeitlich unmittelbar an die eben geschilderten Vorgänge anzuschließen.[115] Das erste beginnt mit den Worten: „ Nachdem ich das Diploma Caroli V. glorwürdigsten andenckens … so sich in den hiesigen Archiven noch nicht finden wollen, bey handen bracht …", das zweite: „Aus der Copia Diplomatis Caroli V. glorwürdigsten andenkens … so ich bey handen bracht, ersiehet man …". Möglicherweise hat Leibniz dann nur das zweite Schreiben, eine kurze Denkschrift, wirklich überreicht. Die Abfertigung der Denkschrift befindet sich im Wiener Haus-, Hof- und Staatsarchiv.[116] Er zählt darin einige Punkte auf, die ihm in der Urkunde der Beachtung würdig erscheinen: 1) die Bezeichnung Cosimos und der florentinischen Gesandten als treue Erwählte von Kaiser und Reich, 2) der Kaiser behält sich die Superioritas über Florenz vor, 3) Cosimo wird von den Florentinern gemäß der Kaiserurkunde für Alexander zum Präfekten angenommen, 4) der Kaiser läßt Cosimo durch seinen Gesandten Cifuentes installieren, 5) Nennung der florentinischen Gesandten, die den Kaiser im Namen der Stadt um Beurteilung der Ernennung Cosimos gebeten haben, 6) Beschränkung der Erbfolge auf die legitime männliche Nachkommenschaft. Leibniz fügt hinzu, daß er eine Kopie der Urkunde beilege, in der er die genannten

---

[112] Leibniz an Schlick, 31. Januar 1714 (Ms XXVI 1566 Bl. 130).

[113] Dies geht aus der Art hervor, in der über die Kaiserin Amalie gesprochen wird.

[114] Leibniz an Fräulein v. Klenck (?), [1715] (LH XIII Bl. 38).

[115] Leibniz an Kaiser Karl VI., [nach 28. Januar 1714] (Ms XXVI 1566 Bl. 133-134, 137-138).

[116] Wien, Haus-, Hof- und Staatsarchiv: Reichshofkanzlei Staatenabteilungen Toskana, Kart. 1 Bl. 87.

Punkte unterstrichen habe. Und eine solche Urkundenabschrift von Leibniz' Hand, die die genannten Unterstreichungen enthält, findet sich auch beim Konzept der Denkschrift für den Kaiser.[117] Ihr Titel lautet: „Praefectura Reipublicae Florentinae pro Cosmo de Medicis". Die gleichen Unterstreichungen enthält auch eine von Schreiberhand angefertigte Abschrift der „Praefectura", die im Haus-, Hof- und Staatsarchiv in der Nähe der Leibnizschen Denkschrift abgelegt worden ist.[118] Daher handelt es sich dabei sicher um die von Leibniz seiner Denkschrift beigefügte Kopie.

Zweifellos ist in der „Praefectura" das von Leibniz als Fragment bezeichnete Stück zu sehen. Sie ist die endgültige Urkunde des Kaisers vom 30. September 1537. Es fehlt jedoch darin die Erklärung, die der kaiserliche Gesandte Cifuentes in Florenz am 21. Juni 1537 abgegeben hat und dementsprechend die darin enthaltene Vollmacht Kaiser Karls für Cifuentes vom 28. Februar 1537 und die Urkunde Karls für Alexander de' Medici vom 28. Oktober 1530. Nach der aus Leibniz' Briefen hervorgehenden Geschichte ihrer Entdeckung wäre die Vorlage also in der Wiener Bibliothek zu suchen, und sie findet sich auch dort. Der Codex Vindobonensis 9034 enthält die „Praefectura" auf Bl. 123-126.[119] Hier haben wir auf diese Weise auch die Signatur, die Leibniz einem der Bibliotheksangestellten angegeben haben muß.

Eine weitere Bestätigung dafür, daß Leibniz den Wiener Codex mit der „Praefactura" in Händen gehabt hat, ist, daß er sich den Titel der unmittelbar darauffolgenden Urkunde notierte. Diese ist das separat abgeschriebene Diplom Kaiser Karls V. für Alexander de' Medici vom 28. Oktober 1530 unter dem Titel: „Absolutio civitatis Florentiae constitutio".[120] Leibniz macht seine Notiz über einer eigenen Abschrift der Urkunde, die nach Titel (Investiture faicte par l'Empereur Charles qvint au Duc Alexandre de Medicis de l'Estat et Republique de Florence, En svite de la reddition d'icelle au dict Empereur, qvi l'avoit assiegée à cause, qv'elle tenoit contre luy du 28 Octobre 1530),[121] textlicher Übereinstimmung und Prüfung des Papiers[122] aus Wolfenbüttel stammt. Von dieser „Absolutio" ist im Leibnizbriefwechsel sonst nirgends die Rede; auf die „Investiture" soll später noch eingegangen werden.

Da sich von dem Diplom für Cosimo nur ein Teil gefunden hat, kann Leibniz immer noch nicht auf die volle Zustimmung der Minister rechnen. Er erbietet sich daher in der in Rede stehenden Denkschrift für den Kaiser, die „Copey auf bedürffenden Fall auß Manuscriptis von autorität zu justificiren". Denn er ist einigermaßen empört über das „Attentatum des florentinischen Senats" und empfiehlt ein Vorgehen des kaiserlichen Fiskals bei Kaiser und Reichshofrat gegen diesen.

---

[117] Ms XXVI 1566 Bl. 65+139 flüchtige Abschrift; ebd., Bl. 120-121 verbesserte Reinschrift mit Unterstreichungen.

[118] Wien, a. a. O., Bl. 66-69.

[119] Nach Mitteilung der Österreichischen Nationalbibliothek.

[120] Codex Vindobonensis 9034 fol. 127-131.

[121] Ms XXVI 1566 Bl. 6-9.

[122] Vgl. unten, S. 168.

Auch im Laufe des Februar versichert Leibniz immer wieder, daß er die in Wien gefundene Urkunde durch eine weit vollständigere ersetzen bzw. bestätigen könne: „damit man desto weniger zu zweifeln habe an dem so ich zuerst privatim beybracht".[123] Er beruft sich auf die „2 loca publica … hier und zu W.", die seine Angaben, die man als eines „privati communication in zweifel ziehe", unterstützen könnten.[124] Mit „hier" kann nur Wien gemeint sein, mit „W." nur Wolfenbüttel. Und Herzog Anton Ulrich bedrängt er auch lebhaft, doch für die Abschrift der Urkunde zu sorgen.[125] Da er durch die Herzogin Sophie von Anton Ulrichs schlechtem Gesundheitszustand unterrichtet war, nahm er von allen übrigen Anliegen Abstand. Herzog Anton Ulrich, der seine Kräfte schwinden fühlte, kam dennoch dem für ihn letzten Wunsch Leibniz' nach: „Seine florentinische Commission habe ich bei H. Hertel gleich bestellet, der auch versprochen, davon zu berichten."[126] Hertel war äußerst bemüht, der Weisung nachzukommen.[127] Er suchte die betreffenden Codices, soweit sie italienische Geschichte betrafen, heraus, er nahm sie wegen der winterlichen Kälte aus der ungeheizten Bibliothek sogar mit in seine Wohnung, konnte jedoch beim besten Willen die gewünschte Urkunde nicht entdecken. Allerdings muß er berichten, daß einer dieser Bände – gerade derjenige, der die Affairen von Mailand, Florenz und Rom behandelt … und der die Signatur 3.78.3 trägt, nicht am Platz ist. Hertel gibt Leibniz zu bedenken, ob er ihn nicht etwa selbst in Hannover habe. Damit hatte er wohl in allem die Wahrheit getroffen. Auf jeden Fall war der Codex 3.78.2. der gesuchte, in dem sich die mediceischen Urkunden befanden.[128] Auch scheint Leibniz seiner dann noch irgendwie habhaft geworden zu sein und die Abschriften darauf erhalten zu haben. An Hertel schreibt er allerdings, er danke für die Bemühungen. Es werde sich schon eines Tages finden, was er suche. Indessen habe er es im Augenblick nicht mehr so eilig, da er das Gewünschte schon von „anderswo" (d'ailleurs) erhalten habe.[129]

Diese Äußerung scheint dafür zu sprechen, daß kein Gedanke daran war, daß Leibniz den Codex in Hannover gehabt, sondern eine Abschrift aus einer ganz anderen Quelle bezogen hat. Denn eine Abschrift der vollständigen Urkunde hat er nun endlich im März 1714 in den Händen. So schreibt er mit großer Genugtuung an den Kaiser, an den Reichsvizekanzler und an den Reichshofratspräsidenten.[130] Eine solche vollständige Urkundenabschrift liegt auch bei den schon genannten in dem entsprechenden Faszikel des Leibniznachlasses.[131]

---

[123] Leibniz an Kaiser Karl VI., 23. Februar 1714 (LH XLI 9 Bl. 109-110).

[124] Leibniz an Kaiser Karl VI., 18. Februar 1714 (LH XL Bl. 28).

[125] Leibniz an Herzog Anton Ulrich, 24. Februar 1714 (Wolfenbüttel, Herzog-August-Bibliothek: Leibniziana I Nr 53 Bl. 116-117).

[126] Herzog Anton Ulrich an Leibniz, 6. März 1714 (Bodemann: Leibnizens Briefwechsel, S. 237 f.).

[127] Hertel an Leibniz, 12. Februar 1714 (LBr. 398 Bl. 89 bis 90), [vor 27. März 1714] (ebd. Bl. 91-92).

[128] Siehe oben, S. 158, Anm. 86.

[129] Leibniz an Hertel, März 1714 (Wolfenbüttel, a. a. O., Nr 82 (Bl. 189-190)).

[130] Leibniz an Kaiser Karl VI., 31. März 1714 (LH XLI 9 Bl. 111), an Schönborn, 31. März 1714 (ebd. Bl. 112), an Windischgrätz, 31. März 1714 (LBr 813 Bl. 12).

[131] Ms XXVI 1566 Bl. 10-23.

Ihr Titel lautet: „Concessione dall'Imperator Carlo V. a Cosmo de Medici del Primato et capo des Governo, stato et Dominio della Republica Florentina, l'anno MDXXXVIII". Das eigentliche Datum der Urkunde ist der 30. September 1537. In ihr sind alle vorausgehenden Verfügungen Kaiser Karls V. in extenso enthalten. Da ist zunächst die Erklärung des kaiserlichen Gesandten Graf Cifuentes, die dieser im Namen des Kaisers in Florenz abgegeben und am 21. Juni 1537 beurkundet hat. Und diese Erklärung enthält ihrerseits in extenso die Vollmacht, mit der Kaiser Karl V. am 28. Februar 1537 Cifuentes ausgestattet hat, sowie die sieben Jahre ältere Urkunde für Alexander de' Medici vom 28. Oktober 1530. Ganz zweifellos hat Leibniz die Abschrift dieses Stückes Ende Februar bis März 1714 erhalten und dem Hof präsentieren können. Die Frage ist nur, von wo – wenn nicht aus Wolfenbüttel – er sie erhalten haben könnte.

Es bestehen dafür noch zwei andere Möglichkeiten. Da ist zunächst Florenz. Hier waren die Originale vorhanden und sind es auch noch heute.[132] Von hier die Abschriften zu erhalten, hat sich Leibniz auch schon in früheren Jahren bemüht, vielleicht um sie gegen den Wolfenbüttler Codex halten zu können. Das Archiv des Großherzogs war ihm ja durch Della Rena flüchtig bekannt geworden. So schrieb er 1699 an v. Bertram in Wien, daß er in der glücklichen Lage sei, vom Großherzog einige seltene Stücke zu erhalten, daß aber solche wichtigen Urkunden wie die Karls V. für die Medici nicht darunter seien.[133] Siebzehn Jahre später dagegen, als ihn ein Streit mit Lodovico Antonio Muratori veranlaßt, an Herzog Rinaldo von Modena zu schreiben, offenbart er diesem persönlich seinen Toskana, Modena und Braunschweig betreffenden Plan und nennt als Grundlage dafür seine Kopie der Konzession Karls V. für Cosimo, die er aus Florenz bekommen zu haben behauptet (venue de Florence).[134] Danach müßte Leibniz' „Concessione" also aus Florenz stammen. Doch abgesehen davon, daß kein weiteres briefliches Zeugnis diese Aussage bestätigt, ist auch der Gedanke recht unwahrscheinlich, daß bei der damals gespannten politischen Lage Leibniz gerade aus dem Lager des Gegners eine Kopie erhalten haben sollte von einem archivalischen Beweisstück, das zu den Fundamenten der mediceischen Macht gehörte und in dem späteren Federkrieg ein pomum Eridos der Interpretation bilden sollte. Obwohl ein Vergleich mit den florentinischen Originalen nicht vorgenommen werden konnte,[135] genügt zur weiteren Erhärtung dieser negativen Vermutung, daß das Original für die Erklärung des Grafen Cifuentes das Datum des 21. Juni 1537 aufweist, während Leibniz' Abschrift ebenso wie die Wolfenbüttler (und deren Vorlage, von der gleich zu berichten sein wird) das sonst falsche Datum des 12. Juni trägt. So kann Leibniz'

---

[132] Florenz, Archivio di stato: Diplomatico Cartaceo, Riformagioni, Atti publici: Raccolta dei Trattati Internazionali, Nr 1 (nach Mitteilung des Archivio di stato in Florenz). – Faak notiert am Rande: „Flutkatastrophe in Florenz, Anfang November 1966" (Hrsg.).

[133] Leibniz an J. W. v. Bertram, 18./28. März 1699 (Feder: *Commercium epistolicum*, S. 134 ff.).

[134] Leibniz an Herzog Rinaldo III. von Modena, 25. April 1716 (Campori, Matteo: *Corrispondenza tra Muratori e Leibniz*, Modena 1892, S. 265-268).

[135] Die florentinischen Originale sind nach Mitteilung des Archivio di stato in Florenz teilweise publiziert in *Legislazione Toscana*, Florenz 1806. Das Buch konnte jedoch im auswärtigen Leihverkehr nicht beschafft werden.

Bemerkung „venue de Florence" vielleicht aus dem Wunsch erklärt werden, für seine
Behauptungen Glauben zu finden.

Die zweite Möglichkeit für die Herkunft der Leibnizschen Abschrift ist der Codex der
Bibliothek des Kardinals Mazarin, nach der Herzog August von Wolfenbüttel in den Jahren
1648 bis 1654 in Paris für seine Bibliothek eine große Menge den Mazarinschen gleichen
Codices von bezahlten Abschreibern herstellen ließ.[136] Noch während dieser Zeit, im Jahre
1651, wurde ein Teil der Mazarinischen Bibliothek infolge der Frondeaufstände versteigert.
Darunter war auch der, der die Vorlage für den von Leibniz in Wolfenbüttel gesuchten
gebildet hatte. Er wurde zusammen mit 119 anderen vom brandenburgischen Gesandten
für die Bibliothek des Großen Kurfürsten Friedrich Wilhelm erworben und ist noch heute
im Besitz der Deutschen Staatsbibliothek zu Berlin.[137] Von diesem nun könnte ebensogut
wie von dem Wolfenbüttler Leibniz' Abschrift stammen, denn beide Codices sind bis auf
geringe Abweichungen in den einzelnen Stücken, die auf Schreibfehlern beruhen können,
identisch. Es ist auch nicht unmöglich, daß Leibniz von diesem bedeutenden Besitz der
Berliner Bibliothek gewußt hat. Doch liegt eine schriftliche Bestellung in Berlin für den
Februar oder März 1714 nicht vor.

So bleibt als Vorlage doch nur der Wolfenbüttler Codex übrig. Ihn hat Leibniz mit
Sicherheit gekannt, und am meisten spricht für eine Herstellung der Abschrift im Braunschweigischen, daß das Wasserzeichen des Papiers (schildhaltende Löwen, der gekrönte
Schild in sechs verschiedenartig bebilderte Felder geteilt) auf diesen Raum hindeutet. Leibniz hat dieses Papier sonst hauptsächlich bei seinen Aufenthalten in Braunschweig (1712,
1715, 1716) benutzt. Auch die schon erwähnte Investitur Karls V. für Alexander, auf der
sich Leibniz notierte, daß die entsprechende Urkunde des Wiener Codex den Titel „Absolutio civitatis Florentiae" habe, ist auf Papier mit dem gleichen Wasserzeichen geschrieben;
ein Beweis, daß Leibniz diese Abschrift zusammen mit der „Concessione" erhielt.[138] Auch
eine zweite Abschrift der „Investiture" in Leibniz' Besitz weist nach Wolfenbüttel, da hier
das Papier eindeutig aus der bei Celle gelegenen Lachendorfer Papiermühle stammt.[139]

So spricht wohl nichts gegen die Behauptung, daß Leibniz' Kopien ausschließlich aus
Wien oder Wolfenbüttel stammen. Der Nachweis, wo sich der gesuchte Codex damals befand, ob er in Hannover oder nach auswärts ausgeliehen war, wie Hertel unsicher andeutete,

---

[136] Vgl. Heinemann: *Die Handschriften zu Wolfenbüttel*, Abt. 2, Die Augusteischen Handschriften, I,
1890, S. X.

[137] Berlin, Deutsche Staatsbibliothek, Handschriftenabteilung: Ms. Gall. Fol. 95 (*Traitez d'Italie
avec la France*). Der Provenienznachweis der Deutschen Staatsbibliothek nennt zu der Geschichte
des Ankaufs Batiffol, Louis: La question des Mémoires de Richelieu, in: *Rapports et notices sur
l'édition des Mémoires du Cardinal Richelieu*, Paris 1921, Bd. III, S. 97 ff. – Ein weiterer Codex der
Deutschen Staatsbibliothek, der die *Concessione* enthält (Ms. Ital.Fol.18 s), ebenfalls aus der Bibliothek Mazarin, ursprünglich venetianischer Herkunft, kommt nicht als Vorlage in Betracht, da er eine
anders lautende Überschrift, ein abweichendes Schriftbild (die Titel Kaiser Karls V. neben- statt wie
bei Leibniz untereinander) und auch sonst die üblichen unbedeutenden Abweichungen hat.

[138] Siehe oben, S. 165.

[139] MS XXVI 1566 Bl. 42-45.

konnte bisher nicht erbracht werden. Einen Hinweis gibt nur noch eine kurze Notiz von Leibniz' Hand in der „Concessione". Leibniz hat sie sowohl mit der „Praefectura" wie mit der „Investiture" verglichen und Abweichungen in sein Exemplar eingetragen. An einer Stelle hat er über ein „Datum" der Datierung mit kleinen, schwer lesbaren Buchstaben geschrieben: „Data in < - > Wolf".[140] Auf den ersten Blick könnte man dies als Zeugnis gegen die Annahme von dem Wolfenbüttler Codex als Vorlage werten. Doch hat auch der Berliner Codex „Data", ein weiterer Berliner Codex,[141] nur einen Abkürzungsschnörkel an dieser Stelle. So kann die Korrektur wohl nur so erklärt werden, daß Leibniz, nach Hannover zurückgekehrt, selbst eine Prüfung seiner Abschrift an Hand des Wolfenbüttler Codex vorgenommen und diese nur als Eigenmächtigkeit des Abschreibers zu erklärende Abweichung vermerkt hat.

Die Reaktion des Wiener Hofes auf Leibniz' Neuerwerbung zeigt sich in einer Eintragung des Reichsvizekanzlers Schönborn auf Leibniz' kurzer Denkschrift[142]: „H. Dollb[erg] wolle nachsehen lassen, ob in den grosen eintrags bucher disfals etwan sich nichts befinde". Im Vetrauen auf den Fund in der Bibliothek hat man wohl gehofft, nun doch im Reichsarchiv noch etwas zu entdecken, aber vergeblich. Mit den „eintrags bucher" sind die Reichsregisterbücher gemeint. Ein der Denkschrift beigegebener Spanzettel von der Hand des Registrators der lateinischen Expedition, Johann Hermann Nolden, besagt: „von 32 an bis 37 findt sich nichts". Wenn diese Nachforschung aber auch vergeblich sein mußte, da die Reichsregister Karls V. tatsächlich nichts von den Urkunden enthalten,[143] so hätte man doch in den Reichslehensakten etwas erfolgreicher suchen können. Dort sind die korrigierten Reinkonzepte der „Praefectura" Karls V. für Cosimo vom 30. September 1537 sowie der Erklärung des Gesandten Cifuentes in Florenz vom 21. Juni 1537 (darin die Vollmacht Karls für Cifuentes und seine Urkunde für Alexander nur durch ein „Inseratur" angedeutet) vorhanden.[144] Warum man hier eigentlich niemals nachgeforscht hat, bleibt einigermaßen unverständlich.

Leibniz zeigt nun im Besitz der „Concessione" eine recht angriffslustige Haltung gegenüber dem Florentiner Senat. Denn sie enthält ein Dokument, das außer ihm niemand kennt, und auf das er von jetzt an immer wieder hinweist: die eben genannte Vollmacht Karls V. für Cifuentes. Darin nennt der Kaiser Florenz: „nostra civitas imperialis". Diese Bezeichnung Florenz' als Reichsstadt scheint ihm deren juristische und praktische Abhängigkeit vom Reich ausreichend zu beweisen. Daher empfiehlt er wiederum ein Vorgehen des kaiserlichen Fiskus gegen den florentinischen Senat, von dem man einen Rechenschaftsbericht über seine Tat einfordern und den Kaiser Karl VI. dabei mit „Senatus nostrae Civitatis Florentiae" anreden sollte. Diesem Verweis hätte dann nach seinen geheimen Wünschen eine

---

[140] MS XXVI 1566 Bl. 18.

[141] Siehe oben, S. 168, Anm. 137.

[142] Wien, Haus-, Hof- und Staatsarchiv: Reichshofkanzlei Staatenabteilungen Toskana, Kart. 1 Bl. 87. Vgl. oben, S. 164.

[143] Nach Mitteilung des Österreichischen Staatsarchivs, Abt. Haus-, Hof- und Staatsarchiv.

[144] Ebd., Reichslehensakten der lateinischen Expedition, Karton 25, Bl. 1-6.

Verleihung der Anwartschaft auf Toskana an Modena einschließlich Braunschweigs folgen sollen. Doch dem von ihm vorgeschlagenen Verweis steht ein Hindernis im Wege: es sieht ihm so aus, als ob der Kaiser den Pfalzgrafen – dessen Gemahlin eben zur Nachfolgerin in Florenz erklärt worden war – zu begünstigen scheine. So schwächt er seinen Rat, den florentinischen Senat zu rügen, etwas ab durch die Feststellung, daß dies dem Pfalzgrafen nichts schaden könne.

Der Großherzog Cosimo III. hatte keineswegs ohne Glauben an das kaiserliche Einverständnis gehandelt, als er die Einsetzung der Kurfürstin von der Pfalz, seiner Tochter, zur Nachfolgerin durchzusetzen suchte. Anläßlich der Kaiserkrönung hatte ihr Gemahl, der Kurfürst von der Pfalz, ein im Auftrag des Kaisers verfaßtes Schreiben des Grafen Sinzendorf vom 9. Januar 1712 erhalten, in dem u. a. die Belehnung der Kurfürstin mit den toskanischen Lehen des Hauses Medici in Aussicht gestellt wurde. Leibniz wußte von diesem Schreiben,[145] und die später für die florentinische Unabhängigkeit eintretende Flugschrift „Mémoire sur la liberté de l'Etat de Florence" druckt es am Schluß als ein Hauptbeweisstück für das rechtmäßige Verfahren des Großherzogs.[146] In Wien hatte man jedoch dabei auf eine künftige Erklärung zugunsten des Hauses Habsburg gerechnet.[147] Stattdessen bestimmte das Dekret des Senats, daß nach dem Tode der Kurfürstin – die ebenfalls kinderlos war – die weiblichen Mitglieder des Hauses erben sollten. Dies mußte den österreichischen Interessen zuwiderlaufen, da man natürlich selbst daran dachte, die Nachfolge in Florenz anzutreten. Der Kurfürst von der Pfalz, der im Namen des Großherzogs dem Kaiser Mitteilung von dem Vorgefallenen machen sollte, erfuhr, daß die Frankfurter Zusage nur ein erster Schritt zur Anbahnung des Verständnisses gewesen sei, daß aber die Erklärung des Großherzogs den Gesetzen des Reiches nicht entspreche.[148] Von nun an bemühte man sich in Wien, den Feudalnexus zwischen dem Reich und Florenz nachzuweisen,[149] während man in Florenz alle Dokumente sammelte, die das Gegenteil bewiesen. Im Frühjahr 1714 wird der kurpfälzische Gesandte Johann Ferdinand v. Sickingen wiederum zu Verhandlungen beauftragt. Leibniz hört, daß er Erfolg zu haben scheint, da der Kurfürst durch die anläßlich des Rastatter Friedens (7. März 1714) erfolgte Aufhebung des Bannes über den Kurfürsten von Bayern einige Nachteile erleidet. Leibniz schreibt dies dem hannoverschen Minister Bernstorff,[150] den er übereinstimmend mit seinem dem Kurfürsten mitgeteilten Plan darauf hinweist, daß der Kurfürst von Braunschweig in diesem Frieden viel mehr eingebüßt habe und daher auch mehr Grund habe, eine Gnade vom Kaiser zu erwarten. Eine Antwort

---

[145] Vgl. Leibniz an Bernstorff, 4. April 1714 (Doebner: Leibnizens Briefwechsel, S. 282 f.).

[146] Der Brief ist in französischer Übersetzung wiedergegeben in: *Mémoire sur la liberté de l'Etat de Florence*, Paris 1721, S. 58; auf deutsch in: *Geschichtsmäßige Vorstellung von den Gerechtsamen derer Teutschen Kayser ... auf das Groß-Herzogthum Florentz*, 1722, S. 103, wo die ganze Schrift *Mémoire sur la liberté* in deutscher Übersetzung mit abgedruckt wird.

[147] Reumont, *Geschichte Toskanas*, Bd. 1, S. 467.

[148] Ebd. S. 469.

[149] Ebd. S. 469 f.

[150] Leibniz an Bernstorff, 4. April 1714 (Doebner: Leibnizens Briefwechsel, S. 282 f.).

Bernstorffs hierauf liegt nicht vor. Statt dessen bekam Leibniz eine lose Verbindung zur pfälzischen Partei selbst. Ein Freund (amicus quidam) des Gesandten aus der Pfalz – hierbei kann es sich nur um Leibniz' Wiener Bekannten Graf Corswarem handeln – hat bemerkt, daß Leibniz über die Vergangenheit Florenz' aus Urkunden Bescheid weiß, und hat ihn um Aufschluß gebeten. Leibniz gibt auch die gewünschte Nachricht, in erster Linie jedoch nicht Corswarem, sondern dem mit ihm korrespondierenden Beichtvater des pfälzischen Kurfürsten, Pater Ferdinand Orban.[151] Während er Corswarem nur davon schreibt, daß er diesbezügliche Urkunden gesehen habe (d'avoir vû),[152] schreibt er Orban, daß er sie besitze und – bietet sie dem Kurfürsten sogar an. Er setzt hinzu, der Kurfürst werde sie außer von ihm aller Wahrscheinlichkeit nach nur aus Florenz bekommen können. Der Pater berichtet von irgendwelchen Gegnern Leibniz' am Pfälzer Hof, die seine reichsrechtlichen Kenntnisse in der Sache Florenz – Deutsches Reich, mit andern Worten seinen Urkundenbesitz beneideten. Er hat aber vergeblich versucht, sie zu entlarven. Seine „religiöse Integrität" erlaubt ihm auch nicht, nach Art eines Höflings heimlich Nachforschungen anzustellen.[153] Damit ist die Pfälzer Episode abgeschlossen.

Leibniz verfügte also um diese Zeit über mehr Urkundenmaterial in der toskanischen Frage als der Wiener Hof. So bleibt er auch in der folgenden Zeit bei der Behauptung, daß die von ihm praesentierten Schriftstücke nirgends sonst als bei ihm zu haben seien.[154] Er bezieht dies aber jetzt in der Hauptsache nur noch auf die Vollmacht, die Karl V. seinen römischen Gesandten, Markgraf von Aquilar und Graf Cifuentes, am 28. Februar 1537 für ein Eingreifen in die Angelegenheiten Florenz' ausgestellt hatte. Einmal, weil nun doch schon einige Urkunden in Wien aufgetaucht waren, zum andern weil nur in der Vollmacht Karl V. Florenz als Reichsstadt bezeichnet.[155] Der Kaiser scheint Leibniz daraufhin mit einer historischen Darstellung der Beziehungen zwischen dem deutschen Reich und der Stadt Florenz beauftragt zu haben, denn Leibniz deutet dem Minister Bernstorff an, der Kaiser habe ihm eine Arbeit gegeben, die ihn noch einige Zeit aufhalten werde.[156] Auch nach seiner Rückkehr nach Hannover rechtfertigt er sich Bernsdorff und König Georg I. gegenüber immer wieder sowohl mit dem vom Kaiser erteilten Auftrag Florenz betreffend als auch mit seiner Idee, in der Nachfolgeordnung Toskanas für das Haus Braunschweig wirken zu wollen.[157] Eine Spur der Arbeit für den

---

[151] Leibniz an Orban, 21. April 1714 (LBr. 177 Bl. 2v°).

[152] Leibniz an Corswarem, 21. April 1714 (LBr. 177 Bl. 2r°).

[153] Orban an Leibniz, 31. Mai 1714 (LBr. 699 Bl. 76-77).

[154] Leibniz an Kaiser Karl VI., 27. April 1714 (LH XLI 9 Bl. 112), an Imbsen, 2. Mai 1714 (Konzept vom 1. Mai (LH XLI 9 Bl. 115).

[155] Gedr. in italienischer Sprache in: *Notizia della vera libertà Fiorentina*, 1725, S. 572 f.

[156] Leibniz an Bernstorff, 30. Juni, 4. Juli 1714 (Doebner: Leibnizens Briefwechsel, S. 288-290; ebd., S. 290-292). Diese Arbeit und die Beschaffung der Urkunden aus Wolfenbüttel erwähnt bereits Guhrauer: *Leibnitz*, Tl. 2, S. 285 f. und nach ihm Bergmann: Leibniz als Reichshofrath, S. 192-194.

[157] Leibniz an Bernstorff, 20. September, 8. Dezember 1714 (Klopp: *Werke*, Bd. 11, S. 12-14; ebd., S. 22-25), an König Georg I., 18. Dezember 1714, an Goertz, 12. Februar 1715 (Doebner: Leibnizens Briefwechsel, S. 301-304; 309-311).

Kaiser ist nicht erhalten. Möglicherweise scheiterte sie an Meinungsverschiedenheiten, die in der Auffassung der Lehensabhängigkeit Florenz' vom Reich zwischen Leibniz und dem Wiener Hof bestanden. Für die Lehensabhängigkeit scheint zwar formell zu sprechen, daß die Urkunde Kaiser Karls V. für Alexander de' Medici vom 28. Oktober 1530 in dem Berliner Codex und in dem Wolfenbüttler mit „Investiture" überschrieben ist.[158] Auch in einem schon genannten Berliner Codex ursprünglich venetianischer Herkunft lautet ihr Titel: „Investitura di Carlo V^to fatta al Duca Alessandro de Medici dello stato di fiorenza l'Anno MDXXX".[159] Doch handelte es sich bei dem Vorgang der Herrschaftsübertragung um keine echte Investitur, da die Medici damals ja nur an die Spitze der Republik Florenz gestellt wurden. Bei der späteren Kodifizierung der Urkunden hat man dann nur einen für ähnliche Staatsakte üblichen Titel gewählt. Doch auf Leibniz' Argument, daß auch Gebiete außerhalb des Lehensverbandes vom Reich abhängig sein konnten, hat man sich in Wien offenbar nicht verlassen wollen.

Abschließend sei zur Auffindung der Urkunden während Leibniz' Wiener Aufenthalt noch die Meinung eines neueren italienischen Autors – Giuseppe Conti – erwähnt, der über diesen Zeitabschnitt ein gegen Deutschland und Österreich und die mit letzterem sympathisierenden italienischen Fürsten polemisierendes Buch geschrieben hat.[160] Conti behauptet, Leibniz sei eigens zu dem Zweck nach Wien gerufen worden, um als Organisator bei der Suche der österreichischen Geheimagenten nach Dokumenten in Deutschland und Italien zu fungieren.[161] Ohne Leibniz' Hilfe hätte man gar nichts ausrichten können, dennoch sei es trotz allen Herumstöberns seiner Doktoren in den Archiven nicht gelungen, gültige Argumente gegen die Freiheit Florenz' zu finden. Später spricht er sogar davon, daß deutsche Juristen – dies erscheint ihm wieder als ein Unding – auch von Großherzog Cosimo III. bezahlt wurden, um nach Dokumenten, die für die Freiheit Florenz' zeugten, zu suchen.[162] Nun ist zwar offensichtlich die Behauptung falsch, daß Leibniz zu dem genannten Zweck nach Wien gerufen worden wäre, da ja außer ihm niemand an die Existenz der Urkunden gedacht hatte. Auch die Lehrmeinungen der Autoren konnte er noch nicht kompilieren, wie Conti glauben machen will, da die Streitschriften um Florenz erst mehrere Jahre nach seinem Tod entstanden. Die Quellen, auf die sie sich stützen – darunter die wichtigsten Urkunden für die beiden Medici –, sind jedoch wirklich allein von Leibniz gefunden worden. Immerhin, obwohl nur eine einzige der Flugschriften Leibniz mit der allgemeinen Bemerkung erwähnt, er sei ein großer Kenner in Sachen Italiens gewesen,[163] zeigt Contis Buch, daß eine Spur von Leibniz' Wirken in dieser Frage zurückgeblieben ist. Woher sein Wissen stammt, sagt Conti leider nicht.

---

[158] Siehe oben, S. 165, 168.

[159] Berlin, Deutsche Staatsbibliothek, Handschriftenabteilung: Ms. Ital. Fol. 18r; siehe oben, S. 168, Anm. 137.

[160] Conti: *Firenze dai Medici ai Lorena,* Florenz 1909.

[161] Ebd., S. 715 f.

[162] Ebd., S. 743.

[163] Vgl. unten, S. 191.

Als Leibniz Wien verlassen hatte, ging man ernsthaft an die Klärung der toskanischen Erbfolgefrage. Der Kaiser beauftragte den Reichshofratspräsidenten Johann Wilhelm Graf v. Wurmbrand, der Windischgrätz inzwischen abgelöst hatte, mit der Abfassung eines Reichshofratsgutachtens.[164] Am 21. März 1715 wurde es in einer Reichshofratssitzung beraten.[165] In der Art wie Leibniz' spätere Denkschrift – von der noch zu sprechen ist – und wie die nachfolgenden Streitschriften wird hier eine historische Darstellung der politischen und staatsrechtlichen Beziehungen zwischen dem Reich und Florenz versucht, beginnend mit Karl dem Großen und endend mit der von Kaiser Maximilian II. zögernd erteilten Zustimmung zur Großherzogswürde Cosimos I. Es werden Urkunden auch aus der Zeit vor Karl V. zitiert. Das Hauptaugenmerk muß aber natürlich bei den Kämpfen Karls V. mit Florenz liegen. Zur Erhellung der Vorgänge dieser Zeit werden nun erstmalig die Kaiserurkunden für Alexander und Cosimo zitiert, jedoch nur in wenigen Auszügen und einem häufig fehlerhaften Latein.[166] Außerdem wird auch der von Leibniz stets so hervorgehobene Passus der Vollmacht des Kaisers für den Grafen Cifuentes wiedergegeben, in dem Florenz von Karl V. „nostra civitas imperialis", also Reichsstadt genannt wird.[167] Da die letzte Urkunde damals in Wien nachweislich nicht vorhanden und nur durch Leibniz bekannt war, liegt der Schluß nahe, daß Leibniz sein Material dem Hof zu Abschriften zur Verfügung gestellt hatte. Da die Auszüge insgesamt nur kurz und zudem sehr flüchtig sind, ist der Nachweis der Vorlage für die beiden andern Diplome schwierig. Die Urkunde für Alexander hätte jetzt nach der „Absolutio" des Codex in die kaiserliche Bibliothek gebracht werden können, doch zeigt sich eine größere Übereinstimmung mit der „Investiture", die Leibniz erhalten hatte. Der Urkunde für Cosimo kann dagegen nicht die „Praefectura" der Bibliothek zugrunde gelegen haben, da auch aus den ihr fehlenden Teilen zitiert wird. Möglicherweise hat man sich hier an Leibniz' „Concessione" gehalten. Dafür, daß etwa das Reinkonzept der Urkunde in den Reichslehensakten herangezogen wurde, gibt es keinen schlüssigen Beweis. Die vielen Verschreibungen und Fehler lassen sich aus dem Schriftbild des Reinkonzepts nirgends erklären.

Die Tatsache, daß die mediceische Sukzession sich nur auf die männlichen Erben erstreckte, auf die Leibniz schon 1711 Herzog Anton Ulrich und seit dem November 1713 wiederholt den Kaiser hingewiesen hatte, ist nun auch für Graf Wurmbrand der Kardinalpunkt im Konflikt mit Florenz. Nirgends findet sich bei ihm wie bei Leibniz die ausdrückliche Deklarierung Florenz' als Reichslehen, obwohl Wurmbrand anläßlich der von Karl V. ausgesprochenen Strafandrohung bei Zuwiderhandlungen den Ausdruck „devolutum est" mit dem lehensrechtlichen Terminus „lediglich heimbfallen" übersetzt.[168] Wurmbrand hat

---

[164] Österreichisches Staatsarchiv, Abt. Haus-, Hof- u. Staatsarchiv: Reichshofrat, Florenz Kart. 33, Bl. 544-623.

[165] Faak korrigiert in Rot, aber mit Fragezeichen „Mai" anstelle von März. Außerdem die Notiz: „noch vgl. Mitt[eilung] des Ü/ÖStA 12.2.64" (Hrsg.).

[166] Ebd., Bl. 577, 604vᵒ f.; Bl. 583 ff., 605 ff.

[167] Ebd., Bl. 583vᵒ f.

[168] Ebd., Bl. 589.

nicht wie Leibniz Florenz als Reichsstadt bezeichnet, doch ist er der Ansicht, daß Florenz
von den ältesten Zeiten bis zur Gegenwart dem Reich unterworfen gewesen sei. Damit
kann er die Frage des Kaisers nach der Berechtigung des Großherzogs zur selbständigen
Regelung der Nachfolgeordnung verneinen. Er rät, wie es Leibniz unmittelbar nach ge-
schehener Tat 1713 dem Kaiser mehrmals in Briefen dargelegt hatte, die Verfügungen des
Großherzogs und des Senats zu annullieren und zu kassieren und beiden bei Androhung von
Gewalt ihr Vorgehen zu verweisen. So findet im Reichshofratsgutachten nur eine leichte
Akzentverschiebung gegenüber Leibniz' aus Briefen und seiner späteren Denkschrift be-
kannten Meinung statt. Leibniz versuchte, Florenz der reichsrechtlichen Kategorie der ci-
vitas imperialis einzuordnen; Wurmbrand tendierte unter dauernder Betonung der deutschen
Oberhoheit zum Begriff der feudalen Bindung.

Anfang des Jahres 1716 berührt General Graf Bonneval das Thema Florenz in einem
seiner Briefe an Leibniz.[169] Er ist der Meinung, daß der Großherzog guten Grund habe,
den Verlust seiner Länder zu befürchten. Sicherlich hat Bonneval, wenn vielleicht auch
nur oberflächlich, von Leibniz' Entdeckungen gewußt. Auch Leibniz hat in einem früheren
Brief, der nicht adressiert ist, aber wegen der Art der Erwähnung des Prinzen Eugen an
Bonneval gerichtet sein muß, davon gesprochen.[170] In der nichterhaltenen Antwort auf Bonnevals Brief vom Januar 1716 muß Leibniz seine Entdeckungen wiederum in Erinnerung
gebracht haben, denn Bonneval erwidert im März 1716, er habe Leibniz' Brief dem Prinzen
vorgelesen, und es scheine ihm als werde es diesem kein geringes Vergnügen bereiten,
wenn Leibniz ihm eine kurze Zusammenfassung alles dessen, was er über Florenz wisse,
schicken würde. Leibniz könne dies vielleicht in seinen Mußestunden ausarbeiten, und da
er im Besitz aller Fakten sei, werde man auf diese Weise die Angelegenheit bald erledigen
können.[171] Leibniz' Antwort ließ nicht allzulange auf sich warten.

Auch der Italiener Spedazzi zeigt plötzlich ein lebhaftes Interesse an Leibniz' Urkundenmaterial.[172] Er bittet ihn um eine Kopie der Investitur (!) Karls V. für Cosimo I. von
Florenz, die ihm Leibniz in Wien gezeigt habe, mit deren Hilfe er sich der Namen der
darin genannten florentinischen Gesandten erinnern möchte. Falls Leibniz die Kopie nicht
schicken könne, möchte er Spedazzi wenigstens angeben, wo er sie finden könne oder von
wo Leibniz sie erhalten habe. Leibniz hat auf Spedazzis Brief sogleich die Namen der florentinischen und kaiserlichen Gesandten sowie die Daten der Urkunden notiert, wohl für
die Antwort an den Abbate. Das Ansinnen, ihm gleich die ganze Urkunde zu überlassen,
war von Spedazzi sicherlich in Unkenntnis der Dinge gestellt worden. Er hatte auch kaum
im eigenen Interesse diese Anfrage an Leibniz gerichtet. Er bekennt, daß er für eine solche
Gefälligkeit Leibniz sehr verbunden wäre, da sie für ihn von großem Vorteil beim Kaiser
sein würde. Ein weiterer Brief Spedazzis berichtet von dem in Wien kursierenden Gerücht,

---

[169] Bonneval an Leibniz, 19. Januar 1716 (Feder: *Commercium epistolicum*, S. 447-449).

[170] Leibniz an Bonneval. Der Brief muß etwa in den September bis Oktober 1714 fallen, da Leibniz
noch Hoffnung hat, nach England gehen zu können (LH XIII Bl. 129-130).

[171] Bonneval an Leibniz, 14. März 1716 (Feder, a. a. O., S. 449-451).

[172] Spedazzi an Leibniz, 25. Januar 1716 (LBr. 879 Bl. 54 bis 55).

in Florenz hätten Festlichkeiten zur Geburt des spanischen Infanten stattgefunden.[173] Diesen (Don Carlos, geboren am 20. Januar 1716) als eventuellen Nachfolger anzuerkennen, hat der Kaiser erst bei Abschluß der Quadrupelallianz (1718) eingewilligt.

Auch Bonneval hat nach kurzer Zeit Leibniz an seine Bitte gemahnt.[174] Überraschend gibt er als Grund dafür an, sie dächten in Wien gerade daran, ihren alten Doktor des römischen Rechts (nôtre vieux docteur romain)[175] an einer Geschichte der Reichslehen in Italien arbeiten zu lassen mit Betonung darauf, wie manche sich auf Kosten des Reichs die Freiheit angemaßt hätten. Es ist nicht unwahrscheinlich, daß hier der Reichshofrat Dr. Johann Heinrich v. Berger gemeint ist, von dem Gschließer sagt, daß er damals nicht viel weniger berühmt war als Leibniz.[176] Von ihm heißt es, daß er das römische Recht bevorzugte und eine Fortbildung des Rechts, wenn auch in engeren Grenzen, durch Verschmelzung römischen und deutschen Rechtsdenkens anstrebte.[177] Sein Sohn Friedrich Ludwig v. Berger[178] beteiligte sich 1723 mit zwei Streitschriften an der Diskussion um die florentinische Erbfolge und wies dabei auf die Notwendigkeit hin, die Reichsrechte in Italien dokumentarisch zu sammeln, um nicht die irrige Meinung aufkommen zu lassen, Italien sei ein freier Bündnispartner des Deutschen Reichs.[179] Der Einfluß von Leibniz ist hier unverkennbar. Neugierig gemacht durch die Bewegung in Wien hatte sich Leibniz indessen beim Obersthofkanzler Sinzendorf erkundigt, ob sich nach seiner Abreise noch etwas Florenz Betreffendes gefunden habe.[180] (Sinzendorf hatte Leibniz für eine Neujahrsgratulation gedankt mit der resignierten Feststellung, wenn dieser es mit dem holländischen General Menno van Coehoorn halten würde, der sich nie ohne alles notwendige Gepäck in Marsch setzen wollte, würden sie Leibniz nie wiedersehen.[181] Leibniz antwortete, der Admiral Ruyter habe sich auch nie ohne einen gewissen Vorrat an Schiffszwieback an Bord begeben wollen.) Noch ehe ihn Bonnevals Mahnung erreicht, hat er bereits eine längere Denkschrift für den Prinzen Eugen entworfen, die er mit einem Schreiben an Bonneval begleitet.[182] Darin bittet er um Geheimhaltung seiner Mitteilungen, über die sich, als er sie in Wien einigen Ministern des Kaisers machte, pfälzische Gesandte hier – das heißt in

---

[173] Spedazzi an Leibniz, 19. Februar 1716 (ebd., Bl. 57-58).

[174] Bonneval an Leibniz, 1. April 1716 (Feder, a. a. O., S. 451 f.).

[175] LBr. 89 Bl. 23-24.

[176] Gschließer: *Der Reichshofrat*, S. 379.

[177] Artikel von Döhring, Erich: „Berger, Johann Heinrich Edler von", in: *Neue Deutsche Biographie*, Bd. 2, 1955, S. 80 f.

[178] Ebd., S. 80.

[179] Siehe unten, S. 189. Gottfr. Phil. Spannagel, der 1724-26 ein umfangreiches Werk über die florentinische Frage veröffentlichte, auch einige Schriften über die Reichsrechte in Italien handschriftlich hinterließ (vgl. *Tabulae Codicum manuscriptorum ... in Bibliotheca Vindobonensi*, Bd. 5 1871, Bd. 7 1875), kann von Bonneval dennoch nicht gemeint sein. Spannagel trat erst 1727 in kaiserliche Dienste; siehe unten, S. 193.

[180] Leibniz an Sinzendorf, 14. März 1716 (Klopp: Leibniz' Plan; S. 252-254).

[181] Sinzendorf an Leibniz, 18. Januar 1716 (ebd., S. 251).

[182] Leibniz an Bonneval, 5. April 1716 (Feder: *Commercium epistolicum*, S. 452-454).

Hannover? – beschwert hätten. Diese beschwerdeführenden Pfälzer sind augenscheinlich die gleichen, von denen schon Pater Orban Leibniz berichtet hatte.[183] Ferner entschuldigt sich Leibniz bei Bonneval, nicht ausführlicher geworden zu sein, doch habe er leider nicht alle diesbezüglichen Papiere hier, sondern nur Auszüge davon.[184] Er glaubt aber, daß seine Angaben für eine Diskussion mit den Florentinern ausreichen würden. Wieder zeigt er sich befremdet, daß Archive und Bibliotheken des Kaisers diese Art von Urkunden nicht besitzen. Das entmutige denjenigen, der eine Sammlung der Reichsrechte vornehmen wolle. Graf Seilern – so erfahren wir von Leibniz – habe beabsichtigt, sich systematisch mit einer solchen Sammlung zu beschäftigen. Vermutlich geschah dies auf Leibniz' Anregung. Jedenfalls sagt er, der Graf habe zu spät daran gedacht, Graf Sinzendorf werde dies nun aber erfolgreich tun.

Leibniz' Denkschrift für Florenz ist unveröffentlicht geblieben.[185] Dennoch ist sie – abgesehen von dem Reichshofratsgutachten – gewissermaßen als die erste der Reihe von Streitschriften anzusehen, die in dem Zeitraum von 1717 bis 1732 auf deutscher Seite zu diesem Thema erscheinen. Gemeinsam hat sie mit den übrigen die Disposition. Sie beginnt mir einer Geschichte der italienischen Städte im Mittelalter und deren mehr oder weniger starken Abhängigkeit vom Reich. Da Leibniz seine Schrift – wie er an Bonneval schreibt – nur für den Prinz Eugen und als Grundlage für politische Verhandlungen, dagegen nicht für eine öffentliche Meinungsbildung bestimmt hatte, konnte er es sich gestatten, unpolemisch und objektiv zu bleiben. Er versucht nicht, wie die meisten andern Autoren, mit aller Gewalt die deutschen Kaiser für jede Zeit als unumschränkte Herrscher in Italien oder einem Teil Italiens darzustellen, sondern seine Ausführungen lassen erkennen, daß diese Herrschaft vom Ende der Regierung des Staufers Friedrich II. bis zu Kaiser Karl V. unterbrochen gewesen ist. Nur daß Rudolf von Habsburg italienischen Städten ihre Freiheit nicht gegen Geldzahlungen zurückgegeben habe, bestreitet auch er. Der Behauptung von der Wiederaufrichtung der Reichsrechte in Italien durch Karl V. folgt eine kurze Darstellung der Geschichte der Medici, die mit dem Eintritt Alexanders und Cosimos in die Regierung von Florenz an Hand der Urkundentexte breiter wird. Dieses ist Leibniz' ausführlichste Schilderung der Vorgänge um Florenz zur Zeit Karls V., die er in Briefen immer nur kurz umrissen hat.

Aus der Geschichtsschreibung zitiert Leibniz als Hauptvertreter Paolo Giovio, Francesco Guicciardini und Scipio Ammirati, die in der Frage der Nachfolgeregelung durch Karl V. immer nur ungenau von den legitimen Kindern (liberi, figliuoli) gesprochen hätten, nicht aber – wie es in den Urkunden heißt – von den männlichen Nachfolgern (legitimi descendentes masculi). Leibniz weiß nicht, ob sie den genauen Wortlaut nicht geben konnten oder nicht geben wollten. Dadurch habe sich jedoch die Meinung verbreitet, in Florenz seien

---

[183] Siehe oben, S. 171 f.

[184] Leibniz befand sich zu dieser Zeit in Hannover.

[185] Leibniz für Prinz Eugen, [Discours touchant Florence], 5. April 1716 (LBr. 89 Bl. 36-37, 34-35). Das Original befindet sich in Privatbesitz. Als erster erwähnt die Denkschrift Hamann: Prinz Eugen und die Wissenschaften, S. 35.

auch die Töchter erbberechtigt. Als Ursache für das Fehlen der Urkunden im Reichsarchiv deutet Leibniz den Verlust eines Teils der Kanzlei Karls V. während einer Meerfahrt nach Algerien an.

Die für die kaiserliche Politik wichtigsten Ergebnisse seiner Darstellung faßt Leibniz am Schluß noch einmal zusammen: die Beschränkung auf die männliche Nachkommenschaft, Florenz' Eigenschaft als Reichsstadt und Karls V. Drohung, ihr bei Zuwiderhandlung gegen seine Bestimmungen die kaiserlichen Privilegien zu entziehen.

Was Leibniz hier in allen Einzelheiten den Urkundentexten folgend mitteilte, war nur teilweise aus der Literatur bekannt. Im Unterschied zu seinen Nachfolgern konnte er allerdings noch nicht auf die 1721 zum ersten Mal veröffentlichten Argumente des Gegners eingehen, deren wesentlichstes war, Karl V. habe nur als Schiedsrichter auf Wunsch des Papstes in die Florenzer Affaire eingegriffen. Man hob als Gegenargument hervor, daß die Sprache Karls V. in den Urkunden nicht die eines Schiedsrichters, sondern eher eines Richters sei. So urteilt aber auch Leibniz. Sein Hauptaugenmerk ruht auf der Betonung der Eigenschaft Florenz' als Reichsstadt. Er führt dazu folgendes an: In der Kapitulationsurkunde von 1530 wurde gesagt, daß Karl V. binnen vier Monaten die Regierungsform Florenz' bestimmen werde.[186] Es wurde aber die Klausel hinzugefügt: che sia conservata la libertà (salva libertate). Aus Rücksicht auf diese Freiheit der Stadt habe Karl V. Alexander auch gar nicht zum Herzog, sondern nur zum obersten Magistrat ernennen können. Er habe ihn also nicht mit Florenz belehnt, sondern Florenz sei – Reichsstadt. Die im Lauf der Jahrzehnte für alle Zukunft zu Herzögen und Großherzögen avancierten Medici vergleicht er mit den Burggrafen von Nürnberg. Diese seien auch zuerst Erbstatthalter von Nürnberg gewesen, später hätte ihnen aber nur noch die Umgebung gehört. Darin scheint Leibniz jedoch etwas zu weit zu gehen. Die Großherzöge hatten zwar viele toskanische Territorien als Lehen des Reiches inne, doch daß sie deshalb in Florenz nicht zu gebieten gehabt hätten, widersprach zumindest der Realität. Auch Leibniz' beweiskräftigstes Argument, daß Karl V. Florenz „nostra civitas imperialis" genannt habe, muß doch mit Vorbehalt aufgenommen werden. Denn dies geschah nur in der Vollmacht für die Gesandten vom 28. Februar 1537. In den Urkunden selbst ist nur von der „Excelsa Respublica Florentina" die Rede. Daher war eigentlich wenig genug Ursache für Kaiser Karl VI. vorhanden, nach fast 200 Jahren Florenz nun ebenfalls mit „nostra civitas imperialis" anzureden. In Wien hielt man es daher für sicherer, einen Lehensnexus zwischen dem Reich und Florenz nachzuweisen, und dementsprechend mußte der Eindruck sein, den Leibniz' Denkschrift bei Prinz Eugen und Bonneval hervorrief.

Graf Bonneval macht in seiner Antwort Leibniz genügend Komplimente über seine Arbeit.[187] Er ergeht sich in bildhaften Vergleichen: niemand komme es so zu wie Leibniz, über derartige Materien zu schreiben, deren Dornen sich unter Leibniz' Händen in Rosen verwandelten. Sein Aufsatz instruiere und amüsiere zu gleicher Zeit und befriedige die Vernunft. Prinz Eugen hat Bonneval beauftragt, Leibniz für die kleine Schrift zu danken.

---

[186] Lünig: *Codex Italiae diplomaticus*, Bd. I, 1725 Sp. 1157.
[187] Bonneval an Leibniz, 2. Mai 1716 (LBr. 89 Bl. 28-29).

Indirekt kommt jedoch zum Ausdruck, daß sie nicht darin gefunden haben, was sie erwarteten. Bonneval drückt dies allerdings positiv aus: Stil und Klarheit hätten sie wünschen lassen, daß die Arbeit noch länger und detaillierter gewesen wäre. Der Prinz würde sich freuen, wenn Leibniz diese Materie, sobald er alle seine Papiere beisammen und mehr Zeit habe, noch gründlicher behandeln würde. Dies werde dann ein ganz außerordentliches Werk werden und könne dem Kaiser später sehr nützlich sein. Das war sozusagen eine indirekte Entschuldigung dafür, daß man Leibniz' Aufsatz in der vorgelegten Form nicht verwenden konnte und nicht weiterzugeben beabsichtigte. Leibniz dagegen war viel zu sehr mit andern Dingen beschäftigt als daß er an eine Vertiefung seiner Studien in dieser Richtung hätte denken können. Er gab daher nur im nächsten Brief seiner Freude Ausdruck, daß der Prinz an seinem Diskurs Gefallen gefunden habe, und verbreitete sich im übrigen über seine reichsrechtlichen Pläne.[188] Er setzt aber, wie schon öfter, hinzu, daß ihm in seinem Alter die Zeit nicht mehr wohlfeil sei.

Auch mit dem Kernstück seiner Idee, dem eigentlich sein ganzer Sammeleifer in bezug auf die Toskana gegolten hatte, der Erwerbung der Anwartschaft auf Florenz für die Häuser Modena und Braunschweig, ist Leibniz niemals bis zum Kaiser vorgedrungen. Nur die Kaiserin Amalie, die eine Angehörige des Hauses Braunschweig-Lüneburg war, hat davon erfahren, ferner Herzog Anton Ulrich, König Georg I. und Bernstorff und auch der Herzog von Modena. Anläßlich einer Auseinandersetzung mit dem durch sein italienisches Quellenwerk berühmt gewordenen Muratori hat Leibniz Gelegenheit, erstmalig Herzog Rinaldo III. von Modena selbst von seinem Plan zu schreiben, der sich historisch auf seine Entdeckung der Abstammung der älteren Este von den Markgrafen der Toskana stützt.[189] Muratori hatte diese These anerkannt.[190] Er, Leibniz, habe zwar nicht gewagt, dem Kaiser von seinem Plan zu berichten. Doch habe er auf Grund des Alleinbesitzes einer Urkunde Karls V. für Cosimo de' Medici, die er aus Florenz habe,[191] die Beschränkung der Nachfolge auf die männliche Nachkommenschaft erwiesen. Daraus ergebe sich, daß das Haus Parma und damit die Königin von Spanien keine Ansprüche hätten. Leibniz scheint also ausreichend Material für eine juristische Fundierung modenesischer Ansprüche zu bieten. Die Kaiserin Amalie zum mindesten hat sein Vorhaben gebilligt. Leibniz' Entdeckung vom Prinzip der männlichen Erbfolge in Florenz verbot ihm andererseits, die Erbansprüche zu beachten, die Modena bei Anerkennung der weiblichen Erbfolge gehabt hätte. (Herzog Cosimos I. Tochter Virginia hatte 1586 Caesar d'Este geheiratet, Herzog von Modena, von dem die jüngere Linie der Herzöge von Modena abstammte.) In diesem Fall wäre für eine Mitbelehnung Braunschweigs keine Handhabe geboten gewesen. Modena machte die Ansprüche zwar geltend, aber die diplomatischen Verhandlungen, an denen die Kaiserin

---

[188] Leibniz an Bonneval, 14. Mai 1716 (ebd. Bl. 30-31).

[189] Leibniz an Herzog Rinaldo III. von Modena, 25. April 1716 (Campori, *Corrispondenza*, S. 265-268).

[190] Muratori an Leibniz, 8. Januar 1716 (ebd., S. 239 f.).

[191] Vgl. oben, S. 167.

Amalie beteiligt war, zerschlugen sich.[192] Leibniz' in dieser Zeit etwas gespanntes Verhältnis zu Muratori, das auch Herzog Rinaldo verstimmte, war im übrigen nicht dazu angetan, auf seine Vorschläge einzugehen, so daß seine Anregung unbeantwortet blieb.

Ein letztes Mal erwähnt Leibniz die Florenz betreffenden Urkunden in dem Brief an die Kaiserin Amalie, den er ihr auf das Gerücht von der Streichung der Reichshofratsgehälter hin geschrieben hat.[193] Er scheint zu zeigen, daß man bis zu diesem Zeitpunkt in der Reichskanzlei nichts weiter gefunden hat, und dies bestätigt auch die nach Leibniz' Tod einsetzende Flugschriftenliteratur zum toskanischen Erbfolgestreit. Sie stützt sich in der Frage der Lehensabhängigkeit Florenz' hauptsächlich auf die von Leibniz in der kaiserlichen Bibliothek und in dem Wolfenbüttler Codex entdeckten Urkunden Karls V. für Alexander und Cosimo. Das gilt vor allem für die beiden ersten Urkundenpublikationen von Mascov und Fritsch sowie von Simon Friedrich Hahn. Mascov und Fritsch drucken die Urkunde für Alexander nach der von Leibniz im Zusammenhang mit der „Praefectura" entdeckten „Absolutio" des Wiener Codex, Hahn druckt die vollständige Urkunde für Cosimo mit Hilfe Hertels nach dem Wolfenbüttler Codex. Alle andern Streitschriften bis auf zwei Ausnahmen legen ihrer Veröffentlichung keine Handschrift zu Grunde, sondern sie folgen dem Erstdruck. Dies ergibt sich besonders aus der Übereinstimmung mit den von Mascov und Hahn gelegentlich vorgenommenen Veränderungen, die bei allen andern gegen die Vorlage der Codices wiedererscheinen. Erst Jean Dumont entdeckt den Mazarinschen Codex in Berlin, nach dem der wolfenbüttelsche kopiert wurde, und veröffentlicht daraus die Urkunde für Alexander in seiner großen Sammlung *Corps universel diplomatique*. Die letzte der Streitschriften – gegenüber den normalen Flugschriften zu einem zweibändigen Foliowerk angewachsen – ist in Italien erschienen und bedient sich zum Teil der Originale. So muß doch vor allem Leibniz das Verdienst zugesprochen werden, in diesem konkreten Fall bahnbrechend für die Wahrung der Reichsrechte – die dann im Endeffekt der habsburgischen Politik zugute kam, gewirkt zu haben.

(ß)   Erweis der Lehensabhängigkeit Florenz' vom Reich auf Grund der von Leibniz entdeckten Urkunden

Der erste der Gelehrten, die nach Leibniz' Tod in der toskanischen Erbfolgefrage zur Feder griffen, war Jacob Paul v. Gundling, königlich preußischer Geheimer Rat und Historiograph. Er wurde 1718 Nachfolger Leibniz' als Präsident der preußischen Sozietät der Wissenschaften in Berlin, an einem Hof, der wenig für die Förderung der Wissenschaften übrig hatte und Gundling deswegen nur die Rolle eines Hofnarren zudachte, dessen Rat in gelehrten Sachen man aber nicht entbehren konnte. Gundling suchte sich dem 1716 durch die Flucht nach Halle zu entziehen, wurde aber bald zurückgeholt. Er hat viele wissenschaftliche Bücher geschrieben und bei seinem Tode eine umfangreiche Dokumentensammlung

---

[192] Vgl. Reumont: *Geschichte Toskanas*, Bd. 1, S. 471; siehe oben, S. 159, Anm. 89.
[193] Leibniz an die Kaiserin Amalie, 20. September 1716 (Klopp: *Werke*, Bd. 11, S. 192–195).

hinterlassen.[194] Im Jahre 1717 erschien seine kurze Schrift: *Historische Nachrichten vom Lande Tuscien und dem heutigen Groß-Herzogthum Florentz, wie auch von der Hoheit des Römischen Teutschen Reichs.*[195] Da sie nur eine geringe Auflage hatte, wurde sie 1718 in den Deutschen Acta Eruditorum zu Leipzig abgedruckt.[196] Zur Entstehung seiner Schrift sagt Gundling folgendes: „Ein Kayserlicher grosser Minister hat den unlängst verstorbenen Königl. Preußischen Herrn Hof-Rath Zwanzig bewogen, daß er wegen Savoyen und Mayland zwey Schrifften herausgegeben; welchem Exempel zu folge, ich in dieser Schrifft die Hoheit in Tuscien vorstellen wollen, zumahlen auch die Scriptores Juris publici wenig hiervon angeführet.“[197] Bei dem kaiserlichen großen Minister könnte es sich um den Reichsvizekanzler Schönborn handeln, der hin und wieder Juristen zur schriftstellerischen Stellungnahme in politischen Streitigkeiten aufforderte.[198] Doch lag der Vorfall schon länger zurück, denn Zacharias Zwantzig, der Verfasser des „Theatrum praecedentiae“,[199] ist bereits 1710 verstorben. Seine Schrift über Savoyen und Mailand hat sich nicht ermitteln lassen. Bei Gundling scheint gar keine direkte Aufforderung vorzuliegen, sondern wie er selbst sagt, hat er aus eigenem Antrieb das Thema in Angriff genommen. Seine kurze Darstellung hat nichts weiter als die ältere Literatur zur Grundlage, beschäftigt sich aber schon eingehend gerade mit den Vorgängen unter Kaiser Karl V., wobei er die Florenz verliehenen Urkunden nach der historischen Darstellung des Paolo Giovio beschreibt.[200] In einer späteren Ausgabe seiner Schrift, die um ein Kapitel vermehrt ist und von der im chronologischen Zusammenhang berichtet werden soll, kommt er der Leibnizschen Argumentation näher als alle anderen, die zu dem Thema geschrieben haben.

Ein Jahr nach dem ersten Erscheinen der Schrift, 1718, wurde dann in London die durch den Angriff Spaniens auf Sardinien veranlaßte Quadrupelallianz zwischen Frankreich, Großbritannien, den Niederlanden und dem Kaiser geschlossen. Artikel V bestimmt die Nachfolge des spanischen Infanten Don Carlos in Parma und Toskana, unter Umgehung der Kurfürstin von der Pfalz und des florentinischen Senatsbeschlusses.[201] Die Entscheidung war also zugunsten Spaniens gefallen; zugunsten des Kaisers wurde jedoch Toskana zum Reichslehen erklärt, so daß Spanien sich zunächst dem Vertrag widersetzte. Vor allem aber protestierte Großherzog Cosimo III., ebenfalls nicht so sehr gegen die Nachfolge des bourbonisch-spanischen Prinzen als gegen die Tatsache, daß man sich über ihn und

---

[194] Vgl. Isaacsohn, Siegfried: „Gundling, Jacob Paul Freiherr von", in: *Allgemeine Deutsche Biographie*, Bd. 10, 1879, S. 126–129 und Krauske, Otto: *Vom Hofe Friedrich Wilhelms I.*, in: Hohenzollern-Jahrbuch, Jg. 5, 1801.

[195] – *nach Anleitung der Reichsrechte angefertigt von Jacob Paul Gundling, Königl. Preuß. Geheimten Rath, und Historiographo* (!), Breßlau o.J.

[196] *Deutsche Acta Eruditorum*, T. 54, Leipzig 1718, S. 392 bis 438.

[197] Ebd., S. 392.

[198] Vgl. Hantsch: *Reichsvizekanzler Friedrich Karl v. Schönborn*, S. 243, 303 u.ö.

[199] Zwantzig: *Theatrum praecedentiae*, 1706, 2. Ausg. Franckfurt 1709.

[200] Jovius, Paulus: *Historiarum sui temporis*, tom. I–II, Paris 1558–1560.

[201] Reumont: *Geschichte Toskanas*, Bd. 1, S. 472 f.

den florentinischen Senat einfach hinweggesetzt und ihnen den deutschen Lehensverband aufgezwungen hatte. Sogar an militärischen Widerstand dachte Cosimo III.; aber auch mit Hilfe juristischer Abhandlungen hoffte er, die Nachfolge für das Haus Medici retten zu können. So erschien 1721, ohne Ortsangabe, in französischer Sprache die Flugschrift: *Mémoire sur la liberté de l'état de Florence*, die gelegentlich schon zitiert wurde. Sie sucht zu beweisen, daß es kaum jemals auch nur den Schein einer Abhängigkeit Florenz' vom Deutschen Reich gegeben habe. Ein Vergleich mit der ebenfalls 1721 in der toskanischen Stadt Pisa[202] erschienenen Schrift *De libertate oivitatis Florentiae ejusque Dominii* ergibt mit einiger Sicherheit, daß es sich bei der französischen Flugschrift um eine Kurzfassung und Übersetzung der lateinischen handelt. Immer wieder stimmen die einzelnen Absätze des „*Mémoire*" mit Partien von „*De libertate*" wörtlich (in Übersetzung) überein. Auch die Literaturzitate des „*Mémoire*", soweit sie hier gebracht werden, müssen „*De libertate*" entnommen sein. Ein umgekehrtes Abhängigkeitsverhältnis der erweiterten Fassung von der kürzeren ist unwahrscheinlicher bei der wörtlichen Übernahme ganzer Abschnitte. Vielmehr sieht es so aus, als sei die kürzere französische Form für eine diplomatische Verwendung im Ausland bestimmt gewesen. Für die lateinische „Bearbeitung" nennt A. v. Reumont als Autor Guiseppe Averani.[203] Daß Averani der Autor von „*De libertate*" ist, war bereits vor Reumont gesichert.[204] Aber gerade auch diese Tatsache spricht dafür, daß die lateinische die Erstfassung ist. Denn Averani war ein angesehener Gelehrter im Großherzogtum Toskana. Er wurde mit 22 Jahren von Cosimo III. zum Professor der Rechte in Pisa ernannt, arbeitete und lehrte als Naturwissenschaftler an verschiedenen Universitäten und war Erzieher des Erbprinzen Johann Gaston. Er war danach der geeignete Mann, um vom Großherzog mit dem Geschäft der Vaterlandsverteidigung beauftragt zu werden. Reumont nennt als „eigentlichen Verfasser" den sonst unbekannten Niccolò Antinori. Diesem wäre daher das französische „*Mémoire*" zuzuschreiben. Beide Schriften bringen der Öffentlichkeit bereits eine ganze Anzahl von Urkunden zur Kenntnis, zum überwiegenden Teil jedoch „*De libertate*". Für die Urkunden, die in einem Anhang gesammelt vorgestellt werden, werden folgende Archive als Herkunftsort genannt: Archivum Palatii, Archivum secretum, Archivum generale Florentinum, Archivum conservatorum Dominii Florentini. Die Dokumente, in denen der Papst als Vertragspartner auftritt, werden bevorzugt. Auch sonst ist natürlich eine zweckmäßige Auswahl getroffen worden. So ist die Kapitulationsurkunde Karls V. für die Stadt Florenz vom 12. August 1530 wohl vertreten (Nr X), da sie die Klausel enthält: che sia servata la libertà. Dagegen fehlen die Einsetzungsurkunden für die Medici. Im „*Mémoire*" äußert der Verfasser in einer Anmerkung immerhin sein Bedauern darüber, daß man das Diplom Karls V. für Alexander „leider" nicht habe einsehen können.[205]

---

[202] Der Erscheinungsort geht aus dem Titel der Flugschrift [Bergers], *Nova eaque plena Assertio juris*, 1725, hervor; siehe unten, S. 190.

[203] Reumont: *Geschichte Toskanas*, Bd. 1, S. 652.

[204] Vgl. *Nouvelle biographie universelle*, Bd. 3, 1852, Sp. 834 f.

[205] A.a.O., S. 29.

Auf deutscher Seite folgte nun eine ganze Serie von Widerlegungen. Direkt im Titel nimmt bezug darauf die Schrift: *Examen du Mémoire sur la liberté de l'Etat de Florence*, o.O. 1721. 4°. Sie wird dem zu seiner Zeit über Deutschland hinaus bekannten Rechtsgelehrten Johann Jakob Mascov zugeschrieben.[206] Von dieser Schrift konnte kein Exemplar ermittelt werden.

Sicherlich ist Mascov jedoch Verfasser bzw. Mitverfasser der unter seinem Vorsitz in Leipzig verteidigten Dissertation des Thomas Fritsch: *Exercitatio juris publici de jure imperii in magnum ducatum Etruriae, quam in Academia Lipsiensi praside D. Jo. Jacobo Mascovio Autor et Respondens Thomas Fritsch. Lipsiae, literis Immanuelis Titii.*[207] Fritsch ist der später als kursächsischer Wirklicher Geheimer Rat und Minister bekannt gewordene Sohn des Buchhändlers Thomas Fritsch in Leipizig. Allgemein gilt jedoch Mascov als Verfasser der Schrift. Da sie ein Jahr später in deutscher Übersetzung herausgegeben wurde, soll auf ihren Inhalt an jener Stelle eingegangen werden. Hier seien nur die Urkunden erwähnt, auf deren nochmalige Publikation die deutsche Schrift verzichtet hat. Zum ersten Mal werden also hier die vielbesprochenen Urkunden Karls V. für Alexander und Cosimo veröffentlicht, die für Alexander vollständig,[208] die für Cosimo allerdings nur als ein knapper Auszug.[209] Zwar fehlt ein direkter Hinweis darauf, woher die Vorlagen stammen. Fritsch gibt eingangs nur an,[210] daß er sie seinem Lehrer Mascov verdanke, der auch die Arbeit angeregt habe. Doch der Titel der Urkunde Karls für Alexander: „Absolutio civitatis Florentiae, confirmatio privilegiorum, et familiae Mediceae pro ducibus Florentiae consitutio" wie ein Textvergleich zeigen einwandfrei, auf welchem Wege Mascov dazu gelangt ist. Er druckt nach der Handschrift der kaiserlichen Bibliothek in Wien, die Leibniz entdeckt hatte.[211] Die aus der Urkunde für Cosimo mitgeteilten Exzerpte hat Mascov einer Flugschrift des 16. Jahrhunderts entnommen, die 1562 anläßlich eines Präzedenzstreites zwischen Cosimo und dem Herzog von Ferrara geschrieben worden war.[212] Leibniz hatte sie übersehen. Es handelt sich jedoch nur um kurze Abschnitte, die Mascov buchstabengetreu und mit den Zwischentexten der Vorlage übernommen hat. Von Leibniz selbst scheint

---

[206] Vgl. Gundling, Nicolaus Hieronymus von: *De jure Augustissimi Imperatoris et Imperii in magnum Etruriae ducatum commentatio*, 1732, S. 20 (Praefatio).

[207] Die 2., 3. und 4. Auflage erschienen 1730, 1741, 1744. Zu Fritsch vgl. Schmidt, Gerhard: „Fritsch, Thomas", in: *Allgemeine Deutsche Biographie*, Bd. 8, 1878, S. 110. Mit dem Leipziger Buchhändler stand Leibniz in Geschäftsverbindung.

[208] A.a.O., im Dokumentenanhang S. 14-18.

[209] Ebd., S. 24-25.

[210] Praefatio, S. 2.

[211] Siehe oben, S. 165. [30902] 5. Juni 1727, Mascov an S. Kortholt, Kiel UB SH 466, Bd. 7, Nr. 26.

[212] Es erschien zunächst in Ferrara die Schrift *Ragioni die precedentia*. Dem setzte Florenz eine *Informatione sopra le ragioni della precedentia* entgegen, und darauf antwortete wieder Ferrera mit einer *Risposta alla Informatione sopra le ragioni della precedentia*. Die „*Risposta*" brachte sicherheitshalber die „*Informatione*" noch einmal im Abdruck und wählte für beide zusammenfassend den ersten Titel: *Ragioni di precedentia*, o.O. 1562. Die von Mascov zitierten Exzerpte s. im Abdruck der „*Informatione*", S. 18 bis 20.

Mascov nicht zu der Arbeit angeregt worden zu sein, obwohl der viel jüngere Historiker Leibniz noch persönlich kennengelernt hat.[213] In dem vorhandenen Briefwechsel zwischen beiden findet Toskana keine Erwähnung. Vielmehr liegt die Vermutung nahe, daß Mascov von Wien aus zu der Inangriffnahme des Themas aufgefordert worden ist, und daß man ihm zu diesem Zweck das entsprechende Material zur Verfügung gestellt hat. Es ist keinesfalls ausgeschlossen, daß der Auftraggeber wie in ähnlichen Situationen der Reichsvizekanzler v. Schönborn war.

Die deutsche Übersetzung und Bearbeitung der Dissertation erschien 1722, herausgegeben von Gottfried Behrndt unter dem Pseudonym Bracciano, mit folgendem Titel: *Geschichtsmässige Vorstellung von den Gerechtsamen derer Teutschen Kayser und der Heil. Reichs auf das Groß-Herzothum Florentz, denen zugleich die von Florentinischer Seite gemachten Einwürfe und derselben gründliche Wiederlegung nebst einer ausführlichen Nachricht von den Florentinischen Historicis beygefügt, von Bracciano. 1722.* Wie J. G. Meusel in seinem Schriftstellerlexikon angibt, stammen die Anmerkungen und einige zusätzliche Literaturangaben vom Herausgeber.[214] Auch Anfang und Schluß der Schrift sind leicht umgestaltet, die Paragraphenzählung ist geändert, der Dokumentenanhang fehlt – bezüglich der Urkunden für Alexander und Cosimo wird auf die lateinische Dissertation verwiesen[215] – dafür aber wird das florentinische „Mémoire" von 1721 in deutscher Übersetzung angehängt. Dieses war nun zusätzlich zu widerlegen, was der Herausgeber in einem paraphrasierenden Kommentar besorgt. Schon in der Vorrede gibt er seiner Verwunderung darüber Ausdruck, wieso die Florentiner ihr Glück nicht begreifen könnten, das ihnen unter den deutschen Kaisern ein angenehmes Leben und Wohlstand bescheren würde. Zum Schluß wird der Verfasser des *Mémoire* als „ein ziemlich unbescheidener Florentiner" abgetan.

Um den italienischen Ansprüchen entgegenzutreten, will man dem Leser einige Nachricht von diesem „considerablen Lehn=Stücke des Teutschen Reichs in Italien" geben. Wie bereits Gundling[216] verweist auch die „*Geschichtsmässige Vorstellung*" in der Vorrede auf den in einem Brief an den Rechtshistoriker Hermann Conring ausgesprochenen Wunsch Johann Christian v. Boineburgs, die Rechte des Reichs und vor allem auch des Hauses Österreich auf Italien in einem besonderen Buch aufzuzeichnen.[217] Der Verfasser bedauert, daß es bisher bei den Wünschen geblieben ist. Doch habe man sich mit Toskana schon viele Mühe gegeben. Es folgt eine Aufzählung der bisher erschienenen Streitschriften, darunter

---

[213] Vgl. dazu Conze, Werner: *Leibniz als Historiker*, Berlin 1951, S. 83.

[214] Meusel, Johann Georg: *Lexicon der vom Jahr 1750 bis 1800 verstorbenen Schriftsteller*, Bd. 8, 1808, S. 520.

[215] A.a.O., S. 37 (§ 21).

[216] Gundling, Jacob Paul von: Histor. Nachrichten von dem Lande Tuscien, in: *Deutsche Acta Eruditorum*, Tl. 54, 1718, S. 392 f.

[217] Der Brief wurde bei Gruber, Johannes Daniel: *Commercium epistolicum Leibnitianum*, 2 Tle., Hannover und Göttingen 1745, wo die Korrespondenzen zwischen Conring und Boineburg großenteils veröffentlicht sind, nicht gefunden; auch sonst wurde kein Druck davon ermittelt.

auch das *Examen au mémoire sur la liberté de l'état de Florence*, das man miterangezogen habe. Auch die allgemeine historische Literatur über Florenz und Italien wird genannt. Daran schließt sich dann der mit erweiterten Erläuterungen versehene übersetzte Haupttext an. Im Schlußparagraphen wird zur Frage der Lehensabhängigkeit Florenz' vom Reich Stellung genommen.[218] Hier argumentieren Mascov und Fritsch ganz ähnlich wie Leibniz. Zwar wird die Behauptung des florentinischen Geschichtsschreibers Benedetto Varchi nicht in Zweifel gezogen, daß Alexander Karls V. Aufforderung, Reichsvasall zu werden, abgeschlagen habe. Doch dies wird bagatellisiert. Da Alexander Kaiser Karl V. schon so viel zu Gefallen getan hatte, er auch gerade sein Schwiegersohn wurde, wollte der Kaiser ihm nicht noch mehr zusetzen. Es war aber auch ganz gleichgültig, ob die Oberherrschaft des Reiches über Florenz, an der damals niemand mehr zweifelte, als Lehensherrschaft ausgeübt wurde oder nicht. Es werden vergleichsweise, wenn auch nicht die Reichsstädte wie bei Leibniz, so doch deutsche Fürstentümer und Grafschaften erwähnt, die keine Lehen seien und doch der Oberhoheit des Reichs unterstünden. Florenz habe gerade wie sie das Recht über Krieg und Frieden und die Privilegien, die der Stadt mehrmals und wiederum von Karl V. verliehen worden seien. Eine völlige Independenz vom Reich schließe das keineswegs ein.

Im gleichen Jahr 1722, aber ganz sicher nach der „*Geschichtsmässigen Vorstellung*", da er sonst dort erwähnt worden wäre, veröffentlichte Simon Friedrich Hahn die Schrift: *Jus Imperii in Florentiam ex monumentis editis et ineditis ipsisque Etruscis scriptoribus inde a Caroli M aetate per omnia saecula solide ostensum, et a speciosis objectionibus commentatoris nuperi De Florentini Status libertate plene vindicatum. Halae 1722.*

Hahn war neunzehnjährig Dozent an der Universität Halle geworden, er hatte Leibniz von seinen historischen Arbeiten Kenntnis gegeben und sich 1715 bei ihm um eine Professur für Geschichte in Helmstedt beworben, die er 1716 anstelle J. G. Eckharts auch erhielt. 1725 war er Historiograph und königl. großbritannischer Rat in Hannover geworden. In dieser Eigenschaft wurde er beauftragt, die von Leibniz begonnene braunschweigische Geschichte, die vierzehn mäßig starke Foliobände umfaßte, fortzusetzen. Hahn kam aber nicht einmal über Karl den Großen hinaus und hinterließ seine Arbeiten ebenfalls im Manuskript, als er 1729 starb. Die von ihm zusammengetragene *Collectio monumentorum veterum et recentium ineditorum*[219] zeigt, daß er im Geiste Leibniz' fortwirkte, der ja immer wieder auf seine noch unveröffentlichten Sammlungen hingewiesen hatte.

Auch Hahn war es möglich, die solange unbekannt gebliebenen Urkunden für die beiden Medici zu publizieren. Und auch hier profitierte er von Leibniz' Vorarbeiten. Denn von der nun zum ersten Mal nach dem Wolfenbüttler Codex vollständig veröffentlichten Urkunde Karls V. für Cosimo[220] und der nur auszugsweise wiedergegebenen für Alexander[221] – da diese ja schon Mascov ganz gedruckt hatte[222] – sagt er ausdrücklich, daß sie ihm der „be-

---

[218] A.a.O., § 33.

[219] 2 Bde., Brunsvigae 1724-26.

[220] Hahn, Simon Friedrich: *Jus Imperii in Florentiam*, Halle 1722, S. 42-45.

[221] Ebd., S. 24 f., 28, 34 f.

[222] Ebd., S. 24.

rühmte Polyhistor und Direktor der Wolfenbüttler Bibliothek, Hofrat Hertel" zur Verfügung gestellt habe.[223] Hertel hatte also endlich den von Leibniz 1714 gesuchten Codex 3.78.2, der die Urkunden enthielt, wieder griffbereit. Auch die von Hahn im Appendix gebrachten Dokumente[224] hatte Hertel ihm überlassen. Ob Hahn Leibniz' Pläne und seine Denkschrift über Toskana aus dessen Nachlaß, der ihm teilweise zur Verfügung gestellt war,[225] kannte oder ob Hertel ihm darüber etwas mitteilen konnte, läßt sich nicht mit Gewißheit sagen. Sicher ist nur, daß er Leibniz' Beweisführung nicht gefolgt ist.

Wie der Titel schon andeutet, wendet Hahn sich ebenfalls gegen die in Pisa erschienene, für Florenz eintretende Flugschrift. Ausführlich erwägt er das Für und Wider unter den streitenden Parteien, den deutschen Kaisern, den Florentiner Bürgern und den Päpsten. Dem habsburgischen Anspruch versucht er mit der verfassungsmäßigen Rechtfertigung entgegenzukommen, dem Kaiser als dominus directus des Deutschen Reiches sei es gestattet, dem Lehensmann die Leistung des Lehenseides zu erlassen. Bei den Medici sei eine Investitur eben nicht üblich gewesen, da sie ja nicht als Herzöge, sondern nur als Häupter der Republik und oberste Magistratsbeamte berufen wurden. Als sie später den Herzogstitel erhielten, sei auch die Investitur hinzugekommen, freilich nicht mit den gebräuchlichen Symbolen wie dem Schwertschlag, sondern durch die von Historikern bezeugte und im amtlichen Schriftwechsel immer anerkannte Oberhoheit des Kaisers.[226]

Auf diese Weise versuchte Hahn bereits, eine indirekte Lehnsabhängigkeit Florenz' vom Reich nachzuweisen. Er mußte damit auf jeden Fall das Wohlgefallen des Wiener Hofes erregen. Nur so läßt sich der an Hahn gerichtete Brief erklären, der merkwürdigerweise im Leibnizbriefwechsel liegt, im Faszikel Friedrich Karl v. Schönborn,[227] vom 17. Oktober 1722. Der Reichsvizekanzler Schönborn dankt darin Hahn für ein Werk, das er in früheren bzw. vor einigen Tagen („prioribus diebus") Schönborn gewidmet herausgegeben habe, worin die Rechte von Kaiser und Reich auf Toskana unwiderlegbar geprüft worden seien. Das Werk lobe seinen Meister und andere würden zu gleichen Taten dadurch angespornt, sagt der Reichsvizekanzler. Eine Erklärung für diesen Brief hat sich bisher nicht finden lassen, da Hahn außer der eben beschriebenen Schrift wenigstens bis 1722 nichts weiter über Florenz veröffentlicht hat, „Jus Imperii in Florentiam" aber gar nicht Schönborn, sondern dem braunschweig-lüneburgischen Geheimen Rat Präsidenten des wolfenbüttelschen Kriegsrates und Oberhofgerichts Johann Friedrich Freiherrn v. Stain gewidmet ist. Auch von Hahns übrigen Schriften ist keine Schönborn, sondern alle sind den braunschweigischen Herzögen und König Georg II. von England gewidmet.

---

[223] Ebd., S. 42: „a polyhistore insigni Excell. DN. Consiliario Hertelio, laudatae illustris bibliothecae praefecto supremo".

[224] Ebd., S. 56 ff.

[225] Vgl. die von Hahn quittierte Zusammenstellung darüber in Hannover, Niedersächs. Staatsarchiv: Hann.Des.93, 6 Nr 6.

[226] Hahn: *Jus Imperii in Florentiam*, S. 36 f.

[227] LBr. 822 Bl. 2-3.

W. F. v. Pistorius hat später aus Hahns Nachlaß einen Aufsatz herausgegeben, dessen Titel zunächst glauben läßt, daß Hahn hier eindeutig auf den Spuren von Leibniz wandle: *Summarischer Entwurff von dem gegründeten Anspruch des Durchlauchtigsten Hauses Braunschweig-Lüneburg auf die Italiänische Reichs=Lehen=Lande Mantua, Parma, Piacenza, Florenz usw.usw.*[228] Doch die Beweisführung weicht von Leibniz' Vorstellungen ab. Während Leibniz sich auf seine Entdeckung der Abstammung der Este von den Markgrafen von Toskana berufen hatte, will Hahn die welfischen Ansprüche auf Florenz aus der Verwandtschaft der Welfen mit der Markgräfin Mathilde von Tuscien herleiten. So ist Hahn auch hier nicht direkt als Bearbeiter Leibnizscher Schriften anzusehen, auch wenn ihm Leibniz' Absichten aus schriftlicher oder mündlicher Quelle bekannt gewesen sein sollten. Den Plan selbst zu veröffentlichen, hat allerdings auch er nicht gewagt.

Die dritte im Jahre 1722 über Florenz verfaßte Arbeit ist eine Dissertation der Universität Halle, die unter dem Vorsitz des bekannten Rechtslehrers Nicolaus Hieronymus Gundling[229] (Bruder des oben genanten Verfassers der „*Historischen Nachrichten vom Lande Tuscien*", Jacob Paul v. Gundling) von Alexander Maximilian Freiherrn v. Bode eingereicht wurde: *Q.D.B.V. de Jure Augustissmi Imperatoris et Imperii in magnum Etruriae Ducatum Praeside Nicolao Hieronymo Gundlingio ICto disputabit Alexander Maximilianus L.B. de Bode VI. Octobris MDCCXXII. Halae Magdeburgioae 1722.* Allein unter Gundlings Namen erschien die Arbeit in 2. Auflage 1732 in Leipzig. Bode sagt in der Einleitung zur Dissertation, daß sein Vater den Anstoß zur Beschäftigung damit gegeben habe, und auch der Rektor der Universität Halle und der Präses Gundling bestätigen in den am Schluß mitabgedruckten Gratulationen, daß Bode sich mit dieser Arbeit seines berühmten Vaters würdig erwiesen habe. Ob es sich bei dem Vater um den 1713 zum Reichshofrat ernannten Justus Vollrath v. Bode handelt, hat sich aus den einschlägigen Adels- und Juristenlexika nicht nachweisen lassen und damit auch nicht, ob etwas zu dieser Arbeit eine Anregung aus Wien und eventuell von einem Reichshofrat kam. Rektor und Präses bescheinigen Bode, daß er der Sache neues Licht gegeben habe, wenn auch schon andere – damit können nur J. P. Gundling, Mascov-Fritsch und Hahn gemeint sein – bei der Behandlung dieser Frage Schweiß vergossen hätten.

Gundling-Bode bringen die Urkunden Karls V. für Alexander und Cosimo erstmalig beide vollständig. Wie bei Mascov werden keine Quellenangaben gemacht, auch nicht der Vermerk: „ex manuscripto". Doch ein Vergleich der Texte mit den vorausgehenden Drucken gibt Antwort auf die Frage nach der Herkunft. Die Urkunde für Alexander[230] lag in Mascov-Fritschs Dissertation „*Exercitatio juris publici*" vor, und die Dissertation wird auch in der zweiten Ausgabe der Gundlingschen Schrift 1732 rühmend und an erster Stelle

---

[228] Pistorius, Wilhelm Friedrich von: *Amoenitates historico-juridicae*, Tl. 7 und 8, Frankfurt u. Leipzig 1753, S. 2068-3010.

[229] Auf dieser Seite findet sich folgende Notiz von Faak: „Vgl. 53459, 1716, Leibniz: Réponse … aux Remarques … dans un livre … N. H. Gundlingii, Monita ad librum de origine Francorum …, (Dutens, 4, S. 114-185)" (Hrsg.).

[230] A.a.O., 1722, S. 105-110.

genannt.[231] Gundling folgt ihr fast wortgetreu. Gelegentliche Abweichungen von Mascov, orthographischer oder grammatischer Natur, entsprechen meistens auch keiner einzigen der im Zusammenhang mit Leibniz zitierten Handschriften, sondern müssen – besonders in zwei einen sinnverändernden Eingriff bedeutenden Fällen – in eigener Regie vorgenommen worden sein. Der beste Beweis für die Abhängigkeit von Mascov ist jedoch, daß Gundling überall da, wo Mascov vom Wiener Orignal der „*Absolutio*" abweicht, nicht mit diesem Original, sondern mit Mascov übereinstimmt. Das gleiche muß von der Urkunde für Cosimo[232] im bezug auf den Druck von Hahn gesagt werden. Hier sind die Abweichungen ohnehin fast nur orthographischer Natur. Dies zwingt zu der Annahme, daß Hahns Schrift Gundling bereits vorgelegen hat, obwohl dessen Vorwort mit Mai 1722, Gundlings Vorwort mit Oktober 1722 datiert ist.

In der Frage der Lehensabhängigkeit Florenz' vom Reich sind Gundling-Bode wie Mascov nicht allzu weit von dem Leibnizschen Standpunkt entfernt. Die Behauptung, was nicht Lehen sei – also die Allodiale – unterstehe auch nicht der Oberhoheit des Reichs, wird zurückgewiesen.[233] Andererseits sucht man auch hier – wie Hahn es tut – eine Begründung dafür, weshalb die Investitur bei den Medici unterblieben sei: man habe der stolzen, aber aufrührerischen (insaniens) Plebs von Florenz etwas der Freiheit Ähnliches überlassen wollen, habe aber niemals dabei an eine schrankenlose Unabhängigkeit gedacht.[234]

Daß die Schrift gut aufgenommen worden ist, zeigt die Neuauflage von 1732. Sie ist in der Hauptsache ein Neudruck derjenigen von 1722, ist jedoch, wie schon der Titel besagt, um drei Indices vermehrt sowie um Literaturangaben, die außer Mascovs „*Exercitatio juris publici*" auch schon die „*Geschichtsmäßige Vorstellung*", das „*Examen du Mémoire*" und die Arbeiten von Hahn und F.L. v. Berger enthalten. Überflüssig zu sagen, daß auch Gundling-Bode die Beweisgründe des florentinischen *Mémoire sur la liberté de l'état de Florence* widerlegen.

Für das Jahr 1723 ist als erste die Neuausgabe der Schrift Jacob Paul v. Gundlings „Historische Nachrichten von dem Lande Tuscien" zu nennen.[235] Der Titel deutet bereits etwas davon an, in welcher Weise Gundling sein Thema nochmals durchdacht hat. In der neu geschriebenen Einleitung charakterisiert er jetzt in anderer Weise den Anlaß zu seiner vor sechs Jahren zum ersten Mal publizierten Schrift; angeregt habe ihn damals die an allen

---

[231] Gundling, Nicolaus Hieronymus von: *De jures Augustissimi Imperatoris et Imperii in magnum Etruriae ducatum commentatio, quam triplici indice diplomatum, autorum et rerum copiosissimo nec non historia fatorum doctrinae de finibus sacri Romani-Germanici imperii instruxit Henricus Gottlieb Francus, Lipsiae 1732*, S. 20.

[232] A.a.O., 1722, 1732, S. 121-127.

[233] Ebd., § 29-30.

[234] Ebd., § 82.

[235] *Historische Nachricht von dem Lande Tuscien oder den Groß=Herzogthum Florentz, worbey nach denen Reichs=Rechten die Hoheit des Teutschen Reichs von den ersten Zeiten biß an gegenwärtige Veränderungen angeführt wird, auf das neue durchgesehen und vermehret von Jacob Paul v. Gundling, Königl. Preuß. Ober=Appellations, Geheimder Kriegs- und Cammer=Rath, auch Praeses der königl. Sozietät der Wissenschaften. Franckfurt 1723.*

europäischen Höfen im Gange befindliche Diskussion um die Sukzession in Toskana.[236] Der Hofrat Zwantzig wird wieder erwähnt, aber diesmal unter Verwandlung des kaiserlichen Ministers in einen vornehmen Herrn, für den dieser „ein schönes consilium" aufgesetzt hatte, das die „italiänische Reichsverfassung" behandelte.[237] Dies habe ihn – Gundling – dazu veranlaßt, schon vor zehn Jahren ein Jus publicum Italiae zu schreiben, das jedoch noch nicht gedruckt worden sei. Datiert ist die Einleitung mit dem 5. September 1722. Da durch die florentinischen und deutschen Schriften wie durch den Abschluß der Quadrupelallianz die Frage der Lehenseigenschaft Florenz' inzwischen Hauptdiskussionspunkt geworden war, hat Gundling dem sonst nur geringfügig veränderten ersten Text noch eine „fünffte Abtheilung" angehängt, in der er dazu Stellung nimmt. Er übernimmt dabei den von Leibniz im „Caesarinus Furstenerius" geprägten Begriff des Supremats, der im Anfang auf den Widerstand der Juristen gestoßen war.[238]

Doch während Leibniz durch Entwicklung des Suprematsbegriffs der wachsenden Macht der deutschen Fürsten Rechnung trug, will Gundling den Suprematscharakter (suprematus independens) nur dem Kaiser zugestehen, während er dem Großherzog von Florenz nur territoriale Oberhoheit mit Bindung an eine Majestät (superioritas territorialis cum participatione majestatis) zuerkennt.[239] Er besitze zwar Souveränität, aber keine unabhängige. Er habe zwar die Entscheidung über Krieg und Frieden, aber dieses Recht gehöre zu den Privilegien, die Florenz seit dem Mittelalter von den deutschen Kaisern verliehen worden seien. Auch Gundling vergleicht wie Leibniz den Großherzog mit andern deutschen Fürsten, kommt aber zu einem entgegengesetzten Schluß. Während Leibniz andeutet, dem Großherzog gebühre wie den späteren Burggrafen von Nürnberg nur die Umgebung ihrer Stadt, war Gundling der Auffassung, der Großherzog sei als Präfekt der Stadt eingesetzt und seine Rechte erstreckten sich daher auch nur auf die Stadt und nicht auf die Umgebung, die größtenteils Reichslehen sei. Völlig mit Leibniz übereinstimmend ist dagegen sein Argument, Florenz sei eine Reichsstadt wie andere Reichsstädte. Zum Beweis führt er an, auch Augsburg habe sich Respublica Augustane genannt in Urkunden. Man sehe also, wie der Begriff Republik unter Umständen aufzufassen sei. Schließlich protestiert er gegen die abwertende Bedeutung des Begriffes Vasall. Er behauptet, der kleinste Vasall stehe im Gegenteil höher im Rang als der Besitzer eines Allodiums. Damit nähert er sich wieder der Leibnizschen Auffassung vom Supremat der Reichsfürsten. Im Endeffekt jedoch hat Gundling ebensowenig wie Leibniz die Lehensabhängigkeit Florenz' vom Reich zugegeben.

Ebenfalls 1723 erschien Friedrich Ludwig v. Bergers Schrift *Vindicatio juris imperialis in Magnum Tusciae Ducatum, sive confutatio scriptionis, cui titulus Mémoire sur la liberté*

---

[236] Ebd., Bl. 2.

[237] Ebd., Bl. 3v°.

[238] Vgl. IV,2 S. 10 und im Sachverzeichnis: Supremat, Superioritas territorialis.

[239] Aber auch Leibniz vergaß nicht, auf die noch bestehende verfassungsrechtliche Gebundenheit der Fürsten an Kaiser und Reich hinzuweisen; vgl. auch Aubin, Hermann: Leibniz und die politische Welt seiner Zeit, in: *G. W. Leibniz. Vorträge... aus Anlaß seines 300. Geburtstages, hrsg. v. der ... Hamburger Akad. Rundschau,* 1946, S. 110-142.

de l'état de Florence. Der Erscheinungsort muß dem Vorwort[240] und dem Verfasser nach zu urteilen Wien sein; denn hier liegt nun endlich die erste Schrift vor, die eindeutig für die Lehensabhängigkeit Florenz' vom Deutschen Reich eintritt. Friedrich Ludwig v. Bergers Vater war der Reichshofrat Dr. Johann Heinrich v. Berger,[241] der möglicherweise mit einer systematischen Zusammenstellung aller Reichsrechte in Italien beauftragt worden war.[242] Sein Sohn jedenfalls, der das Thema Florenz ganz speziell in Angriff nimmt, weist im Vorwort seiner Schrift auf die dringende Notwendigkeit hin, die die Reichsrechte in Italien betreffenden Dokumente zu sammeln, damit nicht die irrige Meinung entstehen könne, Italien sei nur noch als Bündnispartner des Deutschen Reiches zu betrachten.[243]

Von den beiden Urkunden für die Medici bringt Berger nur die für Alexander –wie bei Mascov – mit dem Titel des Manuskripts der kaiserlichen Bibliothek: „Absolutio civitatis Florentiae, confirmatio privilegiorum, et familiae Mediceae pro ducibus Florentiae constitutio" sowie mit der Quellenangabe: „ex Msc.".[244] Doch obgleich ihm als Sohn eines Reichshofrats und für seinen Zweck die Bibliothek ohne Umstände zugänglich sein mußte, und dies auch durch weitere Publikationen bestätigt wird, hat er sich in diesem Fall nicht an die Handschrift gehalten, sondern folgt ohne Ausnahme dem Druck von Mascov. Außer der „Absolutio" bringt er noch einige weitere Urkunden „e Msc.", auf deren Bedeutung auch Leibniz schon hingewiesen hatte: darunter das „Instrumentum" des neapolitanischen Rechtsanwalts Giov. Antonio Muscettola, Kaiser Maximilians II. Protest gegen die Großherzogswürde von 1570 und seine Zustimmung dazu von 1576.[245]

Im großen Ganzen aber mißt er der Urkundenpublikation schon weniger Bedeutung bei, da sie von der *Dissertatio de Jure Imp. in M.E.D.* bereits vorweggenommen worden sei und diese vollkommen ausreiche, um die Subordination Florenz' unter das Reich zu erweisen. Dennoch ist er der Meinung, daß die italienischen Archive noch manches enthalten müßten, was die Reichsrechte stützen könnte.[246]

Bergers Abhandlung widerlegt dann Seite für Seite das florentinische „*Mémoire*". Er beginnt mit der Zurückweisung einer Geschichtsschreibung nur nach der älteren Literatur, besonders der italienischen[247] und rühmt die quellenkundliche Forschung. Hauptsächlich seien es auch die italienischen Scribenten, die einen Supremat ihrer Fürsten behauptet hät-

---

[240] Berger Friedrich Ludwig von: *Vindicatio juris imperialis in Magnum Tusciae Ducatum, sive confutatio scriptionis, cui titulus Mémoire sur la liberté de l'état de Florence,* [Wien] 1723, Praefatio Bl. 3 v°: Wien, 12. Oktober 1722.

[241] Vgl. Gschließer: *Der Reichshofrat,* S. 379 f.

[242] Vgl. oben, S. 175.

[243] Berger: *Vindicatio juris imperialis,* Bl. 3 f.

[244] Ebd., S. 168-173.

[245] Ebd., S. 173-188.

[246] Ebd., Bl. 2 v°. Ob Berger die Dissertation von Mascov oder N. H. Gundling meint, ist nicht ersichtlich, da sein Zitat mit keinem der beiden Titel ganz wörtlich übereinstimmt und er sonst keine Angaben darüber macht.

[247] Ebd., S. 2.

ten, die italienischen Fürsten dagegen hätten sich diesen – außer augenblicklich der Großherzog – niemals angemaßt. Manche Konzessionen, die Florenz, aber auch andern oberita-
lienischen Städten gemacht worden seien, gibt er zu.[248] Nachdem er dann die Geschichte
bis zu Kaiser Karl V. durchgegangen ist, kommt er an den Punkt der Lehensrechtlichkeit.
Er trifft eine Unterscheidung zwischen nexus feudalis und nexus territorialis.[249] Der nexus
feudalis schwebt seiner Meinung nach dauernd über Italien, und er ist durch keinerlei
Sonderrechte und Privilegien aufzuheben. Den Italienern hält Berger das Vorbild der Erz-
herzöge von Österreich vor. Sie seien auch durch Reservatrechte von allerlei Reichslasten
exemt und hätten dennoch niemals beansprucht, außerhalb des Lehensnexus des Reiches
zu stehen. Zwar räumt er ein, daß die italienischen Fürsten vielleicht in anderer Form als
die deutschen an die die Freiheiten überall einschränkenden Reichskonstitutionen gebunden
seien, doch der Lehensnexus könne dadurch nicht beeinflußt werden. Auch die Frage der
Lehensinvestitur macht Berger keine großen Sorgen. Karls V. Dekret für Alexander ist zwar
keine zeitlich entsprechende Investitur, aber sie ist es dem Sinne nach.[250] Man braucht nur
hinzusehen, um das festzustellen.

Karl V. spricht als Herrscher, als er Alexander die Herrschaft erst verleiht. Ein weiterer
Beweis ist die Beschränkung der Nachfolge auf die männlichen Erben. Wäre diese Einschränkung erfolgt, wenn sie nicht ganz genau dem langobardischen Lehnrecht entspräche,
das Frauen von der Nachfolge ausschließt?[251] Außerdem genügte das Diplom ohnehin; die
Symbole der Lehnsinvestitur seien in früheren Jahrhunderten auch mitunter weggelassen
worden, führt Berger an unter Berufung auf Christoph Besolds „Consilia Tubingensia".

Zwei Jahre später erschien wiederum eine Schrift zu dem viel behandelten Thema, deren Verfasser ebenfalls Friedrich Ludwig v. Berger ist[252]: *Nova eaque plena Assertio juris,
quod S. Caesareae Maj. ac S. Imperio in magnum Tusciae competit Ducatum, sive Confutatio scripti, nuper Pisis ex aulae Florentinae jussu editi, de Libertate civitatis Florentiae
ejusque domini. o.O. 1725.* Wie die „*Vindicatio*" sich gegen das französische „*Mémoire*"
wandte, so ist die „*Nova Assertio*" eine fortlaufende Widerlegung der lateinischen Fassung
des „*Mémoire*": *De libertate civitatis Florentiae ejusque domini.* Berger beschwert sich
eingangs, daß, nachdem durch so viele Schriften und veröffentlichte Dokumente die Abhängigkeit Florenz' vom Reich eigentlich schon zur Genüge hätte klargestellt sein müssen,
der Großherzog immer noch keine Ruhe gebe und nun wiederum eine Reduktion über die
Freiheit Florenz' erschienen sei. Dies müsse den lebhaften Widerspruch derjenigen hervorrufen, die über die Reichsrechte zu wachen hätten.[253] Dementsprechend und zum Vergleich
wird im Anhang die ganze florentinische Schrift „*De libertate*" mit ihrem Dokumentenanhang wörtlich abgedruckt. Nur als Erscheinungsjahr wird statt 1722 jetzt 1725 angegeben.

---

[248] Ebd., S. 9.

[249] Ebd., S. 41 ff.

[250] Ebd., S. 47.

[251] Ebd., S. 48.

[252] Vgl. Gesamtkatalog der Preußischen Bibliotheken, Bd. 7, Berlin 1935, S. 825.

[253] [Berger]: *Nova eaque plena Assertio juris*, o. O. 1725, S. 3.

Bibliographisch konnte eine solche Ausgabe von 1725 außer hier in der „*Nova Assertio*"
nicht nachgewiesen werden. Auch Berger stellt den Zusammenhang zwischen „*Mémoire*"
und „*De Libertate*" fest.

Die in der „*Nova Assertio*" in deren eigenem Urkundenanhang abgedruckten Diplome
sind teilweise mit denen der „*Vindicatio*" identisch. Trotz der nirgends fehlenden Quellenangabe „ex Archivo Imperiali" muß aber auch hier wieder für die Urkunden Karls V.
festgestellt werden, daß die vorausgehenden Drucke statt der Handschriften zum Vorbild
genommen wurden. Die Urkunde für Alexander[254] war ja bereits von Berger in der „*Vindicatio*" gedruckt worden, die Urkunde für Cosimo[255] folgt der Publikation Hahns bis
auf verschwindend wenige Ausnahmen, die – z. B. ein gelegentlich eingeschobenes „et"
oder ein veränderter Verbalmodus – wie bei Gundling als Korrektur des Textes angesehen
werden können.

Leibniz wird anläßlich der Behauptung von der lehensrechtlichen Färbung des Begriffes
Markgraf zitiert, ohne Stellenangabe allerdings, wobei ihm das Zeugnis ausgestellt wird,
ein Mann „rerum Italicarum quoque peritissimus" zu sein.[256] Etwas von Leibniz' Bemühungen um die florentinische Frage scheint also auch in Reichshofratskreisen nicht unbemerkt
geblieben zu sein. Auch in den andern Streitschriften werden Leibniz' Codex juris gentium
und seine Scriptores rerum Brunsvicensium hin und wieder zum Beweis herangezogen.

Die lehensrechtliche Auffassung der „*Nova Assertio*" entspricht der in der „*Vindicatio*"
vertretenen. So wird auch hier die Meinung geäußert, daß die Investitur auch durch Abfassung und Überreichung eines Schriftstückes erfolgen könne.[257] Der Lehenseid sei nicht
dazu erforderlich. Außerdem werden einige Argumente vorgetragen, die an Leibniz' und
Jacob Paul v. Gundlings Beweisführung erinnern.[258] So heißt es in der „*Nova Assertio*", es
spiele für die Abhängigkeit gar keine Rolle, ob Florenz durch einen Lehens- oder Allodial-
nexus an das Reich gebunden sei, und es wird ein Vergleich zwischen Florenz und einigen
reichsunmittelbaren Städten gezogen.

In den Jahren 1725 und 1726 erschienen dann zwei bedeutende Urkundensammlun-
gen im Range von Leibniz' Codex juris gentium diplomaticus, von denen besonders
die eine dem oft zitierten Wunsch Johann Christian von Boineburgs und auch Leibniz'
nach Sammlung der Reichsrechte in Italien Rechnung trug.[259] Das war der vierbändige
Codex Italiae diplomaticus des Johann Christian Lünig. Der bekannte Herausgeber
des „*Teutschen Reichsarchivs*" ließ 1725 den ersten Band der italienischen Sammlung
erscheinen, der unter dem Abschnitt Florenz sämtliche Diplome, die in diesen Zusammenhang gehören, darunter auch die für Alexander und Cosimo, enthält.[260] Aber auch

---

[254] Ebd., S. 74-79.

[255] Ebd., S. 79-82.

[256] Ebd., S. 5.

[257] Ebd., S. 29 f.

[258] Gundling: *Historische Nachricht von dem Lande Tuscien*, S. 27 ff.

[259] Vgl. oben, S. 141, 183 f.

[260] Lünig: *Codex Italiae diplomaticus*, Bd. 1, Frankfurt und Leipzig 1725, Sp. 1163-1168, 1171-1178.

für Lünig, von dem bekannt ist, daß er bei seinen archivalischen Forschungen in ganz Europa zahlreiches Material für seine Veröffentlichungen sammelte, muß hier gesagt werden, daß er bei verschwindend wenigen grammatikalischen Abweichungen den Erstdrucken von Mascov und Hahn folgt. Chronologisch dringt er mit seiner Sammlung bis in die neueste Zeit vor, nur die florentinische Senatserklärung von 1713 sucht man noch vergeblich bei ihm.

Die zweite Urkundensammlung ist das *Corps universel diplomatique du droit des gens* von Jean Dumont.[261] Er war bald nach Leibniz' Weggang aus Wien kaiserlicher Historiograph geworden und lebte bis zu seinem Tode, 1727, dort.[262] Mit dem österreichischen Oberhofkanzler Sinzendorf stand er, wie u.a. im Vorwort zum ersten Band des „*Corps universel*" zu lesen ist, in sehr gutem Einvernehmen.[263] Aus diesem Vorwort erfahren wir Einzelheiten über seine Sammeltätigkeit. Er hat von vielen westeuropäischen Höfen und Archiven Unterstützung erhalten und betont, daß er rund 10 000 Manuskripte gesammelt, 50 000 gelesen und infolgedessen nach Urkunden nicht habe suchen, sondern aus dem Vorhandenen auswählen müssen.

Mit dem Vorläufer seines Werkes, Leibniz' *Codex juris gentium*, setzt er sich kritisch auseinander.[264] Er muß zwar zugeben, daß ein Teil seiner Stücke sehr interessant und vorher unbekannt gewesen sei, dies sei aber nicht der größere Teil. Die meisten seien schon nach besseren Kopien als bei Leibniz veröffentlicht gewesen. Auch Dumont hat aber sehr viel nach schon gedruckten Quellen publiziert, die er auch jeweils nennt. Von den beiden Urkunden Karls V. druckt er nur die für Alexander, und zwar als erster nach einer bisher nicht bekannten Handschrift, dem oben erwähnten, aus der Bibliothek des Kardinals Mazarin stammenden Codex der Berliner Bibliothek.[265] Dies geht nicht nur aus seiner eigenen Angabe hervor, sondern es bestätigt auch ein Textvergleich. Er nennt als Quelle den 56. Band der Königlichen Bibliothek in Berlin. Daß der genannte Codex damit gemeint sein muß, kann man durch eine alte, auf der Innenseite des oberen Einbanddeckels eingetragene Signatur feststellen. Die Eintragung CCC.I. findet man in dem noch handschriftlichen Manuskriptverzeichnis des Berliner Bibliothekars Friedrich Wilhelm Stosch[266] wieder. Er führt „lit CCC. Traités d'Italie avec le France. Deux Volumes." unter Nr. 57. Durch Dumonts Druck wurde für Alexanders Urkunde zum ersten Mal die Fassung des Berliner und damit des mit ihm identischen Wolfenbüttler Codex bekannt, in deren Alleinbesitz Leibniz 1714 noch gewesen war.

---

[261] Die ersten vier Bände erschienen La Haye 1726, die nächsten vier bis 1731, danach weitere Supplementbände.

[262] zu Jean Dumont vgl. Corath, Anna: *Österreichische Geschichtsschreibung in der Barockzeit*, Wien 1950, S. 65.

[263] *Corps universel diplomatique*, Bd. 1, 1726, S. VI f.

[264] Ebd., S. V.

[265] Berlin, Deutsche Staatsbibliothek, Handschriftenabteilung: Ms. Gall. Fol. 95 (Traitez d'Italie avec la France); vgl. oben, S. 168 f.

[266] Gestorben 1756.

Dumont kannte natürlich auch den Codex der Wiener Bibliothek mit der „*Absolutio*". Das ältere gedruckte Handschriftenverzeichnis des Haus-, Hof- und Staatsarchivs in Wien von C. v. Böhm führt im Supplementband die Sammlungen Jean Dumonts an, die – allerdings erst lange nach Leibniz' Tod – dem österreichischen Staatsarchiv einverleibt wurden.[267] Band 14 seiner Sammlung ist eine „Collectio Scriptorum et Diplomaticum Jura S.R.I. in Hetruriam probantium" und enthält jeweils zwei Abschriften der Urkunden Karls V. für Alexander und Cosimo[268], wobei der Provenienznachweis „ex augustissimae bibliothecae Caesareae codice manuscripto" auf die Urkunden der Wiener Bibliothek weist.

Die letzte der Florenz betreffenden Streitschriften ist auch zugleich die umfangreichste. Während die bisher genannten kaum über den Umfang einer normalen Flugschrift hinausgehen, umfaßt die letzte nicht weniger als zwei starke Foliobände. Zu einem solchen Ausmaß war das Studium der florentinischen Frage bereits gediehen, und dies wenn nicht in Wien, doch mindestens von Wien aus geleitet. Das in italienischer Sprache verfaßte Werk hat folgenden Titel *Notizia della vera libertà Florentina considerata ne' suoi giusti limiti, per l'ordine de' Secoli. Con la sincera Disamina, e confutazione della Scritture e Tesi, che in varj tempi ed a' nostri sono state pubblicate per negare, ed impugnare i Sovrani Diritti degli Augustissimi Imperadori, e del Sacro Romano Impero, sovra la citta', e lo stato di Firenze, e il Gran Ducato di Toscana. 3 Tle. 1724-26.* Verfasser war Gottfried Philipp Spannagel (Spanagel, Spani(e)gel), der von 1727 bis 1749 Kustos der kaiserlichen Bibliothek in Wien war. Er wird sehr wegen seiner Gelehrsamkeit gerühmt. Bevor er nach Wien kam, brachte er sein Leben zum größten Teil in Italien zu, und dort soll auch die „*Notizia*" erschienen sein.[269] Die „Conclusione, e dedicatoria finale" am Schluß des 3. Teils (d.i. des 2. Bandes) ist zum Ruhm Kaiser Karls VI. geschrieben und des Gouverneurs von Mailand, Gerolamo Colloredo, unter dessen Patrozinium Spannagel seine – wie er sagt – lange und ermüdende, aber dennoch angenehme Arbeit durchgeführt hat. Colloredo scheint also Spannagel mit dem Unternehmen beauftragt oder doch den Auftrag an ihn weitergeleitet zu haben. Der Graf war kaiserlicher Geheimer Rat und von 1719 bis 1726 Gouverneur von Mailand. Er starb 1726.[270] Möglicherweise gehörte Fabritius Colloredo (gestorben 1645), der im Dienst dreier Großherzoge von Florenz gestanden hatte, zu seinen Vorfahren.

Spannagel ist in Hinsicht auf die Urkunden Kaiser Karls für die Medici wie Dumont selbständiger als die Vorgänger. Zwar bringt auch er die Urkunde für Alexander nach der von Mascov erstmalig gedruckten Fassung der „*Absolutio*", wie Titel und Textvergleich deutlich zeigen, gegen seine Versicherung, nach Manuskripten (ex MSS.) vorzugehen.[271] Dagegen scheint die Urkunde für Cosimo wirklich eine Handschrift zur Grundlage zu ha-

---

[267] Böhm, Constantin von: *Die Handschriften des k.u.k. Haus-, Hof- und Staatsarchivs*, Supplement, Wien 1874, Nr 383.

[268] A.a.O., fol. 49-58, 93-103; nach Mitteilung des Österreichischen Staatsarchivs.

[269] Ebd., S. 148 f.

[270] Zedler: *Universal-Lexicon*, Bd. 6, 1733, Sp. 702.

[271] [Spannagel]: *Notizia della vera libertà Florentina*, Tl. II, 1725, S. 426-429.

ben.[272] Sie weicht in zahlreichen Fällen von allen übrigen Drucken ab, durch gelegentliche, grammatikalisch intakte Veränderungen und Wortumstellungen, aber auch versehentliche Auslassungen und sinnstörende Abweichungen, die nicht alle als Druckfehler erklärt werden können, so daß man den Eindruck einer gewissen Flüchtigkeit gewinnt. Bei einem Viertel aller Fälle indessen ist eine Übereinstimmung mit der „*Concessione*" zu beobachten, und zwar in der florentinischen Form (das Datum der Erklärung des Gesandten Graf Cifuentes z. B. ist der 21., nicht wie in Wolfenbüttel der 12. Juni[273]). So darf man wohl vermuten, daß er sich eine Abschrift vom Florenzer Original zu beschaffen gewußt hat, zumal er auch bei andern Urkunden die Quellenangabe „ex Generali Archivio Florentino" macht. Von der Urkunde für Cosimo sagt er außerdem, daß er sie mit dem Druck von Hahn verglichen habe. Das Wichtigste aber ist, daß Spannagel nun auch als erster die von Leibniz so hervorgehobene Vollmacht Karls V. für Cifuentes vom 28. Februar 1537 bringt, gemäß seiner Angabe nach dem Original.[274] Es handelt sich hier wohl um den einzigen existierenden Druck dieser Vollmacht; die Sprache ist gegenüber der lateinischen Fassung in der „Concessione" italienisch.

Natürlich unterläßt es auch Spannagel nicht, den Ausdruck der kaiserlichen Vollmacht: „citta' nostra imperiale Florentina" als Zeugnis für die Abhängigkeit Florenz' vom Reich heranzuziehen. Er wertet sie aber über Leibniz hinaus als Beweis für die Lehensabhängigkeit, und in diesem Punkt geht er überhaupt weiter als alle seine Vorgänger. Für ihn liegt in den Beziehungen zwischen Karl V. und Cosimo I. ein ganz klares Lehensverhältnis vor, mehr noch als bei Karl V. und Alexander: Cosimo I. wurde nur eine administrative Gewalt übertragen, nicht die absolute Herrschaft (dominio assolutissimo).[275] Die Nachfolge wurde wie bei den gewöhnlichen Lehen auf die männlichen Erben beschränkt. Cosimo wurde von Karl V. zum Herzog „ernannt", und dies ist nach dem Sachsenspiegel – wie Spannagel an anderer Stelle sagt[276] – überhaupt nur innerhalb des Lehnsrechts möglich. Das Verhältnis zwischen Karl und Cosimo war das zwischen Herrn und Vasallen, zwischen Souverän und Untertan. Zwar steht wirklich nicht ausdrücklich in der Urkunde: ich belehne dich mit den und den Ländern; doch war das auch nicht nötig, da die ganze Urkunde den Lehensnexus überflüssig zum Ausdruck bringt.[277] Und wenn hier noch irgendeine Unklarheit zurückbleiben sollte, so zeigen doch die kommenden Ereignisse – die fortgesetzte Unterordnung Cosimos unter Karl bei allen möglichen Anlässen – wie die Urkunde verstanden sein will. Nach den Regeln des römischen Rechts erklären die Folgen den Sinn einer vorausgehenden Verfügung: „Ex observantis secute declaratur ambiguitas praecedentis dispositionis". Besonders gilt dies für das Lehensrecht, wo es keine festen Regeln gibt, sondern wo man sich nach bestehenden Sitten und Gepflogenheiten richten muß.

---

[272] Ebd., S. 687-591, 584-585.

[273] Vgl. oben, S. 167 f.

[274] [Spannagel]: *Notizia della vera libertà Florentina*, S. 572 f.

[275] Ebd., S. 600 f.

[276] Ebd., S. 540.

[277] Ebd., S. 601.

So hatte man in Spannagel den geeignetsten Advokaten für die eigene Sache gefunden, der mit einem großen Aufwand an juristischer Gelehrsamkeit die Lehensabhängigkeit Florenz' eifrig verteidigte. Die Ergebnisse all dieser gelehrten Bemühungen faßte der berühmte Staatsrechtslehrer Johann Jakob Mascov – dem die erste Dissertation in dieser Frage zu danken war – in seinen „Principia juris publici Imperii Romani-Germanici" zusammen.[278] In einer späteren Ausgabe dieser Schrift, die H.G. Franke besorgte,[279] ist auch der endgültige Sieg der Habsburger verzeichnet: die Bedingungen des Friedens zu Wien (1735) zwischen dem Kaiser und Frankreich, die die Nachfolge Franz Stephans von Lothringen in Toskana in Aussicht stellten, und Franz Stephans, des späteren Kaisers wirkliche Nachfolge nach dem Tod Johann Gastons (1737), des letzten Medici.

Zusammenfassung

Gottfried Wilhelm Leibniz, einer der größten deutschen Philosophen und von Beruf her Jurist, hat sich in Etappen, die über sein ganzes Leben verstreut sind, bemüht, eine Anstellung als Reichshofrat zu erhalten. Diese Versuche sind mit Ausnahme des letzten immer in Ansätzen stecken geblieben, wenn auch auf Seiten des jeweiligen deutschen Reichsoberhaupts und vor allem auf Seiten Leibniz' selbst der gute Wille bestand, diesen Plan zu realisieren. Für die letzten vier Jahre seines Lebens kann man jedoch sagen, daß seine Wünsche in Erfüllung gingen, wenn auch unter den unsäglichen Mühen des Behördenkriegs und unter Inkaufnahme des Gefühls der Pflichtverletzung gegenüber dem Haus Braunschweig-Lüneburg, in dessen Diensten er stand. Er wurde 1712 zum Reichshofrat ernannt; er erreichte eine regelrechte Besoldung als Mitglied dieses obersten Reichsgerichts und versuchte, als Mühe für den Lohn dem Kaiser in den Fragen von Innen- und Außenpolitik ein Ratgeber zu sein. Diese Rolle war den Reichshofräten bei Gründung des Reichshofrats (Mitte des 16. Jahrhunderts) auch zugedacht gewesen. Doch wurde sie im Laufe der Jahrzehnte immer mehr auf die innerdeutschen Reichsbelange zurückgedrängt (Lehens- und Gnadenssachen und Streitigkeiten der deutschen Fürsten). Eine außenpolitische Entscheidung wurde seltener verlangt. Leibniz aber durfte annehmen, daß man ihn nicht auf die Stufe eines referierenden Rates und ein tägliches Pensum absolvierenden Beamten stellen wollte. So erstreckten sich seine zahlreichen Vorschläge, die er dem Kaiser schriftlich und in persönlicher Audienz unterbreitete, auf alle Lebensfragen des Landes; sie berührten in der Thematik die Ressorts sämtlicher Minister. Ein greifbarer Erfolg ist dabei jedoch nicht zu verzeichnen; eine sichtbare Auszeichnung durch Verwirklichung solcher Vorschläge wurde Leibniz nicht zuteil. Nur zum geringeren Teil läßt sich nachweisen, daß man Leibniz' auf alles gerichtete Aufmerksamkeit zu nutzen wußte. Sonst findet sich in

---

[278] Erste Ausgabe Leipzig 1729.

[279] Leipzig 1769, Buch 2, Kap. 5, §§ 21-30. H.G. Franke ist der gleiche, der 1732 zum zweiten Mal N. H. Gundlings Dissertation *De jure Augustissimi Imperatoris et Imperii in magnum Etruriae ducatum* herausgegeben hat.

seinen Aufzeichnungen nichts, was auf die Folgen seines Wirkens schließen ließe. Man dachte an das Nächstliegende in Krieg und Frieden und ließ sich auf weitausschauendere Unternehmungen, wie beispielsweise die der Gründung einer Sozietät der Wissenschaften, nicht ein. Schuld daran waren in erster Linie die gesellschaftlichen Verhältnisse seiner Zeit, die Leibniz nie den Wirkungsplatz boten, der seinem universalen Denken angemessen gewesen wäre. Infolge dieses Versagens war Leibniz während seines ganzen Lebens gezwungen, seine Kräfte zu zersplittern, immer neue Pläne zu machen und immer wieder nach einer geeigneten Basis zu ihrer Verwirklichung zu suchen.

Hannover, wohin er nach vierjährigem Aufenthalt in der Weltstadt Paris gerufen wurde und wo er für die restlichen vierzig Jahre seines Lebens blieb, war am wenigsten der Ort, nach dem er verlangte. Die Jahre, in denen einer der Welfenfürsten starb und einem für Leibniz noch verständnisloseren Nachfolger Platz machte, sind besonders die Zeitpunkte, in denen er eine Übersiedlung nach Wien stärker ins Auge faßte. Dabei wäre er zu jeder Art geistiger Tätigkeit bereit gewesen. Er hätte gern als Historiograph, als Bibliothekar, später auch als Staatsmann oder Wissenschaftsorganisator gearbeitet. Daß er die Erwerbung eines Reichshofratstitels von allem Anfang an so eindringlich betrieb (schon 1679), hatte nicht zuletzt seinen Grund darin, daß ihm diese Stellung den Wechsel der Konfession erspart hätte. Von der festgesetzten Zahl von achtzehn Reichshofräten waren immer sechs evangelisch.

Bei seinem ersten persönlichen Aufenthalt in Wien 1688–1689 erreicht Leibniz bereits die Zustimmung Leopolds I. zu seinen Absichten auf den kaiserlichen Dienst. Ein Billet des Grafen Windischgrätz, das er später noch in Ehren hält, teilt ihm dies mit. Doch wird bereits hier die Misere seiner Lage deutlich: er ist durch die selbst übernommene Aufgabe, die Welfengeschichte zu schreiben, dem Haus Hannover schon zu tief verhaftet, um sich noch eigenmächtig und mit Ehren aus diesem Dienstverhältnis lösen zu können. Und das Verständnis des Kaisers reicht nicht so weit, die Eigenschaften eines Leibniz zu erkennen und nutzbar zu machen. So wird Leibniz weder jetzt noch später aus Hannover nach Wien abberufen, wie er es immer erhoffte. Nur unter diesen Umständen hätte er sich von seiner Bindung an Hannover befreien können.

Der im Zusammenhang mit den Bestrebungen um die Kirchenvereinigung in Deutschland erfolgte zweite Aufenthalt Leibniz' in Wien muß incognito vonstatten gehen, da der Herzog von Braunschweig-Lüneburg wegen der Aussicht auf den englischen Thron nicht mehr an der Reunion interessiert ist. Von seinen erneuerten Versuchen um die Erwerbung der Reichshofratswürde läßt Leibniz ebenfalls nichts merken. Er bedient sich diesmal eines Pseudonyms in dieser Angelegenheit. Die Vorverhandlungen mit dem Partner in der Reunionsfrage, dem Bischof von Wiener Neustadt Graf Buchhaim, werden im Namen eines Herrn v. Hülsenberg geführt. Das Ergebnis ist wieder nur eine formlose Zusage des Kaisers, die Leibniz aus dritter Hand erhält. Auch sie bringt Leibniz nicht weiter.

Leibniz' dritter Besuch in Wien 1708 ist auf gemeinsame Pläne mit seinem einzigen wirklichen Freund unter den braunschweigischen Fürsten – wenn der Standesunterschied diese Bezeichnung erlaubt –, Herzog Anton Ulrich von Wolfenbüttel, gegründet. Sie wollen Teile des Bistums Hildesheim für den hannoverschen Staatsverband zurückgewinnen.

Dieser Plan mußte zwar fehlschlagen, da sich die katholische Gesinnung des Kaisers gegenüber protestantischen Fürsten als vorrangig erwies. Doch die Gemahlin des Kaisers, Amalie, Tochter Herzog Johann Friedrichs von Hannover, verspricht Leibniz, ihm bei der Erwerbung der Reichshofratswürde behilflich zu sein.

Erst im Januar 1712 – Leibniz war nun bereits sechsundsechzig Jahre alt – führt die Fürsprache Herzog Anton Ulrichs zum ersehnten Ziel. Bei der Krönung Kaiser Karls VI. wird Leibniz' Bitte in einem mündlichen Versprechen willfahrt. Die Realisierung dieses Versprechens hat Leibniz zwei Jahre in Wien gekostet (Dezember 1712 bis August 1714). Wieder war es ein Auftrag Anton Ulrichs, der ihm den offiziellen Anlaß für eine Reise nach Wien bot. Es ging um ein Bündnisangebot des Kaisers an den Zaren am Ende des Spanischen Erbfolgekriegs. Anton Ulrich war um Vermittlung gebeten worden und betraute seinerseits Leibniz mit dem Geschäft, als Peter I., der Gefallen an Leibniz gefunden hatte, ihn zu einer Audienz nach Karlsbad bestellte. Doch ein Blick auf die diplomatischen Verhandlungen zwischen dem Zaren und dem Kaiser zeigt, daß hier nichts als eine höfliche Geste kaiserlicherseits vorliegt. Denn weder Anton Ulrich noch Leibniz kannten die offiziellen Verhandlungen, und sie wußten auch nicht, daß der Kaiser zwar sorgfältig eine Kränkung des Zaren zu vermeiden suchte, aber dessen konkreten Vorschlägen eines Bündnisses gegen die Türken ständig auswich. So war es Leibniz nicht beschieden, etwas für die Verständigung der beiden Souveräne zu tun, obwohl er dies sehr wünschte.

Durch eine Fülle von Eingaben, Bittschriften, Mahnungen und Promemoria erhält Leibniz dann Schritt für Schritt Titel und Besoldung eines Reichshofrates. Im April bis Mai 1713 wird das Ernennungsdekret in der Reichskanzlei ausgestellt, vordatiert auf den Januar 1712. Dann erfolgte das Besoldungsdekret über 2000 Gulden jährlicher Besoldung, das die Reichskanzlei der Hofkammer zustellte. Die Hofkammer erhob Bedenken wegen der Vordatierung des Dekretes auf den Januar 1712. Die Geldmittel waren bei dem schlechten Stand der österreichischen Finanzen nicht so beschaffen, daß nachträglich geschaffene Rückstände beglichen werden konnten. Wenn auch der Kaiser für Leibniz Partei nahm – erhalten hat Leibniz von seinen Rückständen nichts. Dagegen legte er zunächst einmal 1000 Gulden Taxe für die Ausstellung der Dekrete auf den Tisch des Hauses.

Die von ihm gewünschte Zusatz- oder Additionalpension von 4000 Gulden, damals in Wien Ajuto genannt, die er für ein standesgemäßes Auftreten in Wien für notwendig hielt, erhielt er ebenfalls nie. Er begehrte sie ohnehin nur für den Fall seiner wirklichen Übersiedlung nach Wien. Auf dem Papier zugesichert wurde sie ihm allerdings bei seiner provisiorischen Ernennung zum Direktor der zu gründenden Akademie der Wissenschaften.

Von der regelmäßigen Besoldung erhielt Leibniz noch während seiner Anwesenheit in Wien drei Quartale, so daß diese 1500 Gulden wenigstens die Kanzleigebühren und einen Teil der Aufenthaltskosten deckten. Sein Gehalt in Hannover war indessen sistiert worden.

Das Verhältnis zum hannoverschen Hof wegen seines eigenmächtigen Fernbleibens entwickelte sich zu einem Zustand äußerster Gereiztheit auf beiden Seiten. Zunächst erhielt Leibniz zwar die formelle Erlaubnis des Kurfürsten Georg Ludwig zur Annahme der Reichshofratswürde. Hinter seinem Rücken wurde jedoch intrigiert. Man versuchte über die verwitwete Kaiserin Amalie die Hintertreibung dieser Rangerhöhung Leibniz'. Das gelang nicht. Nun gab man sich der Hoffnung hin, Leibniz werde so bald wie möglich nach Hannover zurückkehren, veranlaßt allerdings durch dessen dauernde briefliche Versprechen über diesen Punkt. Da er nicht kam, wuchs die Verärgerung, man war schließlich vom Vertrauensbruch seinerseits fest überzeugt. Dies war aber unbegründet. Auch in Wien sprach Leibniz unentwegt von seiner Rückkehr, möglicherweise von der heimlichen Hoffnung beseelt, durch irgendetwas daran gehindert zu werden. Die Besteigung des englischen Throns durch die Hannoveraner brachte Leibniz dann doch nach Hannover zurück.

Inzwischen war er in Wien fast heimisch geworden. Er hatte Freunde gefunden von den Ministern und dem eigentlichen Leiter der österreichischen Politik, dem Prinzen Eugen, bis zu Männern, die angstvoll und wenig erfolgreich um eine Existenz bei Hof rangen und in Leibniz einen Gönner sehen, der für ihre Fähigkeiten Verständnis und eine Verwendung finden würde. In der letzten Annahme hatten sie sich nicht getäuscht. Eine Stellung konnte er ihnen nicht verschaffen und ebensowenig finanzielle Hilfe gewähren. Unter den Ministern und Hofbeamten sind es besonders der Kanzler von Böhmen Graf Schlick, der Statthalter von Niederösterreich, Graf Jörger, der berühmte General Bonneval und die erste Hofdame der Kaiserin Amalie, Fräulein v. Klenck, zu denen Leibniz ein persönliches, ja herzliches Verhältnis gewinnt. Andere, wie der Sieger von Korfu, Matthias v.d. Schulenburg, oder der Antiquar Heraeus, waren ihm schon aus früherer Zeit bekannt. Die Kaiserin Amalie erwies sich allen Intrigen zum Trotz als verständnisvolle und hilfreiche Gönnerin bis zu seinem Tode. Prinz Eugen ist wohl der einzige, der Leibniz als Philosoph verstanden und gewürdigt hat. Der nach Leibniz' Wiener Zeit einsetzende spärliche Briefwechsel zwischen beiden ist dafür jedoch kein Zeugnis. Hier handelt es sich nur um Gratulationen zur Jahreswende oder Ostern, in denen Leibniz an die geplante Gründung der Sozietät der Wissenschaften erinnert. Prinz Eugen verhält sich ihr gegenüber positiv. Sie wirklich ins Leben zu rufen, zeigte er sich so wenig imstande wie die übrigen Minister, die dem Gedanken geneigt waren. Welche berechtigten Vorwürfe man aber auch gegen den Wiener Hof deswegen erheben mag: Leibniz' immer wieder angekündigte und dann tatsächliche Abwesenheit aus Wien war ein entscheidender Faktor beim Mißlingen des Planes. Ein weiterer Gegenstand des kurzen Briefwechsels zwischen Eugen und Leibniz war dessen Reichshofratsbesoldung.

Nach Hannover zurückgekehrt sind es ein kurfürstlicher Auftrag, die Pest in Wien und die ihr folgende Quarantäne sowie eine Arbeit für den Kaiser, die Leibniz entschuldigen sollen. Die Auszeichnung, dem König nach England folgen zu dürfen, wird ihm nicht zuteil. Er soll in Hannover bleiben und die Welfengeschichte zum Abschluß bringen. Sie entsprach ohnehin nicht den Wünschen der braunschweigischen Fürsten, die weniger Leibniz' quellenkritische Untersuchungen zu den Ursprüngen des Hauses, sondern eine Eloge auf die lebende Dynastie erhofft hatten. Die Gehaltszahlung kam erst allmählich wieder in Fluß.

Dafür erhält Leibniz nun laufend sein Reichshofratsgehalt; denn die Gründung einer neuen Staatsbank (Universalbankalität) in Wien bringt die österreichischen Finanzen vorübergehend etwas in Flor. Große Kopfschmerzen bereitet Leibniz' Wiener Vertreter in Geldfragen, dem kaiserlichen Türhüter und Mathematiker Theobaldt Schöttel die Frage, ob sein Gehalt als Besoldung oder Pension zu bezeichnen sei. In dem Ernennungsdekret ist zwar der Ausdruck „Besoldung" gebraucht, die nur den wirklichen Reichshofräten zustand. Die

Hofkammer wollte sie aber nur „per modum pensionis" zahlen – bis zum Freiwerden einer Reichshofratsstelle. Nun wurden zwar bis 1716 sechs weitere Reichshofräte ernannt und introduziert, während Leibniz als erster aufzurücken gehofft hatte. Da er jedoch um Dispens von der ordnungsgemäßen Introduzierung gebeten hatte und auch dispensiert wurde, blieb er an seinem Platz, und so erhielt er auch weiterhin nur eine Besoldung in Form einer Pension. Nachteile erwuchsen ihm daraus nicht, wie er und Schöttel befürchteten. Zwar war alles Eingehen um eine Änderung dieses Status vergeblich, doch erklärte der Kaiser hin und wieder auf Befragen der Kaiserin Amalie, daß er Leibniz gewogen bleibe und auch für eine Additionalpension sorgen werde, sobald Leibniz nach Wien zurückgekehrt sei.

Die Neuregelung der Reichshofratsgehälter mit Wirkung vom Oktober 1716 rief dann bei Leibniz und seinen Wiener Berichterstattern erhebliche Bestürzung hervor. Es hieß, Leibniz' Gehalt sei sistiert worden. Zwar beruhigten Schöttel, Fräulein v. Klenck und Heraeus Leibniz bald deswegen, und ihre Briefe müssen vor seinem Todestag im November bei ihm eingetroffen sein. Es liegen auch noch einige Antwortbriefe vor, die aber nicht mehr durch eine bestimmte Bezugnahme auf das leidige Thema als solche zu erkennen sind. Dies kann jedoch als ein verstimmtes oder betroffenes Schweigen Leibniz' gedeutet werden. Nur auf den ersten empörten Brief des Fräulein v. Klenck antwortet er noch eindeutig, daß er sich freue, daß das Gerücht nun doch unbegründet zu sein scheine, und Schöttel bittet er mit einer sprichwörtlichen Redewendung, ihm „diesfalls aus dem Träume zu helfen". In Wahrheit stand sein Name auf der Liste der Kammer, die über die weiter mit einer außerordentlichen Pension zu versehenden Reichshofräte angelegt wurde, an erster Stelle. Kurz nach Leibniz' Todestag erhielt Schöttel ein weiteres Quartal für ihn ausgezahlt. Gesehen hat Leibniz nie etwas von diesem Geld. Schöttel hat es für ihn auf der Wiener Stadtbank eingezahlt und Leibniz' Erbe, sein Neffe Friedrich Simon Löffler, holte sich alles auf Heller und Pfennig ab. Nicht einmal Schöttel ist auf diese Weise für seine Tätigkeit belohnt worden.

Die letzten etwas turbulenten Ereignisse brachten noch in aller Deutlichkeit Leibniz' festen Entschluß, nach Wien zu gehen, ans Tageslicht. Er hatte den ersten Band seiner Welfengeschichte so gut wie abgeschlossen, hatte zuerst noch den zweiten vor der Drucklegung vollenden wollen, hat aber dann schnell wieder davon Abstand genommen. Seine letzten Briefe an Fräulein v. Klenck zeigen, daß er nach der Abreise des im Herbst 1716 in Hannover weilenden Königs von England selbst nach Wien gehen wollte. Offenbar sollte die Drucklegung des ersten Bandes sein Gehilfe Eckhart übernehmen. Leibniz hat sogar weitere 1000 Taler auf sein Konto in der Wiener Stadtbank überwiesen. Sein Versuch, ein kleines Gut in Ungarn zu kaufen, scheiterte an dem Kaufpreis.

Die Männer, die Leibniz mit der falschen Nachricht von der Sistierung seines Gehalts in Schrecken gesetzt hatten, waren von ihm mit dem inoffiziellen Auftrag zurückgelassen worden, ihm teils bei seinen Gehaltsforderungen, teils bei der Gründung der Akademie behilflich zu sein. Dies waren in der Hauptsache der ehemalige gräflich-leiningensche Hofrat Johann Philipp Schmid, der kaiserliche Dechiffreur Abbate Spedazzi, ein Italiener, und Graf Corswarem, der in Geschäften am Wiener Hof und im übrigen schwer verschuldet war. Die Gehaltsforderungen hat jedoch allein Schöttel betreut. Schmids Bemühungen um die Sozietät beschränkten sich hauptsächlich darauf, Leibniz' Eingaben den Ministern auszuhändigen. Sein selbständiger Versuch, die Finanzierung durch eine Papiersteuer, dann durch Gründung einer orientalischen Handelsgesellschaft verbunden mit einer Lotterie zu bewerkstelligen, schlug fehl. Die Papiersteuer wurde von andern in Anspruch genommen; eine Handelsgesellschaft wurde 1719 gegründet, erwies sich aber als eine Fehlspekulation.

Leibniz war niemals ein aktives Mitglied des Reichshofrates. Er hat sich jedoch, nachdem er durch Quellenpublikationen auf dem Gebiet der Rechts- und Reichsgeschichte einen Namen bekommen hatte und durch seine weltweite Korrespondenz als Mathematiker, Philosoph und Staatsmann bekannt geworden war,[280] mit dem Gedanken geschmeichelt, ein Anrecht auf diesen Rang auch ohne direkte Tätigkeit in Wien zu haben. Dies war in seinem Fall der einzig mögliche Ausweg, nachdem ihm Hannover durch das selbst übernommene, aber doch für ihn zu einseitig ausgerichtete Lebenswerk der Welfengeschichte jeden anderen Weg versperrte. Erst der letzte Aufenthalt in Wien 1712–1714 belehrte ihn, daß man mit einem Leibniz dort keine Ausnahme machte. Dennoch konnte seine Aufnahme in den Reichshofrat nicht glatt vonstatten gehen. Die Hauptsache, die Introduzierung, mußte ja offen bleiben. So kam Leibniz nur langsam voran, und er hatte indessen Muße, sich in der ihm gewohnten Art an den geistigen Auseinandersetzungen seiner Zeit zu beteiligen. Die umfangreiche Korrespondenz mit dem europäischen Gelehrtenkreis wurde fortgesetzt, die neu entstandene Freundschaft mit Prinz Eugen führte zu einer zweiten Konzeption der Monadologie, und besonders dem Kaiser suchte Leibniz sich nun nützlich zu machen. Er verfaßte eine Reihe von Betrachtungen zur politischen Lage, er schrieb Entwürfe zur Hebung der Wirtschaft und der Finanzen, verfaßte ein Statut für die zu gründende Sozietät und suchte mit all diesen Vorschlägen wirksam zu werden.

Besondere Beachtung wurde in der vorliegenden Arbeit den in der Literatur bisher wenig hervorgetretenen Plänen oder Unternehmungen geschenkt, die für die Politik des Reiches im ganzen oder in seinen Teilen Bedeutung bekommen sollten oder bekamen.

Dazu gehört besonders sein Vorschlag, die Reichsrechte zu sammeln, um dem Deutschen Reich in Anlehnung an das französische Vorbild eine fundierte Rechtsgrundlage für die Wahrung seiner gerade von dort her oft bedrohten Grenzen zu liefern. Leibniz wollte diese nicht wie die Franzosen durch gedruckte Quellen bewerkstelligen, sondern erst einmal alles erreichbare Urkundenmaterial sammeln und registrieren. Das in Wien bestehende Reichsarchiv sollte um solche Registraturen vervollständigt werden, die über den Bestand aller fürstlichen, städtischen und kirchlichen Archive Auskunft geben, so daß im Notfall dort zu erfahren war, wo ein rechtskräftiges Dokument die Ansprüche aller Feinde aus dem Felde schlagen könnte. Dieser Plan vor allen anderen scheiterte an der Zerrissenheit der deutschen Zustände. An den deutschen Fürstenhöfen stand Interesse gegen Interesse. Die Archive wurden ja dazu gebraucht, um für interterritoriale Zwistigkeiten gerüstet zu sein. Welcher Fürst hätte da dem Kaiser freiwillig seine Schatzkammern geöffnet und ihm das sorgfältig gehütete Gut zum beliebigen Gebrauch überlassen? Leibniz wollte der Direktor dieser Anstalt werden. Bei dem Wunsch ist es geblieben. Erst im 19. und 20. Jahrhundert

---

[280]   Faak ergänzt am Rande: „Sozietät(,) Codex [juris gentium diplomaticus], Mantissa [codicis juris gentium diplomatici]"; siehe A IV,5 Nr. 3; A IV,8 Nr. 11(Hrsg.).

wurden Inventare der alten deutschen Archivbestände veröffentlicht und alte Urkunden in
großem Umfang publiziert. Leibniz' gute Absicht überstieg bei weitem die Möglichkeiten,
die in seiner Zeit lagen.

So war Leibniz hauptsächlich nur dann erfolgreich, wenn er für das Eigeninteresse
einer einzelnen Dynastie arbeitete, und das geschah fast ausschließlich für die Welfendynastie, in deren Diensten er stand. So konnte er in einer Streitsache, die sein Herr vor
dem Reichshofrat auszufechten hatte, einen Gewinn buchen. Im Jahre 1689 war durch den
plötzlichen Tod des Herzogs von Sachsen-Lauenburg ein Reichslehen vakant geworden.
Acht deutsche und ausländische Kandidaten, darunter Schweden und Dänemark, meldeten
ihre Ansprüche an. Sachsen, das juristisch am meisten dazu berechtigt war, und das Haus
Anhalt nahmen durch einige zeremonielle Handlungen symbolisch von dem Land Besitz.
Der Herzog von Braunschweig-Lüneburg-Celle konnte sie jedoch übertrumpfen, da er in
seinem Lauenburg benachbarten Gebiet gerade einige Truppen zur Verfügung hatte. Der
sich durch Jahre hinziehende Streit, von Dänemark mit den Waffen ausgetragen, endete mit
einem Sieg der Braunschweiger. Durch die Geldabfindungen wurden andere Kandidaten
wie Sachsen zufriedengestellt. Bei der zu Anfang braunschweigischerseits schriftstellerisch
ausgetragenen Fehde assistierte auch Leibniz.

Als Leibniz 1713–14 in Wien weilte, handelte es sich nur noch um die dejure-Aner-
kennung eines seit zwanzig Jahren bestehenden Besitzrechts, mit andern Worten um die
Erteilung der Investitur und Verleihung von Sitz und Stimme für Lauenburg durch Kaiser
und Reichshofrat an Braunschweig-Lüneburg. Leibniz schrieb nach aus Hannover emp-
fangenen Richtlinien eine kurze Denkschrift, die den braunschweigischen Anspruch mit
der erstmaligen Gewinnung Lauenburgs für das Deutsche Reich durch den welfischen
Ahnherrn Heinrich den Löwen begründete. Man behauptete, Lauenburg sei ursprünglich
Allod gewesen, spätere Erbverbrüderungen zwischen den Braunschweigern und den Er-
oberern von Lauenburg (den Askaniern) seien noch in diesem Stadium geschlossen worden; die später angenommene Lehensqualität tue dem keinen Abbruch. Der Reichshofrat
hatte dennoch Lauenburg Sachsen zugesprochen. Leibniz ficht dieses Urteil zwar an, doch
scheint es ihm überholt, da Sachsen ja seinen Anspruch bereits an Hannover abgetreten
habe. Er sollte den Kaiser zu gewinnen suchen; er sprach auch mit dem neu ernannten
Reichshofratspräsidenten Windischgrätz. Dieser zeigte sich bereit, forderte aber die offiziellen Verzichtserklärungen aller übrigen Kandidaten, die man natürlich nicht erhielt.
Reichliche Gratiale an den Reichshofrat und den Kaiser unterstützten nach altem Brauch
die braunschweigischen Wünsche. Schließlich bedurfte es aber noch der Fürsprache von
Leibniz' Freundin Fräulein v. Klenck bei Windischgrätz, um alle Bedenken zu besiegen.
Anfang 1716, wenige Monate vor Leibniz' Tod, wurde die Investitur in aller Form erteilt.

Weniger erfolgreich war Leibniz bereits wieder im Fall Hildesheim. Dies lag aber nur
zu einem Teil daran, daß er hier eigenmächtig mit dem wolfenbüttelschen Herzog Anton
Ulrich vorging (1708). Kurfürst Georg Ludwig wußte – wenigstens zu Anfang – nichts
von ihrem Plan. Auch hier griff man auf ältere Zustände zurück. Im 16. Jahrhundert hatten
die Herzöge von Braunschweig-Lüneburg während der Hildesheimer Stiftsfehde gegen
den gebannten Bischof von Hildesheim auf Befehl des Kaisers gekämpft und waren durch

Abtretung einiger Stifte und Ortschaften Hildesheims belohnt worden. Jetzt hatte sich ein Parallelfall ergeben. Wieder war der Bischof von Hidesheim – der Kurfürst von Köln – gebannt. Anton Ulrich und Leibniz wollten diese günstige Konjunktur nicht ungenutzt vorübergehen lassen. Sie versuchten die inzwischen wieder verlorengegangenen Erwerbungen vom Kaiser zurückzugewinnen. Braunschweig sollte dafür zusätzliche Truppen für den Spanischen Erbfolgekrieg stellen. So geheim sie beide die Sache hielten, sie wurde ruchbar. Die Aufmerksamkeit der Öffentlichkeit war ohnehin auf diesen Punkt gelenkt durch die bewaffneten Eingriffe der Braunschweiger in Hildesheim, die als Inhaber der Schutzgerechtigkeit über die Stadt deren protestantischen Bewohnern schon öfter zur Hilfe gekommen waren. Von der entrüsteten Ablehnung ihres Planes durch den Kaiser, der „eher auf Spanien verzichtet, als einen katholischen Reichsstand in einer solchen Sache im Stich gelassen hätte", erfuhr Leibniz scheinbar nichts. Denn er bringt nach wenigen Jahren (1713) in Wien die Sache erneut zur Sprache. Dann jedoch auch in Verbindung mit Plänen auf dem Gebiet der Kirchenpolitik. Natürlich war er auch diesmal erfolglos.

Wenn Leibniz sich für die Reichsrechte in Italien einsetzte, so ging er auch hier anfangs von den Interessen der Welfendynastie aus. Aber sehr bald traten andere Gesichtspunkte dabei in den Vordergrund. So erhielt sein Plan, Teile von Hildesheim für Hannover zurückzugewinnen, Verbindung mit dem Gedanken von der Verbesserung der deutschen Konkordate. Leibniz' Hildesheimer Plan bekam folgendes Aussehen: Der Kurfürst von Köln, über den die Reichsacht verhängt war, sollte durch einen Gebietsverlust bestraft werden wie sein Bruder, der gebannte Kurfürst von Bayern. Er sollte Hildesheim an den Kurfürsten von Trier abtreten. Als Entschädigung dafür – nach Leibniz' Meinung stand Hildesheim oder wenigstens Teile davon den Braunschweigern zu – sollte der Kurfürst von Trier dem Kurfürsten von Braunschweig-Lüneburg das Bistum Osnabrück abtreten, das beide Fürsten bisher abwechselnd regiert hatten. Den Papst will Leibniz durch Neuabschluß deutscher Konkordate gewinnen.

Der gute Rat an den Kaiser, endlich einmal an den Abschluß von Konkordaten zu denken, die denen anderer Nationen wenigstens in etwas ebenbürtig waren, schien Leibniz „zumahl eines Reichshofrahts werck" zu sein. Das letzte deutsche Konkordat war das auch dem Konzil zu Basel beratene, 1448 abgeschlossene Wiener Konkordat. Dieses wurde durch den Religionsfrieden von 1555 und den Westfälischen Frieden ergänzt. Noch ältere, die nicht ausdrücklich aufgehoben worden waren, schienen Leibniz für Deutschland vorteilhafter zu sein; sie hätte er gern erneuert gesehen.

Zwei Beschwerdepunkte hat Leibniz vor allem: das ist einmal der Einfluß des Papstes auf die Wahl der deutschen Bischöfe, zum andern der päpstliche Jurisdiktionsprimat. Das Vorherrschen der geistlichen Gerichtsbarkeit machte sich besonders im Bistum Lüttich bemerkbar. Seit Anfang des 16. Jahrhunderts stritten hier die Lütticher Stände und der Offizial, der vom Papst eingesetzte geistliche Richter, um die Ausübung der Rechtsprechung. Es kamen auch Streitfälle profaner Natur vor das geistliche Gericht und hier wie in geistlichen Streitsachen wandte sich dieses bei Appellationen nicht, wie es die Reichsgesetze vorschrieben, an das Reichskammergericht in Wetzlar, sondern an die Kölner Nuntiatur. Alle kaiserlichen Privilegien und Verordnungen seit Karl V. vermochten nicht Einhalt zu gebieten. Zu Leibniz' Zeit stritt der Kölner Nuntius G. Bussi mit dem Kaiser und den Lütticher Ständen. Auf sein Geheiß nahm das Lütticher Domkapitel gegen Kaiser Karl VI. Partei, als dieser das jus primarium precum in Anspruch nehmen wollte (die ihm einmal zustehende Besetzung vakant werdender geistlicher Stellen aller Art). Bei Subsidienforderungen für den Spanischen Erbfolgekrieg an die Lütticher Geistlichkeit stritten Kurie und Kaiser mit den Mitteln der Exkommunikation, Absolution durch den Generalvikar und Aufhebung der Absolution durch den Papst. Schließlich wurde Bussi des Landes verwiesen. Leibniz war vermutlich über die neuesten Ereignisse durch Graf Corswarem unterrichtet, der in dieser Sache in Wien zu verhandeln hatte.

Diese Zustände hätte Leibniz gern durch ein neues Konkordat verbessert gesehen. Auch das so heftig umstrittene Comacchio wollte er hier mithineinziehen. Kaiser und Papst nahmen es als Lehen in Anspruch; 1709 hatte es Josef I. erobert; nun forderte Clemens XI. es von Karl VI. zurück. Tatsächlich wurde es 1725 restituiert, aber gegen eine Geldzahlung und eine Kirchensteuerbewilligung von seiten des Papstes. Ein neues Konkordat blieb der Wunschtraum des Reichshofrats Leibniz.

Sein Plan, das Großherzogtum Toskana für das Deutsche Reich zu gewinnen bzw. es ihm zu erhalten, wurde zunächst auch dem Hause Braunschweig-Lüneburg zuliebe entworfen. Er wirkte sich dann aber zugunsten der habsburgischen Territorialpolitik aus. Das Geschlecht der Medici war am Aussterben. Leibniz hatte das schon sehr früh beobachtet und stellte sich nun vor, die Herzöge von Modena könnten sowohl um ihrer Verdienste im Spanischen Erbfolgekrieg willen als auch auf Grund ihrer von Leibniz entdeckten frühmittelalterlichen Besitzerrechte in der Toskana die Anwartschaft auf das Großherzogtum erwerben. Mit den Este in Modena waren die Welfen seit alter Zeit verwandt und in jüngster Zeit wieder verschwägert. Ihnen sollte daher an zweiter Stelle eine Exspektanz auf die Toskana erteilt werden. Leibniz hat nie gewagt, dem Kaiser selbst diesen Vorschlag zu unterbreiten. Doch er mag der Grund gewesen sein, daß er schon in den 90er Jahren des 17. Jahrhunderts begann, nach den Urkunden zu forschen, die die Einsetzung der Medici in Florenz durch den deutschen Kaiser beinhalteten und damit die Oberhoheit des Reiches über Toskana bestätigten.

Auf seiner Italienreise 1689–90 hatter er in Florenz durch den Gelehrten Della Rena das Staatsarchiv und Teile seiner Bestände kennengelernt. Vielleicht hat er dort schon die Originale der Urkunden Karls V. über die Erhebung der Medici gesehen, um die er sich dann lebenslang bemüht hat. Mit den beiden Prinzen des Hauses wurde er persönlich bekannt, auch dem Großherzog muß er vorgestellt worden sein. Er erhielt später Urkundenabschriften aus Florenz für seinen Codex juris gentium; die Karls V. waren jedoch nicht darunter.

Seine Vorstellung, daß in Wien die Konzepte dieser Dokumente vorhanden sein müßten, trug er dem Genealogen Greiffencrantz, dem ostfriesischen Gesandten in Wien, vor. Dieser stellte eine Verbindung mit dem Reichshofratssekretär Bertram her. Leibniz bekam von ihm Urkundenabschriften, doch wieder nicht die, die er wünschte. Seinen Aufenthalt in Wien 1708 benutzte er dazu, die Wiener Minister, besonders wohl den Hofkanzler Seilern, auf die Wichtigkeit dieser Dokumente hinzuweisen. Die Österreicher forschten wirklich 1708 nach den Urkunden in Italien; man darf annehmen, daß dies auf Leibniz' Anregung geschah. Der

Großherzog verheiratet 1709 seinen Bruder, den Kardinal, um der Kinderlosigkeit seines Hauses abzuhelfen, doch vergeblich.

Als Leibniz sich 1713 in Wien aufhält, tritt die Katastrophe ein. Im Oktober stirbt Erbprinz Ferdinand de' Medici. Der zweite Sohn, Johann Gaston, lebt von seiner Gemahlin getrennt. Es besteht keinerlei Aussicht mehr für die Thronfolge. Da begeht der Großherzog einen Staatsstreich, wenigstens in den Augen des Kaisers. Er lässt durch den Senat die weibliche Thronfolge zum Gesetz erklären. Dabei war in erster Linie an seine Tochter als Nachfolgerin gedacht, die mit dem Kurfürsten der Pfalz vermählt war. Doch auch für das Haus Farnese in Parma, das mit den Bourbonen gemeinsam in Spanien regierte, und sogar für den Herzog von Modena ergaben sich so Ansprüche. Der Kaiser protestierte heftig.

Leibniz, der diesen Ausweg des Großherzogs vorausgesehen hatte, wies nun wieder auf die Urkunden Karls V. hin. Er selbst kannte sie in Abschriften, die ihm in dem reichen Handschriftenschatz der Wolfenbüttler Bibliothek zur Verfügung standen. Er wies darauf hin, daß in den Urkunden nur die männliche Erbfolge anerkannt worden sei. Dies sei bisher von den Historikern nur verschwommen dargestellt worden. Er hatte nur Auszüge aus den Wolfenbüttler Urkunden bei sich, wollte sie sich jedoch in extenso schicken lassen, um dem Kaiser und den Ministern die Sache schwarz auf weiß vorzuweisen.

Inzwischen suchte man auf seinen Hinweis erneut im Reichsarchiv nach Konzepten, fand aber nichts, bis Leibniz selbst eine richtige Stelle in der kaiserlichen Bibliothek entdeckte. Es handelte sich dabei aber auch nur um einen Codex mit Abschriften, und der enthielt die zweite und umfangreichere Urkunde für Cosimo I. de' Medici nur fragmentarisch. Immerhin eilte der Bibliothekar mit dem nach Leibniz' Bestellung herausgesuchten Codex gleich zu Seilern, sichtlich in Kenntnis der Sachlage, so daß man Leibniz nun triumphierend seine Schätze vorwies. Leibniz selbst brachte dann aber auch die vollständige Abschrift der zweiten Urkunde bei mit dem Hinweis auf eine darin enthaltene, bisher unbekannte kaiserliche Vollmacht, in der Florenz als Reichsstadt bezeichnet worden war. Die Abschrift dieser und auch der ersten Urkunde für Alexander de' Medici, die Leibniz im März 1713 erhielt, muß nach dem Wolfenbüttler Codex gemacht worden sein, obwohl zwei briefliche Zeugnisse dagegen zu sprechen scheinen. Leibniz wurde nun von Kaiser Karl VI. beauftragt, auf Grund seines Quellenmaterials eine Arbeit über Florenz zu schreiben, die sicherlich vom kaiserlichen Standpunkt ausgehen sollte. Mit dieser Arbeit entschuldigte er sich später in Hannover. Dennoch ist nichts davon erhalten geblieben. Leibniz' Auffassung von der Sache deckte sich allerdings auch nicht mit der des Kaisers. Leibniz sah Florenz als Reichsstadt an wie Nürnberg oder Augsburg und hielt damit ihre Abhängigkeit vom Reich juristisch für einwandfrei. Der Kaiser betrachtete Florenz als Reichslehen, da er sonst nicht hoffte, seine Verfügungsgewalt darüber geltend machen zu können. An dieser Frage scheiterte auch der Versuch General Bonnevals, der nach Leibniz' Rückkehr nach Hannover, Anfang 1716, im Einverständnis mit Prinz Eugen Leibniz ebenfalls zur Abfassung einer solchen Denkschrift über Toskana aufforderte. Man sprach sich lobend über den von Leibniz gelieferten Aufsatz aus, aber als Propagandaschrift ließ er sich nicht benutzen.

Anfang 1715 benutzte Reichshofratspräsident Wurmbrand Leibniz' vollständiges Urkundenmaterial zur Abfassung eines Reichshofratsgutachtens, in dem er für das administrative Verhalten des Wiener Hofes gegenüber Florenz den gleichen Weg wies wie Leibniz. Die von Leibniz entdeckten Codices in Wien und Wolfenbüttel wurden zur Grundlage der österreichischen Publizistik. Es trat eine Reihe von Schriftstellern auf den Plan, die aus den von ihnen veröffentlichten Urkunden im zunehmenden Maße die Lehensabhängigkeit Toskanas vom Reich zu beweisen suchten. Diese war vor allem einmal nach Leibniz' Tod beim Abschluß der Quadrupelallianz 1718 in London zwischen Großbritannien, Frankreich, den Niederlanden und dem deutschen Kaiser anerkannt worden. Spanien wehrte sich dagegen, obwohl der Sohn des Königs von Spanien als Nachfolger in der Toskana vorgesehen war. Die Oberhoheit des Reiches focht man dennoch an. Auch der Großherzog wehrte sich dagegen, daß man ihn überhaupt nicht gefragt hatte, ebenfalls erfolglos.

Auf deutscher Seite griffen zur Feder: Jacob Paul v. Gundling, gelehrter, aber verachteter Ratgeber Friedrich Wilhelms I. und Nachfolger Leibniz' als Präsident der Berliner Akademie (1717 und 1723), der mit Leibniz persönlich bekannte Jurist Johann Jakob Mascov und sein Doktorand Thomas Fritsch, später kursächsischer Kanzler (1721), Nicolaus Hieronymus Gundling, Bruder von J. P. v. Gundling und Jurist in Halle und sein Doktorand Alexander Maximilian Freiherr v. Bode, Sohn entweder des Hallenser Juristen Heinrich v. Bode oder dessen Bruders, des Reichshofrats Justus Vollrath v. Bode (1722), ferner Simon Friedrich Hahn aus Hannover, Historiker und Fortsetzer des Leibnizschen Geschichtswerks (1722), Friedrich Ludwig v. Berger, Sohn des Reichshofrats und berühmten Juristen Johann Heinrich v. Berger (1723, 1725), der offenbar von Leibniz den Gedanken der Sammlung aller Reichsrechte in Italien übernahm, und schließlich der spätere Kustos der kaiserlichen Bibliothek Gottfried Philipp Spannagel (1724-1726), der statt einer einzelnen Flugschrift wie die andern ein zweibändiges Foliowerk über das Objekt Toskana erscheinen ließ. Simon Friedrich Hahn publizierte als erster die zweite Urkunde Karls V. für die Medici, die die Herrschaft nach der Ermordung Alexanders auf seinen Verwandten Cosimo übertrug. Der Wolfenbüttler Bibliothekar Hertel, der durch Leibniz allein Kenntnis vom Codex hatte, der sie enthielt, hatte sie Hahn zur Verfügung gestellt. Jean Dumont, dessen *Corps universel diplomatique* (1726) im Gefolge von Leibniz' *Codex juris gentium* stand, veröffentlichte die Urkunde für Alexander als erster nach einer neuen Quelle: der Pariser Vorlage des wolfenbüttelschen Codex, die in die Berliner Königliche Bibliothek gelangt war. Spannagel brachte zum ersten und wohl auch einzigen Mal eine Veröffentlichung der von Leibniz so betonten kaiserlichen Vollmacht, in der Florenz als Reichsstadt bezeichnet war. Er hatte Einsicht in die Originale nehmen können, sicher mit Hilfe seines Auftraggebers, des kaiserlichen Gouverneurs von Mailand.

Im Mittelpunkt aller Betrachtungen einschließlich der Leibniz' stehen die durch die Urkunden erhellten Vorgänge um Florenz in den Jahren 1530 bis 1537. Dem Papst zuliebe, einem Medici, hat Karl V. 1530 Florenz belagert und eingenommen. Der Stadt wurden die Kriegslasten aufgebürdet. Der Kaiser setzte erst Alexander, nach dessen Ermordung Cosimo zu Präfekten der Stadt ein. Sie standen damit an der Spitze des Magistrats. Noch Karl V. versuchte, Alexander zu einer Lehensnahme Florenz' vom Reich zu überreden. Das gelang nicht. Alexander hat sich eigenmächtig bald „Dux Florentiae" genannt. Cosimo steigerte diesen Titel zu dem eines Großherzogs. Die Medici beraubten de facto die Stadt aller bürgerlichen Freiheiten. De jure wurde der Zustand Florenz' als einer freien Republik jedoch nie aufgehoben. So konnte Cosimo III. im November 1713 bei der Änderung des Thronfolgegesetzes den Senat zum Schein in Aktion treten lassen. In den Streitschriften, die von österreichischer Seite erschienen und die sich zum größten Teil gegen eine einzige, in zwei Fassungen geschriebene florentinische richten, wird nun mehr und mehr versucht, den Einsetzungsvorgang in eine Belehnung der Medici umzudeuten. Man ist der Ansicht, daß in Florenz aus besonderer Rücksicht auf die Freiheitsliebe des Volkes die üblichen Lehenssymbole weggelassen wurden. Die Abhängigkeit der Großherzöge vom Reich zeige sich aber in vielen andern historischen Dokumenten. Der ganze Wortlaut der Urkunde zeige sie ebenfalls; er komme einer Belehnung gleich.

Die Geschichte hat dann Habsburg den Siegerkranz gereicht: im Frieden von Wien (1735) wurde Franz Stephan von Lothringen, der 1745 deutscher Kaiser wurde, die Toskana zugesprochen; 1737, nach dem Tode des letzten Medici, Johann Gaston, trat er die Nachfolge an. So ergibt sich aus diesen Untersuchungen, daß feudal-absolutistische Interessen bei Leibniz' unermüdlicher Tätigkeit und Forschung ihre Rechnung fanden, während seine auf den Gesamtzusammenhang des Deutschen Reiches gerichteten Pläne dem Reich der Ideen verblieben.

Quellenverzeichnis

Archive

Berlin, Akademie der Wissenschaften, Archiv

Berlin, Deutsche Staatsbibliothek, Handschriftenabteilung

Florenz, Archivio di stato

Hannover, Niedersächsische Landesbibliothek (s. a. LBr, LH, Ms)

Nürnberg, Germanisches Nationalmuseum, Autographensammlung

Wien, Österreichische Nationalbibliothek, Handschriftensammlung

Wien, Österreichisches Staatsarchiv, Abt. Haus-, Hof- u. Staatsarchiv

Wolfenbüttel, Herzog-August-Bibliothek, Handschriftenabteilung

Siglen

A = G. W. Leibniz: *Sämtliche Schriften und Briefe*, hrsg. von der preußischen (später: Berlin-Brandenburgischen und Göttinger) Akademie der Wissenschaften, Darmstadt (zuletzt: Berlin) 1923 ff. Zitiert nach Reihe, Band, Seite, ggf. Nummer

LBr. = Leibnizbriefwechsel der Niedersächsischen Landesbibliothek zu Hannover

LH = Leibnizhandschriften der Niedersächsischen Landesbibliothek zu Hannover

Ms = Manuskripte der Niedersächsischen Landesbibliothek zu Hannover

Weitere Leibniz-Ausgaben und Kataloge

Bodemann, Eduard: *Die Leibniz-Handschriften der königl. öffentl. Bibliothek zu Hannover*. Hannover und Leipig 1895.

- : Leibnizens Briefwechsel mit dem Herzoge Anton Ulrich von Braunschweig-Wolfenbüttel, in: *Zeitschrift des historischen Vereins für Niedersachsen*, Jg. 1888, S. 73–244.

- : Nachträge zu „Leibnizens Briefwechsel mit dem Minister v. Bernstorf und andere Leibniz betr. Briefe" in Jahrg. 1881, S. 205 ff. und 1884, S. 206 ff., in: *Zeitschrift d. histor. Vereins für Niedersachsen*, Jg. 1890, S. 131–168.

Campori, Matteo: *Corrispondenza tra L.A. Muratori e G.G. Leibniz*, Modena 1892.

© Springer-Verlag Berlin Heidelberg 2016
W. Li (Hrsg.), *Leibniz als Reichshofrat*, DOI 10.1007/978-3-662-48390-9

Doebner, Richard: Leibnizens Briefwechsel mit dem Minister von Bernstorff und andere Leibniz betreffende Briefe und Aktenstücke aus den Jahren 1705–1716, in: *Zeitschrift d. histor. Vereins für Niedersachsen*, Jg. 1881, S. 205–380.

- : Nachträge zu Leibnizens Briefwechsel mit dem Minister von Bernstorff, in: *Zeitschrift d. histor. Vereins für Niedersachsen*, Jg. 1884, S. 206–242.

Dutens, Louis: *Leibnitii Opera omnis*, Bd. 5, Genf 1768.

Eckhart, Johann Georg: *Tabula originum Brunsvicensium et Estensium*, Lüneburg 1717.

Feder, Johann Georg Heinrich: *Commercii epistolici Leibnitiani ... selecta specimina*, Hannover 1805.

Feller, Johann Joachim Friedrich: *Otium Hannoveranum sive Miscellanea ... G.G. Leibnitii*, Leipzig 1718. 2. Ausg. ebd. 1737.

Foucher de Careil: *Oeuvres de Leibniz*, Bde. 4 u. 7, Paris 1862, 1875.

Grotefend, Karl Ludwig: *Leibniz-Album. Aus den Handschriften der K. Bibliothek zu Hannover*, Hannover 1846.

Gruber, Johannes Daniel: *Commercium epistolicum Leibnitianum*, 2 Tle., Hannover und Göttingen 1745.

Guhrauer, Gottschalk Eduard: *Leibnitz's Deutsche Schriften*, 2 Bde., Berlin 1838–1840.

Ilg, Albert : Eine bisher unbekannte Correspondenz Gottfr. Wilh. Leibniz, in: *Monatsblätter d. Wissenschaftl. Club in Wien*, 9, 1888, S. 40–58.

Klopp, Onno: *Die Werke von Leibniz gemäss seinem handschriftl. Nachlasse in der Königl. Bibliothek zu Hannover*, Bde. 6, 8, 9, 11 Hannover 1872–1884.

Leibniz, Gottfried Wilhelm: *Codex juris gentium diplomaticus*, Hannover 1693.

- : *Fabula moralis de necessitate perseverantiae in causa publicae salutis*, o. O. [1712]. – [Auch in französischer Fassung:] o. O. [1712].

- : *La Justice Encouragée contre les chicanes et les menaces d'un partisan Bourbons ... Die Auffgemunterte Gerechtigkeit gegen die Drohungen und Verdrehungen eines Anhängers der Borbonischen Parthey ...*, [Groningen] 1701.

- : *Mantissa Codicis juris gentium diplomatici*, Hannover 1700

Pertz, Heinrich: *Leibnizens gesammelte Werke, aus den Handschriften der Königl.Bibliothek zu Hannover*, Bde. 1und 4 Hannover 1847; Bde. 3, 3, 2 Halle 1856.

Quellenschriften und Hilfsmittel

[Antinori, Niccolò]: *Mémoire sur la liberté de l'état de Florence*, o. O. 1721.

[Averani, Giuseppe]: *De libertate civitatis Florentiae ejusque Dominii*, Pisa 1721.

[Berger, Friedrich Ludwig von]: *Nova eaque plana Assertio juris, quod S. Caesareae Maj. ac S. Imperio in magnum Tusciae competit Ducatum*, o. O. 1725.

- : *Vindicatio juris imperialis in Magnum Tusciae Ducatum*, [Wien] 1723.

Böhm, Constantin Edler von: *Die Handschriften des k. u. k. Haus-, Hof- u. Staats-Archivs*, Wien 1873.

Dumont, Jean: *Corps universel diplomatique du droit des gens*, Bd. 1, La Haye 1726.

Electa juris publici, Bde. 10 und 11, [Jena] 1717.

Eugen von Savoyen: *Die Feldzüge des Prinzen Eugen v. Savoyen*, hrsg. v. k.k. Kriegsarchiv. Bd. XV, Wien 1892.

Faber, Anton (Chr. L. Leucht): *Europäische Staats-Cantzley*, Bd. 21, Ulm, Frankfurt und Leipzig 1713.

Gesamtkatalog der Preußischen Bibliotheken, Bd. 7, Berlin 1935.

Gundling, Nicolaus Hieronymus: *De Jure Augustissimi Imperatoris et Imperii in magnum Etruriae Ducatum, (Resp.) Alexander Maximilian Freiherr v. Bode. Halae Magdeburgicae 1722.* [2. Ausg.:] (Verfasser N. H. Gundling) hrsg. von H. G. Franke, Leipzig 1732.

Gundling, Jacob Paul von: Historische Nachrichten von dem Lande Tuscien und dem heutigen Groß-Herzogthum Florentz, Breßlau [1717]; Abdruck in: *Deutsche Acta Eruditorum*, Tl. 54, Leipzig 1718, S. 392 bis 438; [2. Ausg.:] Frankfurt 1723.

Hahn, Simon Friedrich: *Jus Imperii in Florentiam ex monumentis editis et ineditis ipsisque Etruscis scriptoribus,* Halle 1722.

- : Summarischer Entwurff von dem gegründeten Anspruch des Durchlauchtigsten Hauses Braun-schweig-Lüneburg auf die Italiänische Reichs=Lehen=Lande Mantua Parma, Piscenze, Florenz usw, in: Pistorius, Wilhelm Friedrich von: *Amoenitates historico-juridicae*, Tle. 7 u. 8, Frankfurt und Leipzig 1753, S. 2068–3010.

Heinemann, Otto von: *Die Handschriften der herzoglichen Bibliothek zu Wolfenbüttel*, Abt. 2: Die Augusteischen Handschriften I., Wolfenbüttel 1890.

Journal des sçavans, Février 1722. Bd. 71, Amsterdam 1722.

Kemble, John M.: *State-papers and Correspondence illustrative of the social and political state of Europe from the revolution to the accession of the House of Hannover*, London 1857

Lettre de S.S. le pape Clement XI. à ... l'imperatrice regente, du 3 Mai 1711. Avec les Réflexions qu'une personne de qualité a faites là-dessus, La Haye 1711.

Lundorp, Michael Caspar: *D. Röm. K. Maj. u. des h. R. Reichs geistl. u. weltl. Reichsstände Acta publica*, Bd. 16, Frankfurt 1718.

Lünig, Johann Christoph: *Codex Italiae diplomaticus*, Bd. 1, Frankfurt und Leipzig 1725.

- : *Teutsches Reichsarchiv*, Pars spec., Cont. II, Abt. IV, Abs. 11, Leipzig 1712.

Mascov, Johann Jakob (Praes.): *Exercitatio juris publici de jure imperii in magnum ducatum Etruriae. (Resp.) Thomas Fritsch. Lipsiae 1721.* [In deutscher Übersetzung:] *Geschicht=mässige Vorstellung von den Gerechtsamen derer Teutschen Kayser und des Heil. Reichs auf das Groß-Herzogthum Florenz, hrsg. v. Bracciano*, o.O. 1722.

- : *Principia juris publici Imperii Romani-Germanici*, Leipzig 1729. [Spätere Ausgabe:] Leipzig 1769.

Moser, Johann Jakob: *Teutsches Staats-Recht*, Tl. 4, 2. Aufl. Frankfurt und Leipzig 1748.

Murr, Christoph Gottlieb: *Journal zur Kunstgeschichte u. zur allgemeinen Litteratur*, Tl. 7, Nürnberg 1799.

Pfeffinger, Johann Friedrich: *Corpus juris publici ... ad ductum Institutionum juris publici Ph. R. Vitriarii*, Bd. 2, Frankfurt a.M. 1754.

- : *Historie des Braunschweig=Lüneburgischen Hauses*, Tl. 1, Hamburg 1731.

Pis'ma i Bumagi imperatore Petra Velikogo, XI,2 Moskau 1964.

[anon.]: *Ragioni di precedentia [tra il Duca di Ferrara ed il Duca di Fiorenze]*. [Zusammenfassender Titel für:] *Risposta alla Informatione sopra le ragioni della precendentia* [und] *Informatione sopra le ragioni della precendentia*, o. O. 1562.

Rehtmeier, Philipp Julius: *Braunschweig-Lüneburgische Chronica*, Bd. 3, Braunschweig 1722.

Remarques nouvelles sur le bref de Sa Sainteté à S.M. l'imperatrice Mere et sur l'explication qu'on y a donnée à Rome, Cologne [1713].

[Spannagel, Gottfried Philipp]: *Notizia della vera libertà Fiorentina considerata ne'suoi giusti limiti, per l'ordnine de'Secoli*. 3 Tle. o.O. 1724–26.

Tabulae codicum manuscriptorum ... in Bibliotheca ... Vindobonensi asservatorum, Bde. 5 u. 7, Wien 1871, 1875.

Tentzel, Wilhelm Ernst: *Monatliche Unterredungen*, Tl. 1, Leipzig 1689.

Zwantzig, Zacharias: *Theatrum praecedentiae*, 2. Ausg. Frankfurt 1709.

Literaturverzeichnis

Albertini, Rudolf von: *Das florentinische Staatsbewußtsein im Übergang von der Republik zum Prinzipat*, Bern 1955.

Amburger, Erik: *Die Mitglieder der Deutschen Akademie der Wissenschaften zu Berlin 1700–1950*, Berlin 1950.

Andrieux, Maurice: *Les Médicis*, Paris 1958.

Aubin, Hermann: Leibniz und die politische Welt seiner Zeit, in: *G.W. Leibniz. Vorträge ... aus Anlaß seines 300. Geburtstages, hrsg. v. der ... Hamburger Akademischen Rundschau*, 1946, S. 110–142.

Aumüller, Hildegard Pauline: *Der Finanzhaushalt der Stadt Wien im Zeitalter Karls VI. (1710–1740)*, Phil. Diss. Wien 1950.

Benz, Ernst: *Leibniz und Peter der Grosse*, Berlin 1947 (= Leibniz. Zu seinem 300. Geburtstag 1646–1946, hrsg. v. E. Hochstetter).

Bergmann, Joseph (I), Über die Historia metallica ... u. Heraeus' zehn Briefe an Leibniz, in: *Sitzungsberichte der kaiserl. Akademie der Wissenschaften*, phil.-hist. Cl., Bd. XVI, Wien 1855, S. 132–168.

- : Leibnizens Memoriale an den Kurfürsten Johann Wilhelm von der Pfalz wegen der Errichtung einer Akademie der Wissenschaften in Wien, in: *Sitzungsberichte der kaiserl. Akademie der Wissenschaften*, phil.-hist. Cl., Bd. XVI, Wien 1855, S. 3–22.

- : Leibniz als Reichshofrath in Wien und dessen Besoldung, in: *Sitzungsberichte der kaiserl. Akademie der Wissenschaften*, phil.-hist. Cl., Bd. XXVI, Wien 1858, S. 187–215.

Bergmann, Josef (II): *Der politische Entwicklungsgang Leibniz' mit besonderer Berücksichtigung seiner Beziehungen zum Wiener Hof*, Phil. Diss. Wien 1928.

Bertram, Adolf: *Geschichte des Bistums Hildesheim*, Bde. 2 und 3, Hildesheim und Leipzig 1916–1925.

Bittner, Ludwig/Groß, Lothar (Hrsg.): *Repertorium der diplomatischen Vertreter aller Länder seit dem Westfälischen Frieden*, Bd. 1, Oldenburg und Berlin 1936.

Braubach, Max: *Geschichte und Abenteuer. Gestalten um den Prinzen Eugen*, München 1950.

- : *Kurkölnische Gestalten und Ereignisse aus zwei Jahrhunderten rheinischer Geschichte*, Münster 1949.

- : *Die vier letzten Kurfürsten von Köln. Ein Bild rheinischer Kultur im 18. Jahrhundert*, Bonn und Köln 1931.

Conti, Giuseppe: *Firenze dai Medici ai Lorena (1670–1737)*, Florenz 1909.

Conze, Werner: *Leibniz als Historiker*, Berlin 1951 (= Leibniz. Zu seinem 300. Geburtstag 1646–1946, hrsg. v. E. Hochstetter).

Coreth, Anna: *Österreichische Geschichtsschreibung in der Barockzeit (1620–1740)*, Wien 1950 (= Veröffentlichungen der Kommission für neuere Geschichte Österreichs, 37).

Davillé, Louis: *Leibniz Historien*, Paris 1909.

Döhring, Erich: „Berger, Johann Heinrich Edler von", in: *Neue Deutsche Biographie*, Bd. 2, 1955, S. 80 f.

Dullinger, Josef: Die Handelskompagnien Österreichs nach dem Oriente und nach Ostindien in der ersten Hälfte des 18. Jahrhunderts, in: *Zeitschrift für Sozial- und Wirtschaftsgeschichte*, Bd. 7, 1900, S. 44–83.

Duve, Adolf E.: *Mittheilungen zur näheren Kunde ... der Staatsgeschichte ... des Herzogthums Lauenburg von der Vorzeit bis zum Schlusse des Jahres 1851*, Ratzeburg 1857.

Erdmannsdörffer, Bernhard: *Deutsche Geschichte vom Westfäl. Frieden bis zum Regierungsantritt Friedrich's des Großen. 1648–1740*, Bd. 2, Berlin 1893 (= Allgem. Geschichte in Einzeldarstellungen, hrsg. v. W. Oncken, 3,7).

Feine, Hans Erich: *Kirchliche Rechtsgeschichte*, Bd. I: Die katholische Kirche, Weimar 1954.

Fischer, Kuno: *Gottfried Wilhelm Leibniz. Leben, Werke und Lehre*, 5. Auflage Heidelberg 1920 (= Fischer, Kuno, Geschichte der neueren Philosophie, 3).

Fransen, Petronella: *Leibniz und die Friedensschlüsse von Utrecht und Rastatt-Baden*, Purmerend 1933 (Phil. Diss. Leiden).

Friedberg, Emil: *Die Gränzen zwischen Staat und Kirche und die Garantien gegen deren Verletzung*, Tübingen 1872.

Gross, Lothar: *Die Geschichte der deutschen Reichshofkanzlei von 1559 bis 1806*, Wien 1933 (= Inventare österreich. staatl. Archive. V.: Inventare des Wiener Haus-, Hof- u. Staatsarchivs, 1).

Grote, Ludwig: *Leibniz und seine Zeit*, Hannover 1869.

Gschließer, Oswald von: *Der Reichshofrat*, Wien 1942.

Guerrier, Wladimir: *Leibniz in seinen Beziehungen zu Rußland und Peter dem Großen*, St. Petersburg und Leipzig 1873.

Guhrauer, Gottschalk Eduard: *Gottfried Wilhelm Freiherr von Leibnitz. Eine Biographie*, 2 Tle., Breslau 1842.

Hamann, Günther: Prinz Eugen und die Wissenschaften, in: *Österreich in Geschichte und Literatur*, Jg. 7, 1963 (Sondernummer zum 300. Geburtstag des Prinz Eugen), S. 28–42.

Hantsch, Hugo: *Reichsvizekanzler Friedrich Karl v. Schönborn (1674–1746)*, Augsburg 1929 (= Salzburger Abhandlungen u. Texte aus Wissenschaft und Kunst, 2).

Havemann, Wilhelm: *Geschichte der Lande Braunschweig und Lüneburg*, Bd. 3, Göttingen 1857.

Heinrich, Christoph Gottlob: *Teutsche Reichsgeschichte*, Bd. 7, Leipzig 1797.

Ilg, Albert: *Die Fischer von Erlach*. Bd. I: Leben u. Werke Joh. Bernh. Fischer's von Erlach des Vaters, Wien 1895.

Isaacsohn, Siegfried: „Gundling, Jacob Paul Freiherr von", in: *Allgemeine Deutsche Biographie*, Bd. 10, 1879, S. 126-129.

Just, Leo: Die Quellen zur Geschichte der Kölner Nuntiatur in Archiv und Bibliothek des Vatikans, in: *Quellen u. Forschungen aus Italienischen Archiven und Bibliotheken*, Bd. 29, Rom 1938–39, S. 249–296.

Karttunen, Liisi: Les nonciatures permanentes de 1648 à 1789, Genf 1912 (= Annales Academiae scientiarum Fennicae, Ser. B, Bd. V/3).

Kiefl, Franz Xaver: *Der Friedensplan des Leibniz zur Wiedervereinigung der getrennten christl. Kirchen*, Paderborn 1903.

Klopp, Onno: *Der Fall des Hauses Stuart*, Bd. 14, Wien 1888.

- : Leibniz' Plan der Gründung einer Societät der Wissenschaften in Wien, in: *Archiv für Kunde österr. Geschichtsquellen*, Bd. 40, Wien 1868, S. 159–255.

Kobbe, Peter von: *Geschichte und Landesbeschreibung des Herzogthums Lauenburg*, Bde. II und III, Altona 1836–37.

Krauske, Otto: Vom Hofe Friedrich Wilhelms I., in: *Hohenzollern-Jahrbuch*, Jg. 5, Berlin und Leipzig 1801.

Krüger, Emil: *Der Ursprung des Welfenhauses und seine Verzweigung in Süddeutschland*, Wolfenbüttel 1899.

Lohmann, Walter: Die Überführung des Fürstentums Hildesheim in den hannoverschen Staatsverband 1813 ff., Phil. Diss. Auszug in: *Jahrbuch der philos. Fakultät der Universität Göttingen*, 1923, S. 11–13.

Majkova, K. A.: Neizdannoe pis'mo Lejbnica abbatu Sen-P'eru, in: *Voprosy filosofii*, XVIII god izdanija No 5, Moskau 1964, S. 120–127.

May, Otto Heinrich: *Die Regesten der Erzbischöfe von Bremen*, Bd. 1, Hannover 1937 (= Veröffentlichungen der hist. Kommission für Hannover, Oldenburg, Braunschweig …, 9).

Meister, Alois: Die Finalrelation des Kölner Nuntius Johann Baptista Bussi, in: *Römische Quartalschrift für christl. Alterthumskunde und für Kirchengeschichte*, Jg. 13, Rom 1899, S. 347–364.

Meister, Richard: *Geschichte der Akademie der Wissenschaften in Wien 1847–1947*, Wien 1947.

Mensi, Franz von: *Die Finanzen Österreichs von 1701 bis 1740*, Wien 1890.

Meusel, Johann Georg: *Lexikon der vom Jahre 1750 bis 1800 verstorbenen Teutschen Schriftsteller*, Bd. 8, Leipzig 1808.

Moroni, Gaetano: *Dizionario di erudizione storico-ecclesiastica*, Bd. VI, Venezia 1840.

Mosel, Ignaz Franz von: *Geschichte der k.k. Hofbibliothek zu Wien*, Wien 1835.

Müller, Karl: *Kirchengeschichte*, Bd. II/2, Tübingen 1923 (= Grundriß der theolog. Wissenschaften, IV).

Nouvelle biographie universelle, Bd. 3, Paris 1852.

Pastor, Ludwig von: *Geschichte der Päpste im Zeitalter des fürstlichen Absolutismus*, Bd. 15, Freiburg 1930.

Pills, Franz: *Die Beziehungen des kaiserlichen Hofes unter Karl VI. zu Rußland bis zum Nystädter Frieden (1711–1721)*, Phil. Diss. Wien 1949.

Prantl, Carl von: Leibniz, Gottfried Wilhelm", in: *Allgemeine Deutsche Biographie*, Bd. 18, 1883, S. 172–209.

Realencyklopädie für protestantische Theologie und Kirche, Bd. 4, Leipzig 1898.

Reumont, Alfred von: *Geschichte Toskanas*, Bd. 1, Gotha 1876 (= Geschichte der europäischen Staaten, hrsg. von Heeren und Ukert, I,18).

Richter, Lieselotte: *Leibniz und sein Rußlandbild*, Berlin 1948.

Ritter, Paul: Wie Leibniz gestorben und begraben ist, in: *Zeitschrift des histor. Vereins für Niedersachsen*, Jg. 81, Hannover 1916, S. 247–252.

- : Leibniz und die deutsche Kultur, in: *Zeitschrift des histor. Vereins für Niedersachsen*, Jg. 81, Hannover 1916, S. 165–201.

Roessler, Emil: Beiträge zur Staatsgeschichte Österreichs aus dem G.W. von Leibniz'schen Nachlasse in Hannover, in: *Sitzungsberichte der kaiserl. Akademie der Wissenschaften*, phil.-hist. Cl., Bd. 20, Jg. 1856, H. 2, S. 267–289.

Rosendahl, Erich: *Geschichte Niedersachsens im Spiegel der Reichsgeschichte*, Hannover 1927.

Schmidt, Gerhard: „Fritsch, Thomas", in: *Allgemeine Deutsche Biographie*, Bd. 8, 1878, S. 110.

Schnath, Georg: Eine Denkschrift von Leibniz zum Erbfolgestreit um Sachsen-Lauenburg (1690), in: *Forschungen aus den mitteldeutschen Archiven*, Berlin 1953, S. 328–338.

- : *Geschichte Hannovers im Zeitalter der 9. Kur und der englischen Sukzession*, Bd. 1, Hildesheim und Leipzig 1938 (= Veröffentlichungen d. Hist. Kommission für Hannover, Oldenburg …, 18).

Simeoni, Luigi: Ricerche sulle origine della signoria Estense, in: *Atti e Memorie della Deputazione di Storia Patria per le antiche Province Modenesi*, Bd. 5/12, 1919.

Sellschopp, Sabine, „*Eine kleine Tour nach Hamburg incognito*" – zu Leibniz Bemühungen von 1701 um die Position eines Reichshofrates, in: *Studia Leibnitiana*, Bd. 37/1, Stuttgart 2005, S. 68-82.

Spini, Giorgio: *Cosimo I de' Medici e la indipendenza del Principato Mediceo*, Firenze 1945 (= Collana storica, 52).

Stehle, Hansjakob: *Der Reichsgedanke im politischen Weltbild von Leibniz*, Phil. Diss. Frankfurt a.M. 1950.

Streisand, Joachim: *Geschichtliches Denken von der deutschen Frühaufklärung bis zur Klassik*, Berlin 1964 (= Deutsche Akademie d. Wissenschaften zu Berlin, Schriften des Instituts für Geschichte, I,22).

Sudendorf, Hans (Hrsg.): *Urkundenbuch zur Geschichte der Herzöge von Braunschweig und Lüneburg und ihrer Lande*, Tl. III, Hannover 1862.

Überhorst, Gustav: *Der Sachsen-Lauenburgische Erbfolgestreit bis zum Bombardement Ratzeburgs 1689–1693*, Berlin 1915 (= Eberings Historische Studien, H. 126).

Wiedeburg, Paul: *Der junge Leibniz, das Reich und Europa*, Tl. 1. Mainz, Wiesbaden 1962 (= Hist. Forschungen im Auftrag der Hist. Kommission der Akademie der Wissenschaften u. der Literatur, IV).

Winter, Eduard: *Halle als Ausgangspunkt der deutschen Rußlandkunde im 18. Jahrhundert*, Berlin 1953 (= Deutsche Akademie der Wissenschaften zu Berlin. Veröffentlichungen d. Instituts für Slavistik, 2).

- : *Die Pflege der west- und südslavischen Sprachen in Halle im 18. Jahrhundert*, Berlin 1954 (= Deutsche Akademie der Wissenschaften zu Berlin. Veröffentlichungen des Instituts für Slavistik, 5).

- : *Rußland und das Papsttum*, Tl. 2, Berlin 1961 (= Quellen und Studien zur Geschichte Osteuropas, VI).

- : Leibniztage – Tradition der Deutschen Akademie der Wissenschaften, in: *Das Hochschulwesen*, Bd. 10, Heft 6, Berlin 1962, S. 541 f.

- : Der Bahnbrecher der deutschen Frühaufklärumg E.W. v. Tschirnhaus und die Frühaufklärung in Mittel- und Osteuropa, in: Winter, Eduard (Hrsg.): *E.W. v. Tschirnhaus und die deutsche Frühaufklärung in Mittel- u. Osteuropa*, Berlin 1960 (= Quellen u. Studien zur Geschichte Osteuropas, Bd. VII).

Wolf, Erik: *Idee und Wirklichkeit des Reichs im deutschen Rechtsgedanken des 16. und 17. Jahrhunderts*, Stuttgart und Berlin 1943 (= Reich u. Recht in der deutschen Philosophie, Bd. 1).

Wurm, Heinrich: *Die Jörger von Tollet*, Graz und Köln 1955 (= Forschungen zur Geschichte Oberösterreichs, 4).

Young, George Frederic: *Die Medici*. Aus dem Engl. übers. von J. Ewers-Dumiller u. L. Günther, 2. Aufl. Coburg 1946.

Zedler, Johann Heinrich: *Grosses vollständiges Universal-Lexicon aller Wissenschaften und Künste*, Bde. 6, 12, 14, 56, Halle und Leipzig 1733–1748.

Zwiedineck-Südenhorst, Hans: *Deutsche Geschichte im Zeitraum der Gründung des preußischen Königtums*, Bd. 2, Stuttgart 1894.

Personenverzeichnis

 **Springer**

springer.com

Willkommen zu den Springer Alerts

Jetzt
anmelden!

● Unser Neuerscheinungs-Service für Sie:
aktuell *** kostenlos *** passgenau *** flexibel

Springer veröffentlicht mehr als 5.500 wissenschaftliche Bücher jährlich in gedruckter Form. Mehr als 2.200 englischsprachige Zeitschriften und mehr als 120.000 eBooks und Referenzwerke sind auf unserer Online Plattform SpringerLink verfügbar. Seit seiner Gründung 1842 arbeitet Springer weltweit mit den hervorragendsten und anerkanntesten Wissenschaftlern zusammen, eine Partnerschaft, die auf Offenheit und gegenseitigem Vertrauen beruht.

Die SpringerAlerts sind der beste Weg, um über Neuentwicklungen im eigenen Fachgebiet auf dem Laufenden zu sein. Sie sind der/die Erste, der/die über neu erschienene Bücher informiert ist oder das Inhalts-verzeichnis des neuesten Zeitschriftenheftes erhält. Unser Service ist kostenlos, schnell und vor allem flexibel. Passen Sie die SpringerAlerts genau an Ihre Interessen und Ihren Bedarf an, um nur diejenigen Informa-tion zu erhalten, die Sie wirklich benötigen.

Mehr Infos unter: springer.com/alert

A31443 | Image: Jan Krahmann/iStock